U0607495

千年感动

中华传世家训百篇精注精译

胡学亮　编译

中国文史出版社

图书在版编目（CIP）数据

千年感动：中华传世家训百篇精注精译 / 胡学亮编译 . -- 北京：中国文史出版社，2024. 3.
-- ISBN 978-7-5205-4770-3

Ⅰ . B823.1

中国国家版本馆 CIP 数据核字第 2024H5T176 号

出 品 人：彭远国
责任编辑：秦千里

出版发行：中国文史出版社
社　　址：北京市海淀区西八里庄路 69 号院　邮编：100142
电　　话：010-81136606　81136602　81136603（发行部）
传　　真：010-81136655
印　　装：廊坊市海涛印刷有限公司
经　　销：全国新华书店
开　　本：16 开
印　　张：36.5
字　　数：442 千字
版　　次：2024 年 11 月北京第 1 版
印　　次：2024 年 11 月第 1 次印刷
定　　价：98.00 元

前　言

十年树木，百年树人。家庭作为社会的基本细胞，其环境对家庭成员的健康成长至关重要。自古以来，名门世家都非常重视家庭教育，注重家教和家风建设与传承，其主要表现就是历朝历代各种家训（家规、家范、宗训等）的不断涌现，源源不绝，且多以专著名世。这些家训一般都是家族中的杰出人物对子孙立身处世、持家立业的教诲，其内容主要包括修德、律己、勤事、爱国、爱民、孝亲、守法等方面，浓缩了作者的人生感悟，立意高远，论理透彻，非常实用。

中华民族具有深厚的家国情怀，作为代代相传的家法与家教，家训既是一个家族为人处世的法度和学问，也是一个家族甚至一个国家兴旺发达的灵魂所在。中华家训文化是中华优秀传统文化的一个重要方面，也是中华民族百折不饶、不断前行的内在动力。在实现中华民族复兴的过程中，我们既要学习一切先进的外国文明，也要有强烈的文化自信。这正是我们选编本书的缘由。当然，作为旧时代的产物，历代家训中的某些内容（如宣扬忠君、重视等级、轻视妇女等）带有特定时代的烙印，这是由他们所受的历史局限所决定的，对此我们应该采取批判的继承态度。

本书所选家训之依据有三：一是作者必须是有重大历史地位的先贤；二是内容属传统文化之精华，且符合当今主流价值观；三是历史上流传甚广，影响巨大。阅读和体会这些家训并身体力行，对于今天广大读者提升自身道德和文化修养，建设美好家风与和谐社会，推进中国式现代化的伟大事业，都是大有裨益的。

胡学亮

2024 年 10 月于北京印刷学院

目　录

姬旦：戒侄成王

【原文】

为人父母，为业[1]之长久，子孙骄奢忘之，以亡其家，为人子可不慎乎！故昔在殷王中宗[2]，严恭敬畏天命，自度[3]治民，震惧不敢荒宁[4]，故中宗飨国[5]七十五年。其在高宗[6]，久劳于外，为与小人，作其即位，乃有亮闇[7]，三年不言，言乃欢，不敢荒宁，密靖[8]殷国，至于小大无怨，故高宗飨国五十五年。其在祖甲，不义为王[9]，久为小人于外，知小人之依，能保施小民，不侮鳏寡。故祖甲飨国三十年。自汤至于帝乙[10]，无不率祭祀明德，帝无不配天者。在今后嗣王纣[11]，诞淫厥佚，不顾天及民之从也。

文王日中昃[12]不暇食，飨国五十年。

【注释】

[1] 业：家业。

[2] 中宗：商十三任君王祖乙。

[3] 自度：自我约束。

[4] 荒宁：荒废政务，贪图安逸。宁，安逸。

[5] 飨国：享国。飨，通享。

[6] 高宗：商二十三任君王武丁。

[7] 亮闇：大臣居丧。

[8] 密靖：安定。

[9] 祖甲，不义为王：祖甲，即商二十五世王且甲。高宗本欲让贤于祖庚的祖甲继位，祖甲以为此举不义，乃推辞而隐身民间。直到继承王位的祖庚死后，祖甲才回来继承王位。

[10] 汤：商汤王，商朝开国君主；帝乙：商三十任君王，商纣王是其子。

[11] 纣：亡国之君商纣王。

[12] 日中昃：太阳偏西。

【译文】

那些做父母的长期辛勤操劳，好不容易挣得一份家业。子孙却不知珍惜，骄奢淫逸，忘记了祖上的劳苦，以至于家业衰败。作为后人对此事难道能够不慎重吗？所以过去的殷王中宗庄严敬畏天命，严于律己，勤政爱民，深怕荒废了政务，这样他才能在位七十五年之久。殷之高宗，长期在底层劳碌，与平民百姓一起生活，他即位后居丧，三年都不曾说话，一旦说话就得到臣民的赞赏。他从不敢荒淫逸乐，结果让殷长期国家安定，百姓大臣都没有怨言，所以高宗能在位五十五年。殷王祖甲考虑到自己并非长子，按惯例不适合做国王，所以故意在民间隐居很长一段时间。他很了解百姓的疾苦和需求，继位以后政多惠民，对那些鳏寡孤独的人也不侮慢，所以祖甲能在位三十三年。

自商汤王至帝乙，殷代诸王都能遵循礼制祭祀天地祖先，提倡德化，这些帝王都能上配天命。只是后来到殷纣王时，荒淫逸乐，不顾天意民心，以至于失了天下。

周文王勤政爱民，每天日头偏西了还顾不上吃饭，在位达五十年。

【点评】

历史上的皇帝，凡是珍惜祖业，勤政爱民者，多能安享太平。祖甲深知“名不正则言不顺”的道理，不愿破坏规矩而继位，是深知遵循祖制之于国家安定的重要性。

孔子：训子鲤

【原文】

陈亢问于伯鱼[1]，曰："子亦有异闻[2]乎？"对曰："未也。尝独立[3]，鲤趋而过庭[4]。曰：'学诗[5]乎？'对曰：'未也。''不学诗，无以言[6]。'鲤退而学诗。他日又独立，鲤趋而过庭。曰：'学礼[7]乎？'对曰：'未也，''不学礼，无以立[8]。'鲤退而学礼，闻斯二者。"

陈亢退而喜曰："闻一得三，闻诗，闻礼，又闻君子之远[9]其子也。"

子谓伯鱼曰："女为《周南》《召南》[10]矣乎？人而不为《周南》《召南》。其犹正墙面而立[11]也与！"

【注释】

[1] 陈亢：孔子的学生；伯鱼：孔鲤，孔子之子。

[2] 异闻：特别的教诲。这句话的意思是你父亲对你是不是有不一样的教育方法和内容。

[3] 尚独立：（父亲）曾经一个人站在院子里。

[4] 趋而过庭：（为表尊敬）小步快走到庭前。

[5] 诗：我国第一部诗歌总集《诗经》。

[6] 无以言：不知道将来在社会上能说什么。

[7] 礼：礼仪制度，孔子最推崇周礼，曾言"吾从周"。

[8] 立：安身立命。

[9] 远：疏远，不偏心。

[10] 女为《周南》《召南》：女，通汝；为，学习；《周南》《召南》《诗经》里的组诗名称。

[11] 正墙面而立：面壁而立，意指看不到什么。

【译文】

陈亢有一次问伯鱼："你在老师那里听到过什么特别的教诲吗？"伯鱼回答说："没有啊。不过，记得有一次他独自站在堂上，我快步从庭里走过，他说：'学《诗》了吗？'我回答说：'没有。'他说：'不学诗，就不懂得怎么说话。'我回去就学《诗》。又有一天，他又独自站在堂上，我小步快走从庭里走到跟前，他问我：'学《礼》了吗？'我答：'没有。'他于是又说：'如果不学《礼》，就不知道怎样安身立命。'于是我回去就学《礼》。我就从父亲那里听到过这两件事。"

陈亢回去后，高兴地说："我只是提了一个问题，却得到了三个收获，听到了关于《诗》的道理，听到了关于《礼》的道理，又听到了君子不偏爱自己儿子的道理。"

孔子对伯鱼说："你学习《周南》《召南》这些诗了吗？一个人如果不学习《周南》《召南》，那就像面对墙壁站着，就什么也看不到了。"

【点评】

君子远其子，不偏心，这是最正确的教育子女的方法，有利于子女健康成长。

刘邦：手敕太子

【原文】

吾遭乱世，当秦禁学[1]，自喜，谓读书无益。洎践阼以来[2]，时方省书[3]，乃使人知作者之意。追思昔所行，多不是。

尧舜不以天下与子而与他人[4]，此非为不惜天下，但子不中立[5]耳。人有好牛马尚惜，况天下耶？吾以尔是元子[6]，早有立意，群臣咸称汝友四皓[7]，吾所不能致，而为汝来，为可任大事也。今定汝为嗣[8]。

吾生不学书[9]，但读书问字而遂知耳。以此故不大工，然亦足自辞解。今视汝书，犹不如吾。汝可勤学习，每上疏宜自书[10]，勿使人也。汝见萧、曹、张、陈诸公侯[11]，吾同时人，倍年于汝者，皆拜。并语于汝诸弟。吾得疾遂困，以如意母子[12]相累[13]，其余诸儿，皆自足立[14]。哀此儿犹小也。

【注释】

[1] 当秦禁学：指秦始皇焚书坑儒。

[2] 洎践阼以来：自登基以来。洎，到；阼，庙前台阶。践祚，指皇帝即位。

[3] 省书：明白了读书的重要性。

[4] “尧舜……与他人”：指尧、舜禅让，不传位给自己的儿子，而传给其他贤臣。

[5] 子不中立：儿子的才德浅薄，不足以被立为君王。

[6] 元子：嫡长子。《尚书》："猷，殷王元子。"

[7] 四皓：指秦末隐居商山的东园公唐秉、角里先生周术、绮里季吴实、夏黄公崔广。此四人因须眉皆白，故称商山四皓。汉高祖起初要征召他们入朝，皆不理会。后汉高祖欲废太子，其母吕后设法挽救，就用张良的计策迎来四皓，使之辅助太子，颇有成效。后来汉高祖认为太子羽翼已成，就改变了另立太子的想法。

[8] 嗣：储君，皇位继承人。

[9] 书：书法。

[10] 每上疏宜自书：每次上疏都要自己亲自书写。

[11] 萧、曹、张、陈诸公侯：萧何、曹参、张良、陈平诸公卿大臣。

[12] 如意母子：指刘邦宠妾戚姬和赵隐王刘如意，刘邦去世后，母子二人被吕后所害。

[13] 相累：拖累你。即托付太子照顾如意母子。

[14] 自足立：自己独立生活。

【译文】

我生逢社会动乱的年代，正赶上秦王朝禁绝百家之学的时候，为此我暗暗得意，觉得读书没有什么用。自从登皇位后，才慢慢领悟到书可以使人明白作者的用意。现在追想起从前的那些行为，大多是错的。

尧舜不把天下交给自己的儿子而禅让给其他大臣，这并不代表他不珍惜天下，而只是因为他儿子的才德不适合继承王位而已。人有了好牛好马尚且都知道爱惜，更何况是天下呢？我考虑到你是嫡长子，早就有立你为太子的想法。群臣都称赞你跟隐居商山的四皓成了朋友，以我的威望，尚且不能招他们到我身边效力，而他们却肯为你出山，这表明他们也认为你有能力，可以担当大事。现在我就正式确定你为皇位继承人。

我平生没有练过写字，只是在读书问字的过程中顺便练了一些，所以我的字写的不大好，但也足以表达我的意思了。我看你现在的字还赶不上我写的。你可要勤苦习字，每次颁布的文书材料都应该自己书写，不要让人代笔。你见到萧何、曹参、张良、陈平几位公侯的时候，他们是我的同辈人，年龄比你长一倍，你都要以礼相待。还要把我这话转告你的几位弟弟。我得病以后体力困顿，恐来日无多，特将如意母子俩托付给你照看。其余几个儿子都足以生活自立了，不用特别照顾。我只是可怜如意这孩子还小啊。

【点评】

马上能得天下，却不能治天下。这是乱世枭雄刘邦建立汉朝后多年治国的感悟。所以他才在临死前告诫太子好好读书，尊敬富有政治经验的老臣，并且把如意母子托付给太子，这是一位丈夫、父亲所表现出的人性的一面，而非一位威严帝王平日的冷酷无情的模样。

东方朔：诫子诗

【原文】

明者处世，莫尚于中[1]，优哉游哉，与道相从。首阳为拙[2]，柳惠为工[3]。饱食安步，以仕代农。依隐[4]玩世，诡时[5]不逢。是故才尽者身危，好名者得华[6]。有群者累生[7]，孤贵者失和，遗余者不匮，自尽者无多。圣人之道，一龙一蛇[8]，形见神藏，与物变化，随时之宜，无有常象。

【注释】

[1] 中：中庸，中正平和。

[2] 首阳：首阳山。商末伯夷叔齐隐身处，因不肯与周武王合作，“不食周粟”，饿死于此。拙，固执，不善于处世。

[3] 柳惠：柳下惠，鲁国大夫，虽多次被罢免官职，依然对国君忠诚。他非常注重贵族礼节，正直敬事，无论是么情况下都不改常态，这种做法最高明。工，精巧，技巧。

[4] 依隐：凭借。此处指要用隐士的超然心态在朝廷做官，才会安全。

[5] 诡时：危险的时候。

[6] 华：华彩。指虚名。

[7] 有群者累生：有名望的人一生忙碌。

[8] 一龙一蛇：像龙和蛇一样随机变化，莫测高深。

【译文】

明智之人的处世态度，没有比中正平和更值得推崇的了。悠闲自在的生活方式即合于大道。而像伯夷、叔齐这样的清高君子过于固执，不善于处世；而柳下惠正直敬事，不论治世乱世都不改常态，实在是高明的人杰。衣食饱足，悠然自得，以出仕为官代替隐退务农。身在朝廷而恬淡谦退，过着隐士那样悠然的日子，虽不随波逐流，却也不会有什么危险。因为太喜欢表现自己的人容易遭到嫉恨而有危险；而追逐名声的人容易得到华彩却空虚。有声望的人往往忙碌一生，自命清高的人身边一般没有几个朋友。凡事留有余地的，不会担心会缺少什么；凡事穷尽的，最后就没有什么可留下的了。因此圣人处世就像龙蛇一样见首不见尾，因时因地而随机应变，让人莫测高深。用最合适的方式处世，并没有固定的模式。

【点评】

东方朔深知“峣峣者易折，皎皎者易污”的道理，告诫儿子要八面玲珑，中庸处世，不固执、不偏激、不树敌，随机应变才是明智的生存之道。

司马谈：命子迁

【原文】

余先[1]周室之太史也。自上世尝显功名于虞夏[2]，典天官[3]事。后世中衰，绝于予乎？汝复为太史，则续吾祖矣。今天子接千岁之统，封[4]泰山，而余不得从行，是命也夫，命也夫！余死，汝必为太史；为太史，无忘吾所欲论著矣。且夫孝始于事亲[5]，中于事君，终于立身。扬名于后世，以显父母，此孝之大者。夫天下称诵周公，言其能论歌文武[6]之德，宣周召[7]之风，达太王、王季[8]之思虑，爰及公刘[9]，以尊后稷[10]也。幽厉[11]之后，王道缺，礼乐衰，孔子修旧起废，论《诗》《书》，作《春秋》，则学者至今则[12]之。自获麟[13]以来四百有余岁，而诸侯相兼[14]，史记放绝[15]。今汉兴，海内一统，明主贤君忠臣死义[16]之士，余为太史而弗论载，废天下之史文，余甚惧焉，汝其念[17]哉！

【注释】

[1] 先：祖先。

[2] 虞夏：有虞氏之世和夏代。

[3] 典天官：典，掌管。天官，天文历法。

[4] 封：指封禅。

[5] 事亲：侍奉父母。

[6] 文武：指周文王、周武王。

[7] 周召：周公、召公，周初著名的忠良之臣。

[8] 太王、王季：指周文王的父亲王季和祖父太王。

[9] 公刘：周人先祖，曾为躲避戎狄骚扰，带领全族人移居于豳（今陕彬县、旬邑）。

[10] 后稷：周人的始祖。

[11] 幽厉：周幽王、周厉王。

[12] 则：规则，准则。此处指效法。

[13] 获麟：春秋鲁哀公十四年猎获麒麟的故事。

[14] 诸侯相兼：诸侯混战，相互兼并。

[15] 史记放绝：指历史记载中断了。

[16] 死义：指恪守大义。

[17] 念：牢记。

【译文】

我们家的先祖是周朝的太史。早在有虞氏之世和夏代便有显赫的功名，职掌天文这样重要的工作。只是到了后世就逐渐衰落了，难道今天会断绝在我手里吗？你如果做太史，就会继承祖先的事业了。当今天子继承汉朝千年一统的伟业，要在泰山举行隆重的封禅大礼，而我却不能随行，这真是命啊，是命啊！我死之后，你必定要继续做太史；做了太史，不要忘记我想要撰写的那些著述。再说孝道始于侍候父母，进而侍奉君主，最终在于处世做人。扬名后世来显耀父母，这才是最重要的孝道。天下人都称颂周公，说他能够赞扬文王、武王的功德，宣扬周、邵的品格，通晓太王、王季的思谋远虑，乃至于公刘的不朽功业，并尊崇始祖后稷。周幽王、厉王之后，王道没落，礼乐衰微。孔子整理过去的文章典籍，修复被废弃的礼乐，编辑《诗经》《书经》，著述《春秋》等，学者至今都把这些当作准则。自鲁哀公获麟以来四百余年，各国诸侯相互兼并，导致各种史书几乎散失殆尽。如今汉朝兴起，天下一统，我作为太史，对那些明主贤君忠臣义士的事迹都没有记载和评论，中断了国家修史的传统，对此我感到惶恐不安，这事你要记在心里啊！

【点评】

王朝兴替，历代得失的记载、臧否是史家的责任所在，司马谈在这里着力强调做太史的重要价值，希望司马迁能继承祖业，完成其未竟的事业。言辞恳切，说理透彻，是动之以情、晓之以理的典范。

刘向：诫子刘歆

【原文】

告歆无忽[1]：若未有异德[2]，蒙恩甚厚，将何以报？董生[3]有云：“吊者在门，贺者在闾[4]。”言有忧则恐惧敬事，敬事则必有善功而福至也。又曰：“贺者在门，吊者在闾。”言受福则骄奢，骄奢则祸至，故吊随而来。齐顷公[5]之始，藉霸者之余威，轻侮诸侯，亏跂蹇之容[6]，故被窜[7]之祸，遁服而亡[8]，所谓“贺者在门，吊者在闾”也。兵败师破，人皆吊之，恐惧自新，百姓爱之，诸侯皆归其所夺邑，所谓“吊者在门，贺者在闾”也。今若年少，得黄门侍郎[9]，要显处也。新拜[10]皆谢，贵人叩头，谨战战栗栗，乃可必免[11]。

【注释】

[1] 忽：忽视，轻忽。

[2] 若未有异德：若，你；异德，特别出众的德行。

[3] 董生：西汉大儒董仲舒，学识渊博。

[4] 吊者在门，贺者在闾：吊丧的人在门口，贺喜的人在巷里。闾，里巷大门。古代二十五家为一闾，后指人聚集处。

[5] 齐顷公：春秋时期齐国国君，公元前 598 年至公元前 572 年在位。

[6] 亏跂蹇之容：缺少对跛足之人尊重的雅量。亏，缺乏；容，度量。此指齐顷公戏耍晋鲁卫曹四国使者之事。齐顷公六年春，晋国大

夫郤克（眇目）、鲁国大夫季孙行父（秃头）、卫国大夫孙良夫（跛足）和曹国公子首（驼背）四人一同出使齐国。齐顷公的母亲看到后忍不住发笑，齐顷公特地安排了四个有同样残疾的仆人给他们御马。四位使者大怒，回国之后，郤克请求晋国国君出兵攻齐。

[7] 鞌：通“鞍”，今济南一带。公元前589年齐晋在鞌展开大战，齐国因轻敌大败。

[8] 遁服而亡：遁服：改换衣服以隐藏身份；亡，逃跑。此处指齐顷公在战场上为脱身，与大夫逢丑父换衣潜逃。

[9] 黄门侍郎：皇帝近臣，可自由出入皇宫，传达诏书。

[10] 新拜：新封官职。

[11] 必免：免去灾祸。

【译文】

刘歆啊，我告诫你，不要忽视下面的话：你并无特别出众的德行，却蒙厚恩受到重用，你准备拿什么来回报呢？董仲舒曾说：“来吊慰的人刚走到家门口，可道喜的人已经到了里巷。”这是说人只要有忧患意识就会心怀敬畏，做事谨慎，谨慎做事就一定会取得好成就，福报也会随之而来。他又说：“前来道喜的人刚到了家门口，可吊慰的人已经到了里巷。”这句话的意思是，人一旦享福就容易产生骄奢习气，骄奢就会招来灾祸，吊慰不幸的人会随后到来。齐顷公刚开始主理政务时，借助祖上齐桓公霸业的余威，轻视侮辱其他的诸侯，戏耍嘲弄跛脚的晋国使臣郤克，所以才遭受鞍之战那样惨败的兵祸，他自己最后只得靠改换装束才得以狼狈逃命。这就是“道贺的人刚到了家门时，可吊慰的人已经到了里巷”所讲述的道理。齐顷公被打败后，人们都来吊慰。他此后深感恐惧和自责，努力改过自新，终于得到百姓的真心拥戴，这个时候诸侯也感到了危险，纷纷把此前侵占的城邑归还给了齐国。

这就是“来吊慰的人刚走到家门口，可道贺喜事的人已经到了里巷”的道理。现在像你小小年纪，就得到了黄门侍郎的官职，地位显赫。新官上任，别人都来道贺，那些有身份的人也给你叩头，这个时候你应该万分谨慎才是，这样才可以避免招来灾祸。

【点评】

“福之祸所依”，好事和坏事是相互依存、互相转化的。刘向借用历史典故告诫儿子人心难测，命运无常，处世要处处谨慎，别招摇。

马援：诫兄子严、敦书

【原文】

吾欲汝曹闻人过失，如闻父母之名[1]，耳可得闻，而口不可得言也。好论议人长短，妄是非正法[2]，此吾所大恶也[3]，宁死不愿闻子孙有此行也。汝曹知吾恶之甚矣，所以复言者，施衿结缡[4]，申父母之戒[5]，欲使汝曹不忘之耳。

龙伯高[6]敦厚周慎，口无择言[7]，谦约节俭，廉公有威，吾爱之重之，愿汝曹效之。杜季良[8]豪侠好义，忧人之忧，乐人之乐，清浊无所失[9]，父丧致客，数郡毕至，吾爱之重之，不愿汝曹效也。效伯高不得，犹为谨敕之士[10]，所谓刻鹄不成尚类鹜者也[11]。效季良不得，陷为天下轻薄子，所谓画虎不成反类狗者也。讫今季良尚未可知，郡将下车辄切齿[12]，州郡以为言[13]，吾常为寒心，是以不愿子孙效也。

【注释】

[1] 父母之名：父母的名字。古代重孝道，子女对父母的名字要避讳。

[2] 妄是非正法：随意议论朝廷正当的法度。

[3] 恶：讨厌，痛恨。

[4] 施衿结缡：衿，同“襟”，上衣或袍子的胸前部分；缡，佩巾。古时习俗，女子出嫁时，母亲为女儿整理衣襟、佩巾。

[5] 父母之戒：父母对女儿怎样做一个好妻子的告诫。

[6] 龙伯高：前1—公元88，京兆（今西安市）人，曾任零陵太守，颇有名望。

[7] 口无择言：不说不合适的话。择，通“殬”，败坏。有人认为此处“择”是“选择”，即说话随便，明显不合原意。

[8] 杜季良：东汉时期人，官至越骑司马（一说校尉），为人豪爽仗义，后被陷害免职。

[9] 清浊无所失：好人坏人都结交。

[10] 谨敕之士：谨慎谦虚，能自我约束的人。谨敕亦作“谨勅”；敕：整。

[11] 刻鹄不成尚类鹜者也：如果天鹅雕刻不好，还可以雕得像一只野鸭。鹄，天鹅；鹜，野鸭。

[12] 下车：指官员初到任；切齿：指咬牙痛恨。

[13] 以为言：以此作为话柄。

【译文】

我希望你们听说了他人的过失，就像听见了父母的名字一样。耳朵可以听见，但口头不可以随意谈论。喜欢议论别人的长短，随意评论朝廷的正当法度，这是我最讨厌的事。我宁愿去死，也不希望听到子孙们有这样的行为。你们知道我非常厌恶这种行径，我之所以再次提醒，就像女儿在出嫁前，父母为其整理装束，告诫她为妻为媳之道一样，想让你们不要忘记我所说的话。

龙伯高为人谨慎，敦厚诚实，所言没有什么不合适的。谦约节俭，为官清廉而有威严。我爱护他，敬重他，希望你们以他为榜样。杜季良是个豪侠，很有正义感，忧他人之忧，乐他人之乐，交友广泛，不分良莠。他的父亲去世时，附近几个郡县有很多人都来吊唁。我也爱护他，敬重他，不过我不想你们学他。如果学龙伯高学不好，还可以成为谨慎谦虚，自我约束良好的人，就像所说的雕刻鸿鹄不成还可以像一只野鸭。若是你们学杜季良不到家，那就堕落成了轻薄之人，就像所说的画虎不像反像狗了。到现在为止，杜季良还不知道自己的危险处境，郡里的将领们一到任就恨他到切齿，州郡内的百姓常以此作为话柄来谈论。我时时替他感到寒心，这也是我不愿意子孙向他学习的原因。

【点评】

隐恶扬善是古代君子的基本修养，马援希望他的后人不要妄议他人和朝纲的是非，免得招来不必要的麻烦，这在过去封建时代是很正常的做法。即使是今天，随意说他人是非，公开批评既定的国家大政方针也是不妥当的。

关于效法他人，马援提出了一个很有价值的观点，那就是要根据自身情况、谨慎选择效法对象。对优点突出，缺点明显（或者优点也是缺点）的人，尽量不要学，因为很有可能造成优点没学到多少，缺点倒是沾染了一大堆，那就成了“画虎不成反类狗”了。

郑玄：诫子益恩书

【原文】

吾家旧贫，不为父母昆弟[1]所容，去厮役之吏[2]，游学周、秦之都，往来幽、并、兖、豫之域[3]，获觐[4]乎在位通人[5]，处逸[6]大儒，得意者咸从捧手，有所受焉。遂博稽六艺[7]，粗览传记，时睹秘书纬术[8]之奥。年过四十，乃归供养，假田播殖，以娱朝夕。遇阉尹擅势，坐党禁锢[9]，十有四年，而蒙赦令[10]，举贤良方正有道，辟大将军三司府。公车再召，比牒并名，早为宰相[11]。惟彼数公，懿德大雅，克堪王臣，故宜式序[12]。吾自忖度，无任于此，但念述先圣之元意[13]，思整百家之不齐，亦庶几以竭吾才，故闻命罔从[14]。而黄巾为害，萍浮南北，复归邦乡，入此岁来，已七十矣。

宿素[15]衰落，仍有失误，案之礼典，便合传家。今我告尔以老，归尔以事，将闲居以安性，覃思[16]以终业。自非拜国君之命，问族亲之忧，展敬冢墓，观省野物[17]，胡尝扶杖出门乎？家事大小，汝一承之。咨尔茕茕一夫[18]，曾无同生相依[19]。其勖求君子之道[20]，研钻勿替，敬慎威仪，以近有德。显誉成于僚友[21]，德行立于己志。若致声称[22]，亦有荣于所生，可不深念邪？可不深念邪？

吾虽无绂冕之绪[23]，颇有让爵之高。自乐以论赞之功，庶不遗后人之羞。末所愤愤者，徒以亡亲冢垄[24]未成，所好群书，率皆腐敝[25]，不得于礼堂写定，传与其人。日西方暮，其可图乎！

家今差多于昔，勤力务时，无恤饥寒，菲饮食，薄衣服[26]，节夫二者，尚令吾寡恨。若忽忘不识，亦已焉哉。

【注释】

[1] 昆弟：兄弟。

[2] 去厮役之吏：辞去仆役小吏职位。去，离职。

[3] 幽、并、兖、豫之域：幽州、并州、兖州、豫州等地，今京津冀晋鲁一带。

[4] 覲：拜见。和地位高的人见面。

[5] 在位通人：有官职又博古通今的大儒。

[6] 处逸：隐居江湖。

[7] 博稽六艺：全面考查儒家六经即《诗》《书》《礼》《乐》《易》《春秋》。

[8] 秘书纬术：谶纬，用儒家学说附会人事凶吉的纬书，有《易纬》《书纬》《诗纬》等，称为七纬，在东汉时期被称为“内学”。

[9] 阉尹擅势，坐党禁锢：指东汉恒帝、灵帝时期的宦官专权和“党锢之祸”。

[10] 大赦：朝廷赦免罪犯。

[11] 公车再召，比牒并名，早为宰相：与我一起被朝廷征召的人都已经做了宰相。

[12] 式序：依次重用。

[13] 先圣之元意：指孔孟所传经典的本意。

[14] 闻命罔从：没听从朝廷的诏命。

[15] 宿素：平常，向来。

[16] 覃思：深入思考。

[17] 观省野物：观览田野景物。

[18] 茕茕：孤单一人。

[19] 曾无同生相依：没有同胞兄弟相互照应。

[20] 勖求：努力寻求。

[21] 显誉成于僚友：成就名誉要靠同僚朋友的帮助。

[22] 声称：名气和赞扬。

[23] 绂冕之绪：绂，系印纽的丝绳，代指官印；冕，官帽。绂冕之绪，指高官显位的政绩。

[24] 冢垄：坟丘。

[25] 腐敝：腐烂衰坏。

[26] 菲饮食，薄衣服：节衣缩食。菲，简陋；薄，量少。

【译文】

我们家过去比较贫穷，我又不被父母兄弟所容，就辞去了衙门小吏的差事，到洛阳、长安求学，往来于幽、并、兖、豫各地，这才得以拜见身处官位的学者和隐居乡下的大儒，遇到合心意的高人就虚心求教，获益不少。于是我认真钻研儒家的六部经典，粗略阅读了一些史传，有时还能感受到秘纬图书所述天文方面的奥妙。年过四十之后，我回到故里赡养父母，以种田来打发时光。后来遇到宦官专权，因党锢之祸的牵连而遭当局禁锢，整整过了十四年后才被朝廷赦免。后又被选为贤良方正、有道之才，被大将军、三司府征召做官。公车也两次征召我，和我一同被征召的人才，有的已经做了宰相。那几位德隆才高，完全可以胜任要职，所以应该依次重用。而我自己思忖自身的条件，没有担当朝廷重任的能力。我只想阐述先辈圣贤经典的本意，想着收集整理诸子百家学说，也算是发挥我的长处，因此我在接到朝廷征召的诏命后并没有去赴任。等遇到黄巾军起事，我就像浮萍一样南北飘泊，这次又回到了故乡。到今年，我已经七十岁了。

我过去的学业已经荒疏，且有失误之处，根据礼典的规矩，像我这年龄的人应当把家事交给下一辈处理了。如今我告诉你我已经老了，把家事交给你管理，我则准备在家闲居，修身养性，深入思考来完成我的著述之业。如果不是拜受国君的诏令，分担亲戚族人的忧愁，祭扫先祖的坟墓，观览田野的景物，为什么还要拄着拐杖出门呢？家中大小事务，由你一人负责。可怜你孤身一个，竟无兄弟可以相互照应。你应当努力追求成就君子修为，不能荒废学问，态度仪表上更要慎重，这样才能有机会亲近那些有道德的人。显赫的名声可以靠同事朋友们成全，德行的养成只能靠自己立志而为了。如果获得了好的名气和赞许，对那些生你的人也是一种荣耀，这个问题能不深思吗？能不深思吗？

我虽然没有那些高官显赫的政绩，但有具备多次让贤的高风亮节。我乐于整理经典，会有一定的成就的，估计不会让后人感到羞愧。平生我觉得有遗憾的事，仅仅是父母的坟基尚未修好，所喜爱的那些书大都破损不堪，未能在讲学的礼堂内写成定稿，并把它们传给我合意的人。我现在就像夕阳，已近人生的黄昏，还能做这些事吗？我们的家境现在稍好于过去，只要按时节勤于耕作，就不必担心有饥寒。节衣缩食，在这两方面能够节俭，或许能让我少一些遗憾。如果你不在乎，也记不住我这些话，那也就算了！

【点评】

这封家书回顾了郑玄追求学业的不平凡经历，旨在通过现身说法，含蓄地向独子益恩传授治学和做人的经验。他要求益恩修德尚俭，承继自己的学业。文章简明委婉，为后人所赞誉。清刘熙载《艺概》书中称此书“雍雍穆穆，隐然涵《诗》《礼》气”。

蔡邕：女训

【原文】

心犹首面也，是以甚致饰焉。面一旦不修饰，则尘垢秽之；心一朝不思善，则邪恶入之。人咸知饰其面而不修其心，惑[1]矣。夫面之不饰，愚者谓之丑；心之不修，贤者谓之恶。愚者之丑犹可，贤者谓之恶，将何容焉？故览照拭面，则思其心之洁也；傅[2]脂则思其心之和也；加[3]粉则思其心之鲜[4]也；泽发，则思其心之顺也；用栉[5]，则思其心之理[6]也；立髻[7]，则思其心之正也；摄[8]鬓，则思其心之整[9]也。

【注释】

[1] 惑：糊涂。

[2] 傅：搽抹。

[3] 加：搽。

[4] 鲜：纯净。

[5] 栉：梳子。

[6] 理：条理。

[7] 立髻：挽发至头顶。髻，发结。

[8] 摄：收理，约束。

[9] 整：整齐。

【译文】

人的心就像脸一样，需要特别精心地修饰。脸如果一天不加修饰，就很容易被尘垢弄脏；心一天不想着修善，邪恶的念头就会进入。人们都知道修饰自己的面容，却不明白养育自己的善心，糊涂啊。脸面如果不修饰，愚笨的人会说这个人丑；心性不修炼，贤明的人会说这个人恶。愚笨的人说这个人丑，没有什么大不了的；但贤人说这个人恶，这个人哪里还能容身呢？所以你照镜子的时候，要想想自己的内心是否高洁；涂抹香脂的时候，要想想自己的心态是否平和；搽粉的时候，要想想你的内心是否纯净；滋润头发的时候，要想想你的内心是不是安顺；用梳子梳头发的时候，要想想你的内心是否有条理；挽髻的时候，要想想你的内心是不是与发髻一样端正；束鬓时，要想想你的内心是不是与鬓发一样整齐。

【点评】

这是东汉名臣、才女蔡邕为其女儿所写。大意是，面容的修饰虽然重要，但品德学识的修养更为重要。其核心观点是“心犹首面也”。这篇《女训》提示我们女性，除了化妆、美容，学识的培养、气质的塑造、道德的修为尤其需要重视。这也是当今家庭女子教育方面比较缺失的方面。

曹操：遗令

【原文】

吾夜半觉小不佳，至明日饮粥汗出。服当归汤。

吾在军中持法是也，至于小忿怒，大过失，不当效[1]也。天下尚未安定，未得遵古[2]也。吾有头病，自先著帻[3]。吾死之后，持大服如存时[4]，勿遗。百官当临[5]殿中者，十五举音[6]，葬毕便除服。其将兵屯戍者，皆不得离屯部。有司各率乃职。殓以时服，葬于邺之西冈上，与西门豹祠相近，无藏金玉珍宝。

吾婢妾与伎人皆勤苦，使著[7]铜雀台，善待之。于台堂上安六尺床，施穗帐[8]，朝晡上脯糒之属[9]，月旦十五日，自朝至午，辄[10]向帐中作伎乐。汝等时时登铜雀台，望吾西陵墓地。余香可分与诸夫人，不命祭[11]。诸舍中无所为[12]，可学作组履卖也。吾历官所得绶[13]，皆著藏中。吾余衣裘，可别为一藏，不能者，兄弟可共分之。

【注释】

[1] 效：效法。

[2] 遵古：遵照过去的丧事礼仪。

[3] 著帻：戴头巾。著，穿戴；帻，头巾。

[4] 存时：活着的时候。

[5] 临：哭丧。

[6] 十五举音：哭十五声。

[7] 著：安置。

[8] 穗帐：麻布质地的灵帐。

[9] 朝晡上脯糒之属：早晚供肉干、米饭一类的祭品。晡，申时，即下午三点到五点；脯，干肉；糒，干粮。

[10] 辄：就。

[11] 不命祭：此处指不用香祭祀。

[12] 无所为：清闲，无事可做。

[13] 绶：拴印或佩玉的丝带。

【译文】

我半夜感觉身体有点不太舒服，到天亮的时候喝了些粥，出了汗，又服了当归汤。

我治军一向严格执法，这是正确的（你要牢记），至于那些小的发怒，大的过失，你就不要学了。如今天下还没有安定，还不适合依照古代丧事礼仪来操办。我有头痛病，很早就戴上了头巾。我死后，穿的礼服就像我活着的时候穿的一样，不要忘了。文武百官应当来殿中吊丧的，只需哭十五声即可。等葬礼完毕，就把丧服脱下；那些驻防各地的将士，都不许离开驻地；各级官吏都要恪守职责。入殓时给我穿平时所穿的衣服即可，把我葬在邺城西边的山冈上，靠近西门豹的祠堂，不要用金玉珍宝陪葬了。

我的婢妾和歌舞艺人平时都很辛劳，日子过得并不好。你把他们都安置在铜雀台吧，好好地对待他们。在铜雀台的正堂上安放一张六尺长的床，挂上灵幔。早晚供上肉干、干饭之类的祭品，每月初一、十五两天，从早到晚向着灵帐歌舞。你们时时登上铜雀台，遥望我的西陵墓地即可。我留下的熏香可分发给诸位夫人，但不要用这些香来祭祀。各房的人若没事可做，可学编织丝带子和做鞋子去卖些钱。我一生做官所得的绶带，都放到库房里。我遗留下来的那些衣物、皮衣等，可放到另一个库房里，放不了的，你们兄弟几个就分了吧。

【点评】

在一般人的印象中，曹操是那种奸诈凶残而又豪气干云的枭雄。“老骥伏枥，志在千里；烈士暮年，壮心不已”这样的诗句是何等的气魄。而这篇《遗令》却让我们看到了他作为一个人，作为父亲和丈夫的“真性”。

《遗令》通篇所讲都是小事，先说身体状况，又说自己治军的旧事，然后就讲死了之后要薄葬，礼仪越简单越好，最后是对姬妾的安排。都是普通人的口吻。这其中最值得称道的就是“薄葬”，他应该是古代帝王将相中最先提出这一建议的人。仅此一点，就值得钦佩。

刘备：遗诏敕后主

【原文】

朕初疾，但下痢[1]耳，后转杂他病，殆[2]不自济。人五十不称夭[3]，年已六十有余，何所复恨？不复自伤，但以卿兄弟为念。射君到，说丞相叹卿智量，甚大增修，过于所望。审[4]能如此，吾复何忧！勉之，勉之！勿以恶小而为之，勿以善小而不为[5]。惟贤惟德，能服于人。汝父德薄，勿效之。可读《汉书》《礼记》，闲暇历观诸子及《六韬》[6]《商君书》[7]，益人意智。闻丞相为写《申》《韩》《管子》[8]《六韬》一通已毕，未送，道亡[7]，可自更求闻达。

【注释】

[1] 痢：拉肚子，痢疾。

[2] 殆：差不多，大概。

[3] 夭：本意指未成年人死去，此处指早逝。

[4] 审：果真，如果。

[5] 勿以恶小而为之，勿以善小而不为：不要因为坏事小就去做，不要因为好事小就不做。

[6]《六韬》：古代兵书名，汉人假托姜太公名编写的，记载周文王周武王时期的战事。分文韬、武韬、龙韬、虎韬、豹韬、犬韬六部分，合称《六韬》。

[7]《商君书》：一般认为系先秦时期法家代表人物商鞅所作，内

容涉及经济、政治、军事、法治等等诸多重大问题。

[8]《申》《韩》《管子》：先秦法家申不害、韩非子和管子的著作。《申》《韩》即《申子》《韩非子》。

[9] 未送，道亡：没有送过来，在路上丢失了。

【译文】

我最初得的病不过是痢疾，后来又感染了其他病症，看来多半是不行了。人生活够五十岁就不能叫作夭折，我已经六十多了，还有什么遗憾呢？所以不再伤感，只是放心不下你们几个兄弟啊。射援先生来说，诸葛丞相称赞你的才智气量提高了不少，超过了他的预期。如果真的是这样的话，我还有什么可担忧的呢？努力吧，努力吧！努力！不要因为坏事小就去做，也不要因为善事小而不去做。做人呢惟有贤和德，才能使人信服。你的父亲我德行浅薄，就不要学我了。可以多读《汉书》《礼记》，不忙的时候就通览诸子百家以及《六韬》《商君书》，这些书对提升人的意志力和智慧都很有好处。我听说丞相为你抄写了一份《申子》《韩非子》《管子》《六韬》，还没有送到就在路上丢失了，你可以再找有名望的人去求教。

【点评】

刘备的这篇遗诏，主要谈了两条嘱咐：一是要加强道德修为，二是多读有益的书。前者是为服人，后者是为益智。在当时的三国鼎立、蜀国最弱环境下，这是非常正确的做法。尤其是“勿以恶小而为之，勿以善小而不为”，已成为传世名言。

诸葛亮：诫子书

【原文】

夫君子之行，静以修身，俭以养德[1]。非澹泊[2]无以明志，非宁静无以致远[3]。夫学须静也，才须学也；非学无以广才[4]，非志无以成学。淫慢[5]则不能励精[6]，险躁[7]则不能冶性[8]。年与时驰，意与岁去[9]，遂成枯落，多不接世[10]；悲守穷庐，将复何及[11]？

【注释】

[1] 修身：提高自身的修养；养德：培养自己的德行。

[2] 澹泊：一作“淡泊”，清静而不贪图功名利禄。

[3] 致远：指达成远大目标。

[4] 广才：增长才能。

[5] 淫慢：放纵懒散。慢，懈怠，漫不经心。

[6] 励精：用心，振奋精神。

[7] 险躁：草率，急躁。

[8] 冶性：陶冶性情。

[9] 年与时驰，意与岁去：年华与时光一起飞驰（增长），意气志向随岁月一起流逝。

[10] 接世：接触世事，指为社会所用，对社会做贡献。

[11] 将复何及：怎么来得及。

【译文】

一般君子的行为做法，都是依靠内心宁静来修养健康身心，以俭朴节约来培养优良品德。如果不清心寡欲就无法明确自己的志向，心智不安易受干扰就无法达成远大目标。学习必须清静专心，才干来自勤奋的学习。如果不努力学习，就无法使自己的才干得以增长，没有明确自己的志向，就不能在学习上获得成就。纵欲怠慢就不能振作精神，草率急躁就不能陶冶性情。美好年华伴随时光一起飞驰，意气志向伴随岁月逐渐流逝。最终成为废物，不为社会所用，只能悲哀地困守在自己家的破房子里，到时候即使悔恨又怎么来得及呢?

【点评】

诸葛亮这篇《诫子》，着墨不多，却大有深意。他认为人最关键的是要有“志”，有“志”就可以“学”，“学”之后就能增“才”。而要做到上述这些，还必须陶冶情操，即淡泊、宁静、俭朴，不懈怠，不急躁，如此方可有成。

“淡泊明志，宁静致远”已成传世警句。

羊祜：诫子书

【原文】

吾少受先君[1]之教，能言之年，便召[2]以典文[3]。年九岁，便诲以《诗》《书》。然尚犹无乡人之称，无清异[4]之名。今之职位，谬恩[5]之加耳，非吾力所能致也。吾不如先君远矣！汝等复[6]不如吾。咨度弘伟[7]，恐汝兄弟未之能也；奇异独达，察汝等将无分[8]也。恭为德首，慎为行基，愿汝等言则忠信，行则笃敬，无口[9]许人以财，无传不经之谈，无听毁誉之语。闻人之过，耳可得受，口不得宣，思而后动。若言行无信，身受大谤，自入刑论，岂复惜汝，耻及祖考[10]！思乃父言，纂[11]乃父教，各讽诵[12]之。

【注释】

[1] 先君：先父。

[2] 召：教习。

[3] 典文：经典文献。

[4] 清异：特别。

[5] 谬恩：不该得到的恩惠。

[6] 复：又。

[7] 咨度弘伟：见解高深，气度远大。

[8] 分：天分。

[9] 无口：不要随意开口。

[10] 祖考：先祖，先人。

[11] 纂：继承，听从。

[12] 讽诵：认真朗读。

【译文】

我小时候接受父亲的教诲，在我刚开始说话的时候，他就教我读一些经典文章。在我九岁的时候，就教我学《诗经》《尚书》，可还是得不到乡邻的夸奖，没有特别聪明的名声。今天我得到的官职，也是蒙恩侥幸获得，并不是凭我的能力所能得到的。我的能力和父亲差得很远，而你们几个呢还不如我。若论见解高深，气度远大，只怕你们兄弟几个远远到不了这个层次；若论智慧才能出类拔萃，我估计你们也没有这个天分。恭敬是位居第一位的品德，谨慎是做事的根基。希望你们说话讲究诚信，做事踏实恭敬，不要随便许诺他人财物，不要传播没有根据的说法，不要听那些毁谤和赞誉的话。听到别人的缺点，耳朵可以听听，但嘴里不要到处说，三思之后再采取行动。如果说话做事没有信用而受到别人的指责，乃至受到刑罚，难道我会再怜惜你们吗？因为这样会让祖先蒙羞啊。你们好好想想我这个父亲的话，听从我这个父亲的教诲，每个人都要认真朗读。

【点评】

羊祜针对诸子资质一般的实际，对于他们未来的人生发展没有寄托什么希望。唯其如此，只求诸子踏实做人，少惹是生非，如此做方能平安。这是非常务实的做法。

嵇康：家诫

【原文】

人无志，非人也。但君子用心，所欲准行[1]，自当量其善者，必拟议而后动。若志之所之[2]，则口与心誓，守死无贰[3]，耻躬不逮[4]，期于必济[5]。若心疲体懈，或牵于外物，或累于内欲，不堪近患，不忍小情，则议于去就[6]。议于去就，则二心交争。二心交争，则向[7]所以见役之情[8]胜矣！或有中道而废，或有不成一匮而败之[9]，以之守则不固，以之攻则怯弱；与之誓则多违，与之谋则善泄；临乐则肆情[10]，处逸则极意[11]。故虽繁华熠耀，无结秀[12]之勋；终年之勤，无一旦[13]之功。斯君子所以叹息也。若夫申胥[14]之长吟，夷齐[15]之全洁，展季[16]之执信，苏武之守节，可谓固矣！故以无心守之，安而体之，若自然也，乃是守志之盛者也。

所居长吏[17]，但宜敬之而已矣。不当极亲密，不宜数往，往当有时。其有众人，又不当独在后，又不当宿留。所以然者，长吏喜问外事，或时发举，则怨者谓人所说，无以自免也。若行寡言，慎备自守，则怨责之路解矣。其立身当清远。若有烦辱[18]，欲人之尽命，托人之请求，当谦言辞谢。其素不豫[19]此辈事，当相亮[20]耳。若有怨急，心所不忍，可外违拒[21]，密为济之[22]。所以然者，上远宜适之几[23]，中绝常人淫辈[24]之求，下全束脩[25]无玷之称，此又秉志之一隅也。

凡行事，先自审其可，若于宜[26]。宜行此事，而人欲易之，当说宜易之理。若使彼语殊佳者，勿羞折遂非[27]。若其理不足，而更以情求来守。人虽复云云，当坚执所守，此又秉志之一隅也。不须行小小束脩之意气，若见穷乏而有可以赈济者，便见义而作。若人从我，欲有所求，先自思省，若有所损废多，于今日所济之义少，则当权其轻重而拒之。虽复守辱不已[28]，犹当绝之。然大率[29]人之告求，皆彼无我有，故来求我，此为与之多也。自不如此，而为轻竭，不忍面言，强副[30]小情，未为有志也。

夫言语，君子之机。机动物应，则是非之形著矣，故不可不慎。若于意不善了[31]，而本意欲言，则当惧有不了之失，且权[32]忍之。已后视[33]向不言此事，无他不可，则向言或有不可。然则能不言，全得其可矣。且俗人传吉迟传凶疾[34]，又好议人之过阙[35]，此常人之议也。坐中所言，自非高议。但是动静消息，小小异同，但当高视，不足和答[36]也。非义不言，详静敬道，岂非寡悔之谓[37]？

人有相与变争，未知得失所在，慎勿豫也。且默以观之，其是非行[38]自可见。或有小是不足是，小非不足非，至竟[39]可不言以待之。就有人问者，犹当辞以不解，近论议亦然。若会酒坐，见人争语，其形势似欲转盛，便当无何舍去之，此将斗之兆也。坐视必见曲直，倘不能不有言，有言必是在一人，其不是者方自谓为直，则谓“曲我者有私于彼”，便怨恶之情生矣！或便获悖辱之言[40]。正坐视之，失见是非，而争不了[41]，则仁而无武，于义无可，当远之也。然大都争讼者，小人耳。正复有是非，共济汗漫[42]，虽胜，可足称哉？就不得远取醉为佳。若意中偶有所讳[43]，而彼必欲知者，若守[44]不已，或却以鄙情[45]，不可惮此小辈，而为所挽[46]。以尽其言[47]，今正坚语[48]，不知不识，方为有志耳。

自非知旧邻比[49]，庶几已下[50]，欲请呼者，当辞以他故，勿往也。外[51]荣华则少欲，自非至急，终无求欲，上美也。不须作小小卑恭，当大谦裕；不须作小小廉耻，当全大让。若临朝让官，临义让生，若孔文举[52]求代兄死，此忠臣烈士之节。

凡人自有公私，慎勿强知人知。彼知我知之，则有忌于我。今知而不言，则便是不知矣。若见窃语私议，便舍起，勿使忌人也。或时逼迫，强与我共说，若其言邪险[53]，则当正色以道义正之。何者？君子不容伪薄之言故也。一旦事败，便言某甲昔知吾事，是以宜备之深也。凡人私语，无所不有，宜预以为意[54]，见之而走者，何哉？或偶知其私事，与同则可，不同则彼恐事泄，思害人以灭迹也。非意所钦重[55]者，而来戏调，蚩笑[56]人之阙者，但莫应从。小共转至于不共[57]，亦勿大冰矜。[58]趋以不言答之。势不得久，行自止也。自非所监临[59]，相与无他，宜适有壶榼[60]之意，束脩之好，此人道所通，不须逆也。过此以往，自非通穆[61]，匹帛之馈，车服之赠，当深绝之。何者？常人皆薄义而重利，今以自竭[62]者，必有为而作。鬻货徼欢[63]，施而求报，其俗人之所甘愿，而君子之所大恶也。又愦不须离搂[64]，强劝人酒，不饮自已；若人来劝己，辄当为持之，勿请勿逆也；见醉薰薰便止，慎不当至困醉，不能自裁[65]也。

【注释】

[1] 准行：行为规范。

[2] 志之所之：志向之所在。

[3] 贰：背叛，变节。

[4] 耻躬不逮：羞耻于自己做不到。

[5] 期于必济：寄希望于最后成功。

[6] 去就：做与不做。

[7] 向：向来，过往。

[8] 见役之情：被控制的心事欲望。

[9] 不成一匮而败之：放弃此前的努力而失败。

[10] 肆情：放纵情感。

[11] 极意：随心所欲，极度放松。

[12] 结秀：结出果实，有成就。

[13] 一旦：一天。

[14] 申胥：申包胥，春秋时期楚国大夫，有救楚之功。

[15] 夷齐：商末隐士伯夷、叔齐。

[16] 展季：鲁国柳下惠。

[17] 所居长吏：当地官员。

[18] 烦辱：别人有求于你。

[19] 不豫：不参与。豫，通“与”。

[20] 亮：表明态度。

[21] 可外违拒：可表面上不答应。

[22] 密为济之：私下再替对方筹划。

[23] 上远宜适之几：在上可以远离那些想要以此为借口拉拢、束缚你的人。

[24] 淫辈：平常容易带来麻烦的人。

[25] 束脩：礼物。

[26] 于宜：指事情适合去做。

[27] 勿羞折遂非：不要感到自卑而妄自菲薄。

[28] 守辱不已：一直请求。求人属于没面子的事，所以称为守辱。

[29] 大率：一般，多数情况下。

[30] 强副：强，勉力；副，帮助。

[31] 不善了：不是很了解。

[32] 权：暂时，权且。

[33] 后视：事后再看。

[34] 传吉迟传凶疾：一般好事传得很慢，坏事传得却快。

[35] 又好议人之过阙：又喜欢议论别人的过失。阙，通“缺”，过失。

[36] 和答：附和搭腔。

[37] 寡悔之谓：所说的减少后悔的方法。

[38] 行：将。

[39] 竟：最后。

[40] 悖辱之言：错误的言论。

[41] 争不了：争论不休。

[42] 共济汗漫：一起做漫无边际的争论。汗漫，广泛，漫无边际。

[43] 若意中偶有所讳：假如言语中偶尔犯了忌讳。

[44] 守：保守。

[45] 却以鄙情：以常情去推却。

[46] 挽：裹挟。

[47] 以尽其言：任由他说。

[48] 今正坚语：现在坚持要说。

[49] 知旧邻比：知心朋友和邻居。

[50] 庶几已下：一般交情。

[51] 外：疏远，远离。

[52] 孔文举：三国时期的孔融。

[53] 邪险：邪恶阴险。

[54] 宜预以为意：应当事先引起注意。

[55] 钦重：赞同。

[56] 蚩笑：讥笑，嘲笑。

[57] 小共转至于不共：从小附和转为不再苟同。

[58] 冰矜：冷淡。

[59] 监临：俯视，看管。此处指官员。

[60] 壶榼：古代用于盛酒或茶水的容器，这里指摆酒。

[61] 通穆：相处融洽的知心朋友。

[62] 自竭：竭尽全力。

[63] 鬻货徼欢：用财物换取（别人的）欢心。鬻，麦；徼，通“邀”。

[64] 又愦不须离搂：人酒醉后不要再纠缠。愦，昏乱，这里指醉酒。离搂，纠缠。一说“离娄”（乖巧的样子），殷勤劝酒。

[65] 自裁：自制。

【译文】

如果一个人活着却没有追求，那他就不算是一个真正的人。而作为一个君子，想做事就应该遵循一定的行为准则。最好的办法是在行动之前先想好策略。如果要做的事正好与你的志向相符，那么你就会做到心口合一，宁死也不改变。在此过程中或许会有松懈的时候，但若能以之为耻，继续努力，那么一定会取得成功。如果一个人心力交瘁，被外在的物质或者内心的欲望所牵累，受不了眼前的患难或者心中不爽，可能会想着到底是坚持或者放弃。犹疑的时候心中就会挣扎，进退两难。动摇挣扎的结果往往是被难以克服的欲望战胜。这样就容易造成半途而废或者直接失败的结果。用这样的人来防守肯定不坚固，用这样的人来进攻则太怯弱，与这样的人定下誓约常常会遭背弃，与这样的人共同谋划事情时又常常会被泄露消息。遇到快乐的事情则控制不住感情，处在轻松的境地时就极度放松，根本无法控制。这样的人虽然天资很好，但不会有杰出的成就；即使忙碌一整年，也难以成功。这就是君子所叹息的。当初伍子胥仰天长吟时的志向，伯夷叔齐品性高洁的行为，柳下惠令人感慨的执念，苏武坚守大节的美德，都是很坚定的了。所以说，心中无求而宁静，身体也不用打扮，这样最接近自然之道的人，才是信念最为坚定的人。

对居住之地的地方官员，只要适度表示尊敬就可以了。不要和他们过分亲密，和他们的来往也不要太多，如果一定要去拜访的话，最好别待得太久。如果是和其他人同去，那就不要单独和官员一起走在最后（以防引来猜疑），也不宜在官员家里留宿。之所以要这么做，是因为官员常常喜欢问别人一些社会上的事，或者提拔、举荐他认为好的人。谈论这些敏感的话题难免会受到当事人的怨恨，而对官员所提的这些问题，自己又不能不有所答复，比较棘手。如果能做到少说话，谨慎戒备，守好口风，就算是解开了远离怨恨的钥匙。做人应当立身清净高远的地方，如果有人来麻烦你，要你为他做一些很难办的事，在推辞的时候，应当用谦虚、诚恳而礼貌的语气，让对方明白你从未做过这种事。如果那人的事情确实有冤屈或者真的很紧急，你有点看不过去，想帮助他，就可以采取表面上婉拒，私下再设法帮助他的做法。之所以要你这样做，是因为这样上可以远离那些想要以此为借口拉拢、束缚你的人，中可以杜绝一般人的请求，下可以保全自己素来的名声，这也是一种坚守志向的办法。

做事之前，一定要先自己分析一下，看看能不能做，若认为没有问题了，就可以大胆做这件事。如果有人想要改变你的安排，他就应该说出需要改变的理由。如果他说的很在理，你也不要为自己的安排不周感到自卑；如果他所说的理由不够充分，他会改打感情牌请求你听从。虽然他一直喋喋不休，但你要坚守自己的想法，这也是坚守志向的一个办法。做人不能太小气，在遇见贫苦人时，如果有可以帮助、救济他的东西，就应当见义勇为去帮助他。若有人为了从你那里得到什么好处而一直纠缠你，你应当先反省，如果感觉送出去的东西是无用的居多，而“仗义”的成分少，则应当在权衡轻重后加以拒绝。即使对方一直低声下气缠着你，也不要心软。不过在多数情况下，如果人家来求你帮忙，一般都是因为他没有而你有，才会来求你，在此情境下，满足对方的要求的可能性还是比较大的。如果轻易为别人而竭尽所有，不忍心当面拒绝，勉强满足那些与你没什么交情的人的要求，这不算是有志向的人。

语言这个东西，是君子表达观点的一种重要表达形式，表达的时候，是非态度等都会通过它轻易显示出来。所以，说话之时不能不谨慎。如果讲出一些话会产生不良影响，虽然本来很想讲，也应当考虑到一直讲下去的可能引起的过失与其他不当的后果，就应当先忍着不说。事后再来看自己不讲这件事，也没什么不可以的，而说出来却可能有什么不当之处。因此能不说的话，也就尽量不说了，以保全自己。而且世俗之人传好消息很慢，坏消息倒是传得很快，又喜欢议论别人的过失短缺，这都是常人喜欢的。这样的人坐在一起所讨论的事情，自然不是什么高尚的话题。一点小小的变动消息，一点点的异样，都被他们重视，其实根本不值得去附和回答。如果不是附和“道义”的话就不说，细心安静的谨守值得尊敬的大道，难道不是减少后悔的一种办法吗？

人都有自己的判断、喜好，有赞许也有不认同甚至想与人争论的时候，但在你不知道这么做得失情况如何时，还是谨慎些，少去干预的好。暂时沉默着去观察，慢慢地自然会明白事情的是非曲直。有时小小的正确其实算不得正确，而小小的错误也不算是错了，这些情况都不用去说话干预。就算是有人来问了，也可以告诉他说自己不知道而不予回答。在遇到别人争论的时候也是如此。如果遇到酒会，别人开始争论而且有越吵越厉害的趋势，就应当找个机会离开而不要有任何留恋。因为这是他们将要开始争斗的前兆，如果你坐在一旁看着一定会对是非曲直作出区分，届时就忍不住不说话，你一开口说话肯定是站在其中一个人那边，届时他不对的地方你也就以为对了，而另外一个人会认为你是偏祖这个人与他作对，心里面就对你有了怨恨讨厌之情，对你说出不好听的话。就算你能忍住不说，就坐着看他们争吵，但你明明看出了是与非，却不参与争论，这是有仁心却无用武之地，从义而言又是不可为的事情，因此你应当远离他们。而且大部分喜欢争辩诉讼的人，都是小人。就算其中有是非曲直之分，但你与他一起争论，就算是胜利了又有什么值得称道的地方呢？还不如远离他们饮酒自醉的好。如果偶然间讲了一些使人有所忌讳的话，而那个知道了这个的人如果节操不是很好，以这点作为威胁，你也不用怕这种小人，而因此被他利用。让他去说吧。假如能坚守以为对的言语，对那种小人的作为不在乎不去理会，才算是真有志向的人。

如果不是要好的朋友、比邻而居的人，一般交情的，他们相聚还打算叫你一起的，应当以别的理由拒绝，不要跟着去。摒弃外表荣耀华美就应当减少欲望，假如自以为急躁不好，就应追求最终达到无欲的境界，这是最美最好的境界。不需要作小小的卑微谦恭，应该在大处谦让；也无须计较小小的廉耻，而应当保全大节。比如遇到朝廷招募时让出官位，面临大义时宁愿牺牲生命，像孔文举请求代兄长依约去死，这是忠臣烈士才有的节操。

凡人都有公开的东西和自己的隐私，不要勉强自己去知道别人都知道的事情。如果那人知道你知道他的私密，则会对你有所忌讳。假如你知道了不说，就是不知道。如果见到别人背着你在窃窃私语，就起来离开，不要使人忌讳。有时会遇到别人强迫你和他一起说，如果那人讲的内容都是邪恶危险的，则应当正色对之，以道义之说导正他的言语。为什么要这样做呢？因为君子不能容忍虚伪浅薄的语言。而且一旦事情败露，那人就会说某某人曾经知道我所说的事（很有可能是他告的密），所以以后应当对他有更多的戒备。凡是有人聚在一起说悄悄话，真是什么内容都有，如果你能猜测到他要说的话，一发现有说秘密的端倪就离开他，为什么要这样呢？假如你偶然知道了他的私事，与他观点一致倒也算了，如果观点不同，他会担心你泄密，就会想着要将你除掉。如果他的本意不是善良的，而是来戏弄、耻笑别人的缺点，也不要因为是小事就和他言说或者附和，因为小事会变大分歧，最后变成完全不敢苟同就不好了；届时只要不是太过于冷淡，一句话都不和他说，他势必不会讲太久，就会知趣地停下了。假如不是自己监视责任分内的，平时相处得宜，共同饮酒畅谈的同好，这就是人道所能认可的沟通了，不需要想办法违逆他。你现在过去交往的人如果不是至交，对方赠送的马匹布帛、车辆衣服都应当坚定的拒绝。为什么呢？因为常人都轻看义而重视利，现在他送你这些东西，肯定都是有所企图的，希望有朝一日得到你的报答，这种“礼尚往来”是俗人喜欢做的事，却是君子最讨厌的。还有烦闷时不要离开家里，强迫别人陪你喝酒。自己不要喝，如果别人来劝你喝，那就接过来喝了，不要去责备或者违逆他。感到有醉意的时候就停下来，千万不要喝到大醉，以至于到无法自控的地步。

【点评】

嵇康作为竹林七贤之一，有着非常刚毅不屈的性格，导致他一生坎坷。也许是意识到自己放荡不羁的人生态度的不妥，作为反思，他在《家诫》里较多地谈到了如何保全生命，即在乱世中偷生。但其中关于坚守自己的志向、慎言、慎交友、慎喝酒的观点是很有价值的。

陆景：戒盈

【原文】

富贵，天下之至荣[1]；位势，人情之所趋。然古之智士，或山藏林窜，忽而不慕[2]，或功成身退，逝若脱屣[3]者，何哉？盖居高畏其危，处满惧其盈[4]。富贵荣势，本非祸始，而多以凶终者，持之失德，守之背道，道德丧而身随之矣。是以留侯、范蠡[5]，弃贵如遗[6]；叔敖、萧何[7]，不宅[8]美地。此皆知盛衰之分，识倚伏之机[9]，故身全名著，与福始卒。自此以来，重臣贵戚，隆盛之族，莫不罹患构祸[10]，鲜以善终，大者破家，小者灭身。唯金、张[11]子弟，世履忠笃，故保贵持宠，祚钟昆嗣[12]。其余祸败，可为痛心。

【注释】

[1] 至荣：最荣耀的事。另有版本“至乐”。

[2] 忽而不慕：轻视，不羡慕。

[3] 逝若脱屣：离开就像脱鞋随意。屣，鞋。

[4] 盈：满。月满则盈，此处指为人处世要留有余地。

[5] 留侯、范蠡：功成身退的西汉谋士张良和泛舟西湖的楚大夫范少伯。

[6] 弃贵如遗：把富贵看作粪土一样碎玉丢弃。遗，屎尿。

[7] 叔敖、萧何：春秋时期楚国孙叔敖，婉拒楚王封地；西汉丞相萧何，住贫瘠之地。

[8] 宅：居住。

[9] 倚伏之机：福祸互相转换的玄机。

[10] 罹患构祸：招来灾祸。

[11] 金、张：汉臣金日磾、张汤，均为政坛常青树。

[12] 祚钟昆嗣：造福子孙后代。祚，福运；钟，聚集，惠及；昆嗣，后人。

【译文】

富贵，是天下人最感荣耀光鲜的事；趋附权势，也是人之常情。然而古代真正有智慧的人，对这些很轻视，一点也不羡慕。他们中有的隐居山林，有的功成身退，像脱掉鞋子一样随意。他们为什么这样呢？因为高处不胜寒呀，他们感到了危险，得到了全部就担心是不是太多了，适得其反。富贵荣华权势地位，其实并不是祸患的起始，但多以灾祸结束，原因是拥有了荣华富贵很容易背离道德，道德沦丧了，那么性命也会随之而去。因此留侯张良、大夫范蠡，明智地抛弃荣华富贵，如同丢掉便溺那样的东西一样；孙叔敖、萧何，不肯住在容易招来麻烦的繁华地段。这都是他们认识到盛和衰的分别，洞悉福祸相互转换的玄机。所以才能保全性命和盛名，一直有福分相伴。自此以后，权重的大臣和高贵的外戚，以及名门望族，莫不遭遇患祸，很少能够得以善终，大则整个家族消亡，小则自身被灭。只有金日磾、张汤两家的子弟，世世代代信守忠厚诚实的戒条，所以才能保有富贵和朝廷的宠幸，并造福于后代。其他家族所遭遇的灾祸，实在令人痛心。

【点评】

《戒盈》主要是告诫子弟要为人低调，因为身居高位或者拥有巨富，容易让人得意忘形，失礼失德，招人嫉恨，乃至带来横祸。令人叹息的是，作者陆景的家族都未能按此家训戒盈，弟弟陆机、陆云自恃才高八斗，追逐名利，遭人妒忌被杀。这说明坚守道义、淡泊名利实在是一般人难以做到的。

陶渊明：与子俨等疏

【原文】

告俨、俟、份、佚、佟：

天地赋命[1]，生必有死，自古圣贤，谁能独免？子夏有言：“死生有命，富贵在天。”四友之人[2]，亲受音旨[3]。发斯谈者，将非穷达不可妄求[4]，寿夭永无外请[5]故耶？

吾年过五十，少而穷苦，每以家弊[6]，东西游走。性刚才拙，与物多忤[7]。自量为己，必贻俗患[8]。僶俛辞世[9]，使汝等幼而饥寒。余尝感孺仲[10]贤妻之言，败絮自拥[11]，何惭儿子[12]？此既一事矣。但恨邻靡二仲[13]，室无莱妇[14]，抱兹苦心，良独内愧。

少学琴书，偶爱闲静，开卷有得，便欣然忘食。见树木交荫，时鸟变声[15]，亦复欢然有喜。常言五六月中，北窗下卧，遇凉风暂至，自谓是羲皇上人[16]。意浅识罕[17]，谓斯言可保[18]。日月遂往，机巧好疏[19]。缅[20]求在昔，眇然[21]如何！

疾患以来，渐就衰损，亲旧不遗，每以药石见救，自恐大分将有限也[22]。汝辈稚小家贫，每役柴水之劳，何时可免？念之在心，若何可言[23]？然汝等虽不同生[24]，当思四海皆兄弟之义。鲍叔、管仲，分财无猜[25]；归生、伍举，班荆道旧[26]；遂能以败为成[27]，因丧立功[28]。他人尚尔，况同父之人哉！颍川韩元长[29]，汉末名士，身处卿佐，八十而终，兄弟同居，至于没齿[30]。济北氾稚春[31]，晋时操行人也，七世同财，家人无怨色。《诗》曰：“高山仰止，景行行止[32]。”虽不能尔，至心尚之。汝其慎哉，吾复何言！

【注释】

[1] 赋命：赋予人以生命。

[2] 四友之人：孔子学生颜回、子贡、子路、子张，称为孔子四友。

[3] 音旨：指孔子的教诲。

[4] 将非穷达不可妄求：岂非人的贫困和显达（命运的好坏）不可非分追求。

[5] 寿夭永无外请：人的寿命长短是永远不可在命运之外能求得的。

[6] 弊：困顿。

[7] 忤：违背。指不合时宜，不适应社会。

[8] 必贻俗患：必定会留下世俗官场上的祸患。

[9] 僶俛辞世：指经过努力后，辞官归隐田野。僶俛，勤勉。

[10] 孺仲：东汉太原人王霸，字孺仲。王莽篡位时，隐居守志。

[11] 败絮自拥：穿着破棉袄，心安理得，意思是志不在此。

[12] 何惭儿子：何必对儿子的贫寒感到惭愧呢。

[13] 邻靡二仲：邻居中没有汉代羊仲、求仲那样的隐士。

[14] 莱妇：春秋时楚国老莱子的妻子，曾劝阻老莱子做官，免得受人管制留下祸患。这里代指贤妻。

[15] 时鸟变声：候鸟互相模仿叫声。

[16] 羲皇上人：伏羲氏，传说中的上古帝王。

[17] 意浅识罕：缺乏见识。

[18] 保：保持，牢记。

[19] 机巧好疏：逢迎取巧的技能很生疏。

[20] 缅：久远。

[21] 眇然：茫然。

[22] 自恐大分将有限也：自己感觉寿命到了尽头。

[23] 若何可言：还有什么话可说呢。

[24] 不同生：不是一母所生。子俨为前妻所生，后四子为续弦翟氏所生。

[25] 鲍叔、管仲，分财无猜：昔鲍叔牙和管仲一起经商，鲍叔牙不介意管仲多分钱。

[26] 归生、伍举，班荆道旧：战国时楚国人归生和伍举二人为好友。伍举因罪逃往郑国，再奔晋国。路上与出使晋国的归生相遇。两人便在地上铺荆草，席地而坐，叙说昔日的情谊。后来归生回到楚国后对令尹子木说，楚国人才为晋国所用，对楚国不利。楚国于是召回了伍举。

[27] 以败为成：指管仲在辅佐公子纠失败后，得到辅佐公子小白（齐桓公）的鲍叔的帮助而被齐桓公所用（宰相）并成就齐桓公的霸业。

[28] 因丧立功：指伍举在失败逃亡之中因得到归生的帮助而回到楚国立下功劳。伍举回到楚国后，辅佐公子围继王位，是为楚灵王。

[29] 韩元长：东汉时人，名融。善辨事理，汉献帝时官至太仆。

[30] 没齿：牙齿都没有了，指终身。

[31] 氾稚春：名毓，字稚春，西晋时人。《晋书·儒林传》说他家累世儒素，九族和睦，到氾毓时已经七代。当时人们称赞其家“儿无常父，衣无常主”，举族和睦无分。

[32] 高山仰止，景行行止：仰望高山，遵行大路，指效仿古人的崇高德行。景行，大路。

【译文】

告诫俨、俟、份、佚、佟诸位：

天地赋予人以生命，有生就有死，自古以来，即使是贵为圣贤的人，谁又能够独自逃避死亡呢？子夏曾有过“死生自有天命，富贵由天注定”的感叹。像颜回、子贡、子张、子路这样受过孔子教诲的人也都这么说，难道不是因为命运的好坏不可随意追求，寿命的长短永远无法在命运之外求得的缘故吗？

我的年龄已过五十，年少时生活比较穷苦，每次因为家里缺吃少穿，就四处谋生。我本性刚直，但才学拙劣，同当时社会的风气格格不入。自己替自己考虑，感觉像我这样的性格，难免招致世俗的祸患，经过一番挣扎，决定弃官隐居，以至连累你们年幼就遭受饥寒之苦。我曾经感叹王霸的贤妻所说的那句话：既然立志隐居躬耕，为何要为儿子蓬发疏齿这样的事感到惭愧呢？这是一样的事情。只是遗憾邻居中没有像汉朝时求仲、羊仲那样的隐士，家里没有像老莱子那样的贤妻，却刻意这么做，自己感到很惭愧。

我年少时学琴读书，喜欢悠闲清净，一旦读书有了收获，就兴奋得忘了吃饭。看见树木繁茂，枝条交错，倾听不同季节各种鸟鸣声，就十分高兴，经常说在五六月时，在家里北窗下睡着，遇到凉风刚吹来，自比为上古时代的伏羲。但年轻时见识不够，满以为这样的惬意生活可以保持下去。随着时间的迁移，各种机缘也很容易地就过去了。而今再回顾久远的以往，心里很茫然！

我自从患病以来，身体慢慢衰弱，尽管亲人故交不忍心抛弃我，每次都用各种药物来挽救我的生命。但我自己感觉人生的大限已近。你们这一代从小家境贫寒，只得从事砍柴挑水这样辛勤的劳动，什么时候才可以免除这些劳役呢？我把这事念在心里，还有什么可说的呢？虽然你们几个不同母，但应当明白四海之内都是兄弟的意思。当年鲍叔、管仲一起做买卖，分钱的时候管仲总要多占一点，但是鲍叔不觉得管仲他贪财，因为鲍叔了解他家里穷。归生、伍举二人交情很好，后来伍举因罪逃到了晋国做官。归生与他相遇，二人铺荆而坐，共叙旧情。就是因为在鲍叔帮助下，管仲变失败为成功；在归生帮助下，伍举在因罪出逃后回国立了功。外人尚且如此，何况你们这些同父兄弟呢！颍川的韩元长，是汉朝末年的名士，身份是卿佐这样的高官，直到八十岁死的时候，他们兄弟都是一起居住的，直到终生。济北的氾稚春是西晋时有操行的人，七世都是家产共有，家人都没有怨言。《诗经》上说："对于古人的崇高道德要敬仰，对于他们的高尚行为要效仿。"即使不能做到前人那样，也要以最大的诚意崇尚他们。你们可要慎重想一想啊！我再没什么要说的了。

【点评】

陶渊明这封家书，用平淡的语气，谈了如何看待生死穷达这样高深的人生问题。他用顺其自然的态度，对未能给后人带来富足的生活条件表达了一点遗憾，更多的却是坦然，实质是要后人懂得"生死有命，富贵在天，穷达不可妄求"的道理。

刘义隆：诫江夏王义恭书

【原文】

汝以弱冠[1]，便亲方任[2]。天下艰难，家国事重，虽曰守成，实亦未易。隆替安危[3]，在吾曹耳，岂可不感寻王业[4]，大惧负荷[5]。今既分张[6]，言集[7]无日，无由复得动相规诲，宜深自砥砺[8]，思而后行。开布诚心，厝怀平当[9]，亲礼国士，友接佳流[10]，识别贤愚，鉴察邪正，然后能尽君子之心，收小人之力。汝神意爽悟[11]，有日新[12]之美，而进德修业，未有可称[3]，吾所以恨[4]之而不能已已者也。汝性褊急[15]，袁太妃[16]亦说如此。性之所滞，其欲必行，意所不在，从物回改[17]，此最弊事，宜应慨然立志，念自裁抑。何至丈夫方欲赞世成名[18]而无断[19]者哉！

今粗疏十数事，汝别时可省也。远大者岂可具言，细碎复非笔可尽。礼贤下士，圣人垂训；骄侈矜尚，先哲所去。豁达大度，汉祖之德；猜忌褊急，魏武[20]之累。《汉书》称卫青云："大将军遇士大夫以礼，与小人有恩。"西门、安于，矫性[21]齐美；关羽、张飞，任偏同弊。行己举事，深宜鉴此。若事异今日，嗣子幼蒙[22]，司徒便当周公之事[23]，汝不可不尽祗顺[24]之理。苟有所怀，密自书陈。若形迹之闲[25]，深宜慎护。至于尔时天下安危，决汝二人[26]耳，勿忘吾言。

今既进袁大妃[27]供给，计足充诸用，此外一不须复有求取，近亦具白[28]此意。唯脱[29]应大饷致而当时，遇有所乏，汝自可少多供奉耳。汝一月日自用不可过三十万，若能省此益美。西楚殷旷[30]，常宜早起，接待宾侣，勿使留滞。判急务讫，然后可入问讯，既睹颜色，审起居，便应即出，不须久停，以废庶事[31]也。下日及夜，自有余闲。府舍住止，园池堂观，略所诸究，计当无须改作，司徒亦云尔。若脱于左右之宜[32]，须小小回易，当以始至一治[33]为限，不须纷纭，日求新异。凡审狱多决当时，难可逆虑，此实为难，汝复不习，殊当未有次第[34]。讯前一二日，取讯簿，密与刘湛[35]辈共详，大不同也。至讯日，虚怀博尽，慎无以喜怒加人。能择善者而从之，美自归己。不可专意自决，以矜[36]独断之明也。万一如此，必有大吝，非唯讯狱，君子用心，自不应尔。刑狱不可拥滞，一月可再讯。凡事皆应慎密，亦宜豫敕[37]左右，人有至诚，所陈不可漏泄，以负忠信之款[38]也。古人言“君不密则失臣，臣不密则失身”。或相谗构[39]，勿轻信受。每有此事，当善察之。名器[40]深宜慎惜，不可妄以假人。昵近爵赐[41]，尤应裁量。吾于左右[42]虽为少恩，如闻外论[43]，不以为非也。以贵陵物[44]物不服，以威加人人不厌。此易达事耳。

声乐嬉游，不宜令过；摴蒲[45]渔猎，一切勿为。供用奉身，皆有节度，奇服异器，不宜兴长。汝嫔侍左右，已有数人，既始至西[46]，未可匆匆，复有所纳。

【注释】

[1] 弱冠：古人二十岁行冠礼，为成年，未成年为弱冠。

[2] 便亲方任：担任地方要职。

[3] 隆替安危：隆替，兴衰。指王朝的兴衰交替，国家的安危。

[4] 感寻王业：感怀思考帝王之业。

[5] 大惧负荷：指对自己不能担任这份重任而深感忧惧。

[6] 分张：离别，分离。

[7] 集：相逢，聚会。

[8] 深自砥砺：深下功夫，自我磨砺。

[9] 厝怀平当：处置事物要怀着公平之心。厝，安置、处置。

[10] 友接佳流：和杰出人物作朋友。

[11] 爽悟：机灵有悟性。

[12] 日新：语出《易》“日新其德”，每日自新，天天有进步。

[13] 称：值得称赞。

[14] 恨：遗憾。

[15] 褊急：褊，气量狭隘。急，性格急躁。

[16] 袁太妃：刘义恭的生母袁美人。

[17] 性之所滞，其欲必行，意所不在，从物回改：对于自己在意的事情，想做就一定要去做；等到没想法了，就又回到以前了。

[18] 赞世成名：参与治世成就功名。赞，辅助。

[19] 断：决断。

[20] 魏武：指曹操。

[21] 矫性：改正性情。

[22] 嗣子幼蒙：继承帝位的子嗣若年幼无知。

[23] 司徒便当周公之事：司徒，指刘义隆的另一个兄弟彭城王刘义康。周公之事，指周武王武王弟周公辅政周成王的故事。

[24] 祇顺：恭敬顺从。

[25] 形迹之闲：与正事无关的行为，指出现异常情况。

[26] 汝二人：指彭城王刘义康和江夏王刘义恭。

[27] 袁大妃：袁太妃。

[28] 具白：详细告知。

[29] 唯脱：假如。

[30] 西楚殷旷：西楚辽阔。西楚，指刘义恭的封地淮北、汝南等地。

[31] 庶事：日常事务。

[32] 若脱于左右之宜：假如屋舍建筑与周围环境不合适。

[33] 始至一治：整修一次。

[34] 次第：次序。

[35] 刘湛：字弘仁，河南人，刘义隆的得力干将，刘宋开国功臣。

[36] 矜：夸耀。

[37] 豫敕：预先通报，提醒。

[38] 款：深情、真诚。

[39] 或相谗构：有的人互相陷害。

[40] 名器：名，爵号；器，车服。指皇家的赏赐。

[41] 昵近爵赐：给亲近的人封官和赏赐。《尚书·说命》："官不及私昵。"

[42] 左右：身边的人。

[43] 外论：外面朝廷大臣的议论。

[44] 以贵陵物：陵，欺压；物，此处指人。以贵陵物，以权贵地位凌驾于他人之上。

[45] 樗蒲：古代搏戏，一般指赌博。

[46] 西：终点，最后。

【译文】

你还未成年，就担任了地方要职。当今正是天下艰难的时候，家国的事情非常重要，虽说是守护祖先开创的大业，实际上也不容易。国家的盛衰安危，就系于我们兄弟身上，怎么可以不感怀思索帝王大业，有所忧惧并意识到自己所承担的重任呢？今天你我天各一方，也不知哪天才能重逢。我再也不能动不动就规劝你了，你就好好磨砺自己吧。凡事要三思而后行，与手下相处要开诚布公，心平气和，礼贤下士，和俊杰交朋友。要注意识别智者和愚夫，鉴别邪恶与刚正，这样就可以让君子为你出谋划策，让小人为你出力。你机灵有悟性，每天都有所进步。但在道德修为和学业方面却没有多少值得称道的地方。这是我深感遗憾不已的原因。你的性格有些急躁，袁太妃也是这么说。你对在意的事情，就要立即去做，等到想法没有了，就又改回之前的样子了。这样做是最容易招惹祸端的。你应该下定决心，努力克制自己的意气用事的毛病。大丈夫要治国安邦，扬名立万，怎么能没有决断力呢？

今天我粗略地写十几件事，你在我分别以后可以好好看看。太长远重要的事情不能一一细说，太琐粹的事情又写不完。礼贤下士，是圣人的教导；骄奢自大，是先哲们所摒弃的。豁达大度，是汉高祖的美德；猜忌身边人，性格急躁，是魏武帝的硬伤。《汉书》称赞卫青道："大将军用礼貌谦恭来对待士大夫，对普通人则施以恩惠。"西门豹、董安于这两人都性格急躁，但都知道及时纠偏，所以都获得了好的声誉；关羽、张飞，两人性格任性偏激，结果一样都失败了；你立身行事，对这些事例要认真借鉴。如果以后局势情有变化，我的太子还幼小，司徒刘义康必然要担负起当年周公监国的责任，你也必须尽到恭敬顺从的义务。一旦有什么想法，就写密信告知。如果出现异常情况，你应该谨慎地加以维护。到那时天下的安危就完全取决于你们两个人了。千万不要忘了我今天所说的话。

现在给袁太妃的日常供给，算下来应该是很充裕的，就不要再索取了，最近已经详细地做了说明。假如遇到大的开支，而当时又缺乏，你可以少拿一些供奉。你每月私人用钱不能超过三十万，如果比这个还能节省，那就更加好了。西楚这个地方幅员辽阔，你每天应该早起，以便接待各路来宾，不要让他们滞留太久。把紧急的公务处理完之后，就问讯来客，见过面并了解对方的生活情况后，就出来，不必久留，免得耽误了日常工作。到了下午和晚上自然就有空闲时间。在西楚的府舍和附属设施，我大致了解一些，估计应当不需重新改建。司徒也是这么说的。假如屋舍建筑与周围环境不合适，就简单改改，整修不能超过一次。不需要大动，每天都追求新花样。凡是关于审讯断狱的事情，多半靠的是临场决断，事先很难考虑周全，要想没有一点差错，实际上是很难做到的。你如果不多次深入了解，很难知道其中的具体程序。在审讯的前两天，要拿来案卷，和刘湛这样的亲信秘密仔细研究商议，情况就会很不同。在审讯的时候，要虚心听取各方的意见，谨慎地处理，切不可将喜怒强加到犯人身上。能够在平时做事时择善者而从之，自己就能收获美名；切不可独断专行，以此来炫耀自己的明智果断！万一这么做了，一定会招来怨恨，就不仅仅是影响正确断案这么简单了。君子处事要用心思，自然不应该如此。刑事案件不要密集审理，暂时弄不清楚的可以一个月后再审。处理事情都要注意谨慎严密，也应该预先告诫身边的人。如果有忠诚的人汇报事情，不要泄露出去，免得辜负了对方忠信的心意。古人说过："国君不为大臣保密将失去大臣，大臣不保密将失去自己。"有的人构陷他人，你不要轻信并接受。每次遇到这类事情，一定要明察。官职赏赐一定要珍惜，不可以随意施舍于人；对亲近的人封赐爵位，更应该慎重斟酌。我对待左右虽然恩惠不多，但若听到外边的人因此而议论我，我也不认为自己有什么不对的地方。依靠权势欺负别人，别人肯定会不服气；靠威信影响别人，别人就不会反感。这是显而易见的。

声色犬马、嬉戏游乐，不要玩得太过度；饮酒赌博、捕鱼狩猎这一类事情都不要去做。日常用品、衣服饮食，都应该有所节制，至于奇装异服、新奇器物，不应该有这方面的喜好。你的嫔妃已经有好几个了，从现在起到老，就不要再轻易纳娶了。

【点评】

这是一篇关于教弟弟如何治国的家书。其内容主要有：加强自身修养，善于识人用人，礼贤下士，注意周密行事，提高管理水平，严于律己等。特别指出了弟弟刘义恭年少、经验少、性格急躁的毛病，并提出了改进方法。而“尔时天下安危，决汝二人耳”的表态，寄托了刘义隆对弟弟的深切希望。这是很能打动人的。

王褒：幼训

【原文】

陶士衡[1]曰：“昔大禹不吝尺璧[2]而重寸阴。”文士何不诵书？武士何不马射？若乃玄冬修夜[3]，朱明[4]永日，肃其居处，崇其墙仞[5]，门无糅杂[6]，坐阙号呶[7]，以之求学，则仲尼之门人也；以之为文，则贾生之升堂[8]也。古者盘盂有铭[9]，几杖有诫[10]，进退循焉，俯仰观焉。文王之诗曰：“靡不有初，鲜克有终[11]。”立身行道，终始若一。“造次必于是[12]。”君子之言欤。

【注释】

[1] 陶士衡：陶侃，浔阳人。东晋时为征西大将军，曾任荆州刺史。

[2] 尺璧：直径为一尺的玉器。

[3] 玄冬：冬日。修：长。冬季夜长，所以称为修冬。

[4] 朱明：古称夏季为朱明。永日：夏季昼长，所以称永日。

[5] 仞：古代长度单位，1 仞约 1.6 米。

[6] 糅杂：杂乱。

[7] 号呶：呼喊喧哗。呶，喧哗。

[8] 贾生：贾谊，西汉著名政治家、文学家。升堂：语出《论语·先进》：“由也升堂也，未入于室也”，“升堂入室”用于赞扬学问或技能高深。

[9] 盘盂有铭：古人常在一些器物上刻字，或以称功德，或作座右铭。盘，圆的器皿；盂，方的器皿；铭，铭文。

[10] 几杖有诫：手杖上有戒条。

[11] 靡不有初，鲜克有终：大都有一个好的开头，但很少有人坚持到底。意思是指有始无终。语见《诗经·大雅·荡》，靡，无；鲜，少；克，能。

[12] 造次必于是：使在行为仓促时也要为仁。语见《论语·里仁》。造次：匆忙。是，这个（仁）。

【译文】

陶士衡曾说："以前的时候，大禹丝毫不吝惜直径一尺长的玉器，而特别珍惜短暂的光阴。"文人为何不抓紧时间认真读书，武士为什么不赶紧去练习骑马射箭呢？不论漫漫冬夜还是长长的夏日，让住处肃静，并把围墙加高，门前没有杂乱，座上无人喧哗。如果在这样的环境下求学，就可以算作孔子的门生了；在这样的环境下写文章，就可以像贾谊一样有高水平。古时候的盘盂上都刻着铭文，手杖上刻有戒条。进进出出都要遵循，低头抬头也可以看见。文王的诗里也说："大都是有好的开始，但很少有善终的。"不论是做人做事，都要始终如一。"哪怕是仓促之间也应如此（为仁）。"这可是孔子的话。

【点评】

本篇内容是劝学，强调学习既可以修身养性，还可以学以致用。而要学有所成，必须特别注意珍惜光阴，持之以恒，不能有始无终。这些见解是很有见地的。

徐勉：诫子崧书

【原文】

吾家世清廉，故常居贫素。至于产业之事，所未尝言，非直不经营而已。薄躬[1]遭逢，遂至今日。尊官厚禄，可谓备之。每念叨窃若斯，岂由才致？仰藉[2]先代风范及以福庆，故臻此耳。古人所谓“以清白遗子孙，不亦厚乎。”又云：“遗子黄金满籯，不如一经[3]。”详求此言，信非徒语。

吾虽不敏，实有本志，庶得遵奉斯义，不敢坠失。所以显贵以来，将三十载，门人故旧，亟荐[4]便宜。或使创辟田园，或劝兴立邸店。又欲舳舻运致，亦令货殖聚敛。若此众事，皆距[5]而不纳，非谓拔葵去织[6]，且欲省息纷纭。中年聊於东田间营小园者，非在播艺，以要利人，正欲穿池种树，少寄情赏。又以郊际闲旷，终可为宅。傥[7]获悬车[8]致事，实欲歌哭於斯。

慧日、十住等，既应营婚，又须住止[9]。吾清明门宅，无相容处。所以尔者，亦复有以。前割西边施宣武寺，既失西厢，不复方幅[10]，意亦谓此逆旅舍耳。何事须华，常恨时人谓是我宅。古往今来，豪富继踵，高门甲第，连闼[11]洞房，宛其死矣，定是谁室？但不能不为培塿[12]之山，聚石移果，杂以花卉，以娱休沐[13]，用托性灵，随便架立，不在广大，惟功德处，小以为好，所以内中逼促，无复房宇。近营东边儿孙二宅，乃藉十住南还之资，其中所须，犹为不少，既牵挽不至，又不可中途而辍。郊间之园，遂不办保，货[14]与韦黯，乃获百金，成就两宅，已消其半。寻园价所得，何以至此。由吾经始历年，粗已成立，桃李茂密，桐竹成阴，塍陌[15]交通，渠畎[16]相属，华楼迥谢[17]，颇有临眺之美，孤峰丛薄，不无纠纷之兴，渎[18]中并饶菰蒋[19]，湖里殊富芰荷[20]，虽云人外，城阙密迩，韦生欲之，亦雅有情趣。

追述此事，非有吝心，盖是笔势所至[21]耳。忆谢灵运山家诗云："中为天地物，今成鄙夫有。"吾此园有之二十载矣，今为天地物，物之与我，相校几何哉？此吾所馀，今以分汝，营小田舍，亲累既多，理亦须此。且释氏之教[22]，以财物谓之外命，儒典亦称："何以聚人，曰财。"况汝曹[23]常情，安得忘此？闻汝所买姑苏熟田地，甚为舄卤[24]，弥复可安？所以如此，非物竞故也。虽事异寝丘[25]，聊可仿佛。孔子曰："居家理治，可移于官。"既已营之，宜使成立，进退两亡，更贻耻笑。若有所收获，汝可自分赡，内外大小，宜令得所，非吾所知，又复应沾之诸女耳。汝既居长，故有此及。凡为人长，殊复不易，当使中外谐缉[26]，人无间言，先物后己，然后可贵。老生云："后其身而身先，若能尔者，更招巨利"，汝当自勖[27]，见贤思齐，不宜忽略以弃日也。弃日乃是弃身，身名美恶，岂不大哉？可不慎欤？

今之所敕，略言此意，正谓为家已来，不事资产，既立墅舍，以乖[28]旧业，陈其始末，无愧怀抱。兼吾年时朽暮，心力稍殚，牵课奉公，略不克举，其中馀暇，裁可自休。或复冬日之阳，夏日之阴，良辰美景，文案闲隙，负杖蹑屩屩[29]，逍遥陋馆，临池观鱼，披林听鸟，浊酒一杯，弹琴一曲，求数刻之暂乐，庶居常以待终，不宜复劳家间细务。汝交关既定，此书又行，凡所资须，付给如别，自兹以後，吾不复言及田事，汝亦勿复与吾言之。假使尧水汤旱[30]，吾岂知如何？若其满庾盈箱[31]，尔之幸遇，如斯之事，并无俟令吾知也。记云："夫孝者，善继人之志，善述人之事。"今且望汝全吾此志，则无所恨矣。

【注释】

[1] 薄躬：自身，自己。古代自谦用语。

[2] 仰藉：凭借，仰仗。藉：依靠。

[3] 一经：一部经书。该句出自《汉书·韦贤传》。

[4] 亟荐：多次，反复。

[5] 距：通“拒”，婉拒。

[6] 拔葵去织：摘下自家的冬葵，撤下自家的纺布。即不和他人争利。

[7] 傥：通“倘”，如果。

[8] 悬车：公车，指有朝廷的交通方面的待遇。

[9] 住止：住处。

[10] 方幅：方方正正。

[11] 连闼：相连的小房子。

[12] 培塿：小山丘，小土丘。

[13] 休沐：休公假。

[14] 货：卖。

[15] 塍陌：田野里的小路。

[16] 渠畎：田野间的小水渠。

[17] 迴谢：曲折婉转的水榭。

[18] 渎：小水渠。

[19] 菰蒋：茭白。

[20] 芰荷：菱角。

[21] 笔势所至：写到这里了。

[22] 释氏之教：佛教。释迦摩尼所创。

[23] 汝曹：你们这些人。

[24] 舄卤：盐碱地带。

[25] 寝丘：没人要的土地。

[26] 谐缉：和睦。缉，缝合。

[27] 自勖：自我勉励。勖，鼓励。

[28] 乖：违背。

[29] 蹑屩：穿草鞋。蹑，踩；屩，草鞋。

[30] 尧水汤旱：灾荒之年。传说尧时常发大水灾，商汤时期天旱七年。

[31] 满庾盈箱：形容收成好。庾，露天谷仓。

【译文】

我们家世代清廉，所以常以清贫自处。至于产业方面的事，从来没有提起过，更别说没有经营了。自己经历了很多事，才有了今天的成就。高官厚禄，可以说都已经拥有了。每当想起这些，我就想这难道是因自己的才能而导致的吗？不过是借助祖先的风范，以及几分福气，所以才能这样。古人说："留下清白给儿孙，不是也很多吗！"又说："与其留给孩子满箱的黄金，不如留给他们一部经书。"仔细探讨这些告诫，肯定不是随意说的。

虽然我不算聪敏，但确实也有自己的抱负，大体上能一直遵照这些信条，不敢有丝毫差池。所以个人发达三十年来，我的弟子和老朋友都建议我做一些能方便赚钱的事，或开辟田园，或开设货栈，或搞船舶货运，也能发些财。像这些事情，我都一概拒绝不予接受，倒不是不想与他人争利，而是想免去生意纠纷。人到中年随便去种点田，不在于提升农艺水平，而在于帮助别人。只是想开辟小渠种点树木，寄托我的情趣。郊外地域空旷，以后还可以盖房子。如果年老退休，坐着公家车出行就想在此打发时光。

慧日、十住他们，既需要考虑结婚，又需要找住处。我们家房子只有那么多，没有地方容纳，我之所以这么做，就是出于这样的考虑。此前已让出西边房子给了宣武寺，现在已经没有了西房，宅院也不再似以前方正了，也就说这里不过是旅馆而已。为什么还要那么豪华呢？我常常讨厌别人说这是我的住宅。古往今来，富豪一个接一个，权贵人家房屋鳞次栉比，等到他们死后，说不定又变成谁家的呢？只是不能堆砌小山丘，仅仅修座假山栽点果树，中间再种些花卉，休闲的时候放松一下，陶冶心灵。这种随意搭建的建筑，不在于有多宽大，而在精巧方面可以多用心思。所以园中地方狭小，没有再建房屋。最近盖东边儿孙的两处房子，用的是十住还南方的钱，费用还需要不少，现在周转不开，又不能中途停下。只好不再保留郊区的园子，卖给韦黯，得了百两银子，建好这两处宅子就已经花费了一半的资金。想想卖园子的钱，为什么能有这么多呢？因为园子已经建了有些年头，大致已经建好，桃李果树茂密，梧桐翠竹成荫，道路通达，沟渠相连，耸立高楼，曲折的水榭，很有些临风眺望美景的妙处；山石间有点缀草木，错落有致。水沟中生长着茭白，湖水里还有茂密的菱角莲花。虽说人迹罕至，但其实离城里很近。韦黯想买这样的房子，实在是一件有趣的雅事。

我追述这些事，不是心里舍不得，只不过是写到这里了。记得谢灵运有诗说“中为天地物，今成鄙夫有。”我的园子有了二十年了，现在也是与天地融合的自然之物，这物和我，有什么区别呢？这是我多出来的，现在分给你，建造田地房屋。家里人多，本来就应该这样。佛教认为财物是外命，儒家典籍也说：“靠什么来凝聚人心？靠财啊。”况且你们平时的家境怎样，我怎么可能忘记呢？听说你所买的姑苏熟地，盐碱很重，现在把这个园子补偿你，我也可以安心了。我之所以这样做，并不是要你比较。虽然和孙叔敖让儿子买荒地的情形不同，但也差不多。孔子说过：“把家庭治理好了，就能够处理好政事。”既然买下来了，就要用心经营，如果搞不好，就会被人耻笑的。如果田里有所收获，你可以自己分配，家里家外的大人孩子，都要安置妥当。有些我不知道的，家里的女子也应该有所照应。你既然是长子，就应该这么做。

凡做长子的，都很不容易，更应让家庭内外和谐，这样别人就不会挑拨是非。先尽心做事，然后再考虑个人的享受，这样才能被人敬重。老子说过："把自己放在后面，谦让无争，反而能赢得爱戴。"你若能如此，就能得到极大的好处，你要时刻勉励自己！见到别人有优点要努力看齐，不能视而不见，虚度光阴。虚度光阴乃是浪费生命，关系到生命和名声的好坏，非常非常重要，你能不慎重看待吗？

今天所写的这些，大致意思是，我当家以来本不经营资产，却建了一座别墅一样的房屋，这已经背离了原来的业务，现在告诉你这事的原委，我于心无愧。加上我年迈体衰，心力不济，处理公务时很费力，只是在处理完公务后才有空休息。有时在冬天暖阳下，夏天阴凉处，欣赏园中的良辰美景。我在处理公务后的闲暇，拄着拐杖穿着草鞋在园中逍遥漫步，池边观鱼游，林中听鸟声，饮一杯浊酒，弹一曲清琴，享受暂时的快乐，打算就这样度过人生最后的时光，不宜再为家里琐碎的事情操劳了。你已经办妥了房子交易手续，我给你又写了信，给你的银两改日另行交付。从此以后，我不会再提及有关田产的事情，你也不必再跟我说。遇到水旱灾害，即使让我知道了又能如何？如以后收成好，那是你的运气，并不需要让我知道。《礼记》说："所谓孝道，就是要好好继承先辈的遗志，好好记述先辈的事迹。"期望你从此以后能照我的意愿去做，我也就没什么遗憾了。

【点评】

《诫子崧书》讲的是生活经验和作者对自己今后的生活方面的安排，语言朴实，感情真挚。他要求孩子好好经营这个家。而要做到这一点，就要妥善处理家庭成员之间的关系，自己做到先人后己，主动承担责任。

颜延之：庭诰

【原文】

《庭诰》者，施于闺庭之内，谓不远[1]也。吾年居秋方[2]，虑先草木，故遽[3]以未闻，诰尔在庭。若立履之方[4]，规鉴之明，已列通人之规，不复续论。今所载咸其素蓄，本乎性灵，而致之心用。夫选言务一，不尚烦密，而至于备议者，盖以网诸情非[5]。古语曰，得鸟者罗之一目，而一目之罗，无时得鸟矣[6]。此其积意之方。

道者识之公，情者德之私[7]。公通，可以使神明加向；私塞，不能令妻子移心。是以昔之善为士者，必捐情反道[8]，合公屏私。寻尺[9]之身，而以天地为心；数纪[10]之寿，常以金石为量[11]。观夫古先垂戒，长老余论，虽用细制，每以不朽见铭。缮筑末迹[12]，咸以可久承志。况树德立义，收族长家[13]，而不思经远乎？

曰身行不足[14]遗之后人。欲求子孝必先慈，将责弟悌[15]务为友。虽孝不待慈，而慈固植[16]孝，悌非期友，而友亦立悌。夫和之不备，或应以不和；犹信不足焉，必有不信。傥[17]知恩意相生，情理相出，可使家有参、柴[18]，人皆由、损[19]。

夫内居德本，外夷民誉[20]，言高一世，处之逾嘿[21]，器重一时，体之滋冲[22]，不以所能干众，不以所长议物，渊泰[23]入道，与天为人者，士之上也。若不能遗声，欲人出[24]己，知柄在虚求，不可校得，敬慕谦通，畏避矜踞，思广监择，从其远猷[25]，文理精出，而言称未达，论问宣茂[26]，而不以居身，此其亚[27]也。若乃闻实之为贵，以辩画所克，见声之取荣，谓争夺可获，言不出于户牖[28]，自以为道义久立，才未信于仆妾，而曰我有以过人，于是感苟锐之志，驰倾觖[29]之望，岂悟已挂有识之裁，入修家之诫乎？记所云“千人所指，无病自死”者也。行近于此者，吾不愿闻之矣。

凡有知能[30]，预有文论[31]，若不练之庶士[32]，校之群言[33]，通才所归[34]，前流所与[35]，焉得以成名乎？若呻吟于墙室之内，喧嚣于党辈之间，窃议以迷寡闻[36]，妲语[37]以敌要说，是短算[38]所出，而非长见所上。适值尊朋临座，稠[39]览博论，而言不入于高听，人见弃于众视，则慌若迷途失偶，黡如深夜撤烛，衔声茹气，腆嘿而归，岂识向之夸慢，祗足以成今之沮丧邪？此固少壮之废，尔其戒之。

夫以怨诽为心者，未有达无心救得丧，多见诮耳。此盖臧获[40]之为，岂识量之为事哉？是以德声令[41]气，愈上每高；忿言怼讥，每下愈发。有尚于君子者，宁可不务勉邪？虽曰恒人，情不能素尽，故当以远理胜之，么算[42]除之，岂可不务自异，而取陷庸品乎？

富厚贫薄，事之悬[43]也。以富厚之身，亲贫薄之人，非可一时同处。然昔有守之无怨，安之不闷[44]者，盖有理存焉。夫既有富厚，必有贫薄，岂其证然，时乃天道。若人皆厚富，是理无贫薄，然乎？必不然也。若谓富厚在我，则宜贫薄在人，可乎？又不可矣。道在不然，义在不可，而横意[45]去就，谬生希幸[46]，以为未达至分。

蚕温农饱，民生之本。躬稼难就，止以仆役为资，当施其情愿，庀其衣食，定其当治，递其优剧[47]，出之休飨，后之捶责，虽有劝恤之勤，而无霑曝[48]之苦。务前公税，以远吏让；无急傍费[49]，以息流议；量时发敛[50]，视岁穰俭[51]；省赡以奉己，损散以及人。此用天之善，御生之得也。

率下多方，见情为上；立长多术，晦明为懿[52]。虽及仆妾，情见则事通；虽在畎亩，明晦则功博。若夺其当然[53]，役其烦务，使威烈雷霆，犹不禁其欲；虽弃其大用，穷其细瑕，或明灼日月，将不胜其邪。故曰：“孱焉则差，的焉则暗[54]。”是以礼道尚优，法意从刻[55]。优则人自为厚，刻则物相为薄。耕收诚鄙，此用不忒[56]，所谓野陋而不以居心也[57]。

含生之氓[58]，同祖[59]一气，等级相倾，遂成差品，遂使业习[60]移其天识，世服[61]没其性灵。至夫愿欲情嗜，宜无间殊，或役人而养给，然是非大意，不可侮也。隅奥有灶，齐侯蔑寒[62]；犬马有秩，管燕轻饥[63]。若能服温厚而知穿弊之苦，明周之德；厌滋旨而识寡嗛[64]之急，仁恕之功。岂与夫比肌肤于草石，方手足于飞走[65]者，同其意用哉？罚慎其滥，惠戒其偏。罚滥则无以为罚，惠偏则不如无惠。虽尔眇末，犹扁庸保[66]之上，事思反己，动类念物，则其情得，而人心塞矣。

忭博蒲塞[67]，会众之事；谐调哂谑，适坐之方[68]，然失敬致悔，皆此之由。方其克瞻[69]，弥丧端俨；况遭非鄙，虑将丑折[70]。岂若拒其容而简其事，静其气而远其意，使言必诤厌，宾友清耳，笑不倾抚，左右悦目。非鄙无因而生，侵侮何从而入，此亦持德之管龠[71]，尔其谨哉。

嫌惑疑心，诚亦难分，岂唯厚貌蔽智之明，深情怯刚之断而已哉。必使猜怨愚贤，则鞶笑入戾[72]；期变犬马，则步顾成妖。况动容窃斧，束装盗金[73]，又何足论。是以前王作典，明慎议狱，而僭滥易意；朱公论璧，光泽相如，而倍薄异价。此言虽大，可以戒小。

游道[74]虽广，交义为长。得在可久，失在轻绝[75]。久由相敬，绝由相狎[76]。爱之勿劳，当扶其正性；忠而勿诲，必藏其枉情。辅以艺业，会以文辞，使亲不可亵，疏不可间，每存大德，无挟小怨。率此往也，足以相终。

酒酌之设，可乐而不可嗜，嗜而非病者希[77]，病而遂眚[78]者几。既眚既病，将蔑[79]其正。若存其正性，纾[80]其妄发，其唯善戒乎。声乐之会，可简而不可违[81]，违而不背者鲜矣，背而非弊者反[82]矣。既弊既背，将受其毁。必能通其碍而节其流，意可为和中矣。善施者唯发自人心，乃出天则。与不待积[83]，取无谋实。并散千金，诚不可能。赡人之急，虽乏必先，使施如王丹，受如杜林[84]，亦可与言交矣。浮华怪饰，灭质[85]之具；奇服丽食，弃素[86]之方。动人劝慕，倾人顾盼，可以远识夺，难用近欲从。若睹其淫怪，知生之无心，为见奇丽，能致诸非务，则不抑自贵，不禁自止。

夫数相[87]者，必有之征，既闻之术人，又验之吾身，理可得而论也。人者兆气二德[88]，禀体五常[89]。二德有奇偶，五常有胜杀[90]，及其为人，宁无叶沴[91]？亦犹生有好丑，死有夭寿，人皆知其悬天，至于丁年乖遇，中身迂合者[92]，岂可易地哉？是以君子道命愈难，识道愈坚。

古人耻以身为溪壑[93]者，屏欲之谓也。欲者，性之烦浊，气之蒿蒸[94]，故其为害，则熏心智，耗真情，伤人和，犯天性。虽生必有之，而生之德，犹火含烟而烟妨火，桂怀蠹而蠹残桂。然则火胜则烟灭，蠹壮则桂折。故性明者欲简，嗜繁者气昏，去明即昏，难以生矣。是以中外群圣，建言所黜；儒道众智，发论是除。然有之者不患误深，故药[95]之者恒苦术浅，所以毁道多而义寡。顿尽诚难，每指可易，能易每指，亦明之末。廉嗜之性不同，故畏慕之情或异。从事于人者，无一人我之心，不以己之所善谋人[96]，为有明矣；不以人之所务失我[97]，能有守矣。己所谓然，而彼定不然，弈棋之蔽；悦彼之可，而忘我不可，学颦之蔽。将求去蔽者，念通怍介而已。

谚曰：富则盛，贫则病矣。贫之为病也，不为形色粗黡，或亦神心沮废；岂但交友疏弃，必有家人诮让。非廉深远识者，何能不移其植。故欲蠲[98]忧患，莫若怀古。怀古之志，当自同古人，见通则忧浅，意远则怨浮。昔琴歌于编蓬[99]之中者，用此道也。

禄利者受之易，易则人之所荣[100]；蚕穑[101]者就之艰，艰则物之所鄙[102]。艰易既有勤倦之情，荣鄙又间向背之意，此二途所为反[103]也。以劳定国，以功施人，则役徒属而擅丰丽，自理于民，自事其生，则督妻子而趋耕织。必使陵侮不作，悬企[104]不萌，所谓贤鄙处宜，华野[105]同泰。

人以有惜为质[106]，非假严刑；有恒为德，不慕厚贵。有惜者以理葬，有恒者与物终，世有位去则情尽[107]，斯无惜矣。又有务谢则心移[108]，斯不恒矣。又非徒若此而已，或见人休[109]事，则勤蕲结纳[110]；及闻否论[111]，则处彰离贰[112]；附会以从风，隐窃以成衅；朝吐面誉，暮行背毁；昔同稽款[113]，今犹叛戾，斯为甚矣。又非唯若此而已，或凭人惠训，藉人成立，与人余论，依人扬声，曲存禀仰，甘赴尘轨。衰没畏远，忌闻影迹，又蒙蔽其善，毁之无度，心短彼能，私树己拙，自崇恒辈，罔顾高识，有人至此，实蠹大伦[114]。每思防避，无通闾伍[115]。

睹惊异之事，或涉流传；遭卒迫之变，反思安顺。若异从己发，将尸谤人，迫而又迕[116]，愈使失度。能夷异如裴楷[117]，处逼如裴遐[118]，可称深士[119]乎？喜怒者有性所不能无，常起于褊量[120]，而止于弘识。然喜过则不重，怒过则不威，能以恬漠[121]为体，宽愉为器者，则为大喜荡心，微抑则定；甚怒烦性，小忍即歇。动无愆容，举无失度，则物将自悬，人将自止。

夫信不逆彰，义必幽隐，交赖相尽[122]，明有相照。一面见旨[123]，则情固丘岳；一言中志，则意入渊泉。以此事上，水火可蹈；以此托友，金石可弊，岂待充其荣实，乃将议报，厚之篚筐，然后图终。如或与立，茂思无忽。

流言谤议，有道[124]所不免，况在阙薄，难用算防。接应之方，言必出己。或信不素积，嫌间所袭[125]；或性不和物[126]，尤怨所聚。有一于此，何处逃毁？苟能反悔在我，而无责于人，必有达鉴，昭其情远，识迹其事。日省吾躬，月料吾志，宽嘿以居，洁静以期，神道必在，何恤人言。

习[127]之所变亦大矣，岂惟蒸性染身，乃将移智易虑[128]。故曰："与善人居，如入芷兰之室，久而不知其芬，与之化矣；与不善人居，如入鲍鱼之肆，久而不知其臭，与之变矣。"是以古人慎所与处。唯夫金真玉粹者，乃能尽而不污尔。故曰："丹可灭而不能使无赤，石可毁而不能使无坚。"苟无丹石之性，必慎浸染之由。能以怀道为念，必存从理之心。道可怀而理可从，则不议贫，议所乐耳。或云：贫何由乐？此未求道意。道者，瞻富贵同贫贱，理固得而齐[129]。自我丧之，未为通议，苟议不丧，夫何不乐。

或曰：温饱之贵，所以荣生[130]；饥寒在躬，空曰从道。取诸其身，将非笃论。此又通理所用。凡生之具，岂间定实，或以膏腴夭性，有以菽藿登年[131]。中散[132]云："所足在内，不由于外。"是以称[133]体而食，贫岁愈嗛；量腹而炊，丰家余食。非粒实息耗，意有盈虚尔。况心得复劣，身获仁富，明白入素，气志如神，虽十旬九饭，不能令饥，业席三属，不能为寒。岂不信然？

且以己为度者，无以自通彼量。浑四游而斡五纬[134]，天道弘也；振河海而载山川，地道厚也；一情纪而合流贯[135]，人灵茂也。昔之通乎此数者，不为剖判之行，必广其风度，无挟私殊，博其交道[136]，靡怀曲异[137]。故望尘请友[138]，则义士轻身；一遇拜亲，则仁人投分。此伦序通允，礼俗平一，上获其用，下得其和。

世务虽移，前休未远，人之适主，吾将反本。夫人之生，暂有心识；幼壮骤过，衰耗骛及。其间夭郁，既难胜言，假获存遂，又云无几。柔丽之身，亟委土木[139]；刚清之才，遽为丘壤[140]。回遑顾慕，虽数纪之中尔。以此持荣，曾不可留；以此服道，亦何能平。进退我生，游观所达，得贵为人，将在含理[141]。含理之贵，惟神与交，幸有心灵，义无自恶，偶信天德，逝不上惭[142]。欲使人沈[143]来化，志符往哲[144]，勿谓是赊[145]，日凿斯密。著通此意，吾将忘老。如曰不然，其谁与归。偶怀所撰，略布众条，若备举情见，顾未书一。赡身之经，别在田家节政；奉终之纪，自著燕居[146]毕义。

【注释】

[1] 不远：不属于远方的大事，即家事。

[2] 秋方：指晚年。

[3] 遽：仓促之间。

[4] 立履之方：立身处世的道理。

[5] 网诸情非：网，即网罗，列举；情非，不适当的地方。指列举各种不当言行。

[6] 得鸟者罗之一目，而一目之罗，无时得鸟矣：捕鸟只需网上的一个网眼（目），但只有一个网眼的网是抓不住鸟的。

[7] 道者识之公，情者德之私：大道是公德，情感是私心。识，识见，共识。

[8] 捐情反道：捐，弃；反，通“返”。放弃私心回归公道。

[9] 寻尺：人的身高不过七八尺。寻，古代度量单位，约七八尺。

[10] 数纪之寿：不过数十年寿命。一纪，十二年。

[11] 常以金石为量：常常希望像金石影响那样长久。量：刻度，标准。

[12] 缮筑末迹：次要的事。

[13] 收族长家：集中家族力量、繁衍发展家族。

[14] 身行不足：自身德行不值得（留给后人）。

[15] 悌：恭敬。

[16] 植：培育，培养。

[17] 傥：假如。

[18] 参、柴：孔子弟子曾参和高柴，为人忠厚。

[19] 由、损：仲由和闵损的并称，即孔子弟子子路与子骞，重孝道。

[20] 内居德本，外夷民誉：把内道德修为放在第一位，外表上和一般人一样。夷，平。

[21] 言高一世，处之逾嘿：言论出众，处事低调不张扬，不妄置评论。嘿，通“默”。

[22] 器重一时，体之滋冲：德才在众人之上，却谦恭待人。冲，平和。

[23] 渊泰：谦虚平和。

[24] 出：带动超过。

[25] 猷：谋。

[26] 宣茂：情理并茂。

[27] 亚：第二，次等。

[28] 户牖：门户，学术流派。这里指正统的大道理。

[29] 倾觖：竭力钻营。觖，不满足。

[30] 知能：知识。

[31] 预有文论：草拟文章。

[32] 练之庶士：和众人切磋。

[33] 校之群言：与大家商榷。校：改正，比对。

[34] 通才所归：吸收大家的意见。

[35] 前流所与：和先贤交流。

[36] 窃议以迷寡闻：用个人观点来糊弄见识少的人。

[37] 妲语：荒诞不经的言论。

[38] 短算：短期行为，非长远之策。

[39] 稠：丰满，深厚。

[40] 臧获：奴婢，此处指下等人。

[41] 令：美好。

[42] 么算：么，细小。算，思考。

[43] 悬：高挂，分化，隔开。

[44] 闷：生气。

[45] 横意：不安分，固执。

[46] 谬生希幸：妄生侥幸。

[47] 递其优剧：安排劳逸，即安排仆人或长工的作息。

[48] 霑曝：日晒夜露，即寒暑之苦。

[49] 无急傍费：不要有临时的、其他的支出。

[50] 量时发敛：根据实际情况来决定钱财的发散与回收。

[51] 视岁穰俭：考虑当年的丰收与歉收状况。

[52] 懿：美德。

[53] 夺其当然：违背他们本身的意愿，改变他们原来的样子。

[54] 孱焉则差，的焉则暗：孱弱反而能强壮，明亮反而会昏。差，病愈；的，鲜明。

[55] 刻：刻薄，严格。

[56] 耕收诚鄙，此用不忒：农事确实是低微的职业，但按这个办法效果也不差。

[57] 野陋而不以居心也：这就是雅人说的低微的事情不放在心上。

[58] 氓：平民。

[59] 祖：来源于。

[60] 业习：习惯。

[61] 世服：等级差别。古代依据辈分等级分别着衣，常说的“五服”即五代。

[62] 隅奥有灶，齐侯蔑寒：室内虽然有炉灶，齐桓公的席子却是凉的。指的是齐桓公被冻饿死于宫中的故事。隅奥，屋子里的小房间。蔑，不在乎。

[63] 犬马有秩，管燕轻饥：齐国人管燕对其犬马用俸禄精心供养，却轻视门客的生活。后来管燕被齐王治罪时，准备带门下投奔他国，但无人跟随。

[64] 寡嗛：嗛，通“歉”，少。

[65] 飞走：飞禽走兽。

[66] 庸保：受雇的仆人。

[67] 忭博蒲塞：赌博之类的活动。

[68] 适坐之方：应该保持规矩的样子。

[69] 方其克瞻，弥丧端俨：当人们放肆调笑时，会顾不上尊严。

[70] 况遭非鄙，虑将丑折：何况他遭到非议鄙视，就会觉得丢面子。

[71] 管龠：古代对钥匙的称呼，代指关键。

[72] 猜怨愚贤，则顰笑入戾：如果觉得谁都不可靠，那么别人的一顰一笑都会被认为是不怀好意。戾，背叛。

[73] 动容窃斧，束装盗金：动容窃斧，即疑邻偷斧的典故，语出《吕氏春秋》。束装盗金，出自《汉书·隽不疑传》。汉朝郎官隽不疑被怀疑拿了同僚放在宿舍的金钱，不好分辨，就直接拿自己的金子给了人家，后来那个误拿金子的人回来了，把金子还给丢金的同僚，对方羞愧不已。

[74] 游道：交朋友。

[75] 轻绝：轻易绝交。

[76] 狎：过于亲密。

[77] 嗜而非病者希：爱喝酒不生病的人很少。希，同“稀”。

[78] 眚：错误。

[79] 蔑：消磨，消灭。

[80] 纾：排解，去掉。

[81] 可简而不可违：可以轻松欣赏但不要过度。

[82] 反：走向反面。

[83] 与不待积：在自己不充裕的时候施舍。

[84] 王丹：东汉京兆人。以乐善好施著称。杜林：东汉扶风人，高贵名士。

[85] 质：人的本性。

[86] 素：朴素。

[87] 数相：卜术相命的方法。

[88] 二德：阴阳二气。

[89] 五常：指五行。

[90] 胜杀：相生相杀。

[91] 叶沴：相生相克等特性。

[92] 丁年乖遇，中身迂合者：青年坎坷，中年腾达。丁年，青年；中身，中年。

[93] 溪壑：比喻欲望太多。

[94] 蒿蒸：气的蒸发。

[95] 药：治疗，救治。

[96] 不以己之所善谋人：不以自己的优长来苛求别人。

[97] 不以人之所务失我：不因别人的出众而迷失自信。

[98] 蠲：除去。

[99] 琴歌于编蓬之中者：在草庐中弹琴自乐的人。

[100] 荣：以为荣耀。

[101] 蚕穑：农桑。

[102] 鄙：轻视。

[103] 反：相反。

[104] 悬企：指非分之想。

[105] 华野：贵族与平民。

[106] 惜：珍惜，重视自身，有廉耻之心。

[107] 位去则情尽：离开了高位，人情没了，人走茶凉。

[108] 务谢则心移：不担任要职，就没人理会。

[109] 休：好。

[110] 勤蕲结纳：百般巴结。

[111] 否论：对官员不利的风声或议论。

[112] 处彰离贰：指生出二心。

[113] 稽款：厚待，推心置腹。

[114] 实蠹大伦：实在是败坏了道德。

[115] 通闾伍：混在一起。

[116] 迫而又迕：急迫情况下又违背他人的意思。

[117] 裴楷：山西人，三国西晋时期名士。

[118] 裴遐：裴楷侄子，以有气度著称。

[119] 深士：杰出人士。

[120] 褊量：气量狭小。

[121] 恬漠：平静，淡定。

[122] 交赖相尽：向往依靠彼此坦诚，没有隐瞒。

[123] 一面见旨：一见面就彼此开门见山，了解对方心志趣所在。

[124] 有道：有修为的人。

[125] 袭：攻击。

[126] 性不和物：天生不讲信用。

[127] 习：习气。

[128] 移智易虑：改变心智。

[129] 齐：齐等。

[130] 荣生：生命生长不息。

[131] 菽藿登年：菽藿，豆和豆叶，代指杂粮。吃杂粮而长寿。

[132] 中散：中散大夫嵇康。

[133] 称：称量。

[134] 浑四游而斡五纬：天道运转。浑，广阔；斡，运转。古人认为大地和星辰在四季中，分别向东、南、西、北四极移动，称“四游”；“五纬”即金、木、水、火、土五星。

[135] 一情纪而合流贯：外圆内方，保持个性的同时又和众人合得来。情纪，原则。

[136] 交道：交友之道。

[137] 靡怀曲异：不抱浅薄的异议。

[138] 望尘请友：望见远朋友走动带起的扬尘就准备招待朋友。

[139] 亟委土木：人最终以棺木下葬于土中。

[140] 丘壤：黄土。指死亡。

[141] 将在含理：最重要的在于坚守道德和坚持真理。

[142] 逝不上惭：使死了也不觉得对上苍有所愧疚。

[143] 沈：通“沉”。

[144] 志符往哲：志向符合胜任的教导。

[145] 赊：长远。

[146] 燕居：退朝归隐田间，闲居。

【译文】

《庭诰》放在家里的，意思是里面讲的主要是家务事而不是国家大事。我现在年纪大了，总是担心哪一天就走了，不能留名后世，匆忙间我把以前你们没有听我说的话，凑成了《庭诰》这篇文章。像立身处世，劝诫如何做人之类的内容，已被圣人们所阐明，此处不必再加论述。现在我这里面写的都是平生多年思考的结晶，都出自我的内心，是用心体会的结论。我说话喜欢简明，不喜欢长篇大论，有时难免在某些方面多说了一些，仅仅只是列举一些不当行为，阐述不同的情况。正如古人所说，捕获一只鸟只要一个网眼，但只靠一个网眼却捕捉不到一只鸟，这也是我集中注意力写文章的方法。

大道属于公德，情感来自私心，按道德做事，可和神灵相通以保佑自己；而自私只会导致隔膜，甚至不能让妻儿与自己同心。所以从前真正的君子必须克制情感冲动，遵循道德约束，顺从公理，摒弃私欲。男儿身长不满一丈，心胸却包含天地万物；寿不过百年，却希望像金石那样影响长久。远看古人的处事箴言，近观当代名士的各种论述，即使是生活小节，也被作为有价值的珍宝被人铭记。次要的日常琐事，也能在千百年后被人铭记。况且是建立道德，成就仁义，繁衍教化全族这样的大事，难道可以不作考虑长远吗？

有的人说，自己的德行不值得留给后人。但是想让儿子孝顺必须自己慈爱；要求弟弟恭敬，必须自己友爱。尽管慈爱未必一定导致孝顺，但慈爱往往能培养出孝心，友爱也未必导致恭谨，但友爱的兄长多半能引导弟弟恭谨。如果一个人不和气，那么别人对他的回应也是不和气，就好比一个人对别人不信任，那么别人也不会信任他。如果明白恩爱是相生相伴的，情感和道德是相辅相成的，就能够使每家都培养出曾参、高柴，人人都成为子路、闵子骞那样的贤人。

有人内修道德，外表却与一般人无异，见解高于一般人，但却保持缄默，低调不张扬，才德在众人之上却谦恭待人，不因为自己的能力而欺压他人，也不因自己的长处而讥讽他人。谦虚低调沉静安和，与天地自然为一体，这才是修为达到最高境界的君子。如不能扬名于世，希望别人通过带动成就自己，知道有效的方法在于虚心学习，知道成功的关键在于敬仰高人谦虚学习，不能靠侥幸。不矜夸倨傲，深思熟虑后选择最佳方案，并从长远考虑问题。作文即使论理通顺，精彩迭出，但言辞没有到位。论述要情理并茂，并且不以此为骄傲，这也算得上是次等的境界。至于羡慕富贵，竭力钻营，追求虚名，想通过争夺而获取，言论不符合大道，却自以为已经具备了道德，本领连妻子仆人都不能信服，却说自己能力过人，整天追逐名利，毫不知足，哪晓得已被有识之士所舍弃，列于家庭戒律。书中说的“被千人所指点，即使不病也像死亡一样”。如果有这样的行为，我是听都不愿意听的。

凡是有知识的人草拟文章，如果不与众人切磋和交流，吸取大家的意见，不与先贤们的交流，怎么可能成名呢？若在自己小房子里随便拼凑无病呻吟，在狐朋狗友里面宣扬，私下议论来迷惑愚昧无知之辈，附会社会偏见来抗拒正理，这属于短期行为，不是有远见的长久之计。聚会如果刚好遇到一些通人硕学在座，自己滔滔不绝地演说，却不被这些高人所认同，就会被众人无视，这就像失去同伴的迷路人，在被拿走了蜡烛的漆黑深夜行走。忍气吞声，难堪无语而归。怎么会想到先前的傲慢吹嘘成了今日沮丧的根源呢。这确实是青年人的废材，你们应该以此为戒。

那些经常怨天尤人的，是还没有懂得无心之失的道理，这类人往往多被别人嘲讽。这是下等人的做法，而不是有雅量的君子该做的事。所以越是杰出的人情操越美好，越平庸的人越多毛病。如果立志做君子，难道不该自勉吗？即使作为一个普通人，常为俗人俗事所困，但也应以深邃的道理激励自己，用缜密的思考克服缺点，怎么能不追求上进而自甘堕落呢？

富裕和贫穷本身存在差距。以富人的身份去亲近穷人，并不是短期内就能相处得好的。但以前还是有人能处理得当，没有招来怨气，大概是有其特殊的相处之道。世界上既然有富足，就必然有贫困，这难道是偶然现象？其实是客观规律。如果人人都富有，按道理就没有穷人，是吗？当然不是。如果说我一定要富有，别人应该贫穷，可能吗？从客观上讲情况不是这样的，从主观上讲又是不可行的。但依然不安分，妄生侥幸去追逐，我觉得还是不明白天命不明智的原因造成的。

养蚕和种田的人能保持温饱，这是人们日常生活的基础，做不到亲自去耕作。仅用仆人长工劳作，应根据他们的基本条件和愿望，让他们衣食无忧，规定他们的职责，划分他们的能力大小级别，听话的奖赏，不听话的要惩罚。这样管理起来尽管自己也很辛苦，却不必遭受野外寒暑之苦。一定要按期先交公粮杂税，以避开税吏的催逼，尽量不额外开支，以防他人的议论，根据季节决定用度的安排，根据年岁的丰歉情况，尽量减少自己的开支，接济乡邻仆人，这是因时制宜，治理家业的好法子。

管理下人的方法很多，了解他们的心理建立感情是最高明的。在做长辈诸多技巧中，能了解背后隐藏的东西却不动声色才算美德。即使和仆人女佣相处，若了解他们的心思就能相互理解，纵然在田地中间，懂得他们的心事会事半功倍。如果违背常规，命令做他们所不情愿的事，即使你发出雷霆般的愤怒，仍不能禁绝他们的想法；如果看不到他们的长处，在小事上吹毛求疵，即使如日月般的火眼金睛，也不能制住他们邪心而使事情更糟糕。所以俗话说："孱弱反而会强壮，明亮反而会昏暗。"所以文治崇尚宽容，法制崇尚刻薄。对人宽容时，人们便变得厚道；对人刻薄时，人与人之间必然生怨。春种秋收确实是粗陋低微的职业，如果按这样的法子去做，效果不会差，这也是所谓雅人所说的鄙陋低微之事不必放在心里的意思。

普通的百姓和我们一样，同样受天地的气息而生长的，因为等级竞争的缘故，分成不同阶层，习惯逐渐改变了他们的天性，等级差别改变了他们的气质。至于人的想法欲望应该都差不多，有的人还靠使唤他人为生。但是这些大是大非的道理，是不能轻慢对待和更改的。只要祭祀的地方有祭物，齐侯可以忽视寒冷，马圈狗圈里能够井然有序，管燕可以不在乎门人的饥饿。如果穿着厚衣的人能体会穿破衣人的痛苦，便有圣人之德；吃着山珍海味而能感觉吃不饱的人的难处，就可以算是有仁善之心。这些人怎么能与像草石动物一样没有心肝的人相提并论呢？惩罚应避免过多，施恩应避免太少。惩罚太多会使惩罚失去威慑力，施恩太少还不如不施恩。虽然主人算不了什么角色，但毕竟可以管理一些下人。凡遇事都应反躬自问，要知自己的下人都是人，这样便可以得到他们的拥护，不然就会疏远你。

射覆掷骰是众人取乐的地方；对谈笑玩耍，应该保持礼貌规矩的态度。但人们往往因过于亲昵而招来别人的羞辱，也是在这种场合。在肆意取乐时，往往顾不上尊严，一旦遭到别人的讥讽，又感觉丢了面子，倒不如不参与这类活动，保持距离，在一旁静观就可以。要做到言语谨慎，让宾友听着舒服，微笑时不要前仰后合，旁人看你就很舒服。这样受辱的事就没有缘由发生，不会出现你被伤害尊严的情形。这也是保持修养风度的要诀，你们要牢记。

当然，有时也难免会发生疑惑猜疑，真假难以区分，不仅忠厚的外表容易迷惑人的判断，而且深厚的情感也会让果决的人犹豫不决。一旦有了猜疑之心，那么别人的一个微笑也可能是不怀好意。如果怀疑狗和马的区别，那么在回看自己的身影也会视为妖魔。更不用说拾到斧头的人的表情就怀疑好像偷了斧头，打扮得很好的装束就疑心身上可能藏有金块，这些就更不值一提了。所以古人立法规定，在判案时要明确谨慎，因为此时容易主观臆断。汉朝朱博判断玉璧的真假，认为必须具有相应的光泽，但常会忽视其他的宝石。这些说的虽然范围有点广，不过可以作为处理身边事情的借鉴。

交朋友的途径很多，以仁义相交才是正途。感情深厚是因交往的天长地久，失去联系是因为轻易绝交。交往长久是因为彼此相互尊重，断绝关系则是因为过于亲昵。爱护他就不该嫌麻烦，要培育他的纯正品质；忠实的朋友若不规劝他，那么便会保留他不好的一面。在交流学业，以文会友的时候，要表现热情但不过于亲密，适当保持远离而不至于被别人挑拨离间。常常念及他人的优点，而不计较他人的缺点，采用这样的方式交友，就可以让友情长存。

饮酒的目的是为了获取快乐而非为了满足个人的嗜好，贪酒而不醉酒的人很少，醉酒了当然会出错误和麻烦，醉酒和错误一起来袭，就会失去喝酒的快乐。若要保持好处，去掉喝酒的缺点，只有限制喝酒这个办法了。音乐这样的东西，可以欣赏但不要过度，过度而不走向它的反面的人很少，走向反面而不出问题的是不可能的。出了问题又背离正道，将导致人的毁灭。只有了解饮酒乐的好坏而采取克制态度，才是合适的办法。乐善好施虽然出自人的主观愿望，其实更主要的还是来自人的天性。在自己不充裕时施舍，谋取不该得的好处，一次散发千金的财物，确实不太可能。但是救人于危难时，虽然自己的东西也不多，但也必须马上给予，要做到像王丹那样施舍，像杜林那样坦然接受，才算得上真正的有交情。华丽而奇异的妆饰，是损害人性的东西，怪诞的衣服，奢侈的饮食是背离朴素的途径。举止让别人艳羡，打扮让别人迷恋，这样的人只会让有识之士远离，却不能使亲昵之辈敬服。如果看奇异怪巧的东西，只是出于无心倒没什么，但如果明白见到奇异华丽的东西，会招致诸多不当行为，就能不由自主地自尊自重，不禁止也能纠正。

关于相命卜筮的方法，应该得到充分可信的证明才可以。先听那些术士们的描述，然后再在自己身上比照，才能和他们谈论其中的道理。人秉阴阳二气，遵循五行规律，阴阳有奇有偶，五行有克有生，人也是如此，不是也相生相克吗？好比人生有美有丑、有长寿有夭折，人命天定，至于那种青年坎坷，中年腾达的事情，人怎么能改变得了呢？所以君子命运越坎坷，对命运的认识就更加坚定。

古人把欲望太多当成耻辱，是要人们禁欲的意思。欲望是人性的污浊之气，它所产生危害会败坏人的心智，消耗人的精气，破坏人的平和，损害人的天性。虽然人天生都有欲望，但人生的特性好比火包含着烟雾，烟雾又妨碍火的燃烧，桂树生虫但虫又不妨害桂林，如果人生火旺，那么烟雾就少，如果蛀虫强大，那么桂树便因虫害而折断。所以明智的人的欲望少，欲望多的容易导致糊涂，舍弃明智走向昏庸，那这个人就很难生存。所以世界上众多圣者都主张摒弃欲望，儒家道家的众多名家也是这么主张的。可是欲望多的人并不担心陷得太深，以致想挽救他们的人常发愁所有的救治方法不管用，所以残害大道较多，有助于道义办法较少。要想一下子全部戒除欲望确实很难，如每次摒弃一个倒是比较容易，能够摒弃全部欲望，也算是有点小智慧。廉洁和贪心是两种习性，敬畏和羡慕也有不同。处理与别人的关系，不要以己度人，不要因为自己有某些优长去苛求别人，这是明智的；也不因为别人的出众而迷失自信，这叫有操守。自己认为是这样的，对方却认为不是这样的，这是下棋的弊端；附和对方的看法，却忘掉了自己的立场，是效仿的弊端。如果想去除你的缺点，只有多加思考反省了。

谚语说，富裕能使生命强盛，一切顺利，贫穷容易导致身体生病，容易出问题。贫的表现有多种，有的是脸色幽暗，有的是垂头丧气；不仅仅是遭朋友疏远抛弃，家里的人也对他嘲讽躲避。如非天生尚廉或见地深远，怎么可能不改变他的本性呢？因此想去忧患，不如多想想古人。想学习古人就应该完全像古人一样。见识通达，忧患就不那么多，如有志向高远，怨恨就会变得很轻，古有在草庐中弹琴自乐的人，用的就是这个办法。

领取朝廷的俸禄相对容易，因为容易故人们都以此为荣。收获绸丝谷物则要困难的多，正因为难所以人们都很轻视做务农者。艰难的事辛苦，容易的事安逸，而容易的事光荣人人向往，艰难的事不光彩人人逃离，这是相反的两个途径。通过艰苦的劳作使国家安定，按照功勋来奖励有关人员，这样才可以使唤平民享受好生活。如果只和多数平民一样终日操作，那么只能使唤自己的妻儿，每月耕田织布罢了。如果一定要消除压迫和侮辱，去掉平民的非分之想，就应该让贵族和平民各得其所，贵族与平民同样安宁。

人如果珍惜自己，有廉耻之心，就无须严厉的刑罚；如果能保持美德不变，就不需仰慕富贵。有廉耻心的人寿终正寝，保持美德的人善始善终。有些退职的人，人走茶凉，不再受到照顾，这是不珍惜自己的表现。又有官任结束后身边人就对他改变态度，这叫缺德。不仅如此，见人有好事，便百般巴结。一听说对方有麻烦，便公开表示和他无关，甚至附会谣言陷害他人，暗中设计攻击他人。早晨吹捧，晚上毁谤；过去交心，现在翻脸，这种行为实在太过分了。不仅如此，有的人得益于别人教诲，借助他人建功立业，依靠他人举荐入官，靠着他人扬名立万，依附他人而发达，以前还能为他人效劳，看到他人失势便远远躲开，尽力掩盖与他人的关系，甚而抹杀他人的成绩和优点，任意陷害他人，有意贬低他人的长处，突显自己的能力，吹嘘平庸的同伙，无视贤明之士的高见。一个人到了这地步，实在是败坏了伦理道德。你应该提防这种人，不要和他们混在一起。

如果突然发现怪事，应该尽量避开，碰到紧急的事，应该想怎样缓和它们。如果是自己首先表示异议，将负诽谤他人的责任。失去常态违背他人的意思，那就更糟糕了。如果能像裴楷那样坦然地面对怪事，像裴遐那样从容地面对逼迫，方可以称为杰出的人。喜怒是人性固有的两面，它们的外露往往是气量不足，而喜怒不形于色，说明有深远的见识。高兴过分便不受尊重，愤怒过分便失去威严。心神能以恬静淡泊为原则，以宽容和乐为方法，在心中大喜之时，稍稍抑制一下便会平静。发怒不利于身心，稍稍忍耐一下便会消除。能这样行事便没有差错，举动没有出格，那么一切事情便会明白，人将会平静安宁。

信任要公开明白，这样别人就不会误解；义气要靠交心。开诚布公才能融洽感情，言称心意就会心意相通。用这种方法对待上司，可上刀山下火海；用此法对待朋友，比金石更牢固。怎么能给了人家好处，就要对方报答，送人家厚厚礼物，就希望关系长久呢？要是成了这样的人，就要好好想想这些，不可忽视。

流言蜚语，即使是有道德的人也避免不了，况且是品德低下的人，就更难防止它们的攻讦。对于谎言的方法，好好修养道德。有的人经常不讲信用，往往流言集中到他头上。有的人与他人关系极差，往往是别人怨恨的对象。有此任何一个缺点，哪里去逃避诽谤呢？假如能自我反省，不责怪人，必须明白其中的原因，明白其中的真伪，洞察其中的过程。每天三省自身，每月梳理自己的思想，宽心少语地过日子，使自己的品行高尚起来，神灵必然保佑他，还怕别人说什么呢。

习惯能大大地改变一个人，不仅改变你的性格和身体，而且改变人的智力和理智。所以说："和善人在一起，好比进了香草兰花的院子，长久会闻不到其中的芬香，是因为被它影响。和恶人生活在一起，好像到了卖鲍鱼的集市，时间长了便不知道它的臭味，是和它一起同化的原因。所以古人特别注意和他们生活在一起的人的道德。只有那些坚强的意志的人方能长久保持其金玉品德而不被污染。所以说：“红颜料可以消失，但总有一点红色的痕迹。石头可以打碎但总有一点碎片。”如果没有红颜料和石子的坚强特性，必须在细微的地方加以注意防止被影响。能有志于道的探索，应该保持遵循道德的心态。既遵从道德，便不会讥笑贫穷，而只谈论那些有意义的东西，有人说：“贫穷为什么快乐？”这说明还未得道。对于得道的人来说，富贵和贫贱在他看来都一样的。自己不能心怀大道，是因为不懂得普遍适用的法则。如果弄清楚了这些共通的道理后，那便时时刻刻快乐了。

有人说，温暖吃饱之所以可贵，是因为他们能使生命生长不息，饥饿寒冷正侵扰一个人，谈论遵守道德大义是句空话，从自身的遭遇出发，不能证明大道的正确，这便是世间的用共通的道理看问题习惯。凡是养生之物，怎么会是因为它的不同而确定它的好坏，有的人吃山珍海味而早死，有的人吃菽麦杂谷而长寿。嵇康说：“内心世界充实时，不在乎外在的暖饱。”所以根据人的食量来吃饭，歉收的年岁吃得很少，丰收的年岁便会顿顿有余，并不是粮食多少，而是因为年岁的丰收或不足。况且是心中破除卑劣之念，具有美好的理想，拥有安仁富足的快乐，明白天下万物的本质，如神明般的安详，纵然十天吃九餐，也不能叫他觉得饥饿，冬月以席子为铺垫，也不会觉得寒冷，难道不是如此吗？

所以完全从个人的感觉出发，无法感受身外的广大的世界的丰富。天道运转东西南北广大无边，金木水火土循循不息，是天的广阔。黄河东海奔腾不息，山川运动不止，是地的深厚；人活动的世界必须遵循道德，是人的智慧。所以古时深深明白天地人的人，不在个人的小聪明上作文章，而与天地万物同呼吸，不抱着个人的陈见不放，而广泛地学习他人的长处和优点，心中不装着浅薄的见识而看齐大道。对于像潘岳那样，是不值得崇尚的，但一碰到有道德之士，则倾心归顺。这是君臣父子的大理，礼法所规范的东西。尊贵者拥有它们可以支配下人，做下人的可以获得上位者的赞赏。

世界不断发展，但大道是不会改变的，人家以安逸为目标，我则追求古代的大道。人生在世，总是暂时的，从少年到成年，迅速飞过，之后衰老疾病又迅速来临。这中间夭折短命的不胜枚举，纵然活下来，也没有多少。脆弱的生命，迅速地与土草相伴，卓越的才干，迅速地消失黄土之下。回顾人生的经历，也不过几十年。在这样的迅速人生中，想保持荣华，那也是不能永久的。想彻底地通达大道，也是不那么容易的。在人生的前前后后几十年，在我看来，做一个现实的人，最关键的在于心怀真理保持道德。有德就能使自己的心灵纯洁，有纯洁的心灵，便不至于陷入罪恶之中，信仰道德，便不至于惭愧。要是希望人们接受这样的教育，使他的志向符合圣人的教导，努力去进取，那么便一日胜似一日，渐渐接近大道。如果明白这些道理，我们将忘记老之将至，如果不了解这些，你又将到哪里去寻找归宿呢？我抽空写这些，粗略地敷陈一下我的观点，如果以严格的标准要求，那是远远不够的。维持生命的经验，在于田地的耕耘，勤俭节约。保持一生的原则，便是遵循我闲居写的这篇文章。

【点评】

颜延之的《庭诰》提出了一个令人叹服的观点，即“道者识之公，情者德之私”。私心人人都有，但要害在于让私心符合“道”，即自然法则或做人法则，如德化、宽容、勤俭持家等。通篇讨论的是家庭教育和个人品德修养，认为家庭和睦、个人品德非常重要，家长在家庭教育中应树立榜样。

颜之推：颜氏家训（节选）

【原文】

序致第一

夫圣贤之书，教人诚孝，慎言检迹，立身扬名，亦已备[1]矣。魏晋已来，所着诸子，理重事复，递相模效[2]，犹屋下架屋、床上施床耳。吾今所以复为此者，非敢轨物范世[3]也，业已整齐门内，提撕[4]子孙。夫同言而信，信其所亲；同命而行，行其所服。禁童子之暴虐，则师友之诫，不如傅婢[5]之指挥，止凡人之斗阋，则尧舜之道，不如寡妻之诲谕。吾望此书为汝曹之所信，犹贤于傅婢、寡妻耳。

吾家风教，素为整密，昔在龆龀[6]，便蒙诱诲。每从两兄，晓夕温清，规行矩步，安辞定色，锵锵翼翼，若朝严君焉。赐以优言，问所好尚，励短引长，莫不恳笃。年始九岁，便丁荼蓼[7]，家涂离散，百口索然。慈兄鞠养，苦辛备至，有仁无威，导示不切。虽读《礼》《传》，微爱属文，颇为凡人之所陶染。肆欲轻言，不修边幅。年十八九，少知砥砺，习若自然，卒难洗荡。二十已后，大过稀焉。每常心共口敌[8]，性与情竞[9]，夜觉晓非，今悔昨失，自怜无教，以至于斯。追思平昔之指，铭肌镂骨。非徒古书之诫，经目过耳也。故留此二十篇，以为汝曹后车耳。

【注释】

[1] 备：完备。

[2] 递相模效：一代代模仿。

[3] 轨物范世：制定家规。

[4] 提撕：教导。

[5] 傅婢：侍婢。

[6] 龆龀：幼年。

[7] 荼蓼：苦而有毒的植物。指遭遇家庭不幸。

[8] 心共口敌：心口不一。

[9] 竞：相争。

【译文】

序致第一

那些圣贤的书籍，是教诲人们要忠诚孝顺，说话要谨慎，行为要检点，建功立业远扬美名，所有这些内容都已讲得很全面详细了。魏晋以来，所作的一些诸子书籍，都在重复类似的道理，而且内容也差不多，一个接一个模仿，就好像屋下架屋，床上放床，显得多余无用了。我如今之所以要再写这部《家训》，并不是要给各位在为人处世方面制定什么规范，而只是用来整顿家风，教育子孙后代。同样的话，因为是所亲近的人说出的就容易让人相信；同样的命令，因为是所佩服的人发出的就容易被执行。要禁止小孩的胡闹嬉笑，师友的训诫不如侍婢的指挥管用；阻止俗人的打斗，尧舜的教导就不如寡妇的劝解有效。我希望这《家训》能被你们所信从，至少要比侍婢、寡妇的话要好些吧。

我们家的门风家教向来周密严谨，在我还小的时候，就受到大人的诱导教诲。每天跟随两位兄长早晚孝顺侍奉长辈，言谈谨慎举止端正，言语安详神色平和，恭敬有礼小心翼翼，就像拜见威严的君王一样。双亲经常劝勉我们，询问我们的爱好，消磨去我们的缺点，引导我们的特长，态度既恳切又妥帖。当我九岁的时候，家庭出现不幸，以致家道衰落，人丁减少。哥哥含辛茹苦抚养我，他仁爱多而威严少，引导启示也不那么严格。我当时虽也诵读《周礼》《春秋》《左传》，但也爱好写文章，这很大程度上是受到当时人的影响。日常生活中我随心所欲，言语轻率，又不修边幅。到十八九岁才有所收敛。只因养成的习惯已成自然，短期内难于去除。直到二十岁以后，基本没有再犯大的过错，但还经常口是心非，善性与私情纠结，夜晚发觉清晨的错误，今天悔恨昨天犯下的过失，自己常叹息由于缺乏严格系统的教育，才会落到这个地步。回想起平生的意愿志趣，体会真是刻骨铭心。我想仅仅阅读古书上的训诫，只不过是经过一下眼睛耳朵，效果有限。所以特地写下这二十篇文字，给你们作为鉴戒。

【原文】

教子第二

上智不教而成，下愚虽教无益，中庸之人[1]，不教不知也。古者，圣王有胎教之法：怀子三月，出居别宫，目不邪[2]视，耳不妄听，音声滋味，以礼节之。书之玉版，藏诸金匮[3]。生子咳提[4]，师保[5]固明，孝仁礼义，导习之矣。凡庶纵不能尔[6]，当及婴稚，识人颜色，知人喜怒，便加教诲，使为则为，使止则止。比[7]及数岁，可省笞罚。父母威严而有慈，则子女畏慎而生孝矣。

吾见世间，无教而有爱，每不能然[8]：饮食运为，恣其所欲[9]，宜诫翻奖[10]，应呵反笑[11]；至有识知[12]，谓法当尔[13]，骄慢已习[14]，方复制之，捶挞[15]至死而无威，忿怒日隆而增怨；逮[16]于成长，终为败德。孔子云“少成[17]若天性，习惯如自然”是也。俗谚曰“教妇初来，教儿婴孩”，诚哉斯语！

凡人不能教子女者，亦非欲陷其罪恶[18]；但重于诃怒[19]，伤其颜色[20]，不忍楚挞[21]，惨其肌肤耳。当以疾病为谕[22]，安得不用汤药针艾救之哉？又宜思勤督训者，可愿苛虐于骨肉乎？诚不得已也。

父子之严[23]，不可以狎[24]；骨肉之爱，不可以简[25]。简则慈孝不接，狎则怠慢生焉。

人之爱子，罕亦能均[26]，自古及今，此弊多矣。贤俊者自可赏爱[27]，顽鲁者亦当矜怜[28]。有偏宠者，虽欲以厚之[29]，更所以祸之[30]。

齐朝有一士大夫，尝谓吾曰：“我有一儿，年已十七，颇晓书疏[31]，教其鲜卑语及弹琵琶，稍欲通解[32]。以此伏事[33]公卿，无不宠爱，亦要事也。”吾时俛[34]而不答。异哉，此人之教子也！若由此业，自致卿相，亦不愿汝曹为之。

【注释】

[1] 中庸之人：智力一般的常人。

[2] 邪：同“斜”。

[3] 金匮：铜质的柜子，古时用以收藏贵重物品。

[4] 咳提：孩提。哭闹的年龄。

[5] 师保：古时教导皇室贵族子弟的官员，师负责品德教化、保负责能力培养。

[6] 凡庶纵不能尔：普通人即使不能如此。

[7] 比：等到。

[8] 然：认同。

[9] 恣其所欲：放任孩子的喜好。

[10] 宜诫翻奖：应该教训反而褒奖。翻，通“反”。

[11] 应呵反笑：应该训斥反而笑颜相迎。

[12] 识知：逐渐懂事。

[13] 谓法当尔：就说规矩就是这样的。

[14] 骄慢已习：骄气散慢的恶习已养成。

[15] 捶挞：用鞭子抽打。

[16] 逮：抓，做到。

[17] 少成：从小养成的习惯。

[18] 亦非欲陷其罪恶：也不是想将子女陷入罪恶之中。

[19] 重于诃怒：难以呵斥怒责。

[20] 伤其颜色：令子女难过。

[21] 楚挞：用荆条打。

[22] 谕：通“喻”，打比方。

[23] 父子之严：父子间的关系严肃。

[24] 狎：亲近而不庄重。

[25] 简：轻慢。

[26] 罕亦能均：很少有能做到均等的。

[27] 赏爱：值得欣赏爱护。

[28] 顽鲁者亦当矜怜：顽，顽劣；鲁，迟钝。顽劣迟钝的子女也应当爱护怜惜。

[29] 虽欲以厚之：虽然想要厚爱他。

[30] 更所以祸之：却反而使他遭到祸患。

[31] 书疏：书写文书信函。

[32] 稍欲通解：要读通了。

[33] 伏事：伏，通“服”，侍候。

[34] 俛：通“俯”，低头。

【译文】

教子第二

智力超群的人不用教育就能成才，而下等愚钝的人即使教育再多也不起什么作用，只有绝大多数普通人需要被教育，不教就会无知。古时候的圣王，有所谓胎教的做法，王后怀孕三个月的时候，搬出去住到别的好房子里，眼睛不能斜视，耳朵不能乱听，听音乐吃美味，都要按照礼义加以节制，还得把这些写到玉版上，藏进金柜里。到胎儿出生还在幼儿阶段时，担任“师”和“保”的人，就要讲解孝、仁、礼、义，来教导。普通老百姓家纵使不能如此，也应在婴儿识人脸色、懂得喜怒时，就加以教导训诲，叫做就能去做，叫不做就不做，等到长大几岁，就可省免鞭打惩罚。只要父母既威严又慈爱，子女自然敬畏谨慎而有孝行了。

我见到世上那种对孩子不知教育而只有溺爱的，常常不以为然。要吃什么，要干什么，任意放纵孩子，不加管制，该训诫时反而夸奖，该训斥责骂时反而欢笑，到孩子懂事时，就认为本来就该这样。到骄傲怠慢已经成为习惯时，才开始去加以制止，那就纵使鞭打得再狠毒也树立不起威严，愤怒得再厉害也只会增加怨恨，直到孩子长大成人，最终成为品德败坏的人。孔子说：“从小养成的就像天性，习惯了的也就成为自然。”是很有道理的。俗语说：“教导媳妇要在初嫁来时，教儿女要在婴孩时期。”这话确实有道理啊。

普通人未能教育好子女，也不是想要子女去违法犯罪，只是不愿意让他因受责骂训斥而神色沮丧，不忍心让他因挨打而使肌肤痛苦。这适合用生病来作比喻，病了难道能不用汤药、针艾来救治就能好吗？还该替那些经常认真督促训诫子女的人想一想，他们难道愿意虐待自己的骨肉吗？实在是不得已啊。

父子之间的关系要严肃，而不可以过于亲昵；骨肉之间应该有关爱，不拘礼节，但不可以敷衍慢待。敷衍慢待了，慈孝两方面做不好，过于亲近就容易生怠慢而放肆。

人们对孩子的爱，很少能做到一视同仁的，从古到今，这种弊病一直都很多。其实聪明俊秀的固然招人爱怜，顽皮愚笨的也该加以同情怜悯。那种对孩子有偏爱的家长，即使本意是想对子女好，结果却反而给子女招来灾祸。

北齐有个士大夫曾对我说："我有个儿子，已十七岁了，很会写文书，教他讲鲜卑语、弹奏琵琶，现在差不多都学会了，靠这些特长去服侍三公九卿，没有不宠爱他的，这也是要紧之事。"我当时低头没有回答他。真是奇事，这人竟然用这样的方式来教育他的孩子！如果用这种办法当上升的梯子，即使做到卿相那样高的位子，我也不愿意让你们去做的。

【原文】

兄弟第三

夫有人民而后有夫妇，有夫妇而后有父子，有父子而后有兄弟：一家之亲，此三而已矣。自兹以往，至于九族[1]，皆本于三亲焉。故于人伦为重者也，不可不笃。

兄弟者，分形连气[2]之人也。方其幼也，父母左提右挈[3]，前襟后裾[4]，食则同案[5]，衣则传服[6]，学则连业[7]，游则共方[8]，虽有悖乱之人[9]，不能不相爱也。及其壮也，各妻其妻[10]，各子其子[11]，虽有笃厚之人，不能不少衰[12]也。娣姒[13]之比兄弟，则疏薄矣；今使疏薄之人，而节量亲厚之恩[14]，犹方底而圆盖，必不合矣。惟友悌深至[15]，不为旁人之所移者，免夫[16]！

二亲既殁[17]，兄弟相顾，当如形之与影，声之与响[18]；爱先人之遗体[19]，惜己身之分气[20]，非兄弟何念哉？兄弟之际，异于他人，望[21]深则易怨，地亲则易弭[22]。譬犹居室，一穴则塞之[23]，一隙则涂之[24]，则无颓毁[25]之虑；如雀鼠之不恤[26]，风雨之不防[27]，壁陷楹沦[28]，无可救矣。仆妾之为雀鼠，妻子之为风雨，甚哉！

兄弟不睦，则子侄不爱；子侄不爱，则群从[29]疏薄；群从疏薄，则僮仆为仇敌矣。如此，则行路皆踖其面而蹈其心[30]，谁救之哉？人或交天下之士，皆有欢爱，而失敬于兄者，何其能多而不能少也[31]？人或将数万之师，得其死力，而失恩于弟者，何其能疏而不能亲也[32]！

人之事兄，不可同于事父[33]，何怨爱弟不及爱子乎？是反照而不明也。沛国刘琎，尝与兄瓛隔壁。呼之数声不应，良久方答；怪问之，乃曰“向来[34]未着衣帽故也”。以此事兄，可以免矣。

【注释】

[1] 九族：九代。指父、祖、曾祖、高祖、自身、子、孙、曾孙、玄孙。

[2] 分形连气：兄弟间气息相通。

[3] 左提右挈：父母左右手分别扶持着年幼的兄弟。

[4] 前襟后裾：年幼的兄弟拽着父母的前后衣襟。

[5] 食则同案：在一张桌子上吃饭。

[6] 衣则传服：兄弟传着穿一套衣服。

[7] 学则连业：兄弟共用一套书籍。业，版本。

[8] 游则共方：在相同的地方一起出游。

[9] 悖乱：胡乱作为。

[10] 各妻其妻：各自亲近妻子。

[11] 各子其子：各自宠爱子女。

[12] 衰：减少。

[13] 娣姒：妯娌。

[14] 节量亲厚之恩：衡量深厚的情分。

[15] 友悌：兄弟相互友爱。

[16] 免夫：免于此，即避免兄弟情薄的情形。

[17] 殁：死。

[18] 响：回声。

[19] 先人之遗体：父母给予的身体。

[20] 分气：从父母处分得的血气。

[21] 望：期望。

[22] 地亲则易弭：住得近怨气就易消。

[23] 一穴则塞之：有漏洞就堵住。

[24] 一隙则涂之：有裂隙就填上。

[25] 颓毁：倒塌。

[26] 雀鼠之不恤：不去担忧老鼠麻雀的祸害。

[27] 风雨之不防：不去防备风雨的侵袭。

[28] 壁陷楹沦：壁，墙壁。楹，门柱。指墙塌梁倒。

[29] 群从：指堂兄弟。

[30] 行路皆踖其面而蹈其心：踖，践踏。路人都能践踏他们的脸踩他们的心，指被欺侮。

[31] 何其能多而不能少也：为何能结交天下朋友却不能和几个兄弟友爱。

[32] 何其能疏而不能亲也：为何能得到外人的拥戴却不能与兄弟抱团。

[33] 不可同于事父：不能像侍奉父亲那样侍奉兄长。

[34] 向来：刚才。

【译文】

兄弟第三

人类有了群居生活，这才有夫妻；有了夫妻然后才有父子；有了父子然后才有兄弟。一个家庭里的亲人，就只有这三种关系。由此类推，直推到九族，都是源于这三种亲属关系，所以这三种关系在人伦中极为重要，不能不认真对待。

所谓兄弟，是形体虽分而气息相连的人。当他们幼小的时候，父母左手牵右手携，拉前襟扯后裙，吃饭在同桌，衣服是递穿，学习用同一册课本，游玩去同一处地方，即使有荒唐乱来的情形，也不可能不相友爱。等到长大进入壮年时期后，各有各的家室子女。即使兄弟都是诚实厚道的，感情上也不可能不慢慢减弱。至于妯娌比起兄弟来，就更疏远了。如今让这种疏远的人来掌握亲密不亲密的尺度，就好比那方的底座要配个圆盖，必然是合不上的。只有十分敬爱兄长和仁爱兄弟，不被妻子言语所动摇的条件下才能避免出现这种情况！

如果双亲已经去世，留下兄弟默默相对，应当既像形和影，又像声和响那样密切，爱护先人给予的身体，除了兄弟谁还能挂念呢？兄弟之间的关系与他人不一样，相互期望要求高就容易产生埋怨，而关系好就容易消除隔阂。譬如住的房屋，出现了一个漏洞就堵塞，出现了一条细缝就填补，那就不会有倒塌的担忧。如果有了雀鼠也不担忧，刮风下雨的侵蚀也不作防御，那么就会墙崩柱摧，无从挽回了。仆妾就好比雀鼠，妻子就好比风雨，甚至还要更厉害些！

兄弟间如果不和睦，子侄就不可能互相爱护；子侄若不相爱，族里的子侄辈关系就会疏远；族里的子侄辈关系疏远，那僮仆间便容易成仇人了。如果是这样，即使走在路上的陌生人，都会踏他的脸踩他的心欺负，还有谁来救他呢？有的人能结交天下之士并做到欢爱、却不尊敬兄长，怎么能做到对多数人和睦而不能待少数人好啊；有的人能统率几万大军并得其死力，却对弟弟不恩爱，为何能得到外人的拥戴却不能与兄弟友爱呢。

人在侍奉兄长时，不同于侍奉父亲那样恭敬尽心，却为何埋怨兄长爱弟弟时不如爱兄长的儿子呢？这就是没有把这两件事对照起来看明白啊！沛国的刘琎，曾经与兄刘瓛住隔壁。有一次兄长刘瓛喊他几声都不搭理，过了很久才回话；兄长觉得奇怪就问他怎么回事，刘琎回复说“刚才没有穿衣帽，所以这样未及时回应”。用这样的方式来侍奉兄长，就没有必要了。

【原文】

后娶第四

吉甫，贤父也。伯奇，孝子也。以贤父御孝子，合得终于天性，而后妻间[1]之，伯奇遂放[2]。曾参妇死，谓其子曰：“吾不及吉甫，汝不及伯奇。”王骏丧妻，亦谓人曰：“我不及曾参，子不如华、元[3]。”并终身不娶。此等足以为诫。其后假继，惨虐孤遗，离间骨肉，伤心断肠者何可胜数。慎之哉！慎之哉！

江左不讳庶孽，丧室之后，多以妾媵终家事。疥癣蚊虫，或未能免；限以大分[4]，故稀斗阋[5]之耻。河北鄙于侧出，不预人流[6]，是以必须重娶，至于三四，母年有少于子者。后母之弟与前妇之兄，衣服饮食爰及婚宦，至于士庶贵贱之隔[7]，俗以为常。身没之后，辞讼盈[8]公门，谤辱彰道路，子诬母为妾，弟黜兄为佣，播扬先人之辞迹，暴露祖考之长短，以求直己者，往往而有，悲夫！自古奸臣佞妾，以一言陷人者众矣，况夫妇之义，晓夕移之，婢仆求容，助相说引[9]，积年累月，安有孝子乎？此不可不畏。

凡庸之性，后夫多宠前夫之孤，后妻必虐前妻之子。非唯妇人怀嫉妒之情，丈夫有沉惑之僻[10]，亦事势使之然也。前夫之孤，不敢与我子争家，提携鞠养，积习生爱，故宠之；前妻之子，每居己生之上，宦学婚嫁，莫不为防焉，故虐之。异姓宠则父母被怨，继亲虐则兄弟为仇，家有此者，皆门户之祸也。

思鲁等从舅殷外臣，博达之士也。有子基、谌，皆已成立，而再娶王氏。基每拜见后母，感慕呜咽，不能自持，家人莫忍仰视。王亦凄怆，不知所容[11]，旬月求退[12]，便以礼遣，此亦悔事也。

【注释】

[1] 间：挑拨离间。

[2] 放：放逐，被赶出家门。

[3] 华、元：曾参儿子曾华、曾元。

[4] 大分：名分。

[5] 斗阋：内讧，闹大矛盾。

[6] 不预人流：不给他们正常的社会地位。

[7] 士庶贵贱之隔：士人与庶人、贵族与下等人的区别。

[8] 盈：充满。指家庭官司多。

[9] 婢仆求容，助相说引：婢女、男仆为讨得主人欢喜，帮着劝说引诱。

[10] 沉惑之僻：一味溺爱的毛病。

[11] 不知所容：容，容纳。不知道怎么处理。

[12] 退：退婚。

【译文】

后娶第四

吉甫是个贤明的父亲，伯奇是个孝顺的儿子，用贤明的父亲教诲孝顺的儿子，完全符合父慈子孝的天性，应该可以称心如意吧。后来他的后妻挑拨离间，所以伯奇被父亲赶出了家门。曾参在妻子死后，对儿子说："我比不上吉甫，你比不上伯奇。"王骏在妻子去世后，也对人说："我比不上曾参，儿子比不上曾华、曾元。"所以两人终身没有再娶，这些事例足以让人引以为戒。从此以后，继母残酷地虐待前妻的孩子，离间父子骨肉之间关系，让人伤心断肠的事，真的是数不胜数。所以这件事你们一定要慎重啊。

江东一带的人不避讳妾媵所生的孩子，正妻去世后，多是妾媵主持家务事；家庭里的小矛盾虽然不能避免，但是因为妾媵的身份地位，很少出现正妻与妾媵的孩子内讧的家丑。黄河以北的人一般会鄙视妾所生的孩子，不给他们平等的家庭地位，因为当正妻死后，就必须再娶，甚至还会娶三四次。甚至有的后妻的年龄小于前妻的儿子。后妻生的孩子与前妻所生的孩子，从衣服、饮食、婚配、做官等都有着士人与庶人、贵族与下等人的区别，而当地人却都习以为常。在这样的家庭，当做父亲的去世后，家庭之间的纠纷常常要闹到官府，诽谤辱骂的声音在路上就可以听到。前妻的儿子污蔑后母是妾，后妻的儿子贬低前妻的儿子当佣仆，还到处宣扬亡父的隐私，争相揭发祖先的短处，以此证明自己正直，这种事在后娶的家里面特别常见。真是可悲啊，从古到今的奸臣佞妾，凭一句话就害了别人的事情太多了！何况凭夫妇间的情分，早晚会改变男人的想法，婢女、男仆为讨得主人欢喜，帮着劝说引诱，时间久了，怎么还可能有孝子呢？这不能不让人恐惧。

按照一般人的秉性，后夫大多宠爱前夫留下的孩子，后妻则必定虐待前妻丢下的骨肉。并不是只有妇人才会心怀嫉妒之情，男人才有一味溺爱的毛病，这也是情势所逼。前夫的孩子不敢与后妻的孩子争夺家业，而后爸从小照顾抚养他，日积月累就能够产生爱心，因此就宠爱他；前妻的孩子地位往往在后妻孩子之上，读书做官，男婚女嫁，没有一样做继母的不要提防，因此要虐待他。但异姓的孩子被宠爱，父母就会遭到怨恨；后妻虐待前妻的孩子，兄弟之间就会变成仇人。如果哪家有这种事，就是家庭的祸患啊。

思鲁等孩子的堂舅殷外臣是一个学识广博的人。他的儿子基、谌都已经长大成人，殷外臣在妻子死后又娶了王氏。基每次拜见后母的时候，都会因为感怀思念亲生母亲而哭泣，并且把持不住，家人也都不忍心抬起头看他。王氏也感到凄凉悲怆，不知道该怎么办，结婚不足旬月就请求退婚，殷外臣便按照礼节将她遣送回去，这也是一件让人后悔的事。

【原文】

治家第五

夫风化[1]者，自上而行于下者也，自先而施于后者也。是以父不慈则子不孝，兄不友则弟不恭，夫不义则妇不顺矣。父慈而子逆，兄友而弟傲，夫义而妇陵[2]，则天之凶民，乃刑戮之所摄[3]，非训导之所移也。

笞怒[4]废于家，则竖子之过立见；刑罚不中，则民无所措手足。治家之宽猛，亦犹国焉。

孔子曰：“奢则不孙，俭则固。与其不孙也，宁固。”又云：“如有周公之才之美，使骄且吝，其余不足观也已。”然则可俭而不可吝已。俭者，省奢，俭而不吝，可矣。

生民之本，要当稼穑而食，桑麻以衣。蔬果之畜，园场之所产；鸡豚之善，树圈之所生。复及栋宇器械，樵苏脂烛[5]，莫非种殖之物也。至能守其业者，闭门而为生之具以足，但家无盐井耳。令北土风俗，率能躬俭节用，以赡衣食。江南奢侈，多不逮焉。

世间名士，但务宽仁，至于饮食饷馈，僮仆减损，施惠然诺，妻子节量，狎侮宾客，侵耗乡党，此亦为家之巨蠹矣。

裴子野有疏亲故属饥寒不能自济者，皆收养之。家素清贫，时逢水旱，二石米为薄粥，仅得遍焉，躬自同之，常无厌色。邺下有一领军，贪积已甚，家童八百，誓满一千，朝夕每人肴膳，以十五钱为率[6]，遇有客旅，更无以兼。后坐事伏法，籍其家产，麻鞋一屋，弊衣数库，其余财宝，不可胜言。南阳有人，为生奥博[7]，性殊俭吝。冬至后女婿谒之，乃设一铜瓯酒，数脔獐肉，婿恨其单率[8]，一举尽之，主人愕然，俯仰命益[9]，如此者再。退而责其女曰："某郎好酒，故汝常贫。"及其死后，诸子争财，兄遂杀弟。

妇主中馈[10]，惟事酒食衣服之礼耳，国不可使预政，家不可使干蛊。如有聪明才智，识达古今，正当辅佐君子，助其不足。必无此鸡晨鸣，以致祸也。

江东妇女，略无交游，其婚姻之家，或十数年间来相识者，惟以信命赠遗，致殷勤焉。邺下风俗，专以妇持门户，争讼曲直，造请逢迎，车乘填街衢，绮罗盈府寺，代子求官，为夫诉屈，此乃恒代之遗风[11]乎？南间贫素，皆事外饰，车乘衣服，必贵整齐，家人妻子，不免饥寒。河北人事，多由内政，绮罗金翠，不可废阙，羸马悴奴[12]，仅充而已，倡和之礼，或尔汝之。

河北妇人，织任组训之事，黼黻锦绣罗绮之工，大优于江东也。

太公曰："养女太多，一费也。"陈蕃曰："盗不过五女之门。"女之为累，亦以深矣。然天生蒸民，先人传体，其如之何？世人多不举女，贼行骨肉，岂当如此而望福于天乎？吾有疏亲，家饶妓媵，诞育将及，便遣阍竖[13]守之，体有不安，窥窗倚户，若生女者，辄持将去，母随号泣，使人不忍闻也。

妇人之性，率宠子婿而虐儿妇，笼婿则兄弟之怨生焉，虐妇则姊妹之谗行焉。然则女之行留，皆得罪于其家者，母实为之。至有谚曰："落索阿姑餐。"此其相报也。家之常弊，可不诫哉？

婚姻素对，靖侯成规[14]。近世嫁娶，遂有卖女纳财，买妇输绢，比量父祖，计较锱铢，责多还少，市井无异。或猥婿在门，或傲妇擅室，贪荣求利，反招羞耻，可不慎欤？

借人典籍，皆须爱护，先有缺坏，就为科治[15]，此亦士大夫百行之一也。济阳江禄，读书未竟，虽有急速，必待卷束整齐，然后得起，故无损败，人不厌其求假焉。或有狼藉几案，分散部帙，多为童幼婢妾之所点污。风雨虫鼠之所毁伤，实为累德。吾每读圣人之书，未尝不肃敬对之。其故纸有《五经》词义及贤达姓名，不敢秽用也。

吾家巫觋祷请[16]，绝于言议；符书章醮[17]，亦无祈焉。并汝曹所见也，勿为妖妄之费。

【注释】

[1] 风化：教化培育。

[2] 陵：欺负。

[3] 摄：震撼，威慑。

[4] 笞怒：发怒。

[5] 樵苏脂烛：房屋器具，柴草蜡烛。

[6] 率：尺度，标准。

[7] 奥博：积累富厚。

[8] 单率：简陋，待客敷衍。

[9] 益：增添。

[10] 中馈：饮食事宜。

[11] 恒代遗风：北魏鲜卑族旧俗。

[12] 羸马悴奴：马匹瘦弱奴仆憔悴。

[13] 阍竖：童仆。

[14] 婚姻素对，靖侯成规：婚姻要找贫寒人家，这是当年祖宗靖侯的老规矩。

[15] 科治：修补完好。

[16] 巫觋祷请：巫婆或道僧祈祷鬼神。

[17] 符书章醮：用符书设道场。

【译文】

治家第五

教育感化这样的事，都是自上向下推行的，从前人向后人施加影响的。所以父不慈必然让子不孝，兄长对弟弟不友爱则弟不会对兄长恭敬，丈夫若不仁义妻子就不可能温顺。至于父虽慈而子忤逆，兄虽友爱而弟傲慢，丈夫虽仁义而妻子欺侮，那他们就是天生的恶人，必须用刑罚杀戮来使他们畏惧，而非靠训诲诱导能改变了。

家里没有人发怒、不用鞭打体罚，那不听话的孩子马上就出现过错；刑罚如用得不恰当，那老百姓就会无所适从。治家的宽严与治国的方式一样。

孔子说过：“人一旦奢侈了就会变得不恭顺，节俭了就会见识浅薄。与其变得不恭顺，宁可浅薄。”又说：“如果有周公那样的才能那样的俊彦，但只要他既骄傲且啬吝，其他的也就不值得称道了。”这就是说，可以俭省而不可吝啬。俭省，是合乎礼数的节省；吝啬，是对危难之人也不体恤。现在常有讲施舍就变为奢侈，讲节俭就变吝啬。如果能够做到施舍而不奢侈，俭省而不吝啬，那就很好了。

老百姓生活中最根本的事情，是要播收庄稼而食，种植桑麻而穿。所贮藏的蔬菜果品是果园场圃这样的地方出产的；所食用的鸡猪是鸡窝猪圈这样的地方畜养的。还有那房屋器具，柴草蜡烛，没有一件不是靠种植的东西来制造的。那些善于经营管理家业的，可以做到关上门而自给自足，仅仅是家里没有口盐井而已。如今北方的风俗都能做到省俭节用，只要求得温饱就满意了。而江南一带地方有奢侈之风，在勤俭持家这点上多数比不上北方。

世上的名士只讲究宽厚仁爱，以致待客馈送的饮食被童仆减少，允诺资助的东西被妻子克扣，导致轻侮了宾客，刻薄了乡邻的后果，这也是治家的大祸。

裴子野把那些远亲故旧饥寒不能自救的都收养下来，以致家里一直很清贫，有时遇上水旱灾，就用二石米煮成稀粥，勉强让大家都吃上一口，自己也亲自和大家一起吃，从没有厌恶的表情。京城邺下有个大将军，贪欲积聚了很多财富，家僮已有了八百人，还发誓要凑满一千。早晚每人的饭菜开支，都以十五文钱为标准，即使遇到有客人来，也不额外增加一些。后来他犯事处死，被抄家，其中麻鞋就有一屋子，旧衣服藏了好几个库，其余的财宝更是不计其数。南阳地方有个人，深藏广蓄，性极吝啬，冬至后他的女婿来看他，他只给准备了一铜瓯的酒，还有几块獐子肉，女婿嫌饭菜太简单，一下子就吃尽喝光了。这个人很吃惊，只好勉强应付再添上一点，这样添过了几次。回头责怪女儿说：“你的老公太爱喝酒，才弄得你老是贫穷。”等到他死后，几个儿子争夺遗产，还发生了兄杀弟的事情。

妇女主持家中饮食之事，只不过是把酒食衣服之类的事并做得合礼而已，官府是不能让她们过问治国大政的，在一个家庭内不能让她去办重大事务。如果她真有聪明才智，见识通达古今，也只应辅佐丈夫，对他考虑不周处提供点帮助。一定不要让他们做男人分内的事，免得招致灾难。

江东的妇女很少交际，在结成婚姻的家庭中，甚至有十几年还不相识的，只派人传达音信或送礼品来表示殷勤。而邺城的风俗则是专门让妇女当家，处理纠纷，迎来送往，驾车乘的女人甚至填塞了道路，穿绫罗绸缎的挤满官署，替儿子乞求一官半职，给丈夫诉说冤屈，这应是北魏的遗风吧？南方的贫素人家都注意修饰外表，车马、衣服一定讲究整齐，而家人妻子不免忍受饥寒。河北交际应酬多靠妇女出面，绮罗金翠绝不能短少，而马匹瘦弱奴仆憔悴，只是勉强充数而已。夫妇之间交谈时，有时“尔”“汝”相称。

河北妇女多从事编织纺绩的营生，她们制作绣有花纹绸布的手工技巧大大胜过江东的妇女。

姜太公说：“如果养女儿太多，是一种耗费。”后汉大臣陈蕃说：“盗贼都不愿偷窃有五个女儿的家庭。”女儿办嫁妆等开支使人耗资，受害也够深重了。但天生芸芸众生，又是先人传下的骨肉，又能对她怎么样呢？世人有生了女儿却多不养育，甚至残害亲生骨肉的，这样怎么能盼望上天降福给你呢？我有个远亲，家里有许多妓妾，将要生育，就派童仆守候着，临产时，看着窗户靠着门柱，如果生了女婴，马上抱走弄死，产妇随即悲痛哀号，真叫人不忍卒听。

妇女的习性大多是宠爱女婿而虐待儿媳妇，宠爱女婿，那女儿的兄弟就会产生怨恨，虐待儿媳妇，那儿子的姐妹就易进谗言。

这样看来，女的不论出嫁还是娶进都会得罪于娘家，这样的局面都是做母亲的造成的。以至俗话谚语有道：“落索阿姑餐。”说做儿媳妇的以此冷落来报复婆婆。这是家庭里常见的弊端，能不警戒吗？

婚姻要找贫寒人家，这是祖宗靖侯当年的老规矩。近代嫁娶，居然有接受财礼出卖女儿，运送绢帛买进儿媳妇的，这些人算计门第家势，计较锱铢钱财的多少，女方索取多而男方回报少，这和做买卖没有区别，以至于有的门庭里弄来个下流女婿，有的屋里主管权操纵在恶儿媳妇手中，贪荣求利，招来耻辱，这样的事能不审慎吗？

凡是借阅别人的书籍，都必须好好爱护，原先有缺失损坏卷页的，要给修补完好，这也是士大夫百种善行之一。济阳人江禄，每当读书未读完时，即使有急事，也要先把书本卷束整齐，然后才起身，因此书籍从不会毁损，所以人家对他来求借从不感到厌烦。有的人把书籍在桌案上乱丢，以致卷册分散，然后多被小孩婢妾弄脏，又被风雨虫鼠毁坏，这真是有损道德。我每读圣人写的书，从没有不严肃恭敬地对待过。即使废旧纸上有《五经》文义和贤达人氏的姓名，也不敢用在污秽之处。

我们家从来不提请巫婆道僧做祈祷神鬼之事，也没有请道士用符书设道场作法去祈求之举。这都是你们能看见的，请你们千万不要把钱花费在这些妖魔虚妄的事情上。

【原文】

风操第六

《礼》曰：“见似目瞿，闻名心瞿。[1]”有所感触，恻怆心眼，若在从容平常之地，幸须申其情耳。必不可避，亦当忍之，犹如伯叔、兄弟，酷类先人，可得终身肠断与之绝耶？又“临文不讳，庙中不讳，君所无私讳”。盖知闻名须有消息，不必期于颠沛而走也。梁世谢举[2]”，甚有声誉，闻讳必哭，为世所讥。又有臧逢世，臧严之子也，笃学修行，不坠门风，孝元经牧江州，遣往建昌督事，郡县民庶，竞修笺书，朝夕辐辏，几案盈积，书有称“严寒”者，必对之流涕，不省取记，多废公事，物情怨骇[3]，竟以不办而还。此并过事也。近在扬都，有一士人讳审，而与沉氏交给周厚，沉与其书，名而不姓，此非人情也。

昔侯霸之子孙，称其祖父曰家公；陈思王称其父为家父，母为家母；潘尼称其祖曰家祖。古人之所行，令人之所笑也。今南北风俗，言其祖及二亲，无云人言，言已世父，以次第称之，不云“家”者，以尊于父，不敢“家”也。凡言姑、姊妹、女子子，已嫁则以夫氏称之，在室则以次第称之，言礼成他族，不得云“家”也。子孙不得称“家”者，轻略之也。蔡邕书集呼其姑、姊为家姑、家姊，班固书集亦云家孙，今并不行也。

凡与人言，称彼祖父母、世父母；父母及长姑，皆加“尊”字，自叔父母已下，则加“贤”子，尊卑之差也。王羲之书，称彼之母与自称己母同，不云“尊”字，今所非也。

昔者，王侯自称孤、寡、不谷[4]。自兹以降，虽孔子圣师，及闸人[5]言皆称名也。后虽有臣、仆之称，行者盖亦寡焉。江南轻重，各有谓号，具诸《书仪》。北人多称名者，乃古之遗风。吾善其称名焉。

古人皆呼伯父、叔父，而今世多单呼伯、叔。从父兄弟姊妹已孤，而对其前呼其母为伯叔母，此未可避者也。兄弟之子已孤，与他人言，对孤者前呼为兄子。弟子，颇为不忍，北土人多呼为侄。案《尔雅》《丧服经》《左传》，侄虽名通男女，并是对姑之称，晋世以来，始呼叔侄。今呼为侄，于理为胜也。

古者，名以正体，字以表德，名终则讳之，字乃可以为孙氏。孔子弟子记事者，皆称仲尼；吕后微时，尝字高祖为季；至汉爰种，字其叔父曰丝；王丹与侯霸子语，字霸为君房。江南至今不讳字也。河北人士全不辨之，名亦呼为字，字固呼为字。尚书王元景兄弟，皆号名人，其父名云，字罗汉，一皆讳之，其馀不足怪也。

偏傍之书，死有归杀[6]，子孙逃窜，莫肯在家；画瓦书符，作诸厌胜；丧出之日，门前然火，户外列灰，祓送家鬼，章断注连。凡如此比，不近有情，乃儒雅之罪人，弹议所当加也。

《礼》："父之遗书，母之杯圈[7]，感其手口之泽，不忍读用。"政为常所讲习，雠校缮写，及偏如服用，有迹可思者耳。若寻常坟典，为生什物，安可悉废之乎？既不读用，无容散逸，惟当缄保，以留后世耳。

江南风俗，儿生一期，为制新衣，盥浴装饰，男则用弓矢纸笔，女则刀尺针缕，并加饮食之物，及珍宝服玩，置之儿前，观其发意所取，以验贪廉愚智，名之为试儿。亲表聚集，致宴享焉。

四海之人，结为兄弟，亦何容易，必有志均义敌[8]，令终如始者，方可议之。一尔之后，命子拜伏，呼为丈人，申父交之敬，身事彼亲，亦宜加礼。比见北人甚轻此节，行路相逢，便定昆季[9]，望年观貌，不择是非，至有结父为兄、托子为弟者。

【注释】

[1] 见似目瞿，闻名心瞿：见到容貌相似的目惊，听到名字相同的心惊。瞿，惊讶。

[2] 梁世谢举：梁朝的谢举。

[3] 物情怨骇：群情沸腾。

[4] 不谷：不得养。古代皇帝自称。

[5] 闻人：弟子。

[6] 偏傍之书，死有归杀：旁门左道的书里讲，人死后某一天要“回杀”。

[7] 杯圈：不加雕饰的木制饮器，妇人所用。后一般代指母亲。

[8] 志均义敌：志同道合，始终如一。

[9] 昆季：兄弟。

【译文】

风操第六

《礼记》上说：“见到与先人容貌相似的目惊，听到与先人名字相同的心惊。”这是因为有所感触，引发心目凄怆。如果处在一般情况下，自然应该让这种感情表达出来。但如果实在需要回避，也应该有所克制，譬如自己的伯叔、兄弟的容貌和先人很像，难道能够因见到他们就一辈子极悲痛以至和他们断绝往来吗？《礼记》上又说：“做文章不用避讳，在庙里祭祀不用避讳，在君王面前不避自己父祖的名讳。”由此可见，听到先人名讳时应该有所斟酌，不一定要匆忙回避。梁朝时有个叫谢举的，很有声望，但他听到自己父祖的名讳就哭，常被世人所讥笑。还有个叫臧逢世的，是臧严的儿子，学问扎实，品行端正，能很好地维持家庭门风。梁元帝出任江州时，派他去建昌督办公事。郡县的百姓都抢着给他写信，以致信多得早晚汇集堆满了案桌，凡是信上有写了“严寒”的，他看到了一定会对着信流泪，不再阅看，也不作回复，造成公事常得不到及时处理，结果引起人们的责怪怨恨，最后因避讳影响办事而被召回。这都是把避讳事情做过头了。近来在扬都，有个士人避讳“审”字，同时又和姓沈的结交友情深厚，姓沈的给他写信，只署名而不写上“沈”姓，这种避讳也是不太近人情。

过去侯霸的子孙，称他们的祖父叫家公；陈思王曹植称他的父亲叫家父，母亲叫家母；潘尼称他的祖叫家祖。这都是古人所做的，而为今人所取笑的事。如今南北各地的风俗，凡是提到他的祖辈和父母双亲的时候，都没有说“家”的，只有山野村夫才有这种叫法。凡是和别人谈话，讲到自己的伯父时，都用排行来称呼，不说“家”，是因为伯父比父亲还尊崇，故不敢称“家”。凡讲到姑、姊妹、女儿，已经出嫁的就用丈夫的姓来称呼，没有出嫁的就用排行来称呼，意思是行婚礼后就成为别的家族的人了，不好再称“家”。子孙不好称“家”，显然是对他们的轻视。蔡邕文集里称呼他的姑、姊为家姑、家姊，班固文集里也说家孙，如今都不流行了。

一般和人谈话，称人家的祖父母、伯父母、父母和长姑，都加个“尊”字，从叔父母以下，就加个“贤”字，以表示尊卑有别。王羲之写信，称人家的母和称自己的亲相同，都不说“尊”，这是现在的人所不认同的。

从前王侯自己称自己孤、寡、不谷，此后，尽管像孔子这样的圣师和弟子谈话都自己称名字。后来虽有自称臣、仆的，但也很少有人这么做。江南地方礼仪轻重各有称谓，都记载在专讲礼节的《书仪》上。北方人则多对自己称名，这应该是古代的遗风。我个人认为这种方式比较好。

古人都喊伯父、叔父，而今世多单喊伯、叔。从父兄弟姐妹已丧父，而当面喊他母亲为伯母、叔母，这是无从回避的。兄弟之子已丧父，和别人讲话，对着已丧父者叫他兄之子、弟之子，就颇为不忍，北方人多叫他侄。按照《尔雅》《丧服经》《左传》的说法，侄虽通用于男女，都是对姑而言的，晋代以来才叫叔侄。如今叫他侄，从道理上讲也是对的。

古时候，名用来表明本身，字用来表示德行，名在死后就要避讳，字就可以作为孙辈的氏。孔子的弟子记事时，都称孔子为仲尼；吕后在微贱的平民时期，曾称呼汉高祖的字叫他季；至汉人麦种，称他叔父的字叫丝；王丹和侯霸的儿子谈话时，称呼侯霸的字叫君房。江南地方至今对称字不避讳。这时候河北地区人士对名和字完全不加区别，名也叫作字，字自然还叫作字。尚书王元景兄弟都算得上是名人，父名云，字罗汉，一概避讳，其余的人就不足怪了。

旁门左道的书里讲，人死后某一天要回家里一趟即“回杀”。这一天子孙要逃避在外，没有人肯留在家里。还要画符做种种巫术法术。出丧那天要门前生火，户外铺灰，除灾去邪，送走家鬼，上书以求断绝死者所患疾病的继续传染。所有这类迷信恶俗做法都不近人情，是儒学雅道的罪人，应该加以弹劾检举。

《礼经》上说：“父亲留下的书籍，母亲用过的杯圈，因为觉得上面有他们的汗水和唾水，就不忍再阅读使用。”这是因为这些是父亲所常讲习，经校勘抄写，以及母亲个人使用，有遗迹可供思念。如果是一般的书籍或者公用的器物，怎能统统废弃不用呢？既已不读不用，那也不该分散丢失，而应封存保留下来传给后人。

江南有一个风俗，在孩子出生一周年的时候，要给孩子缝制新衣，认真洗浴精心打扮，男孩就用弓箭纸笔，女孩就用刀尺针线，再加上饮食，还有一些珍宝和衣服玩具，放在孩子面前，看他动念头想拿什么物件，以此来测试他是贪还是廉，是愚还是智，这叫作试儿。这种场合要邀请亲属姑舅姨等表亲来聚集并隆重宴请。

和四海五湖之人结义拜为兄弟，是不容易的事，切不能草率，一定要是志同道合，始终如一的才可以。一旦准备结交，就要叫自己的儿子出来拜见，称呼对方为丈人，表达对父辈的敬意，自己对对方的双亲也应该施礼。最近我见到北方人好像对结义之事很轻率，甚至路上相遇就可结成兄弟，只需看年纪老少，不讲是非好坏，甚至有结父辈为兄，给子辈为弟的。

【原文】

慕贤第七

古人云："千载一圣，犹旦暮也；五百年一贤，犹比髆[1]也。"言圣贤之难得，疏阔如此。傥遭不世明达君子[2]，安可不攀附景仰之乎？吾生于乱世，长于戎马，流离播越，闻见已多；所值名贤，未尝不心醉魂迷向慕之也。人在年少，神情未定，所与款狎，熏渍陶染[3]，言笑举动，无心于学，潜移暗化，自然似之；何况操履艺能[4]，较明易习者也？是以与善人居，如入芝兰[5]之室，久而自芳也；与恶人居，如入鲍鱼之肆，久而自臭也。墨子悲于染丝，是之谓矣。君子必慎交游焉。孔子曰："无友不如己者。"颜、闵[6]之徒，何可世得！但优于我，便足贵之。

世人多蔽[7]，贵耳贱目，重遥轻近。少长周旋[8]，如有贤哲，每相狎侮，不加礼敬；他乡异县，微藉风声[9]，延颈企踵[10]，甚于饥渴。校其长短，核其精粗，或彼不能如此矣。所以鲁人谓孔子为东家丘.昔虞国宫之奇，少长于君，君狎之，不纳其谏，以至亡国，不可不留心也。

用其言，弃其身，古人所耻。凡有一言一行，取于人者，皆显称之，不可窃人之美，以为己力；虽轻虽贱者，必归功焉。窃人之财，刑辟之所处；窃人之美，鬼神之所责。

梁孝元前在荆州，有丁觇[11]者，洪亭民耳，颇善属文，殊工草隶；孝元书记[12]，一皆使之。军府轻贱，多未之重，耻令子弟以为楷法[13]，时云："丁君十纸，不敌王褒数字。"吾雅[14]爱其手迹，常所宝持。孝元尝遣典签惠编送文章示萧祭酒，祭酒问云："君王比赐书翰[15]，及写诗笔，殊为佳手，姓名为谁？那得都无声问[16]？"编以实答。子云叹曰："此人后生无比，遂不为世所称，亦是奇事。"于是闻者稍复刮目。稍仕至尚书仪曹郎[17]，末为晋安王侍读，随王东下。及西台陷殁[18]，简牍湮散，丁亦寻卒于扬州[19]；前所轻者，后思一纸，不可得矣。

齐文宣帝[20]即位数年，便沉湎纵恣[21]，略无纲纪[22]；尚能委政尚书令杨遵彦[23]，内外清谧[24]，朝野晏如[25]，各得其所，物无异议，终天保[26]之朝。遵彦后为孝昭[27]所戮，刑政[28]于是衰矣。斛律明月[29]，齐朝折冲[30]之臣，无罪被诛，将士解体[31]，周人始有吞齐之志，关中至今誉之。此人用兵，岂止万夫之望而已哉！国之存亡，系其生死。

【注释】

[1] 比痼：肩膀挨着肩膀。指很多。比，紧靠。痼，肩膀。

[2] 傥：同“倘”。不世：世上少有。

[3] 熏渍陶染：陶冶濡染。

[4] 操履：操守德行。艺能：技艺才能。

[5] 芝兰：有香味的草本植物。

[6] 颜、闵：指孔子弟子颜回和闵损。

[7] 蔽：蒙蔽，意指有偏见。

[8] 少长：从小长到大。周旋：交往。

[9] 藉：依靠。风声：名声。

[10] 延：伸；企踵：踮起脚后跟。

[11] 丁觇：南朝梁洪亭人。善著文，工草隶，官至尚书仪曹郎。

[12] 书记：指文书抄写。

[13] 楷法：学习楷模。

[14] 雅：非常。

[15] 比：近来。书翰：书信。

[16] 声问：声誉，名声。

[17] 尚书仪曹郎：梁朝官名，掌管吉凶礼制。

[18] 西台陷殁：台是台省，即梁朝的中央政府。因梁元帝在江陵称帝，江陵在西，故称西台。554 年，西魏攻陷江陵，就是“西台陷殁”。

[19] 扬州：指扬州治所建康，即在今南京市。

[20] 文宣帝：北齐建立者高洋，以淫乱残忍知名。

[21] 沉湎：指嗜酒无度。纵恣：放纵恣肆。

[22] 纲纪：法纪。

[23] 杨遵彦：北齐大臣，官至尚书令，官声很好。

[24] 谧：安宁。

[25] 晏如：平静。

[26] 天保：北齐文宣帝年号，公元 550—559 年。

[27] 孝昭：北齐孝昭帝高演，字延安。文宣帝同母之弟。

[28] 刑政：刑律政令。

[29] 斛律明月：斛律光（515—572），字明月，山西朔县人。曾任左丞相，后为后齐主所杀。

[30] 折冲：克敌制胜。

[31] 解体：人心涣散。

【译文】

慕贤第七

古人说：“一千年才能出一位圣人，时间已经近得像从早到晚那么快了；五百年出一位贤人，已经密得像肩碰肩一样了。”这是说圣人、贤人稀缺已经到这种程度了。如遇世间少有的明达君子，怎能不去追随景仰呢？我出生在乱世，在兵荒马乱中长大，颠沛流离，所见所闻已很多了。遇上名流贤士，总是痴迷地仰慕人家。人在年轻时候，精神性格都还没有定型，和那些情投意合的朋友朝夕相处，很容易受到他们的熏陶，人家的一言一笑，一举一动，虽然没有存心去学，但是在长期的潜移默化之中，言行会跟他们相似。何况操守德行和本领技能都是比较容易学到的东西呢？因此，与善人相处，就像进入满是芝草兰花的屋子中一样，慢慢使自己也变得芬芳起来；与恶人相处，就像进入满是鲍鱼的店铺一样，时间一长自己也变得腥臭起来。墨子因看见人们染丝的情形而感叹，说的也就是这个意思。君子在与人交往时一定要慎重。孔子说："不要和不如自己的人交朋友。"像颜回、闵损那样的贤人，我们一生都很难遇到！只要是比我优秀的人，就值得让我敬重了。

一般人常有一种偏见：对传闻的东西很感兴趣，对亲眼所见的东西则轻视；对远方的事物很感兴趣，对近处的事物却不在意。从小一起长大的人，如有哪一位是贤士，人们也往往对他轻慢侮弄，而不是以礼相待；而处在远方异土的人，凭着那么点名声，就能令大家伸长脖子、踮起脚跟去思盼见一面，那种心情好像比饥渴还难以忍受。其实如果认真评价人家的优劣，探究人家的得失，那里的人未必比这里的人好。因此，鲁国的人称孔子为"东家丘"。以前虞国的宫之奇因为年龄稍长于国君，国君就很轻视他，不愿意采纳他的劝谏，以致最后亡了国，这个教训不能不牢记在心。

采用了某人的意见回头却又抛弃这个人，这种行为被古人看来是可耻的。凡采纳一个建议、办理一件事情，如果得到了别人的帮助，就不应该把他人的贡献当成自己的功劳。即使是面对地位低下的人，也必须要充分认可他的功劳。窃取别人的钱财，会遭到刑罚的处置；而窃取别人的好建议，会遭到鬼神的谴责。

梁孝元帝以前在荆州时，他那里有一位叫丁觇的人，是洪亭人，非常会写文章，特别擅长草书和隶书；孝元帝的文书抄写工作全都交给他去干。军府中那些地位低下的人，大多数小瞧他，耻于让自己的子弟去临摹他的书法，当时比较流行的说法是："丁君写上十张纸，抵不上王褒几个字。"我很喜爱他的墨迹，常把它们珍藏起来。孝元帝曾经派典签惠编送文章给祭酒萧子云看，萧子云就问惠编："君王最近写有书信给我，还有他的诗歌文章，书法特别漂亮，那书写者实在是一个罕见的高手，他姓甚名谁？怎么会一点名气都没有呢？"惠编据实回答了。萧子云感叹道："没有哪个后生能与他相比，他的书法竟然没有得到世人肯定，也算是一桩怪事。"从此以后，听说此事的人这才稍稍注意他。丁觇后来渐渐升任到尚书仪曹郎，最后任晋安王侍读，随晋安王东下。等到江陵陷落的时候，那些文书信札一起散失了，没多久丁觇也死于扬州。过去轻视他的人，再想得到他的一幅墨迹也没机会了。

齐朝文宣帝即位几年后，便沉湎酒色，放纵恣肆，一点不顾及国家法纪。不过他还能将政事交给尚书令杨遵彦处理，所以朝廷内外清静安宁，各种事务都能够得到妥善安排，大家都没有什么意见，天保之朝一直都维持这种局面。后来杨遵彦被孝昭帝杀害，此后国家的法度就逐渐衰败了。斛律明月是齐朝安邦却敌的重臣，无罪被杀，军队将士因此而人心涣散，周国这才有了吞并齐国的野心，关中一带百姓直到现在还称许明月。这个人用兵的水平岂止是万人所归而已啊，他的生死维系着国家的存亡。

【原文】

勉学第八

自古明王圣帝，犹须勤学，况凡庶乎！此事遍于经史，吾亦不能郑重[1]，聊举近世切要，以启寤[2]汝耳。士大夫子弟，数岁已上，莫不被教，多者或至《礼》《传》，少者不失《诗》《论》。及至冠婚[3]，体性稍定；因此天机[4]，倍须训诱。有志尚者，遂能磨砺，以就素业[5]，无履立者，自兹堕慢，便为凡人。人生在世，会当有业。农民则计量耕稼，商贾则讨论货贿，工巧则致精器用，伎艺则沈思法术[6]，武夫则惯习弓马，文士则讲议经书。多见大夫耻涉农商，差务工伎，射则不能穿札，笔则才记姓名，饱食醉酒，忽忽无事，以此销日，以此终年。或因家世余绪[7]，得一阶半级，便自为足，全忘修学；及有吉凶大事，议论得失，蒙然张口，如坐云雾；公私宴集，谈古赋诗，塞默[8]低头，欠伸而已。有识旁观，代其入地[9]。何惜数年勤学，长受一生愧辱哉！

梁朝全盛之时，贵游子弟[10]，多无学术，至于谚云："上车不落则著作，体中何如则秘书[11]。"无不熏衣剃面，傅粉施朱，驾长檐车，跟高齿屐，坐棋子方褥[12]，凭斑丝隐囊[13]，列器玩于左右，从容出入，望若神仙。明经[14]求第，则顾人答策[15]；三九公宴，则假手赋诗。当尔之时，亦快士[16]也。及离乱之后，朝市迁革，铨衡选举，非复曩者之亲；当路秉权，不见昔时之党。求诸身而无所得，施之世而无所用。被褐而丧珠，失皮而露质，兀若枯木，泊若穷流，鹿独戎马之间，转死沟壑之际。当尔之时，诚驽材也。有学艺者，触地而安。自荒乱以来，诸见俘虏。虽百世小人，知读《论语》《孝经》者，尚为人师；虽千载冠冕，不晓书记者，莫不耕田养马。以此观之，安可不自勉耶？若能常保数百卷书，千载终不为小人[17]也。

夫明《六经》之指[18]，涉百家之书，纵不能增益德行，敦厉风俗，犹为一艺，得以自资。父兄不可常依，乡国不可常保，一旦流离，无人庇荫，当自求诸身耳。谚曰："积财千万，不如薄伎[19]在身。"伎之易习而可贵者，无过读书也。世人不问愚智，皆欲识人之多，见事之广，而不肯读书，是犹求饱而懒营馔，欲暖而惰裁衣也。夫读书之人，自羲、农已来，宇宙之下，凡识几人，凡见几事，生民之成败好恶，固不足论，天地所不能藏，鬼神所不能隐也。

有客难主人曰："吾见强弩长戟，诛罪安民，以取公侯者有矣；文义习吏[20]，匡时富国，以取卿相者有矣；学备古今，才兼文武，身无禄位，妻子饥寒者，不可胜数，安足贵学乎？”主人对曰：“夫命之穷达，犹金玉木石也；以痛学艺，犹磨莹雕刻也。金玉之磨莹，自美其矿璞[21]，木石之段块，自丑其雕刻；安可言木石之雕刻，乃胜金玉之矿璞哉？不得以有学之贫贱，比于无学之富贵也。且负甲为兵，咋[22]笔为吏，身死名灭者如牛毛，角立出者如芝草[23]；握素披黄[24]，吟道咏德，苦辛无益者如日蚀，逸乐名利者如秋荼[25]，岂得同年[26]而语矣。且又闻之，生而知之者上，学而知之者次。所以学者，欲其多知明达耳。必有天才，拔群出类，为将则暗与孙武、吴起同术，执政则悬得管仲、子产之教，虽未读吾亦谓之学矣。今子即不能然，不师古之踪迹，犹蒙被而卧耳。”

【注释】

[1] 郑重：严肃认真。

[2] 寤：明白。

[3] 冠婚：冠礼和婚礼。古代男子二十岁加冠，表示已成年。

[4] 天机：好时光。

[5] 素业：儒业。

[6] 沈思法术：深入思考如何提升技艺。

[7] 家世余绪：祖上余荫。

[8] 塞默：沉默不语。

[9] 代其入地：替其羞愧。

[10] 贵游子弟：无官职的王公贵族的子弟。

[11] 著作：著作郎，官名，掌编纂国史。体中何如：书信中的客套话。

[12] 棋子方褥：方格图案的丝织品制成的方形坐褥。

[13] 隐囊：靠枕。

[14] 明经：六朝以明经取士。

[15] 答策：指应试。

[16] 快士：杰出人才。

[17] 小人：指平民百姓。

[18] 指：通“旨”。

[19] 伎：通“技”。

[20] 文：文饰，解释。义：礼仪。

[21] 矿：未经冶炼的金属。璞：未经雕琢的玉石。

[22] 咋：啃咬。做文字工作。

[23] 芝草：灵芝草。

[24] 握素披黄：书籍。素，绢素，用以抄写书籍。黄：黄卷。

[25] 秋荼：至秋天荼繁盛，喻多。

[26] 同年：同日，指等同。

【译文】

勉学第八

自古以来的圣明帝王尚且都要勤奋学习，何况一个普通百姓呢！这类事在各种经书史书中随处可见，我也不想郑重其事，暂且举近世紧要的几件事说说，以此来启发开导你们。现在一般士大夫的子弟，长到几岁以后，没有不接受教育的，那些学得多的，已学了《礼经》《春秋三传》。那学得少的，也学完了《诗经》《论语》。待他们成年，体质性格逐渐成形，趁这个时候，就要加倍地对他们进行训育引导。他们中间那些有志气的，就可以经受磨炼，以成就其清素的儒学大业，而那些没有追求志向的，从此懒散起来，逐渐变成了平庸的人。人生在世，应该从事某项职业。当农民的就要盘算耕田种地，当商贩的就要洽谈交易买卖，当工匠的就要精心制作各种器具用品，当艺人的就要深入研习各种技艺，当武士的就要熟悉骑马射箭，当文人的就要讲谈儒家经书。我经常见到许多士大夫耻于从事农业商业，又缺乏手工技艺方面的本事，让他射箭却连一层铠甲也射不穿，让他动笔仅仅能写出自己的名字。整天花天酒地，无所事事，就这样混日子，以此了结一生。还有的人因祖荫得到一官半职，便不思进取，忘记了学业；碰上有吉凶大事，让他议论起得失来，只能木然以对，张口结舌，如坠云雾中一般。在各种公私宴会的场合，别人谈古论今，吟诗作赋，他却低着头不吭声，只有打哈哈以蒙混过关。有见识的旁观者都替他害臊，恨不能钻到地下去。这些人何必吝惜几年光阴而不去勤学苦读，而宁愿去长期忍受一生的愧辱呢！

梁朝在其全盛时期，那些贵族子弟大多不学无术，以致当时的谚语说："登车不跌跤，可当著作郎；只说身体好，便做秘书官。"这些贵族子弟都以香料熏衣，修剃脸面，涂脂抹粉。他们外出乘长檐车，走路穿高齿屐，坐在织有方格图案的丝绸坐褥上，倚靠着五彩丝线织成的靠枕，身边摆的是各种珍奇古玩，从容不迫地进进出出，看上去好像神仙模样。到考明经答问求取功名的时候，他们就雇人顶替自己去应试。在三公九卿出席的宴会上，他们就借别人之手来为自己作诗。在这种场合，他们倒显得像个人物似的。等到动乱来临，朝廷发生变动，考察选拔的官吏的，不再是过去的亲旧，在朝中执掌大权的，再也看不见过去的同党。这时候，这些贵族子弟们想靠自己却不中用，想在社会上混又没有真本事。他们只能身穿粗布衣服，卖掉家中的珠宝，失去华丽的外表，露出无能的本来面目，呆头呆脑如同一段枯木，有气无力像条快要干涸的流水，在兵荒马乱中颠沛流离，最后抛尸于荒沟野壑之中。此时此刻，这些贵族子弟就完完全全成了蠢材了。而那些有学问有技艺的人，走到哪里都可以安身。兵荒马乱以来，我见过不少俘虏，其中一些人虽然世世代代都是平民百姓，但由于懂得《孝经》《论语》，还可以去给别人当老师；而另外一些人，虽然是显赫千载的世家大族子弟，但由于不会动笔，结果没有一个不是去给别人耕田养马的。由此看来，怎么能不努力读书呢？如果家里能够经常存有几百卷书供研读，就是再过一千年也不会沦为平民百姓的。

如果一个人通晓“六经”旨意，涉猎百家著述，即使不能增强道德修养，劝勉世风习俗，也仍然不失为一种才艺，可借此谋生。父兄不可能长期依赖，家邦是不可能常保安宁，一旦流离失所，没有人来庇护你时，就需要靠自己了。俗话说：“积财千万，不如薄技在身。”容易学而又可致富贵的事，莫过于读书了。人不管愚蠢还是聪明，都希望认识的人多，经历的事广，但却不肯去读书，这就有如想要饱餐却懒于做饭，想得身暖却懒于裁衣一样。那些读书人，从伏羲、神农的时代以来，在这世界上，共见识了多少人，见识了多少事，对一般人的成败好恶的洞察，简直不值一提，即使是天地鬼神的事，也瞒不过他们。

有客人曾问我：“那些手持强弓长戟，去诛灭罪恶之人，安抚黎民百姓，以此博取公侯爵位的人，我认为是有的；那些阐释礼仪，研习吏道，匡正时尚，使国家富足，以此博取卿相职位的人，我认为也是有的；而那些学问贯通古今，才能文武兼备，却身无俸禄官爵，妻子儿女还挨饿受冻的人，却是数也数不清。照此说来，把学习看得那么重要，真的值得吗？”我回答说：“一个人的命运是困厄还是显达，就如同金玉与木石；研习学问，就好比琢磨金玉，雕刻木石。金玉经过琢磨，就比矿璞来得更美，木石截成段敲成块，就比经过雕刻来得丑陋，但怎么能说经过雕刻的木石就胜过未经琢磨的金璞呢？因此，不能以有学问的人的贫贱，去与那无学问的人的富贵相比。况且，那些披挂铠甲去当兵，口含笔管充任小吏的人，身死名灭者多如牛毛，而出类拔萃的却像灵芝草那样稀少。现在勤奋攻读，修养品性，含辛茹苦而没有任何益处的人，就像日食一样少见，而闲适安乐追名逐利的人却像秋荼那样繁多，哪能把二者相提并论呢？况且我又听说，生下来就懂得事理的是上等人，通过学习才明白事理的是次一等的人。人之所以要学习，就是想使自己知识得到丰富，明白通达事理。如果说一定有天才存在的话，那就是出类拔萃的人。作为将军，他们隐然具备了与孙武、吴起一样的军事谋略；作为执政者，他们先天就获得了管仲、子产的政治教化才能。虽然他们从未读过书，我也认为他们是有学问的。现在您就不能做到这一点，又不去效法古人的所作所为，就像蒙被睡觉，什么都看不见啊。”

【原文】

人见邻里亲戚有佳快[1]者，使子弟慕而学之，不知使学古人，何其蔽也哉？世人但见跨马被甲，长稟强弓，便云我能为将；不知明乎天道，辨乎地利，比量逆顺，鉴达兴亡之妙也。但知承上接下，积财聚谷，便云我能为相；不知敬鬼事神，移风易俗，调节阴阳[2]，荐举贤圣之至[3]也。但知私财不入，公事夙办，便云我能治民；不知诚己刑物[4]，执辔如组[5]，反风灭火，化鸱为凤之术也。但知抱令守律，早刑晚舍，便云我能平狱；不知同辕观罪，分剑追财，假言而奸露，不问而情得之察也。爰及农商工贾，厮役奴隶，钓鱼屠肉，饭牛牧羊，皆有先达，可为师表，博学求之，无不利于事也。

夫所以读书学问，本欲开心明目，利于行耳。未知养亲者，欲其观古人之先意承颜[6]，怡声下气，不惮劬劳，以致甘腝[7]，惕然惭惧，起而行之也。未知事君者，欲其观古人之守职无侵，见危授命，不忘诚谏，以利社稷，恻然自念，思欲效之也。素骄奢者，欲其观古人之恭俭节用，卑以自牧，礼为教本，敬者身基，瞿然自失，敛容抑志也。素鄙吝者，欲其观古人之贵义轻财，少私寡欲，忌盈恶满，赒穷恤匮，赧然悔耻，积而能散也。素暴悍者，欲其观古人之小心黜己，齿弊舌存，含垢藏疾，尊贤容众，苶[8]然沮丧，若不胜衣[9]也。素怯懦者，欲其观古人之达生委命[10]，强毅正直，立言必信，求福不回，勃然奋厉，不可恐慑也。历兹以往，百行皆然。纵不能淳，去泰去甚[11]。学之所知，施无不达。世人读书者，但能言之，不能行之，忠孝无闻，仁义不足；加以断一条讼，不必得其理；宰千户县，不必理其民；问其造屋，不必知楣横而棁竖也；问其为田，不必知稷早而黍迟也；吟啸谈谑，讽咏辞赋，事既优闲，材增迂诞，军国经纶，略无施用。故为武人俗吏所共嗤诋，良由是乎！

夫学者所以求益耳。见人读数十卷书，便自高大，凌忽长者，轻慢同列；人疾之如仇敌，恶之如鸱枭[12]。如此以学自损，不如无学也。

古之学者为己，以补不足也；今之学者为人，但能说之也。古之学者为人，行道以利世也；今之学者为己，修身以求进也。夫学者犹种树也，春玩其华，秋登其实。讲论文章，春华也，修身利行，秋实也。

人生小幼，精神专利，长成已后，思虑散逸，固须早教，勿失机也。

世人婚冠未学，便称迟暮，因循面墙[13]，亦为愚耳。幼而学者，如日出之光；老而学者，如秉烛夜行，犹贤乎瞑目而无见者[14]也。

【注释】

[1] 佳快：出色。

[2] 阴阳：古时中国哲学范畴，包含一切事物的本性与关系表达。

[3] 至：到达极限。

[4] 刑物：刑，同“型”。即作出示范。

[5] 执辔如组：驾驭。辔：马缰绳。组：用丝做成的宽带子。

[6] 先意承颜：孝子先父母之意而承其志。

[7] 臡：肉软嫩。

[8] 癖：疲惫状。

[9] 不胜衣：身体不能承担衣服的重量。此处意思是谦让。

[10] 达生委命：安于命运，恪守职责。

[11] 去泰去甚：掌握尺度，不过分。

[12] 鸱枭：两种凶恶的鸟。

[13] 因循面墙：按部就班过日子，好像面对着一堵墙壁什么也看不见。

[14] 犹贤乎瞑目而无见者：还是比那闭着眼睛啥也看不见的人要好。

【译文】

人们看见邻居、亲戚中有出色的人，知道让自己的子弟羡慕他们，向他们学习，却不懂得应该让自己的子弟向古人学习，这是多么无知啊。普通人只看见当将军的跨骏马，披铠甲，手持长矛强弓，就自吹自己也能当将军，却不懂得打仗要了解天时地利，分析权衡所处的逆境顺境，把握历史上胜败的各种奥秘。普通人以为要会上下左右应酬，为国积财储粮，就吹嘘说自己也可以当宰相；却不知作为宰相要做敬畏鬼神，移风易俗，调节阴阳，荐贤举能等事项的各种周密处置。普通人只知道私财不可以落自己腰包，公务要及时处理，就吹嘘说自己也可以管理好百姓；却不知道诚恳待人，做出榜样，驾驭复杂局势，化解各种危机，化鸱为凤，变恶为善的各种技巧。一般人只知道遵循法令条律，判刑赶早，赦免推迟，就吹牛说我也可以秉公办案；却不具备同辕观罪以察明真相、分剑追财及时出手，用假言诱使诈伪者暴露，不用反复审问而案情自明等明察秋毫的能力。推而广之，甚至那些农夫、商贾、工匠、童仆、奴隶、渔民、屠夫、喂牛的、放羊的，他们中都有在德行学问上可称为前辈的人，可当作学习的楷模，多多地向这些人学习获取收益，对自己事业的发展是有益处的。

人读书求知的目的，是为了开发心智，提高认知能力，便于指导自己做事。对那些不知道赡养自己父母的人，我想让他们看看古人如何体察父母心思，并按父母的想法做事，如何和颜悦色、轻声细语地与父母谈话，如何不怕劳苦，为父母弄到甜软的食物。让他们看了这些内容之后能感到惭愧害怕，进而效法古人尽孝。对那些不懂得怎样侍奉国君的人，我想让他们看看古人怎样恪守本分，不犯上，怎样在危急时刻不惜牺牲自己的性命，怎样以国家利益为重，不忘忠心进谏的义务。使他们看了这些内容后能自己做对照，反省自己，进而去效法古人。对那些平时骄横奢侈的人，我想让他们看看古人怎样俭朴，怎样谦恭守己，以礼让为政教之本，以恭敬为立身之根。使他们看了这些之后有所触动，自感缺憾，进而端正态度，抑制平素那骄奢的心思。对那些平时浅薄吝啬的人，我想让他们看看古人怎样轻利重义，少私寡欲，忌盈恶满，怎样接济那些鳏寡孤独，体恤贫民百姓。使他们看了这些后脸红，生出羞悔之心，然后努力做到既能积财又能散财。对那些平时暴虐凶悍的人，我想让他们看看古人怎样处世谦恭，自我约束，深知齿亡舌存的道理，怎样宽仁大度，尊重贤士，有容人之量。使他们看了这些后消除膨胀的欲望，就像连衣服也穿不动那样谦让。对那些平时胆小懦弱的人，我想让他们看看古人如何坚守本分，听天由命，如何强毅正直，说话算数，如何祈求福运，又不违祖道。使他们看了这些之后能奋发图强，不再畏手畏脚。

依此类推，各方面的品行都可以采取以上方式来培养，即使不能使风气淳正，也可以去掉那些偏离社会道德规范的不当言行。从学习中所得到的知识，可以运用到各种场合。可是如今世间的读书人，只知空谈，不善行动，没听说他们有什么忠孝之举，仁义好像也欠缺。他们审理案件，未必了解其中的道理；主管一个千户小县，未必亲自治理过百姓；问他们怎样造房子，未必知道楣是横着放而棁是竖着放；问他们怎样种田，未必知道高粱需要早下种而黍子必须晚下种。整天只知道吟咏歌唱，谈笑戏谑，写诗作赋，悠闲自在，迂阔荒诞，而对治军治国则基本没什么办法。他们被那些武官俗吏嗤笑辱骂，实在是有缘故的啊。

人们读书是为了得到进步的益处。我看见有的人读了几十卷书，就飘飘然，冒犯长者，轻慢同辈。大家敌视他就像对仇敌一样，厌恶他好比对鸱枭那样的恶鸟一样。像这样因学习给自己招来祸患的，真的不如别读书。

古代求学的人是为了充实自己，以弥补自己各方面的不足；现在好多求学的人则是为了向别人证明自己优秀，只知道夸夸其谈。古代求学的人是为了有利于众生，推行自己的主张以造福社会；现在求学的人是为了自身发展的需要，涵养德行以求仕进。求学就像种果树一样，春天可以观赏它的花朵，秋天可以收取它的果实。谈论文章，类似于赏玩春花；修身利行，这就好比摘取秋果。

人在幼小时期精神比较专注敏锐，成人以后思想容易分散。故对孩子教育确实需要尽可能早。

普通人如果到成年以后还未开始学习，就说晚了，就这样按部就班过日子，好像面对着一堵墙壁什么也看不见，也可算是愚蠢的了。从小就开始学习的人，就如同太阳初升时的光芒；到老来才开始学习的人，就如同手持蜡烛在夜间行走，但总比那闭着眼睛什么也看不见的人强。

【原文】

夫老、庄之书，盖全真[1]养性，不肯以物累己也。故藏名柱史[2]，终蹈流沙；匿迹漆园，卒辞楚相，此任纵之徒耳。何晏、王弼，祖述玄宗，递相夸尚，景[3]附草靡，皆以农、黄之化，在乎己身，周、孔之业，弃之度外。而平叔以党曹爽见诛，触死权[4]之网也；辅嗣以多笑人被疾，陷好胜之阱也；山巨源以蓄积取讥，背多藏厚亡之文也；夏侯玄以才望被戮，无支离拥肿[5]之鉴也；荀奉倩丧妻，神伤而卒，非鼓缶之情也；王夷甫悼子，悲不自胜，异东门之达也；嵇叔夜排俗取祸，岂和光同尘[6]之流也；郭子玄以倾动专势，宁后身外己之风也；阮嗣宗沉酒荒迷，乖畏途相诫之譬也；谢幼舆赃贿黜削，违弃其余鱼之旨也：彼诸人者，并其领袖，玄宗所归。其余桎梏尘滓之中，颠仆名利之下者，岂可备言乎！直取其清谈雅论，剖玄析微，宾主往复，娱心悦耳，非济世成俗之要也。洎于梁世，兹风复阐，《庄》《老》《周易》，总谓《三玄》。武皇、简文，躬自讲论。周弘正奉赞大猷[7]，化行都邑，学徒千余，实为盛美。元帝在江、荆间，复所爱习，召置学生，亲为教授，废寝忘食，以夜继朝，至乃倦剧愁愤，辄以讲自释。吾时颇预末筵，亲承音旨，性既顽鲁，亦所不好云。

《书》曰："好问则裕。"《礼》云："独学而无友，则孤陋而寡闻。"盖须切磋相起明也。见有闭门读书，师心自是[8]，稠人广坐，谬误差失者多矣。《谷梁传》称公子友与莒挐相搏，左右呼曰："孟劳。"孟劳者，鲁之宝刀名，亦见《广雅》。近在齐时，有姜仲岳谓："孟劳者，公子左右，姓孟名劳，多力之人，为国所宝。"与吾苦诤。时清河郡守邢峙，当世硕儒，助吾证之，赧然而伏。又《三辅决录》云："灵帝殿柱题曰：'堂堂乎张，京兆田郎。'"盖引《论语》，偶以四言，目京兆人田凤也。有一才士，乃言："时张京兆及田郎二人皆堂堂耳。"闻吾此说，初大惊骇，其后寻愧悔焉。江南有一权贵，读误本《蜀都赋》注，解“蹲鸱，芋也”，乃为“羊”字；人馈羊肉，答书云：“损惠[9]蹲鸱。”举朝惊骇，不解事义，久后寻迹，方知如此。元氏之世，在洛京时，有一才学重臣，新得《史记音》，而颇纰缪，误反“颛顼”字，顼当为许录反，错作许缘反，遂谓朝士言：“从来谬音‘专旭’，当音‘专翾’耳。”此人先有高名，翕然[10]信行；期年之后，更有硕儒，苦相究讨，方知误焉。《汉书·王莽赞》云：“紫色蛙声，余分闰位。”谓以伪乱真耳。昔吾尝共人谈书，言乃王莽形状，有一俊士，自许史学，名价甚高，乃云：“王莽非直鸱目虎吻，亦紫色蛙声。”又《礼乐志》云：“给太官挏马酒。”李奇注：“以马乳为酒也，揰挏乃成。”二字并从手。揰挏，此谓撞捣挺挏之，今为酪酒亦然。向学士又以为种桐时，太官酿马酒乃熟。其孤陋遂至于此。太山羊肃，亦称学问，读潘岳赋“周文弱枝之枣。”为杖策之杖。《世本》：“容成造历。”以历为碓磨之磨。

夫文字者，坟籍根本。世之学徒，多不晓字：读《五经》者，是徐邈而非许慎；习赋诵者，信[11]褚诠而忽吕忱；明《史记》者，专[12]徐、邹而废篆籀；学《汉书》者，悦[13]应、苏而略《苍》《雅》。不知书音是其枝叶，小学[14]乃其宗系。至见服虔、张揖音义则贵之，得《通俗》《广雅》而不屑。一手[15]之中，向背如此，况异代各人乎？

【注释】

[1] 全真：保持本性。

[2] 藏名柱史：老子做周代管理图书的柱下史而不被外人所知。

[3] 景：“影”的本字。

[4] 死权：死于权力。

[5] 支离拥肿：支离、拥肿是庄子作品中的人和樗树，由于人的

畸形、树的臃肿而得以保全。

[6] 和光同尘：把荣光和尘浊一视同仁。

[7] 大猷：治国之道。

[8] 师心自是：自以为是。

[9] 损惠：谢礼的措辞。

[10] 翕然：一致。

[11] 信：信奉。

[12] 专：专门，专一。

[13] 悦：喜欢。

[14] 小学：最初指文字学。后又包括训诂学、音韵学。

[15] 一手：一人之手，此处指同一个作者的作品。

【译文】

老子、庄子的书，主要在讲人怎样保持本真性情、修养超脱品性，故他们不会为身外之物所牵累。老子甘心做一个无名的图书管理员，最后又悄然隐身于沙漠之中；庄子则干脆隐居漆园当一个小官，后来楚成王邀请他做相，他却婉拒不就。他们俩都是喜欢随心所欲生活的高士。何晏、王弼等也宣讲道教的教义。那个时候的人，就好比影子伴随形体、草木随风倒一般，都以神农、黄帝的教化来装扮自己，至于周公、孔子的礼教等就根本没人留意了。但何晏因为攀附曹爽被杀，这是碰到了权力的红线上；王弼孤芳自赏，藐视他人而遭到怨恨，这是掉进了争强好胜的陷阱；山涛由于贪财吝啬而遭到世人非议，这是违背了聚敛越多失去就越多的古训；夏侯玄有非凡的才能和声望却招致被害，这是因为他还没有从庄子支离和臃肿树的寓言中吸取教训（无用之才方能够保全自己）；荀粲因丧妻而伤心致死，说明他还不具有庄子丧妻击缶而歌的超脱；王衍因丧子而痛不欲生，这和东门吴达观地面对丧子之痛有巨大落差；嵇康因清高而命丧黄泉，说明他的思想意识还没有达到“和其光，同其尘”的境界；郭象因巨大声望成为高官，但后来也没有谦逊自处；阮籍纵酒迷乱，违背了处险地应谨慎的古训；谢鲲因贪污而遭罢官，这是他没有遵守节欲的宗旨。以上这些人，都是玄学的宗师级别的人物。至于那些在尘世中追逐名利的人，就不必细说了。这些人不过是拿老、庄书中的一些清谈雅论，剖析一下其中的玄妙之处，宾主之间相互问答取娱，图一时之快，所论也不是敦厚世风的关键。到了梁朝，崇尚道教的时尚又开始流行，玄学十分兴盛，《庄子》《老子》《周易》被人们称为《三玄》。就连梁武帝和简文帝都亲自参与讲授辩论。周弘正奉君王之命讲解如何以道教治国的大道理，连偏远小镇的人都来听，有时听众有数千之多，场面蔚为壮观。元帝在江陵、荆州的时候，也对玄学乐此不疲，还召集学生亲自给他们讲解，以甚至到了夜以继日、废寝忘食的地步。他在疲惫或烦闷激愤的时候，也会拿玄学来宽慰自己。我当时常常也在末位听讲，聆听元帝的教导。只是对于我这个天资愚笨的人来说，好像并没有听出好来。

《书经》上说：“喜欢提问则会增长知识。”《礼经》上说：“独自学习而无朋友共同商讨学问，就会孤陋寡闻。”这是说学习需要相互共同切磋，彼此启发。我就见过不少闭门读书，自以为是，在大庭广众之下口出谬言的人。《谷梁传》讲述公子友与莒挐两人相斗，公子友左右的人呼叫“孟劳”。孟劳是鲁国宝刀的名字，《广雅》也是这么解释的。最近我在齐国，有位叫姜仲岳的说：“孟劳是公子友左右的人，姓孟，名劳，是位大力士，为鲁国人所爱重。”他极力和我争论这个问题。当时清河郡守邢峙也在场，他是当今的大学者，帮助我证实了孟劳的本义，姜仲岳才红着脸服气了。再一个，《三辅决录》上说：“汉灵帝在宫殿柱子上题字：‘堂堂乎张，京兆田郎。’”这是引用《论语》里的原文，而对以四言句式，用来品评京兆人田凤。有一位才士，却解释成："当时张京兆及田郎二人都相貌堂堂。"他听了我的解释后，十分惊讶，后来又感到愧悔。江南有一位权贵，读了误本《蜀都赋》的注解，"蹲鸱，芋也"，芋字错作"羊"字。有人馈赠他羊肉，他就回信说："谢谢您赐我蹲鸱。"满朝官员都感到惊骇，不明白他用的是什么典故，后来经过很长时间查到出处，才搞清楚缘故。魏元氏在位的时候，洛京一位有才学而位居重要职务的大臣，他新近得到一本《史记音》，内中不少错误，如给"颛顼"一词错误地注音，顼字应当注音为许录反，却错注为许缘反。这个大臣就对朝中官员们说："过去一直把颛顼误读成'专旭'，应该读成'专翾'。"这位大臣素有名望，他的意见大家当然一致赞同并照办。直到一年后，又有大学者对这个词的发音辛苦探究，才弄清楚错误的根源。《汉书·王莽赞》说："紫色蛙声，余分闰位。"是说王莽以假乱真。过去我曾经和别人谈论书籍，其中谈到王莽的例子，有一位聪明人自诩通晓史学，名重一时，却解释道："王莽不但长得鹰目虎嘴，而且有着紫色的皮肤，青蛙的嗓音。"此外，《礼乐志》上说："给太官挏马酒。"李奇的注解是："以马乳为酒也，揰挏乃成。""揰挏"二字的偏旁都从手。揰挏是说把马奶上下捣击，现在做奶酒也是用这种方法。刚才提到的那位聪明人又认为李奇注解的意思是"要等种桐树之时，太官酿造的马酒才成熟。"他的学识浅陋居然到了这个程度。太山的羊肃，也称得上有学问的人，他读潘岳赋中"周文弱枝之枣"一句，把"枝"字读作"杖"策的杖字；他读《世本》中"容成造历"一句，又把"历"字认作碓磨的"磨"字。

文字是书之根本。世上求学之人大多都没有把字义弄通。一般通读《五经》的人，肯定徐邈的观点而否定许慎的看法；学习赋诵的人，信奉褚诠的解释而忽略吕忱的观点；崇尚《史记》的人，只喜欢徐野民、邹诞生写的《史记音义》，却放弃了对篆文字义的深入钻研；学习《汉书》的人，喜欢应邵、苏林的注解而忽略了《三苍》《尔雅》。他们不明白语音只是文字的枝叶，字义才是文字的根本。以致有人见了服虔、张揖有关音义的书就非常珍视，而得到同是这两人写的《通俗文》《广雅》时却颇为不屑。对同出一人之手的著作尚且都是如此厚此薄彼，更何况对不同时代不同人的著作呢？

【原文】

文章第九

学问有利钝，文章有巧拙。钝学累功[1]，不妨精熟；拙文研思，终归蚩鄙[2]。但成学士，自足为人；必乏天才，勿强操笔。吾见世人，至无才思，自谓清华，流布丑拙，亦以众矣，江南号为“痴符”[3]。近在并州，有一士族，好为可笑诗赋，铫弊邢、魏诸公，众共嘲弄，虚相赞说，便击牛釃酒，招延声誉。其妻明鉴妇人也，泣而谏之，此人叹曰：“才华不为妻子所容，何况行路！”至死不觉。自见之谓明，此诚难也。

学为文章，先谋亲友，得其评裁，知可施行，然后出手，慎勿师心自任，取笑旁人也。自古执笔为文者，何可胜言。然至于宏丽精华，不过数十篇耳。但使不失体裁[4]，辞意可观，便称才士。要须动俗盖世，亦俟河之清乎。

凡为文章，犹人乘骐骥，虽有逸气，当以衔勒制之，勿使流乱轨躅[5]，放意填坑岸也。

文章当以理致[6]为心旅，气调为筋骨，事义[7]为皮肤，华丽为冠冕。今世相承，趋末弃本，率多浮艳，辞与理竞，辞胜而理伏；事与才争，事繁而才损，放逸者流宕而忘归，穿凿者补缀而不足。时俗如此，安能独违，但务去泰去甚耳。必有盛才重誉，改革体裁者，实吾所希。

古人之文，宏才逸气，体度风格，去今实远；但缉缀疏朴，未为密致耳。今世音律谐靡，章句偶对，讳避精详，贤于往昔多矣。宜以古之制裁为本，今之辞调为末，并须两存，不可偏弃也。

【注释】

[1] 钝学累功：学问钝的人积累功夫。

[2] 蚩鄙：粗野鄙陋。

[3] 痴符：没有才学而好夸耀的人。

[4] 体裁：文章的结构剪裁。

[5] 轨躅：车轨。

[6] 理致：义理情致，思想感情。

[7] 事义：典故，事实。

【译文】

文章第九

做学问有利和钝之分，写文章有巧和拙之别，学问钝的人如果能积累功夫，并不妨碍达到精熟的程度；文章拙的人哪怕是苦思冥想，写出来的东西多半还是粗野鄙陋，水平不高。其实，只要有了学问，就足以在世间自立；如果真的缺乏写作天赋，就不必勉强执笔作文。我看世上某些人，没有一点才思，却自称他的文章清丽华美，把他那些丑陋拙劣的文章到处传扬，这种人也太多了，江南一带将这种人称为“痴符”。最近在并州有一位出身士族的人物，喜欢写一些可笑的诗赋作品，与邢邵、魏收诸公开玩笑取乐，大家就一起嘲弄这位士族，假意赞美他的作品。这位士族信以为真，就杀牛筛酒请客，并请他们帮忙传播宣传。他的妻子是一位明白人，哭着劝他不要这样做。这位士族叹息说：“我的才华连妻子都不认可，何况陌生人呢？”他至死也没有醒悟。自己能了解自己才算聪明，这确实不容易啊。

学习写文章，应该先找亲友征求一下意见，经过他们的批评鉴别，知道可以拿得出手了，然后才可定稿；不要由着性子自作主张，以免被他人耻笑。自古以来执笔写文章的人不可胜数，但能够达到宏丽雅致这种高度的，也就不过几十篇而已。只要写出的文章不脱离它应有的结构规范，辞意可观，就可称得上是才士了。但一定要写出惊世之作，恐怕只有等黄河的水变清了才有这种可能吧！

凡是写文章，就像骑骏马一样，马虽有俊逸之气，但也要用衔、勒来控制它，不让它偏离轨道，肆意而行，以至于掉进沟里。

文章应该做到以义理情致为核心，以气韵才调为筋骨，以运用的典实为皮肤，以华丽词句为服饰。现在的人所继承的前人写作传统，都是舍本求末，所写文章大多轻浮华艳，文辞与义理相互权衡，导致文辞优美而义理薄弱；内容与才华相争，导致内容繁杂而才华减损。恣意不羁者的文章虽流利酣畅却偏离了文章的主旨，深度打磨者的文章，其材料堆砌过多以致缺乏文采。现在的风气就是这样，你们怎可与众不同呢？你们只要做到所写文章中肯，不偏激就可以了。如果将来能有声望高的大才来改革文章的体制，实在是我所希望的。

古人的文章充满才气，又气势豪迈，其体态风格与现在的文章相去甚远。只是它在遣词造句方面简略质朴，不够严密细致而已。现在的文章音律和谐靡丽，语句配偶对称，避讳也是精确详尽，在这些方面确实比过去高超多了。应该以古人文章的体制架构为根基，以今人文章的词句音调为枝叶，两者相结合，不可偏废。

【原文】

名之与实[1]，犹形之与影[2]也。德艺周厚，则名必善焉；容色姝丽，则影必美焉。今不修身而求令名于世者，犹貌甚恶而责妍影于镜也。上士忘名，中士立名，下士窃名。忘名者，体道合德，享鬼神之福佑，非所以求名也；立名者，修身慎行，惧荣观之不显，非所以让名也；窃名者，厚貌深奸，干浮华之虚称，非所以得名也。

人足所履，不过数寸，然而咫尺之途，必颠蹶于崖岸；拱把之梁[3]，每沉溺于川谷者，何哉？为其旁无余地故也。君子之立己，抑亦如之。至诚之言，人未能信，至洁之行，物[4]或致疑，皆由言行声名，无余地也。吾每为人所毁，常以此自责。若能开方轨之路，广造舟之航，则仲由之言信，重于登坛之盟，赵熹之降城，贤于折冲之将矣。

吾见世人，清名登而金贝入，信誉显而然诺亏，不知后之矛戟，毁前之干橹[5]也。虙子贱云："诚于此者形于彼[6]。"人之虚实真伪在乎心，无不见乎迹，但察之未熟耳。一为察之所鉴，巧伪不如拙诚，承之以羞大矣。伯石让卿，王莽辞政，当于尔时，自以巧密；后人书之，留传万代，可为骨寒毛竖也。近有大贵，以孝著声，前后居丧，哀毁[7]逾制，亦足以高于人矣。而尝于苫块[8]之中，以巴豆涂脸，遂使成疮，表哭泣之过。左右童竖，不能掩之，益使外人谓其居处饮食，皆为不信。以一伪丧百诚者，乃贪名不已故也。

有一士族，读书不过二三百卷，天才钝拙，而家世殷厚，雅自矜持，多以酒犊珍玩交诸名士，甘其饵者，递共吹嘘。朝廷以为文华，亦尝出境聘[9]。东莱王韩晋明笃好文学，疑彼制作，多非机杼，遂设宴言[10]，面相讨试。竟日欢谐，辞人满席，属音赋韵，命笔为诗，彼造次即成，了非向韵[11]。众客各自沉吟，遂无觉者。韩退叹曰："果如所量！"韩又尝问曰："玉珽[12]杼上终葵首，当作何形？"乃答云："珽头曲圜，势如葵叶耳。"韩既有学，忍笑为吾说之。

治点子弟文章，以为声价，大弊事也。一则不可常继，终露其情；二则学者有凭，益不精励。

或问曰："夫神灭形消，遗声馀价，亦犹蝉壳蛇皮，兽远鸟迹耳，何预于死者，而圣人以为名教乎？"对曰："劝也，劝其立名，则获其实。且劝一伯夷，而千万人立清风矣；劝一季札，而千万人立仁风矣；劝一柳下惠，而千万人立贞风矣；劝一史鱼，而千万人立直风矣。故圣人欲其鱼鳞凤翼，杂沓参差[13]，不绝于世，岂不弘哉？四海悠悠，皆慕名者，盖因其情而致其善耳。抑又论之，祖考之嘉名美誉，亦子孙之冕服[14]墙宇也，自古及今，获其庇荫者亦众矣。夫修善立名者，亦犹筑室树果，生则获其利，死则遗其泽。世之汲汲[15]者，不达此意，若其与魂爽俱升，松柏偕茂者，惑矣哉！"

【注释】

[1] 名：名气，名声。实：实质，实际。

[2] 影：影像，影子。

[3] 拱把之梁：小的独木桥。两手合围曰拱，只手所握曰把。

[4] 物：人物。

[5] 干橹：盾牌。

[6] 诚于此者形于彼：在这件事上态度诚实，就给另一件事树立了榜样。

[7] 哀毁：居丧尽礼。

[8] 苫块：指守孝。

[9] 聘：延揽人才。

[10] 宴言：宴会时从容交谈，席对。

[11] 韵：作品的风格。

[12] 玉珽：玉笏，旧时天子所持。

[13] 故圣人欲其鱼鳞凤翼，杂沓参差：圣人希望天下人不论贤愚，都向伯夷等人学习。

[14]] 冕服：礼服。

[15] 汲汲：迫切状。

【译文】

名声与实际的关系，就像形体与影像的关系一样。如果一个人的德才俱备，那么他的名声一定很好；一个人如果容貌漂亮，其身影也必然美丽。现在某些人不注重修养身心，却妄求美好的名声传扬于社会，这就好比丑陋的相貌却希望有漂亮的影子。上等德行的人已经忘了名声，中等德行的人勉力营造名声，下等德行的人竭力窃取名声。忘掉名声的人，可以体察事物的规律，使言行符合道德的规范，进而享受神灵的福佑，因此他们用不着去求取名声；营造名声的人，尽力提高品德修养，慎重规范自己的行动，常常担心自己的荣誉不能显现，因此他们对名声是不会谦让的；窃取名声的人，看似忠厚却心怀大奸，追逐浮名，因而他们是不会得到好名声的。

人的脚所能踩的地方，面积不过有几寸，但在咫尺宽的山路上行走，一定会从山崖上摔下去；从手掌大的独木桥上过河，也容易掉在河中淹死，这是什么原因呢？这是因为人的脚旁没有余地的缘故。君子要在社会上立足，也是这个道理。最诚实的话，别人反而不容易相信；最高洁的行为，别人却往往会产生怀疑。这是因为这类言行的名声太好，没有留余地造成的。我每次被别人贬损的时候，就常以此自责。如果能开辟平坦的大道，加宽渡河的浮桥，那么就能如同子路那样，说话能够让人感觉到真实，比诸侯登坛结盟的誓约还要可信；就像赵熹那样，让对方主动献出盘踞的城池，此举超过了勇敢致胜的将军。

我看有些人在清白的名声树立之后，就取来金钱财宝装入自己腰包；在有了信誉之后，就不再信守诺言，不知道自己说的话自相矛盾。虙子贱说："在这件事上诚信，就在另一件事上树了榜样。"人的虚实真伪虽藏于内心，但还是可以从他的形迹中显露出来，只是人们没有认真考察而已。如果通过考察来检验，巧伪的人就不如拙诚的人，如此他所蒙受的羞辱就大了。春秋的伯石曾三次推却君王对他当卿的册封，汉朝王莽也曾一再辞谢对他做大司马的推举，在那个时候，他们都自以为事情做得机巧缜密。后人把他俩的言行记载下来，留传万代，让人读后都非常震惊。最近有位高官，以孝顺闻名，在居丧时，他悲伤异常超过了丧礼的要求，其孝心可说是超乎常人了。但他曾经在居丧期间，用巴豆涂抹脸部，让脸上长出了疮疤，以此表明他内心有多难过。他身边的童仆没有替他遮盖这件事。事情传扬出去后，使得外人对他居丧期间所表露的孝心举动都不相信了。因为一件事情作假而使得一百件诚实的事情也失去别人的信任，这就是因为贪求名声不知满足的缘故！

有位士家的子弟，读的书不过二三百卷，又天性迟钝笨拙，但他家世殷实富有，颇为骄矜自负。他时常拿出美酒、牛肉及珍贵的玩赏物来利诱结交名士，凡是得到他好处的人，就争相吹捧他。朝廷也因此认为他才华过人，曾经派他作为使节出国访问。东莱王韩晋明很是爱好文学，怀疑这位士族写的东西大都不是出自他自己的构思，就设宴同他交谈，打算当面测试他。宴会那一整天，气氛都很乐和，文人才子们欢聚一起，挥毫弄墨，赋诗唱和。这位士族也是拿起笔来一挥而就，但那诗歌却完全不是他过去的风格韵味。而众宾客都各自在专心地低声品味，竟无一人发现这诗有什么异常。韩晋明退席后感叹道："果然如我猜想的那样！"韩晋明又试着问他："玉珽杼上终葵首，那该是什么样子呢？"他却回答说："玉珽的头部弯曲圆转，那样子就像葵叶一样。"韩晋明是有学问的人，忍着笑对我说了这件事。

帮助子弟润饰文章，以此抬高他们的声名，这是一件很不好的事。一是因为你不可能一直替他们修饰文章，总有露出真相的时候；二是因为初学者一见有了依靠，就更加不去勤奋学习了。

有人问："一个人的灵魂湮灭，形体消失之后，他遗留在世上的名声，也就像如同蝉蜕下的壳，蛇蜕掉的皮和鸟兽留下的足迹一样了，那名声与死者有什么关系，而圣人要把它作为教化的内容来对待呢？"我回答他说："那是为了勉励大家，鼓励一个人去树立好的名声，就能够期望他的实际表现与其名声相符。如果我们鼓励人们向伯夷学习，成千上万的人就能够树立起清白的风气；鼓励人们向季札学习，成千上万的人就能够树立起仁爱的风气；鼓励人们向柳下惠学习，成千上万的人就能够树立起忠贞的风气；勉励人们向史鱼学习，成千上万的人就可以树立起刚直的风气。因此圣人希望世人，不论贤愚，都仿效伯夷等人，使好的风气代代相传，这难道不是一件很重要的事情吗？世上的众生都是爱慕名声的，应该根据他们的这种本性而引导他们达到美好的境界。或许可以这样讲，祖上的好名声和荣誉，就像是子孙们的礼冠服饰和高墙大厦，从古到今，得到它庇荫的人很多。那些修善事以建立美名者就像是在建筑房屋栽种果树，活着时能得到好处，死后也可把恩泽施及子孙。世间那些匆匆忙忙只知逐利的人，就不懂得这个道理。他们死后，如果他们的名声能够与魂魄一同升天，能够同松柏一样长青的话，那就怪了！"

【原文】

涉务第十一

士君子之处世，贵能有益于物耳，不徒高谈虚论，左琴右书[1]，以费人君禄位也。国之用材，大较不过六事：一则朝廷之臣，取其鉴达治体[2]，经纶博雅；二则文史之臣，取其著述宪章，不忘前古；三则军旅之臣，取其断决有谋，强干[3]习事；四则藩屏之臣，取其明练风俗，清白爱民；五则使命之臣，取其识变从宜，不辱君命；六则兴造之臣，取其程功[4]节费，开略有术，此则皆勤学守行者所能辨也。人性有长短，岂责具美于六涂[5]哉？但当皆晓指趣[6]，能守一职，便无媿[7]耳。

吾见世中文学之士，品藻[8]古今，若指诸掌，及有试用，多无所堪。居承平之世，不知有丧乱之祸；处庙堂之下，不知有战陈之急；保俸禄之资，不知有耕稼之苦；肆吏民之上，不知有劳役之勤，故难可以应世经务也。晋朝南渡[9]，优借士族；故江南冠带[10]，有才干者，擢为令、仆已下尚书郎、中书舍人已上，典掌机要。其余文义之士，多迂诞浮华，不涉世务。纤微过失，又惜行捶楚[11]，所以处于清高，盖护其短也。至于台阁令史，主书监帅，诸王签省，并晓习吏用，济办时须，纵有小人之态，皆可鞭杖肃督，故多见委使，盖用其长也。人每不自量，举世怨梁武帝父子[12]爱小人而疏士大夫，此亦眼不能见其睫耳。

梁世士大夫，皆尚褒衣博带，大冠高履，出则车舆，入则扶侍，郊郭之内，无乘马者。周弘正为宣城王[13]所爱，给一果下马[14]，常服御之，举朝以为放达[15]。至乃尚书郎乘马，则纠劾之。及侯景之乱，肤脆骨柔，不堪行步，体羸气弱，不耐寒暑，坐死仓猝者，往往而然。建康令王复性既儒雅，未尝乘骑，见马嘶喷陆梁[16]，莫不震慑，乃谓人曰："正是虎，何故名为马乎？"其风俗至此。

古人欲知稼穑之艰难，斯盖贵谷务本[17]之道也。夫食为民天，民非食不生矣，三日不粒，父子不能相存。耕种之，茠鉏[18]之，刈[19]获之，载积之，打拂之，簸扬之，凡几涉手，而入仓廪，安可轻农事而贵末业哉？江南朝士，因晋中兴，南渡江，卒为羁旅，至今八九世，未有力田，悉资俸禄而食耳。假令有者，皆信僮仆为之，未尝目观起一坺[20]土，耘一株苗；不知几月当下，几月当收，安识世间余务乎？故治官则不了[21]，营家则不办，皆优闲之过也。

【注释】

[1] 左琴右书：琴书不离身边左右，形容文人雅事，时刻不离。

[2] 治体：指国家的体制、法度。

[3] 强干：刚强果断。

[4] 程功：考量工效。

[5] 涂：通“途”，指上文所说的“六事”。

[6] 指趣：旨趣。

[7] 媿：同“愧”。

[8] 品藻：评议。

[9] 晋朝南渡：西晋灭亡后，司马睿南渡长江在南京建立东晋。

[10] 冠带：指士族。

[11] 惜行捶楚：不好意思惩罚。

[12] 梁武帝父子：指梁武帝和简文帝萧纲、元帝萧绎。

[13] 宣城王：南朝梁简文帝嫡长子萧大器，曾受封宣城郡王。

[14] 果下马：一种从果树下行走的矮马。

[15] 放达：率性而为。

[16] 陆梁：跳跃。

[17] 本：指农业。重本即重视农业。

[18] 茠鉏：茠，除杂草。鉏，锄头。

[19] 刈：割。

[20] 坺：翻起的土。

[21] 不了：不懂事。

【译文】

涉务第十一

士人君子处世，贵在能够有益于社会，而不是只知道高谈阔论，左琴右书，白白浪费了君主给他的俸禄官位。国家所使用的人材，基本上不外乎以下六个方面：一是朝廷的臣子，用他能通晓治理国家的制度，处理国家大事，有德有才；二是文史方面的臣子，用他能撰写典章，不忘古人治乱兴革的缘由，总结历史教训；三是军旅方面的臣子，用他能决斯有谋，果敢习事；四是藩屏的臣子，用他能熟悉各地人情风俗，廉洁爱民；五是使命的臣子，用他能随机应变，不辱君命；六是兴造的臣子，用他能考核工程节省费用，多出主意。以上这些都是勤奋学习、认真工作的人才能办到的。只是人的天资各有短长，怎可以强求这六个方面都能做好呢？只要对这些都通晓大意，而只需做好其中的一个方面，也就无愧了。

我见到世上的一些文学之士，评议古今，好似指掌一般熟悉，等他们真正任职做事，多数不能胜任。其处在太平之世，不知道有丧乱之祸；身在朝廷为官，不知道有战阵之急；有俸禄供给，不知道有耕稼之苦；高踞吏民头上，不知道有劳役之勤。这样就很难应付时世和处理政务了。晋朝南渡，对士族优待宽容，因此江南士族中有才干的，就擢升到尚书，仆以下尚书郎、中书舍人以上，执掌机要大事。其余只懂得点文义的多数迂阔傲慢，华而不实，根本不接触实际事务，即使有了点小过错，又舍不得杖责，因而只能把他们放在清高的位置上，好掩饰他们短处。至于那些台阁令史、主书、监帅、诸王签省，都对工作通晓熟练，能按需完成任务，纵使流露出小人的情态，还可以鞭打监督，所以多被委任使用，这是在用他们的长处。人往往不知自量，世上都在抱怨梁武帝父子喜欢小人而疏远士大夫，这也就像自己的眼睛不能看到眼睫毛一样了。

梁朝的士大夫都崇尚着宽衣，系阔腰带，戴大帽子，穿高跟木屐，出门就乘车代步，进门就有仆人伺候，城里城外，见不着骑马的士大夫。宣城王萧大器很喜欢南朝学者周弘正，送给他一匹果下马，他常骑着这匹马。朝廷上下都认为他放纵旷达，不拘礼俗。如果是尚书郎骑马，就会遭到弹劾。到了侯景之乱的时候，士大夫们一个个都是细皮嫩肉的，不能承受步行的辛苦，体质虚弱，又不能经受寒热。在变乱中坐以待毙的，往往是这个原因。建康令王复，性情温文尔雅，从未骑过马，一看见马嘶鸣跳跃，就惊恐万分，他对人说道："这是老虎，为什么叫马呢？"当时的官场风气竟然颓废到这种程度。

古人都要体验务农的艰辛，这是为了使人珍惜粮食，重视农业劳动。民以食为天，没有食物，人们就无法生存，如果三天不吃饭的话，父子之间就没有力气互相问候。种一季粮食要经过耕种、锄草、收割、储存、舂打、扬场等好几道工序，才能放存粮仓，怎么可以轻视农业而重视商业呢？江南朝廷里的官员，随着晋朝的中兴，南渡过江，客居他乡，到现在也经历了八九代了。这些官员从来没有人从事过农业生产，而是完全依靠朝廷俸禄供养。即使他们有田产，也是随意交给年轻的仆役耕种，从没见过别人挖一块泥土，薅一次苗，不知何时播种，何时收获，又怎能懂得其他的事务呢？因此，他们做官不熟悉吏道和世务，治家不置办产业，这都是养尊处优所带来的危害啊！

【点评】

《颜氏家训》以丰富的人生阅历，深刻的人生感悟阐述了为人处世所涉及的十多个方面的要点，可谓是历代家训中的集大成者，对后世影响巨大。该家训涵盖了修身、治家、政治、历史、教育、文艺多个领域，强调儒家思想的重要性，特别是在品德修养、家庭伦理和社会责任方面提供了详尽的指导。案例丰富，说理透彻，是一部有重要社会影响和教育价值的著作。

李世民：帝范

序

【原文】

朕闻大德曰生，大宝[1]曰位。辨其上下，树之君臣，所以抚育黎元[2]，钧陶[3]庶类，自非克明克哲[4]，允武允文，皇天眷命，历数在躬，安可以滥握灵图，叨临神器！是以翠妫荐唐尧之德，元圭赐夏禹之功。丹字呈祥，周开八百之祚；素灵表瑞，汉启重世之基。由此观之，帝王之业，非可以力争者矣。

昔隋季版荡[5]，海内分崩。先皇以神武之姿，当经纶之会[6]，斩灵蛇而定王业，启金镜而握天枢。然由五岳含气，三光戢曜[7]，豺狼尚梗[8]，风尘未宁。朕以弱冠之年，怀慷慨之志，思靖大难，以济苍生。躬擐甲胄，亲当矢石。夕对鱼鳞之阵，朝临鹤翼之围，敌无大而不摧，兵何坚而不碎，剪长鲸而清四海，扫欃枪而廓八纮[9]。乘庆天潢[10]，登晖璇极，袭重光之永业，继宝箓之隆基。战战兢兢，若临深而御朽[11]；日慎一日，思善始而令终。

汝以幼年，偏钟慈爱，义方多阙[12]，庭训有乖[13]。擢自维城之居，属以少阳[14]之任，未辨君臣之礼节，不知稼穑之艰难。每思此为忧，未尝不废寝忘食。自轩昊[15]以降，迄至周隋，以经天纬地之君，纂业承基之主，兴亡治乱，其道焕焉。所以披镜前踪，博览史籍，聚其要言，以为近诫云耳。

【注释】

[1] 大宝：最宝贵的。

[2] 黎元：百姓。

[3] 钧陶：教育，教化。

[4] 克明克哲：聪慧。

[5] 版荡：板荡，意思是动荡。

[6] 经纶之会：大的动乱时期。

[7] 戢曜：暗淡。

[8] 尚梗：横行霸道。

[9] 廓八纮：扫荡八方。

[10] 天潢：指皇位。

[11] 御朽：驾驶破马车。

[12] 阙：缺少。

[13] 乖：违背。

[14] 少阳：东宫，指太子。

[15] 轩昊：轩辕、少昊的并称。

【译文】

我听说天地间最高尚的德行是生成万物，君主最宝贵的东西是权势和地位。分辨上下尊卑，确立君臣名分，是为了抚育百姓，教化庶民。如果不是聪明睿智、文武兼备、受到天命眷顾和保佑的君主，怎么能有符瑞出现而轻易登上王位呢？因此在唐尧盛世，有神龟从翠妫水中浮出，向唐尧献上《河图》，以彰显其圣德；大禹治水，游历山川，上天赐给他元圭，褒奖他的伟大功勋。周朝兴起时，有赤鸟含丹书飞至岐山向周文王宣喻天命，并呈现祥瑞，从而开始了周朝八百年的基业。汉高祖刘邦怒斩白蛇并起义兵，奠定了西东两汉的国基。由此看来，自古帝王的基业来自天命，绝不是靠人力可以争夺得到的。

隋朝末年天下大乱，海内分崩离析。先皇高祖以神武之姿，遇上这改朝换代的非常时期，演绎刘邦当年故事，在太原起兵平乱，进而奠定了大唐的基业，重修清明政治，登上了皇位。高祖称帝时，神州大地妖风阵阵，天光暗淡，豺狼横行，各路豪杰混战不已。我当时年方十八岁，胸怀救国救民的宏伟志向，总想平定大乱，救济天下苍生。每临大战之时，我都会亲自披挂上阵，不避弹雨般的矢石，奋勇向前。朝朝夕夕面对敌军的险恶阵势，毫无畏惧。无论敌军声势如何浩大，有多少坚甲利兵，我都率军英勇冲锋，无城不破，无坚不摧。剪除巨鲸，四海安宁，扫除余孽，平定八方。后来我以高祖之子身份登上大位，继承了大唐光耀日月的伟业。每天战战兢兢，如临深渊，如驾朽车，不敢有一丝懈怠之心。一天比一天谨慎，经常思考治国如何才能做到善始善终。

你从幼年起就受到父王和母后的宠爱，尽管言行时常不合义理，背离我的训诫。但我还是非常信任你，把你由一个藩王册立为太子，赋予你继承皇位的重任。但你自幼生长在深宫，不懂君臣礼节，不知农村百姓生活的艰难。每想到这些，我就十分担心，经常废寝忘食，心神不定。上起轩辕少昊，下至北周、隋朝，那些有经天纬地之才并创立大业的君王，他们的历史功勋有目共睹；历代兴亡，国家治乱，道理昭然，史册里都有记载。所以我找了史籍里面的一些重要的内容，作为对你的告诫。

【原文】

君体第一

夫人者国之先[1]，国者君之本。人主之体[2]，如山岳焉，高峻而不动；如日月焉，贞明而普照。兆庶之所瞻仰，天下之所归往。

宽大其志，足以兼包；平正[3]其心足以制断。非威德无以致远，非慈厚无以怀人。抚九族以仁，接大臣以礼。奉先思孝，处位思恭。倾己勤劳，以行德义，此乃君之体也。

【注释】

[1] 先：基础，前提。

[2] 体：外貌，形象。

[3] 平正：公平公正。

【译文】

君体第一

民众是建立一个国家的前提，国家是一个君王的根本。做君王的，从外表给人的感觉应该是像山岳一样稳重而高峻。要像太阳和月亮一样，发出光明普照万物。让每一个百姓感受到君王的恩泽，敬仰和愿意归属于君王。君主应有宽广的胸怀和远大的志向，唯有如此他的心胸才能包容万物。若能做到心性平和，处事公正，才有制裁、决断的气魄。没有威望和好的德行，就不能号召远方的臣民；没有仁慈宽厚的爱心，就不能安抚民众。要以仁义来安抚皇家九族，对大臣要以礼相待，敬奉祖先要做到尽孝，高居皇位要时时想到务必谦恭谨慎。克己勤劳，以彰显自己的德义。这才是做君主的本义。

【原文】

建亲第二

夫六合旷道[1]，大宝重任。旷道不可偏制，故与人共理之；重任不可独居，故与人共守之。是以封建亲戚，以为藩卫，安危同力，盛衰一心。远近相持，亲疏两用。并兼路塞，逆节不生。昔周之兴也，割裂山河，分王宗族。内有晋郑之辅，外有鲁卫之虞。故卜祚灵长，历年数百。秦之季也，弃淳于之策，纳李斯之谋。不亲其亲，独智其智，颠覆莫恃[2]，二世而亡。斯岂非枝叶扶疏，则根柢难拔；股肱既殒，则心腹无依者哉！汉祖初定关中，戒亡秦之失策，广封懿亲，过于古制。大则专都偶国，小则跨郡连州。末大则危，尾大难掉。六王怀叛逆之志，七国受鈇钺之诛。此皆地广兵强，积势之所致也。魏武创业，暗于远图。子弟无封户之人，宗室无立锥之地。外无维城[3]以自固，内无盘石以为基。遂乃大器保于他人，社稷亡于异姓。

语曰："流尽其源竭，条落则根枯。"此之谓也。夫封之太强，则为噬脐之患；致之太弱，则无固本之基。由此而言，莫若众建宗亲而少力。使轻重相镇，忧乐是同。则上无猜忌之心，下无侵冤之虑。此封建之鉴也。斯二者，安国之基。

君德之弘，唯资博达[4]。设分悬教，以术[5]化人。应务适时，以道制物。术以神隐为妙，道以光大为功。括苍旻[6]以体心，则人仰之而不测；包厚地以为量，则人循之而无端。荡荡难名，宜其宏远。且敦穆九族，放勋流美于前；克谐烝乂[7]，重华垂誉于后。无以奸破义，无以疏间亲。察之以明，抚之以德，则邦家俱泰，骨肉无虞，良为美矣。

【注释】

[1] 旷道：宽广的大道。

[2] 颠覆莫恃：难以控制局势。

[3] 维城：指藩王分封之地。

[4] 博达：广泛听取意见。

[5] 术：儒家之方法。

[6] 苍旻：苍天。

[7] 克谐烝乂：家庭和睦，老实敦厚。源自《尚书》，是指舜品行。

【译文】

建亲第二

天下广大辽阔，君王掌握着治理天下的至高权力，责任十分重大。这么大的国家，不可能一个人管，所以要与别人共同治理；和别人共担责任。所以国君要分封土地给那些皇亲国戚，让他们成为国家的安全保障。被分封的人一旦得到权位，成了既得利益者，就会与国君同舟共济，共同关心国家的安危盛衰。但是，用人必须亲疏并用。这样就能够起到远近相互牵制的作用，可以防止所任用的人相互倾轧。即使有人想叛逆朝廷，也会因为被别人的牵制而难以成就。以前周朝兴起的时候，周武王分封天下给王族。他的弟弟振铎封于曹，太师吕望封于齐，其余的人也都有封地。这样，周朝内有晋、郑这两个封国作为辅备，外有鲁、卫这样的封国作为自己的防卫。正因为如此，占卜知国运昌盛，才有了数百年的基业。秦朝末年的时候，朝廷放弃了大臣淳于越诸侯的建议，而采用了李斯的谋略。这样，秦始皇不去任用他的皇族本家子弟，让他们成为国家的辅弼，而是只相信自己的智能，这样怎么能没有国难呢？因此，江山只传到二世就灭亡了。这难道不是如果枝叶繁茂则根基就不易动摇的道理吗？国家就像人一样，人如果没有手足，心里想做事，能有什么依靠呢？汉朝刚夺取天下的时候，汉高祖吸取秦灭亡的教训，大封诸王。甚至超过了过去周朝分封诸侯的法度了。大的诸侯国拥有多个郡，小的诸侯国也跨州连郡，地盘很大。梢节长大繁茂而根却很小，必定要折断；尾巴大身体却很小，很难去掉转。所以汉朝的楚王刘戊等六个诸侯王相约谋反；吴、楚等七个诸侯国因为谋叛而遭到了斧钺的诛杀。这都是因为被分封的诸侯国地广兵强，长久积蓄势力而引发的必然结果。魏武帝曹操初创事业之际，在这件事情上没有深入分析，没有吸取秦汉各自的教训，未作长远规划，导致他的子弟当中没有受封的人，宗室在国家之中没有立锥之地。这样在外没有藩王来拱卫朝廷，在内庭没有被封的诸侯王像磐石那样成为国家的根基。以致国家要靠别的人来保护，魏家天下最终灭亡在异姓司马之手。

古人说："如果支流无水，那么水源就要枯竭；树枝如果凋落，树根则会枯死。"所说的正是这个道理。诸侯的势力如果过于强大，皇帝就控制不了他了，那么朝廷就有被蚕食的隐患。就像自己咬自己的肚脐，根本就够不着。如果不去分封皇族子弟，或分封得很少，那么国家就缺乏牢固的根基。如此看来，最好的办法就是多分封皇室宗亲，但又不能让他们的势力太大。如此国家对这些诸侯王，就像身体指挥手臂，手臂指挥手指一样灵巧。还可以让这些诸侯国相互牵制，让他们与皇帝共忧乐，一起为国家的安危着想。这样一来，皇帝对诸侯就没有防范猜疑之心，诸侯之间也不必担心有封地被无故侵蚀的顾虑。这是分封诸侯所应该借鉴的。这两点才是安邦治国的根基。

要想国君的德行恢宏，就应该广览兼听，全面了解国家各方面的真实情况。要设立名分，悬示教令，以儒术来管理、教化人民。根据客观规律来驾驭局势。处理事情的方式方法应该以巧妙隐秘为宜，但做人治事的原则却要不断强化。用至大至公之心去包容宇宙，这样人们就只能去仰望你，但又无法猜透你；要有覆盖大地的肚量，那么人民就只能没有缘故地循依你。要像尧帝那样坦荡浩大，让人们不知道如何表达那种心情。前有帝尧靠圣德处理好九族的关系，留下善名；后有帝舜以孝进善，留下美誉。

这些都是值得你去效法的。不要以奸诈破坏大义，不要用外人离间亲人。君王要明察秋毫，以德服人，如此国家和家族就能保持安泰，骨肉至亲也不会有祸患。能这样做，实在是最好的事情啊！

【原文】

求贤第三

夫国之匡辅，必待忠良。任使得人，天下自治。故尧命四岳[1]，舜举八元[2]，以成恭己之隆，用赞钦明之道。士之居世，贤之立身，莫不戢翼隐鳞[3]，待风云之会；怀奇蕴异，思会遇之秋。是明君旁求俊乂，博访英贤，搜扬侧陋。不以卑而不用，不以辱而不尊。昔伊尹，有莘之媵臣；吕望，渭滨之贱老。夷吾困于缧绁[4]；韩信弊于逃亡。商汤不以鼎俎[5]为羞，姬文不以屠钓为耻，终能献规景亳，光启殷朝；执旌牧野，会昌周室。齐成一匡之业，实资仲父之谋；汉以六合为家，寔[6]赖淮阴之策。

故舟航之绝海也，必假桡楫之功；鸿鹄之凌云也，必因羽翮之用；帝王之为国也，必藉匡辅之资。故求之斯劳，任之斯逸。照车十二[7]，黄金累千，岂如多士之隆，一贤之重。此乃求贤之贵也。

【注释】

[1] 四岳：四位贤臣。

[2] 八元：高辛氏的才子八人：伯奋、仲堪、叔献、季仲、伯虎、仲熊、叔豹、季狸。

[3] 戢翼隐鳞：高人隐身民间，不露锋芒。

[4] 缧绁：捆绑犯人的绳索。指牢狱。

[5] 鼎俎：割烹，指做厨师职业。

[6] 寔：确实，实际上。

[7] 照车十二：谓珠宝多，能照十二辆车。

【译文】

求贤第三

辅佐君王治理国家，必须寄希望于忠良俊才。国家倘若任用了合适的人才，天下自然就会大治。所以尧帝任命了“四岳”那几位干才为臣，舜帝任用“八元”那几位能臣来治理天下。舜举“八元”而任之，所以能成恭己之隆；尧命“四岳”而任之，所以能赞其钦明之道。贤明的人处身立世，在未遇明主、怀才不遇之际，都会深深地隐藏自己，等待合适的时机。就像鳞翼等待风云一样。决心有所作为的贤达之士，必定在暗中努力修养自己的学识和品德，然后等待与圣主相遇之时施展抱负。所以明君应该广求俊杰，博访英贤。连隐僻鄙陋之处的人才都要想方设法寻找出来。只要是有用之才，就不会因为他出身卑贱而不用，也不会因为他受过挫折屈辱而不尊重。过去辅佐商汤夺取天下的伊尹，最开始时只是有莘氏的一个媵臣。吕望的出身也是穷困卑贱并且是个老朽。韩信曾有从刘邦军中逃走的不光彩经历。商汤不认为伊尹曾从事割烹有什么羞耻，周文王不嫌弃屠夫野钓的姜太公，最后他们都辅佐商朝周室拥有天下。齐桓公九合诸侯，一匡天下，靠的都是出身贫苦的小商贩管仲的谋划。刘邦能够统御海内，实际上也是依赖韩信的军事策略。

所以说，如果要乘船渡海，必须要借助划船的工具；鸿鹄要凌云翱翔，必须要有羽毛和翅膀；帝王治理国家，也必须要借助能够匡辅国家的贤才。因此必须多费工夫去网罗人才，虽然寻求人才很费事，但一旦对他们任用适当，就可以一劳永逸。纵然是拥有照亮十二辆车子的宝珠，成千上万的黄金，也不如多拥有一些人才，得一贤士那样贵重。这就是求贤之所以重要的道理。

【原文】

审官第四

夫设官分职，所以阐化宣风[1]。故明主之任人，如巧匠之制木，直者以为辕，曲者以为轮；长者以为栋梁，短者以为栱角。无曲直长短，各有所施。明主之任人，亦由是也。智者取其谋，愚者取其力，勇者取其威，怯者取其慎，无智、愚、勇、怯，兼而用之。故良匠无弃材，明主无弃士。不以一恶忘其善；勿以小瑕掩其功。割政分机[2]，尽其所有。然则函牛之鼎，不可处以烹鸡；捕鼠之狸，不可使以搏兽；一钧之器，不能容以江汉之流；百石之车，不可满以斗筲之粟。何则大非小之量，轻非重之宜。

今人智有短长，能有巨细。或蕴百而尚少，或统一而为多。有轻才者，不可委以重任；有小力者，不可赖以成职。委任责成，不劳而化[3]，此设官之当也。斯二者治乱之源。

立国制人，资股肱[4]以合德；宣风导俗，俟明贤而寄心。列宿腾天，助阴光之夕照；百川决地，添溟渤之深源。海月之深朗，犹假物而为大。君人御下，统极理时，独运方寸之心，以括九区之内，不资众力，何以成功？必须明职审贤，择材分禄。得其人则风行化洽，失其用则亏教伤人。故云则哲惟难[5]，良可慎也！

【注释】

[1] 阐化宣风：宣扬德化，教化万民。

[2] 割政分机：依据政务的不同设立不同的机构。

[3] 不劳而化：不用费事就能做好。

[4] 股肱：忠诚可靠的大臣。

[5] 则哲惟难：帝尧也知道知人之难。哲，明智之人。

【译文】

审官第四

国家设立百官，划分好各自职责，这样才能做到阐扬德化，宣布风教，以教化天下万民。所以明智的君主任人选官，就好像能工巧匠选用木料一样，直的就让它做车辕，曲的就让它做车轮；长的就用它做栋梁，短的就用它做拱角。即不管是曲的直的，还是长的短的，都能物尽其用。明君选用人才和能工巧匠选用木料是一个道理。如果他是有智慧的人，就用他的智谋；如果他是愚笨的人，就利用他的体力；如果他是勇敢的人，就利用他的武力；如果他是胆小的人，就用他的谨慎；如果他既不算太聪明也不算太笨，既不是很勇敢也不是很胆小的，就用他综合起来的能力。因此，对于一个良好的工匠来说，没有无用的材料；对于一个明君来说，没有无用的人。不能因为某个人做了一件坏事，就忘掉他做过的所有的善事。也不能因为某个人有一点小的过错，就抹杀掉他所有的功绩。国家应该根据政务的不同，分设不同的机构来管理。这样就可以人尽其用，而不是对人才求全责备。但一定要量才而用。能容纳一头牛的大鼎，就不适合用来煮鸡；狸猫只能捕鼠，不可以让它去与猛兽搏斗；只能放三十斤东西的容器，不能让它去容纳长江和汉水；能装几百石粮食的车，如果你只放几斗几升谷粟，那么它就不能装满。为什么呢？大的东西和小的东西容量不一样，将轻的东西当重的东西用，就不合适。

人的智慧和能力是有区别的，有的人智慧多，能量大，有的人智慧少，能力小。对于才能小的人，不可让他担当重任。对于能力不大的人，不能给他重要职务。君王如果委任官员合适，那么他就可以高枕无忧，不用操劳就可以把国家治理好。如果真是这样的话，那说明设官分职，任用人员是比较恰当的。国家的治与乱，都在于得人和失人。用人得当还是失当，这是造成国家治乱的根本原因。

国家来治理万民，有赖于忠良之臣共同的德行；宣播仁风，化导美俗的敦化成效，要寄托在明哲贤能的人身上。星星虽然很小，但它们列位在天空，可以给晚上的月照增加光芒；地上的小小河流，水虽然很少，但也可以给大海增添一点源流。大海那么深广，月亮那么明朗，仍然需要借助其他的东西来增强自己。作为国君，居上临下，总领三极，循理四时，以自己的方寸之心，来处理整个天下的事务，如果不去借助众人的智慧和力量，怎么能够成功呢？所以必须明辨区分职位大小，审识所用之人贤良可否，根据所用材能短长，各给予相应的爵禄。如果用人得当，就会让仁风广为流行，教化得以顺利实施；如果用人不当，就会教化难行，伤害人伦。所以知人善任十分重要，就连尧帝那样的贤哲都觉得到知人是很难的事，你啊，实在需要慎重看待啊！

【原文】

纳谏第五

夫王者，高居深视，亏聪阻明[1]。恐有过而不闻，惧有阙而莫补。所以设鞀树木，思献替之谋；倾耳虚心，伫[2]忠正之说。言之而是，虽在仆隶刍荛[3]，犹不可弃也；言之而非，虽在王侯卿相，未必可容。其义可观，不责其辩；其理可用，不责其文。至若折槛坏疏，标之以作戒；引裾却坐，显之以自非。故忠者沥其心，智者尽其策。臣无隔情于上，君能遍照于下。

昏主则不然，说者拒之以威；劝者穷之以罪。大臣惜禄而莫谏，小臣畏诛而不言。恣暴虐之心，极荒淫之志。其为雍塞，无由自知。以为德超三皇，材过五帝。至于身亡国灭，岂不悲哉！此拒谏之恶也。

【注释】

[1] 亏聪阻明：看不到听不到外面所有的情况。

[2] 伫：期望。

[3] 刍荛：割草打柴的人。

【译文】

纳谏第五

君主深处皇宫大院，与外界隔绝，不能看到、听到天下所有事情。唯恐自己有过失而不能早点听到，自己有缺失而不能及时补救。所以大禹治理天下，专门设立了一个鞀鼓，对百姓说如果谁有诉讼和不平，就可以摇鞀；尧帝也专门竖起一根“谤木”倾听民众的呼声。他们这样广开言路都是为了能够吸纳正确的意见和建议。他们侧耳倾听，虚心纳谏，期望有识之士能以正直之言相告。如果他说的话有道理，他即便是个奴仆草民，也不能因为他没有身份和地位而不去听他的话；如果他说的话没有道理，他即便是王侯卿相，也不能因为他出身高贵就采纳他的意见。如果一个人所说的话在道理上合乎大义，那么他的辩辞巧拙是不重要的；如果他说的有道理，又何必在意他表达事理的文采如何呢？因此如果人君能够容忍像朱云折槛、辛毗引裾那样的规劝，就可以使忠正的大臣竭心尽力，让那些有谋略的臣子尽出良谋。这样，大臣的各种意见都能上达君王，君王的恩泽就能普照天下。

那些昏庸的君主就不同啦，如果有谁对其过错进行劝谏，他就以他的威势来拒绝，或者干脆对那些进谏者实施惩罚。结果必然是，大官因害怕丢官罚俸而不再进谏，小官畏惧引来杀身之祸而不敢发声。君主从此失去约束，放纵暴虐之心，穷奢极欲。也看不到自己的过错。还以为他的德行超过了三皇，才能超过了五帝。直到最后身死国灭，这难道不是很可悲的吗？这就是拒绝接受劝谏的坏处啊。

【原文】

去谗第六

夫谗佞之徒，国之蝥贼[1]也。争荣华于旦夕，竞势利于市朝。以其谄谀之姿，恶忠贤之在己上；奸邪之志，怨富贵之不我先。朋党相持，无深而不入；比周[2]相习，无高而不升。令色巧言，以亲于上；先意承旨，以悦于君。朝有千臣，昭公去国而方悟；弓无九石[3]，宣王终身而不知。以疏间亲，宋有伊戾之祸[4]；以邪败正，楚有郤宛之诛[5]。斯乃暗主庸君之所迷惑，忠臣孝子之可泣冤。

故蘩兰欲茂，秋风败之；王者欲明，谗人蔽之。此奸佞之危也。斯二者，危国之本。砥躬砺行，莫尚于忠言；败德败心，莫逾于谗佞。

今人颜貌同于目际，犹不自瞻，况是非在于无形，奚能自睹？何则饰其容者，皆解窥于明镜，修其德者，不知访于哲人。讵自庸愚，何迷之甚！良由逆耳之辞难受，顺心之说易从。彼难受者，药石之苦喉也；此易从者，鸩毒之甘口也！明王纳谏，病就苦而能消；暗主从谀，命因甘而致殒。可不诫哉！可不诫哉！

【注释】

[1] 蠡贼：偷吃禾苗根系的害虫。这里比如损害国家利益的坏人。

[2] 比周：结党营私。

[3] 弓无九石：指春秋战国时期齐宣王的弓实际上“不过三石”却被小人奉承为九石的故事。

[4] 伊戾之祸：春秋战国时期指太监伊戾挑拨离间宋成公父子，导致宋太子痤冤死之事。

[5] 郤宛之诛：春秋战国时期楚国大臣郤宛等因费无忌进谗言被冤杀之事。

【译文】

去谗第六

假如朝廷里混入了谄谀奸佞小人，他们就是国家的蛀虫。这些人整天只知道谋求荣华富贵，在朝野争权夺利。只会阿谀奉承，不满忠贤的人地位在自己之上；这种人用心极其奸猾险恶，怨恨自己不先于别人获取富贵。他们拉帮结伙，无孔不入；他们来往密切，交相因习，穷尽其所好乐，没有什么至高之地而不去的。他们花言巧语，想方设法去亲近地位在自己之上的人；他们善于察言观色，极力讨好人君。朝廷里有那么多的大臣，鲁昭公却不用，只知道亲近小人，直到亡国了才醒悟过来。齐宣王一辈子都不知道他那被善于奉承的近臣吹嘘的九石弓实际上“不过三石”。因为太监伊戾挑拨离间宋成公父子，宋太子才会冤死；因为坏人费无忌当道，楚国才会出现大臣郤宛等人被冤杀的悲剧。这就是那些昏庸的君主被小人所迷惑，忠良孝子所遭受的冤屈。

所以美丽的兰花长到茂盛的时候，会被肃杀的秋风摧残。如同忠良被小人陷害。君主本要做一个明君，却经常被小人蒙骗。这就是奸臣、谗佞之人的危害。以上所说的这两个方面，是祸害国家的最大隐患。因此君主若要磨炼自己，提高自己明辨是非的能力，没有比接近忠臣，倾听忠直之言更好的办法了；败坏大德，背离正理，没有比谗佞小人更有危害的了。

一个人的相貌就长在眼睛的附近，人还无法自己正确地审视自己，何况个人的是非得失是一种无形的东西，自己怎么可以轻易知晓呢？人们在修饰打扮自己的时候，都知道去照镜子。但在提升自己的德行时，却不知道去向哲人请教。这是多么糊涂啊！一般人不容易接受逆耳良言，喜欢听信合乎自己心愿的言辞。哪里知道苦口的药是利于病的好药，逆耳的话是利于行。那些你爱听的奉承话，虽然像美味一样甘甜，却不知其实是致命的鸩毒啊！所以英明的君主善于听取别人的谏言，就像人有了病去吃药，从而消除疾病；昏庸的君主却听从小人的阿谀奉承，如同喝了味道甘甜的毒药一样，结果最终送了命。做君主的一定要小心再小心啊！

【原文】

诫盈第七

夫君者，俭以养性，静以修身。俭则人不劳，静则下不扰。人劳则怨起，下扰则政乖[1]。人主好奇技淫声、鸷鸟猛兽，游幸无度，田猎不时[2]。如此则徭役烦，徭役烦则人力竭，人力竭则农桑废焉。人主好高台深池，雕琢刻镂，珠玉珍玩，黼黻絺绤[3]。如此则赋敛重，赋敛重则人财匮，人财匮则饥寒之患生焉。乱世之君，极其骄奢，恣其嗜欲。土木衣缇绣，而人裋褐不全；犬马厌刍豢[4]，而人糟糠不足。故人神怨愤，上下乖离，佚乐未终，倾危已至。此骄奢之忌也。

【注释】

[1] 政乖：政局出现问题。

[2] 不时：随时。

[3] 黼黻絺绤：黼黻，绣有华美花纹的礼服；絺绤，葛布。

[4] 刍豢：肉类食品。

【译文】

诫盈第七

做君王的，应该以俭约质朴之道修养自己的品性，应该用淡泊静远的方式来修炼自己的德行。这是因为俭约使百姓不那么辛苦，静远可以使百姓安宁。人们辛劳时，就容易生怨恨，若小民不断被骚扰会引发各种事端，导致政局出现问题。君王如果喜好邪门歪道，靡靡之音，玩鸟斗兽，游乐没有限度，动不动就打猎，就会乱兴徭役，徭役多了就要动用更多劳力。百姓如果被迫全力去满足皇帝的欲求，就会荒废农业生产。皇帝如果追求高屋广厦，珠玉珍玩，奇木异石，以及各种华服，就会加重对百姓的赋敛，从而导致人力和物质都很缺乏，如此下来，就会出现饥寒交迫的灾祸。身处乱世的昏君，都是十分骄横奢侈的。他们放纵自己的嗜好和欲望，甚至连土墙、木梁都披上华彩的丝绸，但百姓连粗布衣裳也穿不起；养的狗马的精美食物多得吃不了，但百姓连酒糟稗糠都不够。以至于人神共愤，民怨沸腾，上诈其下，下欺其上，世风日下。寻欢作乐的好日子还没走到尽头，倾覆危亡的结局就已经定了。因此必须要把骄奢二字，引以为鉴！

【原文】

崇俭第八

夫圣世之君，存乎节俭。富贵广大，守之以约[1]；睿智聪明，守之以愚。不以身尊而骄人，不以德厚而矜物。茅茨不剪，采椽不斫[2]，舟车不饰，衣服无文，土阶不崇，大羹不和。非憎荣而恶味，乃处薄而行俭。故风淳俗朴，比屋可封。此节俭之德也。斯二者，荣辱之端。奢俭由人，安危在己。五关近闭，则嘉命远盈[3]；千欲内攻，则凶源外发。是以丹桂抱蠹，终摧曜月之芳；朱火含烟，遂郁凌云之焰。以是知骄出于志，不节则志倾；欲生于身，不遏则身丧。故桀纣肆情而祸结，尧舜约己而福延，可不务乎？

【注释】

[1] 约：节俭。

[2] 斫：用刀砍，打磨。

[3] 嘉命远盈：好运长久。

【译文】

崇俭第八

身处太平盛世的明君，心中应常存节俭的美德。在得到天下后更应该节俭。尽管古代的明君聪慧超群，但却都大智若愚。并不因为自己身份尊贵就颐指气使，也不因自己功德厚重就恃功傲物。常常用茅草盖了房子，都不去修剪，用柞木立了柱子，都不去打磨得光滑，坐的车船也没有装饰，穿的衣服一点也不华丽。不仅如此，他们也不去营造高大豪华的楼堂，而且连饮食都是粗茶淡饭，不求味美。明君们之所以如此，并非憎恨荣华的尊崇，讨厌甘美的味道，而是希望能用淡薄节俭的风尚为天下百姓做榜样。所以才有风俗纯正厚朴，邻人和睦相处的盛世。这是节俭的德化。奢侈还是节俭，是荣辱的开端！骄奢还是节俭，全在于个人的选择，由此造成的安危也由个人决定。如果能清心寡欲，美好的命运就会长久地延续下去。而放纵自己内心的欲望，就必然引发外面的祸乱。所以，丹桂如果生出蠹虫，也会从映月花卉变成朽木；红色的火苗尽管明亮，如被烟尘所覆盖，最终也会熄灭。由此我们明白，骄奢之气的产生在于意志的薄弱，骄奢若不能被有效的限制，必然会让意志崩溃。欲望产自内心，不控制就会导致命亡。所以夏桀商纣因为放纵自己而惹祸；唐尧虞舜却因为约己修身使帝业长久。比较一下他们各自的命运，能不效法节俭行为吗？

【原文】

赏罚第九

夫天之育物，犹君之御众。天以寒暑为德，君以仁爱为心。寒暑既调，则时无疾疫；风雨不节，则岁有饥寒。仁爱下施，则人不凋弊；教令失度，则政有乖违。防其害源者，使民不犯其法；开其利本者，使民各务其业。显罚以威[1]之，明赏以化[2]之。威立则恶者惧，化行则善者劝。适己而妨于道，不加禄焉；逆己而便于国，不施刑焉。故赏者不德君[3]，功之所致也；罚者不怨上，罪之所当也。故《书》曰：无偏无党，王道荡荡。此赏罚之权[4]也。

【注释】

[1] 威：威慑。

[2] 化：教化，感化。

[3] 德君：以君为德，感谢君主。

[4] 权：权变，要害。

【译文】

赏罚第九

天地养育万物，就像君主治理万民。如果说上天以寒暑作为德行，那么君主就应该以仁慈和恩爱作为愿望。天地的寒暑如果调和不乱，人一年四季也不会生病；如果风雨变幻无常，这一年人就可会挨饥受寒。同样的道理，如果君主以仁爱施行于百姓，那么百姓就会各守本业，社会发展。如果君主德行有亏，政令失和，就会出现朝政混乱。防止百姓不去触犯法律，又能让他们各务其业的适当途径，就是实行公正的赏罚。赏罚必须要明确，这样可以树立威慑，教化万民。一旦威慑力形成了，坏人就会感到害怕；奖赏的制度一旦确立，行善的人就会受到鼓励。有的人尽管能顺应君主自己，但他的行为只要不利于国家大道，不能给他加官进爵。有的人尽管违背君主的意愿，但他的行为只要利于国家，就不可以惩罚他。如果能做到这样，那么受奖赏的人不一定去感激君主，受奖赏是因为自己立了功；受惩罚的人也不会去怨恨君主，惩罚是因为自己罪有应得。所以《书》中说："不偏心，不结党营私，君王的事业就会畅行无阻。"这就是赏罚的重大意义啊！

【原文】

务农第十

夫食为人天，农为政本。仓廪实则知礼节，衣食足则知廉耻。故躬耕东郊，敬授人时。国无九岁之储，不足备水旱；家无一年之服，不足御寒暑。然而莫不带犊佩牛，弃坚就伪[1]。求伎巧之利，废农桑之基。以一人耕而百人食，其为害也，甚于秋螟。莫若禁绝浮华，劝课耕织，使人还其本，俗反其真，则竞怀仁义之心，永绝贪残之路，此务农之本也。斯二者，制俗之机[2]。

子育黎黔[3]，惟资威惠。惠而怀也，则殊俗归风，若披霜而照春日；威可惧也，则中华慑軏[4]，如履刃而戴雷霆。必须威惠并施，刚柔两用，画刑不犯[5]，移木无欺。赏罚既明，则善恶斯别；仁信并著，则遐迩宅心。勤穑务农，则饥寒之患塞；遏奢禁丽，则丰厚之利兴。且君之化下，如风偃草。上不节心，则下多逸志；君不约己，而禁人为非，是犹恶火之燃，添薪望止其焰；忿池之浊，挠浪欲澄其流，不可得也。莫若先正其身，则人不言而化矣。

【注释】

[1] 弃坚就伪：手执长刀身带短剑去作乱。

[2] 机：关键。

[3] 黎黔：百姓。

[4] 軏：坏人。

[5] 画刑不犯：刑法制定以后，就少有人违反了。

【译文】

务农第十

吃饭穿衣是人的天性，所以做好农业生产是治国的根本。仓库里堆满粮食，人们自然就知道遵守礼节了；如果丰衣足食，不用训导，人们就知道廉耻了。所以做君王的，要亲自在东郊耕地做示范，以此来鼓励人民开展农业生产，百姓就会效仿。国库的粮食如果没有九年的储备，就不能抵御水灾和旱灾；家中衣服如果没有一年的积累，就不能抵御秋冬的寒冷。当出现饥荒时，社会上就会出现偷盗行为，刁民也会手执长刀身带短剑去犯乱。当初人们因难以为生而放弃作为国家基础的农业生产而去经商，为的是追逐买卖中的一点利润，最终使农桑产业废弃，动摇了国家的根本。让一个人去耕种，而去养活百口人，这容易滋生许多游手好闲之徒，其危害比农作物害虫秋螟还大。不如尽力消除这种浮糜奢华的风气，劝勉督促人们专心致志地从事耕种和纺织。如此社会风俗才会重回纯朴淳厚。人人都会怀有仁义之心，也就永远断绝了商贾贪利的后路。这是抓住了务农的根本。用严威去抑制势利之徒，用仁惠去抚爱忠直人士，这二者是引导制衡风俗的关键。

作为君主，教化百姓的手段无非是威惠两术。施仁惠可以使人们做善事，也可以使风俗变纯正，流风所至，人们就如同在严冬时节沐浴在春光里一样感到温暖；树严威可以使坏人恐惧，也可以使天下臣民变得像车辕里的牛马一般驯服。坏人如常感脚踏刀刃头顶雷霆，就再也不敢为非作歹了！因此，只有威惠交互使用，才能使百姓行有所依，做有所据。君王的声望一旦树立，则制定了刑法后，人们就不敢去违犯了。君主还必须要做到令行禁止，取信于民。赏罚分明，是非善恶就自然区分开了；仁惠又诚信，那么远近的人心就安定了。鼓励人们务农，那么饥饿寒冷就不会发生；遏制奢华艳丽之风，富足就很容易做到。君主以仁信义教化天下，百姓服从和实行起来就会像风过草倒一样自然而然。相反，上层的人如果骄奢淫逸，下边的人就会肆无忌惮。君主如果不能严于律己，反倒要求别人不做坏事，这就像害怕着火，却用加柴的笨法子去灭火一样；也如同讨厌池水浑浊，却自己动手不断搅动，希图它能自我澄清一样，这样的做法都是达不到目的的。不如先从自身做起，人们不用劝说也会效法你的。

【原文】

阅武第十一

夫兵甲者，国之凶器也。土地虽广，好战则人雕[1]；邦国虽安，妄战则人殆。雕非保全之术，殆非拟寇之方。不可以全除，不可以常用。故农隙讲武，习威仪也。是以勾践轼蛙[2]，卒成霸业；徐偃弃武，终以丧邦。何则？越习其威，徐忘其备也。孔子曰：不教人战，是谓弃之。故知弧矢之威[3]，以利天下。此用兵之机也。

【注释】

[1] 雕：通“凋”，减少。

[2] 勾践轼蛙：勾践利用鼓气的青蛙鼓舞士气。

[3] 弧矢之威：弓与箭之间相互配合，互相为用，用于战争中能够有威慑力。

【译文】

阅武第十一

军队和武器，是国家对付战乱的非常厉害的工具。一个国家，虽然领土广大，如果喜好战争，那么人口就一定会减少；即使社会秩序安定，如果频繁动武，那么国力就一定要衰竭。人口缺乏，国家就难以保全，这不是抵御贼寇的办法。战事既不能完全没有，也不能常用，一定要做到有备无患。要在农闲之时，讲解和演习军事。当年越王勾践以对鼓气的青蛙表示敬意的方式，唤起士气，最终取得了伐吴的胜利，成就霸业。周穆王时期的诸侯徐偃王，只知行仁义之道，不整军备，结果被文王灭国。为什么会有这两种不同的结果呢？因为勾践明白战争的威力，而徐偃王却忘记武备的作用。孔子说：不预先教导和训练百姓，让百姓知道自卫的价值，实际上是放弃了百姓。所以，只有真正明白战争与武备的含义，对外才有威慑力，保护和平。这才是加强军备的价值所在。

【原文】

崇文第十二

夫功成设乐，治定制礼。礼乐之兴，以儒为本。弘风导俗，莫尚于文；敷教训人，莫善于学。因文而隆道，假学以光身[1]。不临深溪，不知地之厚；不游文翰，不识智之源。然则质蕴吴竿[2]，非筈[3]羽不美；性怀辨慧，非积学不成。是以建明堂，立辟雍[4]。博览百家，精研六艺，端拱而知天下，无为而鉴古今。飞英声，腾茂实，光于天下不朽者，其唯学乎？此崇文术也。斯二者，递为国用。

至若长气亘地，成败定乎锋端；巨浪滔天，兴亡决乎一阵。当此之际，则贵干戈而贱庠序[5]。及乎海岳既晏，波尘已清，偃七德之余威，敷九功之大化。当此之际，则轻甲胄而重诗书。是知文武二途，舍一不可，与时优劣，各有其宜。武士儒人，焉可废也。

【注释】

[1] 光身：显耀身份。

[2] 质蕴吴竿：吴笛地的竹竿比较直。

[3] 筈：箭尾。

[4] 辟雍：学校。

[5] 庠序：学堂。

【译文】

崇文第十二

平定天下的功业完成，国家步入正轨后，应着手制礼作乐，约束臣子，教化百姓。礼乐制定要以儒学为主要内容。弘扬风气，导引习俗，没有比用文术更好的了；宣扬教化，训导百姓，没有比学校的教育更好的了。因为依靠文术，可以弘扬道德；凭借学习，能够光显身名。不靠近深溪，就不知道地有多厚；不努力学习，就不明白智慧的源泉。吴地的竹竿虽然端直质劲，若不把它制成箭放在弓弦上，就没法显出其独特的功用。有的人虽然天生聪明，但如果不学习也终难成大才。所以，天子设明堂尊贤，建学校育才，都是为了让人们养德行，修学业。君主应该博览百家的学问，研讨六艺的精华，才能增长见识，了解天下大事，不需要做什么就可以鉴古知今。要想传扬英美之声名，播撒嘉惠之德行，从而使自己能流芳百世，只有靠学习。这就是儒术的独特价值之所在。文以安邦，武能定国。这两者因时交替而用，这才是治国的重要手段。

至于战乱烽火蔓延，不足为虑，决定最后结局的仍是儒道；无论灾乱怎样弥漫天地，兴盛和衰亡也只取决于战争。每当战事降临之时，人们往往只知道寻求坚戟利盾，却忽视了学校教育。等到天下平定之后，君主应该放弃武功而专修文治，只有这样，才能够用高尚的道德去感化百姓，用丰厚的物质去养育黎民。在这个时候，人们就会选择放下兵器砖而钻研诗书。由此可知，文武之道，缺一不可。至于到底该尚文还是重武，这要看具体情况灵活运用。忠勇武夫之辈，贤德博学之士，两者对国家来说一样重要，怎么可以偏废呢？

【原文】

后序

此十二条者，帝王之大纲也。安危兴废，咸在兹焉。古人有云，非知之难，惟行不易；行之可勉[1]，惟终实难。是以暴乱之君，非独明于恶路；圣哲之主，非独见于善途。良由大道远而难遵，邪径近而易践。小人俯从其易，不得力行其难，故祸败及之；君子劳处其难，不能力居其易，故福庆流之。故知祸福无门，惟人所召。欲悔非于既往，惟慎祸于将来。当择圣主为师。毋以吾为前鉴。取法于上，仅得为中；取法于中，故为其下。自非上德，不可效焉。

吾在位以来，所制多矣。奇丽服，锦绣珠玉，不绝于前，此非防欲也；雕楹刻桷，高台深池，每兴其役，此非俭志也；犬马鹰鹘，无远必致，此非节心也；数有行幸，以亟劳人，此非屈己也。斯事者，吾之深过，勿以兹为是而后法[2]焉。但我济育苍生其益多，平定寰宇其功大，益多损少，人不怨；功大过微，德未以之亏。然犹之尽美之踪[3]，于焉多愧；尽善之道，顾此怀惭。况汝无纤毫之功，直缘基而履庆[4]？若崇善以广德，则业泰身安；若肆情以纵非，则业倾身丧。且成迟败速者，国之基也；失易得难者，天之位也。可不惜哉？可不慎哉？

【注释】

[1] 勉：勉强执行。

[2] 法：效仿。

[3] 踪：痕迹。

[4] 直缘基而履庆：直接因父祖基业而登上皇位。

【译文】

后序

以上所讲的十二条，是推行帝王之术的纲领。国家是平安兴盛还是动乱衰落，其中的道理都包括在其中了。有人说，明白这些道理并不难，而是不容易贯彻执行；一时实行并不难，难的是能否坚持到底。所以说，暴君原本不是只懂得做坏事，而是不能把善行继续下去；圣君也不是没有过失，但他们能始终行善防恶。大概是因为正道太幽太远不好走，而邪路就近方便上道吧。小人只选择那些容易的事去做，不肯费力去做难做的事，所以他们常常招祸以致失败。君子因不畏难，不肯去做容易的事情，所以好运也总是伴随着他们。所以是福是祸是说不好的，一切取决于人如何追求。人们如果愿意痛悔过往的缺失，以后就会谨慎有加，不会招来灾祸了。你应该选择那些真正具有雄才大略的明主作为自己效法的对象，不要以我为榜样。因为，向最好的看齐，结果也只能得到中等的水平；从中等的学起，结果只能获得下等的水平。我自己不是好楷模，怎可成为臣民的榜样呢？

我自从即位以来，做的事情很多。但反省自己的功过，又觉得汗颜。服饰华艳，珠玉满堂，这是我不知节欲；大兴土木，劳民伤财，这是我不知道节约；斗鸡走马，纵情声色，招奇纳巧，遇到好物件，无论多远都要搜求过来，这是我不懂得自我克制；有好几次兴师动众，外出巡幸，这是想显摆威风。这些事都是我的重大过失，希望你不要认为这样做得对而效仿我。不过我救济苍生给的好处多，平定天下功劳大，对国家和社会的贡献大于造成的损害，百姓对我也没有什么怨言。总体上功大于过，所以德行没有大亏。尽管如此，自己毕竟还是没有达到尽善尽美的境界。在尽善的问题上深入思考，深感羞愧。况且你未有尺寸之功，却直接从父祖这里继承了皇位，又怎么能不更加勤勉呢？如果你追求善道，弘扬美德，那么就会让我大唐基业康泰，皇位稳固。如果你放纵自己，不走正道，那么就会国体有难，你的命也保不住。一个国家的基业往往都是建成很慢而衰败很快的；要得到皇帝的宝座也很艰难，但失去却很容易！怎么能够不特别珍惜，怎么可以不万分谨慎呢？

【点评】

本篇名为《帝范》，实为《家戒》，是唐太宗写给太子李治的。所述是唐太宗一生执政经验的高度浓缩，对君王的个人修养、选任和驾驭部下的技巧，以及经济民生、教育、军事等均作了有见识的解答。例如，他认为贤哲比珍宝黄金更重要，要不拘一格选拔人才，尊重人才；要善于纳谏，广开言路；远离谗佞之徒；崇尚节俭；崇尚文治倡导学习等。显示出他的远见卓识和博大胸怀。而关于如何做好君王的诀窍已被后世视为治国必备之术。

苏瓌：中枢龟镜

【原文】

宰相者，上佐天子，下理阴阳，万物之司命也。居司命之位，苟不以道应命[1]，翱翔自处，上则阻天地之交泰，中则绝性命之至理，下则阻生物之阜植[2]。苟安一日，是稽阴诛[3]，况久之乎？临大事，断大议，正道以当之。若不能，即速退。中枢[4]之地，非偷安之所。平心以应物，无生妄虑，似觉非正，则速回之，使久而不失正也。敷奏宜直勿婉，应对无常。速机可以回小事，沉机可以成大计。同列之间，随器以应之，则彼自容矣。容则自峻其道以示之，无令庸者其来浼[5]我也。贤者亲而狎之，无过狎而失敬，则事无不举矣。举一官、一职、一将、一帅，须其材德者，听众议以命之，公是非即无爽矣。人不可尽贤尽愚，汝惟器之。与正人言，则其道坚实而不渝。材人[6]可以责成办事，办事不可与议，与之议则失根本，归权道也。常贡外妄进献者，小人也，抑之。审奸吏，辞烦而忘亲者，去之。崇儒则笃敬，侈靡之风不作，不作则平和，平和则自臻理道矣。刺史、县令，久次以居之，不能者，立除之，无奸柄施恩，交驰道路，既失为官之意，受弊者随之矣。欲庶而富，在乎久安。不教而战，是谓弃之。佐理在乎谨守制度，俾边将严兵修斥堠[7]，使封疆不侵，不必务广，徒费中国，事无益也。古者用刑，轻中重之三典，各有攸处。方今为政之道，在乎中典，谨而守之。无为人之所贰[8]，无请数赦[9]以开幸门[10]。勿畏强御而损制度。教令少而确守之，则民情胶固矣。

毋大刚以临人事，虑不尽，臣不密，则失身。非所议者，勿与之言。勤思虑，不以小事而忽机管。财无多蓄，计有三年之用，外散之亲族，多蓄甚害义，令人心不宁，不宁则理事不当矣。清身检下，无使邪隙微开，而货流于外矣。远妻族，无使扬私于外，仍须先自戒谨。检子弟无令开户牖，毋以亲属挠有司。一挟私，则无以提纲在上矣。子弟婿居官，随器自任，调之勿过其器而居人之右。子弟车马服用，无令越众，则保家，则能治国。居第在乎洁，不在华，无令稍过，以荒厥心。

【注释】

[1] 以道应命：以天道来应对宰相之命。

[2] 阜植：繁盛的生长。

[3] 阴诛：冥冥之中受到诛罚。

[4] 中枢：朝廷重要部门。

[5] 浼：央求，干扰。

[6] 材人：有能力的人。

[7] 斥堠：古时瞭望敌情的土堡。

[8] 贰：不忠诚。

[9] 无请数赦：不要多次请求大赦。

[10] 以开幸门：以便开启侥幸之门。

【译文】

宰相的职责是上辅佐天子，下理阴阳，是国家大事的总管家。在主宰的地位，如果不遵循天道，灵活应对，上则阻碍自然万物的沟通，中则断绝生命中的最高道理，下面是阻挡生物的茁壮生长。浑浑噩噩哪怕一天都可能被诛罚，何况是长期任职呢？每次遇到大事，作重要决策，按正常的程序办理即可。如果不能，就尽快搁置不理。朝廷这种重要地方，不是偷安之所。公平地去处理事情，不要有其他想法，如果觉得做得不公正，那么就尽快撤回，这样久了就不会失正道。上奏折应直截了当不要委婉，应对没有什么常规，回复小事情宜快，回复大事则要沉稳。同僚之间，要根据他们各自的性格特点来相处，他们就会对你宽容了。如此他们就会用真实的一面对我，那么平庸的人就不会来央求我。对贤能的人可以接近，但不必过于亲密免得失敬，那么事情就没有办不好的。推举一个官员、一份职位、一大将、一元帅，需要考虑他的才能德行，要听取众人的意见后再任命，公开地评价长短就没有过错。人不可能都傻或者都聪明，你要包容他们。与正人君子交流，他们信念坚定而不易改变。对有才能的人，只需让他们去执行即可，但不必和他们商量，和他们讨论便失去了做领导的根本，这是政务管理的基本原则。经常给外面进贡却要求别人给他进献的都是小人，必须打压。审查奸吏的时候，言辞烦琐而忘记亲情的，赶走他。如果很尊崇地对待儒家之道，那么社会就不会有奢侈之风，没有奢侈之风，人们心态就会很平和。平和就达到了理道的境界。长期居住在一个地方的刺史、县令，如果没有什么能力，就撤换掉，不要让他们形成恶势力。如果随意法外施恩，就失去了做官的意义，还会有很多副作用。想让百姓富足的关键在于国家的长治久安，为了希望而富有，不教化百姓让他们明理，而让他们去战斗，这就叫抛弃他们。协助管理的关键在于严格遵守制度，让边将严兵修好哨所，使疆界不受外敌入侵，不必力求扩大疆域，白白浪费人力物力，这事是无益的。古时用刑分轻、中、重三典，因各有针对性而有区别。现在为政之道，在于中典，谨慎遵守即可，不要让人生二心，不多次请求赦免以得幸运。不要畏惧强化管理而损害制度。道德法律条文少又能切实遵守，那么百姓的情绪就会稳固了。不要盛气凌人，考虑事情要面面俱到。大臣考虑事情不周密往往会有杀身之祸。不是所要议论的人，不要跟他说什么。自己要勤于思考，不要因小事而错过良机。家庭财产最好不要多储蓄，够用三年就行了，多余的都送给亲戚族人。储蓄多了没有好处，容易让人心绪不宁。如果心神不宁，办事就容易出问题。你自己清身检查一下，不要出现漏洞从而让钱财外流了。要远离妻子家族那边的人，不要让自己家的事在外面流传。还必须先自己诫勉自己，并约束自家的子弟，不要随意让打开门窗，不要让亲戚干扰有关部门正常办事，因为涉及私货就没法在朝廷上理直气壮了。子弟女婿在做官，要根据他的能力来任用，不要给他担任超过他能力的职位而居别人之上。子弟所用车马服饰都不要超过别人的标准，这样就能保全家族，进而可以很好地治理国家，更能保国能治理好国家。住宅重要的是在于清洁，不在于富丽堂皇。哪怕是华丽稍微过了一点也不可以，因为这样容易让心思不宁。

【点评】

《中枢龟镜》是作者写给儿子苏颋的笔记式家书，主要谈的走仕途方面立身处世的诀窍即如何为官，并强调关键在于处理好各方面的关系。内容透视着中国式的“理性”，彰显着“修身、齐家、治国、平天下”的中国传统路径，颇有学问。其中“平心以应物”“勿畏强御而损制度”等观点，对于今天的干部子女教育，很有借鉴意义。

姚崇：遗令诫子孙文

【原文】

古人云："富贵者，人之怨也，贵则神忌其满，人恶其上；富则鬼瞰[1]其室，虏[2]利其财。"自开辟以来，书籍所载，德薄任重而能寿考无咎者，未之有也。故范蠡、疏广[3]之辈，知止足之分，前史多[4]之。况吾才不逮古人，而久窃荣宠，位逾高而益惧，恩弥厚而增忧。往在中书[5]，遘[6]疾虚惫，虽终匪懈，而诸务多缺。荐贤自代，屡有诚祈；人欲天从，竟蒙哀允。优游园沼，放浪形骸，人生一代，斯亦足矣。田巴[7]云："百年之期，未有能至。"王逸少[8]云："俯仰之间，已为陈迹。"诚哉此言。

比[9]见诸达官身亡以后，子孙既失覆荫，多至贫寒，斗尺之间，参商是竞[10]。岂惟自玷，乃更辱先，无论曲直，俱受嗤毁。庄田水碾，既众有之，递相推倚，或至荒废。陆贾、石苞，皆古之贤达也，所以预为定分，将以绝其后争，吾静思之，深所叹服。

昔孔子至圣，母墓毁而不修；梁鸿至贤，父亡席卷而葬。昔杨震、赵咨、卢植、张奂，皆当代英达，通识今古，咸有遗言，属令薄葬。或濯衣时服[11]，或单帛幅巾，知真魂去身，贵于速朽，子孙皆遵成命，迄今以为美谈。凡厚葬之家，例非明哲，或溺于流俗，不察幽明，咸以奢厚为忠孝，以俭薄为悭惜，至令亡者致戮尸暴骸之酷，存者陷不忠不孝之诮，可为痛哉！可为痛哉！死者无知，自同粪土，何烦厚葬，使伤素业？若也有知，神不在柩，复何用违君父之令，破衣食之资？吾身亡后，可殓以常服，四时之衣，各一副而已。吾性甚不爱冠衣，必不得将入棺墓，紫衣玉带，足便于身，念尔等勿复违之。且神道恶奢，冥途尚质[12]，若违吾处分，使吾受戮于地下，于汝心安乎？念而思之。

今之佛经，罗什所译，姚兴执本，与什对翻[13]。姚兴造浮屠[14]于永贵里，倾竭府库，广事庄严[15]，而兴命不得延，国亦随灭。又齐跨山东，周据关右，周则多除佛法，而修缮兵威；齐则广置僧徒，而依凭佛力。及至交战，齐氏灭亡，国既不存，寺复何有？修福之报，何其蔑如！梁武帝以万乘为奴[16]，胡太后[17]以六宫入道，岂特身戮名辱，皆以亡国破家。近日孝和皇帝[18]发使赎生，倾国造寺；太平公主、武三思、悖逆庶人张夫人等皆度人造寺，竟术[19]弥街，咸不免受戮破家，为天下所笑。经云："求长命，得长命；求富贵，得富贵。刀刃段段坏，火坑变成池。"比来缘精进得富贵长命者为谁？生前易知，尚觉无应；身后难究，谁见有征？且五帝之时，父不葬子，兄不哭弟，言其致仁寿无夭横也。三王之代，国祚延长，人用休息，其人臣则彭祖、老聃之类，皆享遐龄。当此之时，未有佛教，岂抄经铸象之力，设斋施佛之功耶？《宋书·西域传》，有名僧为《白黑论》，理证明白，足解沉疑，宜观而行之。且佛者觉也，在乎方寸，假有万像之广，不出五蕴之中。但平等慈悲行善不行恶，则福道备矣，何必溺于小说[20]，惑于凡僧，仍将喻品[21]，用为实录？抄经写像，破业倾家，乃至施身，亦无所吝，可谓大惑也。亦有缘亡人造像，名为追福，方便之教，虽则多端，功德须自发心，旁助宁应获报？递相欺诳，浸成风俗，损耗生人，无益亡者。假有通才达识，亦有时俗所拘，如来普慈，意存利万，损众生之不足，厚豪僧之有余，必不然矣。且死者是常，古来不免，所造经像，何所施为？

夫释迦之本法[22]，为苍生之大弊。汝等各宜警策，正法在心，勿效儿女子曹终身不悟也。吾亡后必不得为此弊法，若未能全依正道，须顺俗情，从初七至终七，任设七僧斋；若随斋须布施，宜以吾缘身衣物充，不得辄用余财，为无益之枉事，亦不得妄出私物，徇追福[23]之虚谈。道士者，本以玄牝[24]为宗，初无趋竞之教，而无识者慕僧家之有利，约佛教而为业。敬寻老君之说，亦无过斋之文，抑同僧例，失之弥远。汝等勿拘鄙俗，辄屈于家。汝等身殁之后，亦教子孙，依吾此法。

【注释】

[1] 瞰：偷看，窥视。

[2] 虏：盗匪。

[3] 疏广：字仲翁，今山东兰陵人，西汉名臣。

[4] 多：大力赞美。

[5] 中书：中书省，唐代中央政府中负责起草诏令的部门。

[6] 遘：遇到。

[7] 田巴：战国时齐国著名的辩士。

[8] 王逸少：王羲之，东晋著名书法家。

[9] 比：近来。

[10] 参商是竞：指天上不相逢的参星与商星，此处比喻兄弟不和。

[11] 濯衣时服：下葬时将平时的衣服洗净换上作为殓服。

[12] 质：质朴。

[13] 与什对翻：与罗什对译。

[14] 浮屠：佛塔。

[15] 庄严：代指佛教。

[16] 梁武帝以万乘为奴：梁武帝舍其皇位出家。

[17] 胡太后：指信佛的北魏宣武灵皇后胡氏。

[18] 孝和皇帝：唐中宗李显。

[19] 术：城中的街道。

[20] 小说：无关紧要的说法。

[21] 喻品：比喻的言辞。

[22] 释迦之本法：指佛教原意。

[23] 追福：为死者祈福的法事活动。

[24] 玄牝：原指人的鼻和口，道家所指之万物的本源，此指清净柔顺之法。

【译文】

古人说："大富大贵常会引来别人的怨恨。大贵会招致神灵对你满盈的妒嫉，别人则厌恶你比他们高的地位；大富就容易招来鬼怪来窥视你的家，强盗也来谋取你的财产。"自从盘古开天地以来，根据过去的书籍记载，那种德薄任重却能长寿无过失的人是没有的。所以像范蠡、疏广这样的人都知道要适可而止，以前的史书都赞许他们的智慧。何况我的才能不及这些古人，却长期得到荣光和重用，地位越高我就越恐惧，得到恩惠越厚我的忧虑越多。以前在中书省任职时，由于体弱多病，尽管也尽心做事，不敢怠慢，但所处理的事务还是有不少不够圆满的地方。经过多次恳求，主动让贤，终于如愿获得皇上的理解和恩准。如今我在园林池沼之间轻松畅游，肆意欢娱，人生一世，能这样我也就知足了。田巴说过："没有人能够活到一百岁。"王逸少也说："在俯首扬头这一会工夫，一切已成为过去了。"这些话确实说得对呀。

最近看到一些达官贵人死后，子孙们因失去庇护，大多陷入贫寒境地，他们为了一点点的家产就争斗不已。这样做不仅只是让他们有失身份，也辱没了他们的前辈。暂且不论谁对谁错，至少都成为别人的笑柄。庄田和水碾本来是大家共有的，现在由于互相推诿、依赖，有的甚至导致荒废了。陆贾和石苞都是古时贤达名流，他们在死前就先分好家产，以杜绝死后出现子孙争夺家产的现象。我静心思考过这些事情，对他们的上述做法由衷地叹服。

过去的孔子是至圣先师，当初他母亲的墓地荒芜了，他也不去修复；梁鸿是社会贤达，父亲去世时他只用席子把遗体包起来入葬。杨震、赵咨、卢植、张奂，都是那个时代通达的人，他们通晓古今，明白事理，都事先留有遗言，吩咐后人对他们薄葬。有的入殓时就身穿干净的平常衣服，有的只用单层的绢来束发。他们知道人的魂魄离开身躯后，能尽快腐烂最为理想。子孙都依从他们生前的意思办理，这些至今还为人们当作美谈所传诵。厚葬死者不是明智的，有的喜欢依照习俗，不区分好坏，以为奢侈厚葬才是对先人忠孝，节俭薄葬就是吝啬爱财，最后却让逝者招致戮尸暴骸的悲剧，生者则背负不忠不孝的骂名。确实是令人惋惜啊，惋惜啊！其实，死者对于死后的一切都已经没有知觉，就像粪土一样，为什么要花费大量的人力物力加以厚葬，造成家庭的财产损失呢？若死者真有知觉，那其魂魄也不可能留在棺木里呀。那为何要违背先人之意，浪费家里的生活所需的钱财呢？我死后，你们可用我平常穿的衣服来收敛，四季衣服各有一套即可。我生性很讨厌官服，到时候千万不要放入棺木里。把紫衣玉带穿在身上就可以了，你们不要违背我的遗愿。况且神道也是不喜欢奢华之举的，阴间更是崇尚质朴。如果你们违反我的安排，让我在地下遭遇尸体被戮的耻辱，你们的心能安宁吗？请你们好好想一想。

今天我们所看到的佛经，是由鸠摩罗什翻译的，姚兴手执经本和他一起校对翻译。姚兴在永贵里建造佛塔，耗尽了府库的资金，让很多人去信奉佛教，可他自己却并没有因此长寿，连带国家也灭了。再举一例，齐国之地横跨山东，周国则占据关右，周国大规模灭佛并重整军备，齐国却大量安置僧徒，企图依靠佛的力量保家卫国。等到两国交战，齐国很快败亡。国家都没有了，那些佛寺还能留得住吗？求福所换来的回报，是多么的轻啊！梁武帝以皇帝至尊之身出家，委身做寺庙的奴仆，胡太后以皇后的尊崇身份入寺为佛徒。最后得到的是身被杀名遭辱，国亡家败的命运。近来孝和皇帝安排使者去许愿，用举国之财力物力来营造佛寺，太平公主、武三思、悖逆庶人、张夫人等都度人出家，用尽手段建造寺庙，以至于寺庙充斥于大街小巷，他们这些人都难免身杀家破的结局，终将被天下人所耻笑。佛经说："求长命，得长命；求富贵，得富贵。刀剑会一段段地折断，火坑最终会变成水池。"近些日子，因精明盘算，锐意求进而得到富贵和长命的有谁呢？活着的时候事情易知，尚且不曾得到回应，死了之后就更难求了，有谁能见到灵验吗？况且在五帝之时，有父不葬子，兄不哭弟的说法，是说那时人们都健康长寿，很少有夭折的情形。三王之时，国运长久，百姓休养生息，身为臣子的彭祖、老聃等人都很长寿。在那个时候还没有出现佛教，哪里有抄写佛经、铸造佛像的功力和设斋施佛的功劳呢？《宋书·西域传》中有位知名的僧人写了一本《白黑论》，把其中的道理讲述得清晰明了，足以解开困惑，应该认真看一看并按照书上讲的去做。况且佛从本质上说是一种人生感悟，在于内心的体会。即使有万物景象那么广大，但也没超出色、受、想、行、识五蕴的范围，只要对一切众生都持有慈悲之念，尽力行善不做恶行，就算把握住佛道了。何必沉溺于小人浅薄的说教，受凡僧的迷惑，把佛经中的比喻当成佛教的真实记载呢？抄写经文，绘制佛像，丢弃正经职业，倾家荡产，甚至舍弃生命也不在乎，这样做真是太糊涂啊。也有人为死者造像，称为追福，因人施教，诱导人们领悟佛的真义，办法虽然多种多样，但像念佛施舍等法事都须发自内心，只靠别人的帮助，就可以得到善报吗？如此互相欺骗并渐成习俗，既耗费活人的资财，对死者也没有任何帮助。那些有见识的人也被世俗的观念所束缚了。如来广施慈爱，目的是利于世上众生万物的。但靠损害资产欠缺的芸芸众生去增加僧尼原本富裕的资财，如来肯定不会这样做的。而且，人的死亡是客观规律，自古以来谁也免不了。既然如此，那制作佛经佛像又能起什么作用呢?

释迦牟尼的佛法其实是百姓的大害，你们应各自警惕，只要正法在心，不要像那些儿女之辈糊涂，终生都不晓得醒悟。我死之后一定不要实行这种有害之法。如果不能全部按照正道去执行，那就顺应俗情，从第一个七日到最后一个七日，任凭你们请僧人设七日的斋戒。假如斋戒要同时布施，就用我的常用衣物，不得耗费多余的钱财去做无益的冤枉事，也不要乱用私人的财物，去呼应祈福的虚妄说辞。至于道士，原本就应该是以衍生万物为基本宗旨，最初并没有逐利和竞争的教义。但一些无见识的人因羡慕僧人获利，就按照佛教的做法去做。我恭敬地追随老君的教义，发现并没有斋会的条文。他们这样和僧人的行为就是一样的，实在是错得离谱啊。你们不要拘守那些鄙陋的习俗，那些对家庭实在有害。等你们死的时候，也要教导子孙按照我的做法去做。

【点评】

《遗令诫子孙文》是唐名相姚崇去世前留给子孙的遗嘱，针对当时社会追求富贵、奢侈厚葬、迷信佛教、荒废农桑的风气，告诫子孙勿图富贵、知足知止、厚德修身方可长久。他自己深感“位逾高而益惧，恩弥厚而增忧”，激流勇退，以保全家安全，他还提出从他开始，死后一律薄葬。这篇文章对后世影响十分深远。

韩愈：符读书城南

【原文】

木之就规矩，在梓匠轮舆[1]。人之能为人，由腹有诗书。诗书勤乃有，不勤腹空虚。欲知学之力，贤愚同一初。由其不能学，所入遂异闾[2]。两家各生子，提孩巧相如[3]。少长聚嬉戏，不殊同队鱼。年至十二三，头角稍相疏。二十渐乖张，清沟映污渠。三十骨骼成，乃一龙一猪。飞黄腾踏去，不能顾蟾蜍。一为马前卒，鞭背生虫蛆。一为公与相，潭潭府中居。问之何因尔，学与不学欤。金璧虽重宝，费用难贮储。学问藏之身，身在则有余。君子与小人，不系父母且[4]。不见公与相，起身自犁鉏。不见三公后，寒饥出无驴。文章岂不贵，经训乃菑畬[5]。潢潦[6]无根源，朝满夕已除。人不通古今，马牛而襟裾。行身陷不义，况望多名誉。时秋积雨霁，新凉入郊墟。灯火稍可亲，简编可卷舒。岂不旦夕念，为尔惜居诸[7]。恩义有相夺，作诗劝踌躇。

【注释】

[1] 木之就规矩，在梓匠轮舆：木材能够合规矩，在于木匠车工的修整。

[2] 异闾：异路。

[3] 提孩巧相如：指两个孩子小时候一样的灵巧。

[4] 且：语气词。

[5] 菑畬：指耕种，此处指根本。

[6] 潢潦：下雨天地上的积水。

[7] 居诸：光阴。

【译文】

木材之所以能按照圆规曲尺被制成有用的器具，原因在于木匠车工的辛勤打磨。人之所以能成为有价值的人，在于读书有学问。只有勤奋读书才能有成，如果不勤奋就会腹中空虚。想知道学习的能力如何，在同等条件下无论贤愚放在一起比较。由于愚者不能很好地学习，所以他们就走上了另外一条路。两家各生了一个儿子，提孩时代智力和灵巧程度都差不多。和大一点的孩子在一起嬉戏，和其他人没什么区别。等年到十二三岁的时候，性格志趣的差别就逐渐显现出来了。到了二十岁左右好坏差别就一目了然。三十岁骨骼长成人生定型，于是一个孩子有出息像一条龙，另一个笨得像一头猪。是龙的自然去飞黄腾达，不会理会那只癞蛤蟆。一个只能被别人驱使，做马前卒，背上都被鞭打受伤感染而生蛆虫，另一个却做了公卿相国，在深宅大院里面住着。问为什么会有这样的落差呢，原因在于学与不学啊。金璧虽然是珍宝，但保管费用巨大实在难以妥善贮存储备。但学问藏在人的身上，只要活着就有用处。君子与小人的区别，与父母的关系不大。你没见那些公与相，都出身于农家么。但他们过了三代家道就衰落了，家人饥寒交迫，出门都没有驴车。学问难道不珍贵吗，四书五经的教导是做人处事的根本。积水池的水因为没有源头，早晨积的到晚上就被清除了。人若不通晓古今，就如同穿上衣服的牛马一样。这样出来混就陷入了不义的境地，怎么能指望多受到别人的赞誉呢？现在正是秋雨过后的晴天，郊外都有些凉意，可以挑灯夜读。怎么可以不早晚念书，珍惜光阴呢？恩情和大义有时候很矛盾，但我不能因为情而忘了义，我就写这首诗来劝你，在读书的事情上不要在犹豫了。

【点评】

这是韩愈写给儿子韩符的劝学诗，文字浅显，道理深奥。全文包含了读书的作用、读书与否的区别、学习的方法以及寄语等方面。饱含其作为一个父亲望子成龙的殷切之情。

元稹：诲侄等书

【原文】

告崙侄等：

吾谪窜[1]方始，见汝未期，粗以所怀，贻[2]诲于汝。汝等心志未立，冠岁行登[3]。古人讥十九童心[4]，能不自惧？吾不能远谕他人，汝独不见吾兄之奉家法乎？吾家世俭贫，先人遗训常恐置产怠[5]子孙，故家无樵苏[6]之地，尔所详也。吾窃见吾兄自二十年来，以下士之禄持窘绝之家，其间半是乞丐羁游，以相给足。然而吾生三十二年矣，知衣食之所自。始东都[7]为御史时，吾常自思：尚不省受吾兄正色之训，而况于鞭笞诘责乎？呜呼！吾所以幸而为兄者，则汝等又幸而为父矣！有父如此，尚不足为汝师乎？

吾尚有血诚将告于汝：吾幼乏岐嶷[8]，十岁知方，严毅之训不闻，师友之资尽废。忆得初读书时，感慈旨一言之叹，遂志于学。是时尚在凤翔，每借书于齐仓曹家，徒步执卷就陆姊夫师授，栖栖勤勤，其始也若此。至年十五，得明经及第，因捧先人旧书于西窗下，钻仰沉吟，仅于不窥园井[9]矣。如是者十年，然后粗沾一命[10]，粗成一名。及今思之，上不能及乌鸟之报复[11]，下未能减亲戚之饥寒，抱衅[12]终身，偷活今日。故李密云："生愿为人兄，得奉养之日长。"吾每念此言，无不雨涕。

汝等又见吾自为御史来，效职无避祸之心，临事有致命之志，尚知之乎？吾此意，虽弟兄未忍及此。盖以往岁忝职[13]谏官，不忍小见，妄干朝听，谪弃河南，泣血西归，生死无告。幸余命不殒，重戴冠缨，常誓效死君前，扬名后代，殁有以谢先人于地下耳。

呜呼！及其时而不思，既思之而不及，尚何言哉！今汝等父母天地，兄弟成行，不于此时佩服诗书，以求荣达，其为人耶？其曰人耶？

吾又以吾兄所职易涉悔尤，汝等出入游从，亦宜切慎。吾诚不宜言及于此。吾生长京城，朋从不少，然而未尝识倡优之门，不曾于喧哗纵观，汝信之乎？吾终鲜姊妹，陆氏诸生，念之倍汝，小婢子等既抱吾殁身之恨，未有吾克己之诚，日夜思之，若忘生次。汝因便录吾此书寄之，庶其自发，千万努力，无弃斯须。稹付崙、郑等。

【注释】

[1] 谪窜：贬官。

[2] 贻：给予。

[3] 冠岁行登：快成年了。

[4] 十九童心：十九岁将成人之年还童心未泯。

[5] 怠：使懈怠。

[6] 樵苏：砍柴。

[7] 东都：洛阳。

[8] 岐嶷：幼年聪明。

[9] 不窥园井：不向外看，即专心致志。

[10] 粗沾一命：勉强获取一官半职。

[11] 乌乌之报复：乌鸦报养父母。

[12] 衅：遗憾，罪过。

[13] 忝职：升迁官职。

【译文】

告崙侄等：

我刚被贬官外放，再次见到你们的时间实在不好预测，我简单地把心中所思写下来，赠送给你们作为教导吧。你们的志向还没有确立，却快要成年了。古人曾讥讽说，十九岁还有童子心，你们能不自己警醒害怕吗？我不能对别人说教，难道你们没见我兄是如何奉行家法的吗？我们家世世代代贫困节俭，先辈早就传下遗训，总是担心多置家产容易使子孙懈怠，因此家里无田可种，这是你们都知道的。我私下看到我的兄长二十年来用最低的俸禄来维持贫穷家庭的生活，其中一半要靠奔波在外，像乞丐一样求得钱米来弥补家用。我三十二岁才真正懂得衣食的来源。从我在东都洛阳任东台监察御史时开始，我常常自思，我尚且没有醒悟去接受兄长严厉的训教，更何况是用鞭笞惩罚和厉声责问呢？唉！我庆幸有这样的兄长，你们也要庆幸有这样的父亲。这样的父亲难道还不值得做你们的老师吗？

我还有肺腑之言准备告诉你们：我自幼缺乏明慧的见识，十岁时才懂得一些道理，不曾聆听过父亲严厉刚毅的训导，也没有任何师友的帮助。记得刚开始读书时，母亲的一番教诲让我感慨万端，从此才立志于求学。那时还在凤翔，常常向齐仓曹家去借书看，还拿着书卷走到姐夫陆翰那里拜师求教，那是我勤奋读书的开始。到十五岁我考中了明经科举，就经常拿着先人的旧书在西窗下苦读深思，不看外面，专心致志地读书。像这样过了十年，才勉强做了一名小官，有了些名气。现在想起这些往事，上不能回报父母养育之恩，下不能减轻亲戚的饥寒之苦，这种负罪感伴我一生，苟且偷生直到今天。所以李密说："生来最希望做人的兄长，这样可以长期奉养长辈。"我每想到这句话，总是眼泪汪汪。

你们还可以看到，我自从做了御史，忠于职守，刚正不阿，从无避祸的想法，工作上遇到难题就有舍弃生命的念头，你们知道吗？我的这些想法，即使在我们兄弟之间也不忍心交流。因为以前我任谏官时，意气用事，用个人的小见识来妄议朝政，结果被贬谪任河南县尉，我西归时痛苦不堪，生死都没有地方诉说。万幸的是这条性命保住了，后来重新又担任官职。我就经常发誓要效忠皇上，即使肝脑涂地也心甘情愿，这样就能流芳百世，到死后就可以在地下告慰先人了。

唉！可惜当时没想到这些，等想到了又来不及了，还有什么话可说呢？现在你们父母健在，兄弟成行，不在这时勤奋钻研诗书，以求得荣耀显达，那还算个人吗？那还叫人吗？

我感觉我兄长所任官职容易遭人怨恨，你们与别人交往时应十分谨慎。我若不是真意是不会说这些话的。我生长在京城，交往的朋友不少，可是我不知道那些歌楼伎馆在哪，也没有在喧哗的闹市里纵情游览，这些你们相信吗？我的姐妹少，对于姐夫陆家的各位外甥，我挂念他们的程度估计要超过挂念你们。我女儿让我抱憾终生，我没能全身心地疼爱她，日思夜想，似乎忘了生死。请你们在方便的时候抄录这封信寄给她。希望你们发愤图强，一定要努力，不要放弃哪怕一点点的时间。元稹写付于崙、郑等。

【点评】

元稹写给侄儿的家书，用饱含亲情的笔融叙说家境身世，反思自己的人生经历，言真意切。文中强调了珍惜时间，遵守家训、努力读书和谨慎交际的重要性，表达了对侄子们的殷切希望。其中着笔较多的是，倡导以身边人的长处为榜样，正视自己的短处，如此就会进步。这是比较务实的学习方法。

柳玭：柳氏叙训

【原文】

先祖河东节度使公绰，在公卿间最名有家法。中门东有小斋，自非朝谒之日，每平旦辄出小斋，诸子皆束带[1]晨省于中门之北。公绰决私事，接宾客，与弟公权及群从弟再会食，自旦至暮，不离小斋。烛至，则命子弟一人执经史，躬读一过[2]讫，乃讲议居官治家之法，或论文听琴，至人定钟，然后归寝，诸子复昏定[3]于中门之北。凡二十余年，未尝一日变易。其遇饥岁，则诸子皆蔬食，曰："昔吾兄弟侍先君为丹州刺史，以学业未成，不听食肉，吾不敢忘也。"祖母韩夫人，相国休之曾孙，相国滉之孙，仆射贞公皋之长女。家法严肃俭约，为搢绅家楷范。归我家三年，无少长，未尝见启齿。贞公在省为仆射，先公于襄阳加端揆[4]，常衣絹素，不用绫罗锦绣。贞公亲仁里有宅，每归觐，不乘金碧舆，只乘竹兜子，二青衣步屣以随，贞公叹乃御下之俭也。常命粉[5]苦参、黄连、熊胆，和为丸，赐先公及诸叔，每永夜习学含之，以资勤苦。

先公居外藩[6]，先公每入境，郡邑未尝知。既至，每出入，常于戟门[7]外下马，呼幕宾为丈，皆许纳拜，未尝笑语款洽。牛相国辟为武昌从事，动遵礼法。奇章公叹曰："非积习名教，不及此。"

先公以礼律身，居家无事，亦端坐拱手。出内斋，未尝不束带。三为大镇[8]，厩无良马，衣不薰香。公退必读书，手不释卷。

家法在官不奏祥瑞[9]，不度僧道，不贷赃。吏法：凡理藩府，急于济贫卹[10]孤，有水旱必先期假贷，廪粟军食必精丰，逋租必贯免[11]，馆传必增饰，宴宾犒军必华盛，而交代[12]之际，仓储帑藏，必盈溢于始至。境内有孤贫衣缨家女及笄者皆为选婿，出俸金为资装嫁之。

叔祖少保公权[13]，字诚悬。玭兄弟尝从诸季父送别东郊，仆马在门，会阴晦，多雨具。少保因言："我少时家贫，当房[14]严训。年十六，当房往鲍陂人家致祭处分[15]，先往撰文。时甚雪，只得一驴，女家人清净，随后得一破褥子，披至鲍陂，为庄客所哀，为燔薪，得附火为文，写上板子。当房朝下到庄，呈祝版，此时免科责便满望[16]，岂暇知寒。今日虽散退，还得尔许官。尔等作得祭文者有几人，皆乘马有油衣，吾为尔等忧。"太保晓声律而不好乐，常云："闻乐令人骄惰。"

先妣韦夫人外王父[17]相国文公贯之，奕世以贞谅峻鲠称[18]。先夫人事君舅君姑凡十一年，晨省于鸡鸣，昏定于初夕，未尝阙。梁国夫人有疾，先夫人一月不下堂，早夜奉养，疾愈始归院。文公及第，登谏科，判入高等，授长安尉，秩满困穷，穴地燔薪，啖豆糜以御冬。

【注释】

[1] 束带：束起腰带。

[2] 一过：一遍。

[3] 昏定：晚上服侍父母就寝。

[4] 端揆：宰相。

[5] 粉：使成粉。

[6] 外藩：指藩镇。

[7] 戟门：此处指官衙。

[8] 大镇：出任节度使。

[9] 在官不奏祥瑞：做官员的不向皇上奏报祥瑞之类的事。

[10] 卹：同“恤”，抚恤。

[11] 逋租必贳免：欠租的会被减免。

[12] 交代：官员职位交接。

[13] 公权：柳公权。

[14] 当房：指叔伯长辈。

[15] 致祭处分：吊唁。

[16] 此时免科责便满望：这个时候能够免除训斥就是全部的愿望了。

[17] 外王父：外祖父。

[18] 奕世以贞谅峻鲠称：处世以耿直宽宏著称。

【译文】

先祖父河东节度使柳公绰在公卿中以家法严整最为知名。家里的中门东侧有一间小房子，每逢不上朝的日子，每天清晨他从小房子出来时，几个儿子都打扮整齐地在中门北侧请安问候。柳公绰无论是处理私事，接待宾客，还是和弟弟柳公权以及堂弟一起就餐，从早到晚，都不离开那个小房子。到了傍晚就吩咐子弟中的一人手拿经典史籍，亲自读完一篇，然后对众人讲解做官治家的方法和技巧，有时则论文听琴，直到深夜亥时才休息，这个时候几个儿子又在中门北侧伺候晚睡。这样子延续了二十多年，一天也没有变过。遇到荒年，几个儿子就都吃蔬菜粗粮，说：“以前我们兄弟侍奉父亲做丹州刺史时，学业如果没有完成，都不能吃肉，这个我不敢忘记。”祖母韩夫人是相国韩休的曾孙女，相国韩滉的孙女，尚书左仆射韩皋的长女。她家家法森严节俭，是当时官宦家庭的典范。她嫁到我家三年，无论在大人还是小孩面前都没有说过什么。韩皋在尚书省任仆射，祖父在襄阳被提升为宰相的时候，经常穿着素色绢衣，而不穿绫罗绸缎。韩皋在亲仁里有住宅，祖母回家探亲，从不坐华丽的轿子，只坐简单的竹兜子，两个随从则步行跟随，韩皋看到后，感叹这样管理下人实在太节俭了。此外常常用苦参、黄连、熊胆磨成粉，做成药丸，送给祖父和各位叔叔，每晚读书学习的时候含在口里提精神，以此激励他们刻苦用功。

祖父在外地做官期间，每次到新岗位就任的时候，当地官员都不知道。到了以后，出入府邸，都在官署的门外下马，尊称幕僚为丈，允许行礼拜见，常常欢声笑语不断，场面十分融洽轻松。宰相牛僧孺请他在武昌任职，他做事处处都遵循礼法。牛僧孺感叹说："不是长久研习礼教的人，肯定做不到这样啊。"

祖父时时刻刻以礼法严格约束自己，在家里没事的时候，也两手相合端正坐着。一旦出了内屋，必定要穿戴整齐。他三次出任节度使，马厩里既没有好马，衣服也不用熏香。上班回家后一定会读书，手不释卷。家法里有一个规定：在做官时不上奏祥瑞，不贪赃。朝廷的官员法规定：凡是地方长官，必须救济穷困抚恤孤儿，有水旱灾害一定要先借贷救灾，仓储粮食和军用粮草一定要既好又丰足，逾期的租金可以延缓或免除，旅舍驿站要增加装饰，宴请宾客犒劳军队时场面一定要华美盛大，任职期满工作交接的时候，仓储的钱币物资一定要比刚来时有所增加。对于境内孤贫的官宦家庭的女子和成年的女子，一定要给他们挑选女婿，官府要出钱做嫁妆帮她们出嫁。

叔祖父太子少保柳公权，字诚悬。柳玭的兄弟们曾经跟着各位叔父到东郊送别叔祖父，仆人和马匹留在门口，此时正逢阴雨，大家都拿着雨具。叔祖父看见了说："我小时候家里贫穷，族人都要受严格的训导。在我十六岁时，族人去鲍陂一户人家吊唁帮忙，我先去写祭文。那时正下着雪，我只骑着一头驴，女眷们等雪停了才能去。我后来拿了一床破褥子，披在身上就到了鲍陂，庄客看见了都觉得可怜，就点了一堆火，我一边烤着火一边写祭文。族人下朝后，到庄里呈送祭文祝板，我在这时候只想着不被责罚就很高兴了，哪还有心思想到寒冷呢？现在虽然回家，还要给你们安排一官半职。试问你们有几个人能写得了祭文？只知道骑马穿雨衣，我替你们担心啊。”叔祖父通晓声律但不喜欢音乐，常对我们说：“听音乐容易让人骄狂懒惰。”

我母亲韦夫人，外祖父韦贯之，家里世代都以忠信清直闻名于世。母亲服侍公公婆婆十一年，早上鸡叫时就请早安，天刚黑就问候他们休息，从来没有耽误过。祖母生病，母亲一个月都没有离开左右，早晚悉心照看，直到病愈才回到自己的房子里。韦贯之考中进士，登上贤良方正科，判为高等，授予长安县尉的职位，任期届满后也很清贫，只好挖个坑烧柴取暖，吃豆粥充饥熬过冬天。

【原文】

孝公房舅谓余弟兄曰：“尔家虽非鼎甲，然中外名德冠冕之盛，亦可谓华腴右族[1]。”玭自闻此言，刻骨畏惧。夫门地高，可畏不可恃。可畏者，立身行己，一事有坠先训，则罪大于他人。虽生可以苟取爵位，死亦不可见祖先于地下。不可恃者，门高则自骄，族盛则为人窥嫉，实艺懿行[2]，人未必信，纤瑕微累，十手争指矣。所以承地胄者，修己不得不恳，为学不得不坚。

夫士君子生于世，己无能而望他人用之，己无善而望他人爱之，亦犹农夫卤莽种之，而怨大泽之不润，虽欲弗馁，其可得乎？余幼时，每闻先公仆射与太保房叔祖讲论家法，莫不言立己以孝弟为基，以恭默为本，以畏怯为务，以勤俭为法，以交结为末事，以气焰为凶人，肥家[3]以忍顺，保交以简敬，百行备矣。体之未臧[4]，三缄密虑，言之或失，广记如不及，求名如傥来，去吝与骄，庶几寡过。莅官[5]则洁己省事，而后可以言守法，守法而后可以言养人，直不近祸，廉不沽名，廪禄虽微，不可易黎氓之膏血；榎楚[6]虽用，不可恣褊狭之胸襟。忧与祸不偕，洁与富不并。

余又比[7]见名家子孙，其祖先正直当官，耿介特立，不畏彊御[8]者，及其衰也，则但有暗劣，莫知所宗，此际几微，非贤不达。

夫坏名灾己，辱先丧家，其失有尤大者五，宜深记之：一是自求安逸，靡甘淡泊，苟便于己，不恤人言；二是不知儒术，不闲[9]古道，懵[10]前经而不耻，论当世而解顺，自无学业，恶人有学；三是胜己者厌之，佞己者悦之，唯乐戏谈，莫思古道，闻人之善嫉之，闻人之恶扬之，浸渍颇僻[11]，销刓[12]德义，簪裾[13]徒在，厮养何殊；四是崇好慢游，耽嗜曲蘖[14]，以衔杯[15]为高致，以勤事为俗人，习之易荒，觉已难悔；五是急于名宦，昵近权要，一资半级，虽或得之，众怒群猜，鲜有存者。兹五不韪，甚于痤疽，痤疽则砭石可瘳，五失则神医莫理。前朝炯戒，方册具存；近世覆车，闻见相接。

夫中人[16]已下，修词力学者，则躁进患失，思展其用；审命知退者，则业荒文芜，一不足操。唯智者研其虑，博其闻，坚其习，精其业，用之则行，舍之则藏。苟异于斯，孰为君子？

余自幼奉严训，实自恳克，不敢以资冒明进。分为州邑冗吏，未尝以一言求伸于公卿间。今优游清切，乃逾心期[17]，至于披阅坟史[18]，研味秘奥，犹惜寸阴，不知老之将至。噫！君臣父子之道，礼乐刑政之规，在于儒术，是乃本源。夫以忧虞疾，有限之年，自少及衰，从旦至暮，孜孜于本教之事，尚不得一二，矧[19]以他事挠之耶？

《语》[20]曰："不有博奕者乎，为之犹贤乎已[21]。"此一章，意义全在已字。已者，饱食终日，无所用心之人也。如是者，心智昏懒，兼不及于博奕。夫子以博弈为喻者，乃深切于戒劝，明言博奕为鄙事，非许儒学。不务经术，但博奕耳。吴宫之论，可为格言。近者又有叶子戏，或闻其名本起妇女，既鄙于握槊，乃赌钱之流，手执青蚨，坐销白日，进德修业，其若是乎？

【注释】

[1] 华腴右族：华衣美食的豪族。右族，指古代豪族富户。

[2] 实艺懿行：有真本事和良善的行为。

[3] 肥家：光大家族。

[4] 臧：善。

[5] 莅官：当官。

[6] 榎楚：古代用来制作刑杖的楸树和荆棘，此处指刑罚。

[7] 比：接连。

[8] 彊御：此处指有权势的贵族和官员。

[9] 闲：通"娴"，娴熟。

[10] 懵：不懂，不知。

[11] 浸渍颇僻：指被极端的思想所浸染。

[12] 销刓：衰败。

[13] 簪裾：古代显贵者的服饰。借指显贵。

[14] 曲蘖：指酒。

[15]] 衔杯：举杯畅饮酒。

[16] 中人：普通人。

[17] 乃逾心期：已超过内心的期望。

[18] 坟史：指典籍。

[19] 矧：况且。

[20]《语》：《论语》。

[21] 为之犹贤乎已：下棋总比啥也不做要好点。

【译文】

孝公房的舅舅曾对我们几个兄弟说："你们家虽然不是最显赫的，但也是以高德和高位闻名于世，应该属于过着锦衣玉食的豪门了吧。"我自从听了这些话，从心底里感到害怕。门第高贵，应该是有所畏惧而不能有所仰仗。之所以有所畏惧，是因为一旦在世上做事违背先祖训戒，那比别人犯的罪过还要严重。虽然活着可以侥幸获得名利地位，可死后就没脸见地下的祖先之灵。之所以不能仰仗，是因为门第高贵容易让人骄傲，家族繁盛就会遭到别人的惦记妒嫉。你有才德，别人未必肯相信，只要事情稍微有一点做得不周全，大家就会争相指责。因此豪门世家的后人一定要做好自我修养，对待学业一定要勤奋刻苦。

士人君子在世间谋生，如果自己没有能力却期望他人选用，自己没有高尚的人品却期望他人珍爱，这就像农夫轻率马虎地播种，没有收获却抱怨大湖里没有水滋润田地，如此想要不挨饿，可能吗？我小时候就听祖父和叔祖父讲解家法，他们都对我说，做人要以孝悌为根基，以恭敬少言为根本，以惊惧谨慎为要务，以勤俭为习惯，而把结交朋友当成小事，盛气凌人就是凶恶之人，光大家庭的关键在于要忍让顺从，朋友若想长期来往就需要简单恭敬相处，这样做就很周到了。如果考虑还不周全，就三缄其口再行反思，最怕的是言多必失，要广闻博记但要表现出知道很少，获得名誉就像偶然得到一样，改掉吝啬骄傲的毛病，也许可以减少过错。做官时就要洁身自好，尽量减少政务，然后才能谈到守法，守法后才能谈到个人修养；直率但不招惹是非，廉洁但不沽名钓誉。官俸虽然菲薄，但不能拿老百姓的血汗去换取；即使到了需要对犯人使用刑具的时候，也不能心胸狭隘任意使用。忧患和幸福不能并存，节操与财富也是不可能同时拥有的。

我又注意到不少的名门后代，他们祖先还能正直做官，个性特立独行，不屈服于权势；等到家道中落，后人们却越来越愚劣，不知道这是跟谁学的，而其中的征兆，恐怕只有贤明的人才能看得出来。

坏名声很容易给自己带来灾难，给先人带来耻辱，甚至会让家庭败亡。应该牢牢记住这五条最大的过失：一是追求自己的安逸生活，一味甘于淡泊，如果对自己有利，就听不进去别人的劝戒。二是不懂得儒家之道，不喜欢传统文化，不懂得四书五经还不以为耻，而一说起当今事务就开颜欢笑；自己没什么见识，却讨厌别人有学问。三是讨厌比自己强的，喜欢拍自己马屁的，就喜欢玩耍聊天，从没考虑过走正道；听到别人优秀就嫉妒，听到别人不好就四处张扬；沉浸在偏颇固执的思维里，慢慢消磨自己的道德和仁心。虽穿戴绫罗戴着珠宝，但内心灵魂和低贱之人没什么本质的区别。四是喜欢四处游逛，沉溺于饮酒听曲，把喝酒当正事，把勤勉视为俗事，即使学了点东西也很快荒废，等醒悟过来时已经来不及了。五是急于让达官贵人知道自己名字，想方设法靠拢权贵，或许职务品级能因此偶然提升一点点，但容易引来众怒和众人的猜忌，很少有能保持久的。这五个方面的错误，甚至比生疮还对人有害。生了疮还有针药就可以医治好，犯了这五个方面的错误，即使神医来了也无解。前贤那些清晰明了的训戒，都在书里；最近些年这些失败的事情，还不断地听说。

天资不高的人学习勤奋，多喜欢急功近利，因为他们害怕失去良机，只想着能尽快把学习成果派上用场；觉得自己读书不行而退缩的，多数学业荒废学问荒芜，什么都干不了。只有聪明人会反复深思，博闻强记，立志于苦学，努力钻研。如果能被任用就去施展自己的抱负，不被任用就退隐江湖。如果做不到这样的话，怎能算作一个君子呢？

我从小就尊奉严格的家训，靠自己的勤奋努力来提升自己，不敢因为资历高就妄求升官。即使被分配担任州县的闲散职位，也从不对那些公卿说一句求官的软话。如今我在皇帝身边舒心地做官，实在超过了内心的期望。于是就认真阅读经典史籍，探讨其中的隐秘，并且特别珍惜时间，都没有意识到自己快老了。唉！君臣父子的各种义理，礼乐刑政的基本规范，都在儒家经典的学问里，这才是本源啊。以担心疾病的有限生命，从少年到老年，从早到晚，对儒家学说孜孜以求，尚且不能有多少收获，还能让其他的事情来打搅吗？

《论语》说："不是还能博戏下棋吗，干这些总比什么事都不做要好吧。"这一章，意义全都在不做事上。不做事的人，就是那些饱食终日，对什么事情都不会用心的人。像这样的人，心志昏惰，连博戏下棋这类事都做不了。孔子用博戏下棋这类事情做比喻，是为了深切地劝说世人，明确地指出博戏下棋不是正经事，而不是说儒学怎样怎样。儒学都学不好，那就只好博戏下棋了。孙子和吴王在吴宫的谈话，可作为格言。现在又有了叶子戏，听这个名字是从妇女口中说出来的。既然不屑于玩握槊游戏，只好玩赌钱，手拿着银钱，在那里白白消磨时间。修德习学，难道就是这样的吗？

【原文】

夫世族之源长庆[1]远，与命位之丰约[2]否泰，不假征蓍龟，不假徵星数，处心行事而已。今昭国里崔山南昆弟子孙之盛，乡族罕比。山南曾祖母长孙夫人，年高无齿，祖母唐夫人事姑孝，每旦栉縰笄总[3]，拜于阶下，即升堂乳其姑。长孙夫人不粒食数年而康宁，一日疾病，长幼咸萃，宣言无以报新妇恩，愿新妇有子有孙，皆得如新妇孝敬，则崔之门安得不昌大乎？

今东都仁和里裴尚书宽，子孙众盛，实为名阀。天后[4]时，宰相魏元同选尚书之先为长婿，未成婚而魏陷罗织狱，一家徙于岭表。来俊臣辈既死，始沾恩还北。魏之长女已逾笄，及湖外，其家议北[5]裴必不复求婚。沦落贫窭[6]，无以为衣食资，诣老比邱尼，祈披缁[7]居其寺，女亦甘愿下发有日矣。有客尼自外至，闻其议曰："一见魏氏女，可乎？"见之，曰："此女俗福丰厚，必有令匹，子孙将遍天下，宜事北归。"言讫而去，遂不敢议。及荆门。则裴自京洛赍资聘，俟魏氏之北反，已数月矣。今势利之徒，奉权幸如不及，舍信誓如反掌，则裴之蕃衍，乃天之报施也。郑司徒言于河南文公云："裴某作刺史，儿女皆饭饼饵。"人言其为吏清白，与周给亲爱，不可不信矣。

余季妹适弘农杨堪，在蒋相国幕[8]，清刻自持。属吏有馈献，皆不纳。尝言："不唯自清，抑亦内助焉。"余旧府高公先侍郎兄弟三人，俱居清列，非速客不二羹胾[9]，夕食龁[10]葡匏而已，皆保重名于世。

永宁王相国方居相位，掌利权。窦氏女归，请曰："玉工货[11]钗奇巧，须七十万钱。"王曰："七十万，我一月俸金尔，岂于女惜，但一股钗七十万，此妖物也，必与祸相随。"女不复敢言。数月，女自婚姻会归，告王曰："前时钗为冯外郎妻首饰矣。"乃冯球也。王叹曰："冯为郎吏，妻之首饰有七十万钱，其可久乎，其善终乎！"冯为贾相门人，最密，贾为东户，又取为属郎。贾有苍头[12]，颇张威福，冯于贾忠，将发之未能。贾入相，冯一日遇苍头于门，召而勗[13]之曰："户部中謗词不一，苟不悛[14]，必告相国。"奴泣，拜谢而去。未浃旬[15]，冯晨与贾未兴时，方命设火内斋，曰冠当出。俄有二青衣[16]，赍银罂出曰：“相公恐员外寒，命奉地黄酒三杯。”冯悦，尽举之。青衣入，冯出告其仆御曰：“渴且咽[17]。”粗能言其事，食顷而终。贾为冯兴叹出涕，竟不知其由。又明年，王、贾皆遘祸。噫！王以珍玩奇货为物之妖，信知言矣，而徒知物之妖，而不知恩权隆赫之妖甚于物邪！冯以卑位贪宝货，已不能正其家，尽忠所事而不能保其身，斯亦不足言矣。贾之臧获，害门客于墙庑之间，而不知欲始终富贵，其可得乎！此虽一事，作戒数端。

又李相国泌居相位，请征阳道州为谏议大夫。阳既至，亦甚御恩。未几，李薨于相位，其子蘩居丧，与阳并居。阳将献疏斥裴延龄之恶，嗜酒目昏，以恩故子弟待蘩，召之写疏。蘩强记[18]，绝笔诵于口，录以呈延龄，递奏之云：“城将此疏行于朝数日矣。”道州疏入，德宗已得延龄稿，震怒，俄斥道州，竟不反。蘩后为谯郡守，虐诛巨盗，不以法。舒相元舆布衣时，以文贽[19]蘩。蘩曰：“自此有一舒家。”衔之[20]。及为御史，鞫谯狱，入蘩罪，不可解，数年舒亦及祸。今世人各盛言宿业报应之说，曾不思视履考祥之事，不其惑欤！

余又见名门右族，莫不由祖考忠孝勤俭以成立之，莫不由子孙顽率奢傲以覆坠之。成立之难如升天，覆坠之易如燎毛，言之心痛心，尔宜刻骨。

又余家世，本以学识礼法称于士林间，比见诸家于吉凶礼制有疑文者，多取正焉。丧乱以来，门祚[21]衰落，清风素范，有不绝如线之虑。当礼乐崩坏之际，荷祖先名教之训，弟兄两人，年将中寿，基构之重，属于后生，纂续则贫贱为荣，隳坠则富贵可耻。令所纪旧事，十忘三四，昼览而夜思，栖心讲求，触类滋长。夫行道之人，德行文学为根株，正直刚毅为柯叶。有根无叶，或可俟时，有叶无根，膏雨[22]所不能活也。苟懵斯理，欲绍家声，则今之流传，反成灾害，谛听熟念，以保令名。至于孝慈友悌，忠信笃行，乃食之醯酱，不可一日无也，岂必言哉！比史官皆有序传，以纪宗门，余初及行在，尚守左史[23]，故敢以序训为目。

【注释】

[1] 庆：吉庆，福气。

[2] 丰约：多与少。

[3] 栉縰笄总：插笄束发。即侍奉父母生活起居。

[4] 天后：武则天。

[5] 北：北方。

[6] 贫窭：贫困。

[7] 披缁：指出家。

[8] 幕：当幕僚。

[9] 非速客不二羹胾：不是待客就不必备两份肉羹。

[10] 龁：食用。

[11] 货：买卖。

[12] 苍头：仆人。

[13] 勗：鼓励，劝告。

[14] 悛：悔悟。

[15] 浃旬：一整旬，十天。

[16] 青衣：侍者。

[17] 咽：呼吸紧促。

[18] 强记：记忆力强。

[19] 赍：赠送。

[20] 衔之：把它牢记。

[21] 门祚：家族福气。

[22] 膏雨：滋润作物的霖雨。

[23] 左史：记录人物行为的史官名。

【译文】

世家大族源远流长福寿久远，以及命位的多少好坏，并不依赖于蓍占龟卜这些举动，也不是借助了星相术数，而只是存心做事罢了。现在昭国里崔管的兄弟子孙非常繁盛，即使乡里族人也很少比得上。崔管的曾祖母长孙夫人，年纪很大都没有牙齿了，崔管的祖母唐夫人一直很孝顺地侍奉婆婆，每天早晨给婆婆梳洗打扮，拜见婆婆都是恭敬地站在台阶下面，然后到屋里给婆婆哺乳。长孙夫人几年没有吃有米粒的食物却很康健。有一天身体不舒服，一家老小都来看望，老人对大家说她没有办法报答媳妇的大恩，只祈愿媳妇能子孙满堂，并且都能像媳妇一样孝敬她自己，如此崔家怎会不兴旺呢？

如今东都洛阳仁和里的裴宽尚书，子孙众多，也算是名门大家。武则天当政的时候，宰相魏玄同选了裴尚书的父亲做女婿，成婚之前魏玄同就被人诬告，蒙冤入狱，一家子都被流放到了岭南，直到来俊臣这帮人被诛杀后，才蒙皇恩返回北方。此时魏家的长女已经成年，等走到洞庭湖边的时候，家人说北边的裴家一定不会再求婚了。他们这一家人沦落于贫穷，衣食无着，就去见了一位老尼姑，请求在寺里出家，女儿也甘愿削发有一段时间了。有一位游尼从外地来，听说了这事后就说：“想见一见魏家的女儿，行吗？”见到之后，就说：“这个女子世俗的福气多多，一定会有佳缘，子孙会遍天下，她应该回到北方。”说完就走了。自此魏家不敢再提起出家的事。等到了荆门，裴家从洛阳送来聘礼。等到魏家回到北方时，已经好几个月了。现在的势利人家，讨好权贵唯恐不及，背信弃义却易如反掌。如此看来，裴家的兴旺繁盛，应该是上天给他家的福报。郑司徒对河南文公说：“裴宽父亲裴无晦做刺史，儿女把饼子当饭吃。人们说他做官清白，能周济大家，不能不让人相信啊。”

我最小的妹妹嫁给了弘农的杨堪，在宰相蒋伸的府里做幕僚，他清廉严明，从不接受属下的赠礼。他曾经说过：“我这样做不仅是为了自己清白，也是为了妻子家的名声。”我祖父柳公绰兄弟三人，都位居高官，不招待客人的时候，吃饭就只有一道荤菜，晚饭就吃萝卜葫芦瓜而已，他们都以看重名节著称。

永宁人王涯刚担任宰相的时候掌管财政。窦家的女儿嫁到王家，她有一天请求说：“玉器工匠卖一件精巧的玉钗，要价七十万钱。”王涯说：“七十万，只是我一个月的俸禄，怎么会舍不得给你花呢？不过，一个钗子值七十万，说明这物件就是个不祥之物，肯定会伴着灾祸的。”媳妇就不敢再说话了。过了几个月，媳妇参加婚礼回来，给王涯说：“之前的那个玉钗现在成了冯外郎妻子的首饰了。”这个冯外郎就是冯球。王涯感叹说：“冯球只是一个郎官，妻子的首饰值七十万钱，他这官能当长久吗？他能善终吗？”冯球是宰相贾餗的门人，关系很亲近，贾餗成为宰相后就任命冯球为外郎。贾餗有一个仆人，颇喜欢狗仗人势，耀武扬威。冯球对贾餗很忠心，想要劝谏还没有来得及去做。贾餗当上宰相后，有一天冯球在门口遇到仆人，喊过来勉励他说：“户部里的人对你的行为颇有微词，如果你还不改正，我一定告诉宰相。”仆人哭着拜谢而去。没过几天，一个清晨，冯球和贾餗都没有起床，先吩咐仆人在屋里生火，说穿戴好就出来。一会儿有两个仆人拿着银杯出来说：“相公担心员外寒冷，让我们给您送来三杯地黄酒暖身。”冯球很高兴，全都喝了。仆人回去后，冯球出来给他的仆从说：“我感到很口渴，呼吸也很费力啊。”只能大致说这些，一顿饭的工夫就死去了。贾餗因冯球死去而叹息落泪，却不知道其中的缘由。第二年，王涯和贾餗都遇祸被杀。唉！王涯觉得珍贵奇巧的玩物是不祥之物，此话不假。不过，只知道一个东西不祥，却不知道显贵的权位比名贵玩物更加不祥呢？冯球身份卑微却贪图宝物，已经不能端正家风，尽管对主人尽忠却不能很好地保全自己，这没什么好说的。贾餗的那个仆人竟敢在宰相家里谋杀门客，却不知要想终身富贵，这样怎么能做到呢？这虽然只是一件事，却能提供几方面的教训。

再如，李泌当宰相时，任命阳城为谏议大夫。阳城上任之后，也很懂得感恩。没多久，李泌在宰相任上去世，他的儿子李繁服丧期间，和阳城住在一起。阳城要上疏斥责裴延龄的罪行，因为嗜好喝酒眼睛昏花，以恩人的子弟对待李繁，招他来帮忙写奏疏。这个李繁记忆力超群，写完就记住了，自己抄录后偷偷呈送给裴延龄，并告诉裴延龄说："阳城过几天就要把这本奏疏呈送给皇上。"阳城上疏的时候，唐德宗早已收到了裴延龄送来的奏稿，十分震怒，当即斥责阳城。可阳城居然没有好好想一想这其中的原因。此后李繁做了亳州刺史，对大盗实施虐杀，根本不按法处置。宰相舒元舆还没有做官时，曾把文章献给李繁。李繁说："从此有姓舒的自成一家。"舒元舆颇为不悦，自此怀恨在心。等他做了监察御史后，负责审问犯人，就借机将李繁定罪，后李繁被赐死，几年后舒元舆也被杀。现在世上人都谈论因果报应，却不思量以前的教训和今后的出路，这不是很糊涂吗？

我还看见那些名门大族，都是凭借祖先的忠孝勤俭而建立家业的，却都因子孙的顽劣轻率奢侈傲慢而中落衰败。成家立业难如上天，覆败灭亡却容易得如用火燎毛迅捷，说起来实在令人痛心疾首啊，你们要刻骨铭心地牢记。

再者，我的家世原本是以学识广博、礼法严整著称于士大夫之间的，对比各家在吉凶礼制方面的情形，我家有明确规范的文章，大多用来作为正面的典范。政局动荡以来，门第逐渐衰落，清白质朴的家风模范有行将断绝的危险。当道德规范遭到破坏的时候，希望你们能够继承祖先礼法的训导，家中弟兄两人年纪已近中年，传承家业的重任只能寄希望于后辈儿孙了。如果家风能够延续，即使生活贫贱也感觉很荣光；如果家风败坏，即使是富贵发达了，也觉得很可耻。所记录的往事，我已经忘记了十分之三四，白天学习晚上思考，专心研究，各方面就能有所进步。奉行儒道的人做人处事，如同一棵树的生长，德行和文章是根基，耿直坚定是枝叶。有根基没有枝叶，也许还可以等待时机，而有枝叶没有根基，就是天降甘霖也不能成活的。如果你们不懂得这个道理而想延续家庭声誉，那现在我所写的这些东西，对你们反而是灾祸。所以你们要仔细聆听反复思考，这样才能维系好家族的名声。至于孝慈友悌，忠信笃行，这些是吃饭时的调料，不能一日或缺，就不必说了。过去的史官都写序传记录自己的家族的事迹，我刚到天子的行在担任史官，所以才敢用序训作为标题。

【点评】

作为唐朝著名望族柳家后人，柳玭经历了晚唐大动乱，他对比家族的兴亡盛衰，把祖父柳公绰、柳公权等对他幼时的教导和他自己对后代教育的感悟写成训诫以教育后人。特别提出不能自恃门第高贵而自骄，而应该靠自己的真才实学立足于社会。他提出的“立己以孝弟为基，以恭默为本，以畏怯为务，以勤俭为法，以交结为末事，以气焰为凶人”的处世原则，不仅适用于封建社会，即使在今天，也多有可取之处。

佚名：太公家教

【原文】

得人一牛，还人一马，往而不来，非成礼也。

知恩报恩，风流儒雅，有恩不报，非成人也。

事君尽忠，事父尽孝。礼问来学，不问往教。

舍父事师，敬同于父。慎其言语，整其容貌。

善能行孝，勿贪恶事，莫作诈伪，直实在心，勿生欺诳[1]。

孝心是父，晨省暮看，知饥知渴，知暖知寒；

忧时共戚，乐时同欢，父母有疾，甘美不餐，食无求饱，居无求案。

闻乐不乐，闻喜不看，不修身体，不整衣冠，得治痊愈，止亦不难。

弟子事师，敬同于父，习其道也，学其言语。

黄金白银，乍可相与，好言善述，曼[2]出口舌。

忠臣无境外之交，弟子有束脩[3]之好。

一日为师，终日为父；一日位君，终日为主。

教子之法，常令自慎；言不可出，行不可亏。

他篱莫越，他事莫知；他贫莫笑，他病莫欺；他财莫取，他色莫侵；

他强莫触，他弱莫欺；他弓莫挽，他马莫骑；弓折马死，偿他无疑。

财能害己，必须畏之；酒能败身，必须戒之；

色能招害，必须远之；愤能积恶，必须忍之；

心能造恶，必须净之；口能招祸，必须慎之。

见人善事，必须赞之；见人恶事，必须掩之。

邻有灾难，必须救之；见人打门，即须谏之；

意欲去处，即须番[4]之；见人不是，即须教之；非是时流，即须避之。

罗网之鸟，悔不高飞；吞钩之鱼，恨不忍饥；

人生误计，恨不三思；祸将及己，恨不忍之。

其父出行，子须从后；路逢尊者，齐脚敛手；

尊人之前，不得唾地；尊人赐酒，必须拜寿；

尊人赐肉，骨不与狗；尊者赐果，怀核在手，苦也弃之，为礼大丑。

对客之前，不得垂涕，亦不漱口。记而莫忘，终身无咎[5]。

立身之本，义让为先。贱莫与交，贵莫与亲。

他奴莫与语，他婢莫与言。

衰败之家，慎莫为婚；市道接利，莫与为邻。

敬上爱下，泛爱尊贤，孤儿寡妇，特可矜怜。

乃可无官，不行[6]失婚；身须择行，口须择音；恶人同会，祸必及身。

养儿之法，莫听诳言[7]；育女之法，不听离母[8]。男年长大，莫听好酒；

女年长大，莫听游走。丈夫好酒，揎拳捋肘，行不择地，言不择口，触突尊（者），门乱朋友；

女人游走，逞其姿首，男女难合，风声大丑，惭耻尊亲，损辱门户。

妇人送客，不出门庭，行其言语，下气低声。

出行随伴，隐影藏形；门前送客，莫出庭（外）。一行有失，百形俱倾；能与此礼，无事不精。

新妇事父，音声莫听，形影不睹；夫之妇史，不得对话；

孝养公家，敬事夫主；泛爱尊贤，教示男女。

行则细步，言必小语；勤事女功，莫学歌舞。

希见今时，贫家养女，不解麻布，不娴针线，贪食不作，好喜游走；

女年长大，聘为人妇，不敬君家，不畏夫主，大人使命，说辛道苦；

夫为一言，反应十句，损辱兄弟，连累父母，本不是人，状同猪狗。

少为人子，长为人父，出则敛容，动则庠序[9]，敬慎口言，终身无苦。

含血损人，先恶其口。十言九中，不语者胜。

居必择邻，慕近良友；侧立齐庭，厚待宾客；侣无新疏，来者当受，合食与酒。

开门不看，还同禽兽；拔贫作富，事须方寸；看客不贫，古今宝语；

握发吐餐，先有常（例）；开门不看，不如狗鼠。

高山之树，苦于风雨；路边之树，苦于刀斧；当道作舍，苦于客侣；

不慎之家，苦于官府；牛羊不圈，苦于狼虎；禾熟不收，苦于雀鼠；

屋漏不覆，苦于梁柱；兵将不慎，败于军旅；人生不学，费其言语。

近朱者赤，近墨者黑；蓬生麻中，不扶自直，近亡者诏，近偷者贼；

近愚者疑，近圣者明；近贤者德，近淫者色。

贫人多力，勤耕之人，必食（黍米）；勤家之人，必居官职；

良田不耕，损人功力；养子不教，费人衣食。

与人共食，慎莫先当；与人同饮，莫先举觞。

行不当路，坐不当壁。路逢尊者，侧立其旁，有问善对，必须番详。

子徒外来，先须省堂，未见尊者，莫入私房；

若得饮食，慎莫先当，劳必先富；先正容仪，称名道字，然后相知。

陪年己长，则父事之；十年以上，则兄事之；五年以外，则肩随之。

三人行，必有我师焉，择其善者而从之，其不善者而改之。

滞[10]不择职，贫不择妻，饥不择食，寒不择衣。

小人为财相杀，君子以德相知。欲求其强，先取其弱；

欲求其刚，先取其柔，欲防外敌，必须自防；欲扬人恶，便是自扬；伤人之语，还是自伤。

凡人不可貌相，海水不可斗量。

茅茨之家[11]，必出公主；艾蒿之下，必有阑芳[12]。

助祭得食，助门得伤。仁慈者寿，凶暴者亡。

清清之事，为酒所伤[13]。

闻人善事，乍可称扬；知人有过，密掩深藏；是故，用谈彼短，靡恃己长。

鹰鸡虽迅，不能快于风雨；日月虽明，不能盆覆之下；唐虞虽圣，不能化其明主；

微子虽贤，不能谏其暗君；比干虽惠，不能自勉其身；蛟龙虽猛，不杀岸上之人；

刀剑虽利，不休养清杰人士；罗兰虽细，不能执无事之人；非灾横祸，不入慎者之门。

人无远虑，必有近优，邪僻坏于良，谗言败于善。

君子之怀，有如大海，博纳山川，宽则得众，敏则有功。

以法治人，人即得治；治国信谗，必杀忠臣；治家信谗，家必败亡；

兄弟信谗，分别异居；夫妇信谗，男女生分；朋友信谗，必致死怨。

天雨五击，荆棘蒙恩。抱薪救火，火必成灾；扬汤止沸，不如去薪。

千人排门，不如一人拔开；一人守险，万人莫当。贪心害心，利己伤身。

瓜田不整履，李下不整冠。

圣君虽渴，不饮盗泉之水；暴风疾雨，不入寡妇之门。

孝子不隐情于君。法不化于君子，礼不知于小人。

君浊则用武，君清则用文。

多言不益其体，日使不妨其身。

明君不受邪亡之臣，慈父不爱无力之子。

道之以德，齐[14]之以礼。

小人不择地而息，君子固穷，小人不择官而事。

屈厄之人，不羞执鞭之事；饥寒在身，不羞乞食之耻。

贫不可欺，富不可恃，阴阳相摧，终而复始。

太公未遇，钓鱼渭水。相如未连，卖卜于市。

鲁连海水，义不受爵。孔子明磐桓，候时而起。

鹤鸣九皋，声闻于天；电里燃火，烧气成云。

家中有恶，人必知之；身有德行，人必称传。

孟母三移，为子择邻。

不患人不知已，唯患已不知人。

己欲立身，先立于人；已欲达者，先达于人。

立身行道，始于事亲；孝无终始，不离其身。

修身慎行，恐辱先人；已所不欲，勿施于人。

近鲍者臭，近阑者香；近愚者暗，近智者良。

明珠不营[15]，焉放其光；人生不学，言不成章。

小儿学者，如日出之光；老而不学，冥冥如夜。

柔必胜刚，弱必胜强；齿坚即折，弱柔则长。

女慕贞洁，男效才良；行善得殃。行来不远，所见不长；

学问不广，智慧不长。欲知其君，使其所使，欲知其父，先视其子。

欲作其木，视其文理[16]；欲知其人，先视奴婢。

病则无法，醉则无夏，饮人逛乐，不得责人之礼。

圣人避其酒客，君子恐其酒失。

知者[17]之子，多患不见之过；愚者之子，多患小人之过。

女无圾镜[18]，不知面上精丽。

将军之门，必出勇夫；博学之家，必有君子。

是以人相知于道行，鱼相望于江湖。

人无良友，不知行之得失，是以结朋交友，须择良贤。

寄儿托孤，意重则密；荣则同荣，辱则同辱；难则相救，危则相扶。

勤是无价之宝，学是明目神珠。

积财千万，不如明解一经；良田千顷，不如薄艺随身。

慎是护身之符，谦是百行之本。

香饵之下，必有丝钩之鱼；重赏之下，必有勇力之人。

有功者可赏，有过者可诛。慈父不爱无力之子，只爱有力之奴。

养女不教，不如养狗，凝人思妇，贤女敬夫。

恭行孝悌，行追贤圣。

【注释】

[1] 欺诳：用蛊惑人心的言辞，欺骗迷惑别人。

[2] 曼：柔美。

[3] 束脩：古代民间上下级、亲戚、朋友之间相互馈赠的一种礼物。

[4] 番：多次。

[5] 无咎：没有过错。

[6] 不行：不做。

[7] 诳言：欺骗的言语。

[8] 离母：离开母亲。此处指母亲应陪伴女儿成长。

[9] 庠序：学校，此处指教育。

[10] 滞：不顺畅，停留。此处指官场不顺利。

[11] 茅茨之家：茅草屋的家庭，指平民里巷的地方。

[12] 阑芳：美丽的花草。

[13] 清清之事，为酒所伤：清清的水被土堤拦挡，众多有才学的人被酒伤身。

[14] 齐：看齐。

[15] 明珠不营：明珠如果不好好打理。

[16] 文理：同“纹理”。

[17] 知者：“智者”。

[18] 圾镜：破烂的镜子。

【译文】

得到别人的一头牛，就应该还人家一匹马，人情往来如果有去无回，是不礼貌的。

知恩报恩的人，是有教养的雅士，有恩不报的，不能算个人。

侍奉国君应该尽忠，侍奉父母应该尽孝。尊重学问，不知道的就要去请教别人。

侍奉老师比侍奉父母还要重要，要像对待父母一样尊敬老师。说话要谨慎，衣着打扮要整齐。

行善就是一种尽孝，不要贪欢做那些不好的事，不要做欺诈之类的事，心地正直不骗人。

孝的核心是父母，要早请安晚上照看，了解他们的饮食情况，问寒问暖；

要同父母同欢乐共忧愁，父母有病的时候，不要吃美味佳肴，吃饭也不要太饱，睡觉不要太过安逸。

听到高兴事，不要表现出喜悦，也不要去凑热闹，不刻意打理身体，不整理衣冠，等到父母身体痊愈了再说。

弟子对待老师，要向尊敬父母一样，不但要学习老师的道德和学问，也要学习老师说话的语气和习惯。

黄金白银，是可以送人的，说话要好言好语，慢条斯理。

忠臣在外国是不应该有朋友的，弟子却应该有赠老师礼物的习惯。

认人为师一日，终身就是当作父亲来对待；一日某人做了国君，终身就认这人为自己的主人。

教子的方法就是经常让子自我谨慎；不谨慎的话不要说，有亏道德的事情不要做。

不要跨越别人家的篱笆，不要打听别人家的私事；不要嘲笑别人家的贫穷，不要欺负别人家生病；不要拿别人家的钱财，不要侵犯别人家的美色；

别人强大就不要鸡蛋碰石头，别人软弱你也不要欺负人家弱小；莫挽他人的弓，莫骑他人的马；否则弓坏了马死了，你就必须赔偿。

财能害自己，必须心存畏惧；酒能伤身，必须坚决戒掉；

美色能带来祸害，必须远离；愤怒能积累恶气，必须忍住怒火；

心能产生恶念，必须净化心灵；口能带来祸事，说话必须谨慎。

见人做了善事，必须要称赞对方；见人做了坏事，必须替人隐瞒，不乱说。

邻里遇到灾难，必须帮忙挽救人家；见人击打门楣，必须马上批评他；

想做的事情，事先要反复权衡；见人做得不对，就应该教育他；如果不是流行常见的东西，尽量回避。

被关在罗网里面的鸟，一定后悔当初为何不高飞；吞钩的鱼，一定悔恨自己当初没有忍住饥饿；

人的一生难免误中计谋，都会悔恨自己没有三思而行；灾祸将要临头的时候，悔恨自己没有忍住贪欲。

父亲外出的时候，儿子必须随后跟着；路逢德高望重的人，要手脚并拢表示礼貌；

在尊贵的人面前，不得随地吐痰；尊贵的人赐给你酒，必须祝他健康长寿；

尊贵的人赐给你肉，即使吃剩的骨头也不能给狗吃；尊贵的人赐给你水果，你吃完后也要怀核在手，如果因为味道苦就丢弃，是大不礼貌的行为。

在客人面前，不得流涕，亦不应该漱口。把这些牢记在心记而莫忘，终身都不会受到责怪。

立身之本，仁义礼让是第一位的。不要和下贱的人交往，也不要与权贵亲近。

不要与别人家的奴仆、婢女交谈。

不要与家庭衰败人家建立姻亲关系；也不要和靠近市场的地方做邻居。

要尊敬长辈爱护晚辈，博爱尊贤，尤其是对孤儿寡妇要特别关心。

纵然不做官，也不要轻易离婚；人要选择正确的人生之路，就像口要选择合适的音调一样；如果和恶人混在一起，必然会给你自己招来祸患。

养儿子最重要的方法，就是不要让儿子听那些欺诈一类的言语；育女最重要的方法，就是不要让她离开母亲成长。男子年龄大了，不要让他养成喝酒的习惯；

女子长大以后，不要让她四处游玩。好酒的丈夫喜欢揎拳捋肘，乱说乱动，冒犯尊者，家门口肯定会聚集一帮酒肉朋友；

女人如果四处游玩，搔首弄姿，免不了闹出绯闻，败坏门庭，让家人蒙羞。

妇人送客人的时候，不要走出大门口，对客人说话要客客气气。

如果陪别人外出，尽量低调不抛头露面；门前送客不要出大门口。如果某一个环节出了岔子，其他的功夫就白费了；如果能了解这些礼节，就没有什么不懂的。

新来的儿媳对待公公，不要偷听他的话，不要偷看他的行踪；不要和丈夫的妇史对话；

要对公公孝顺赡养，要对丈夫恭敬侍候；博爱尊贤，做好对子女的教育。

走路的时候要小步慢行，说话要细声细语；多做女工活，不要学什么歌舞之类的东西。

很少见到当今的贫家养的女子，不了解麻布，不会针线活，喜欢美食不做活，还喜欢四处游玩。

女子年龄大了，嫁人了也不敬夫君家的人，不怕丈夫，大人让她做点什么，还要赔笑说辛苦了；丈夫才说一句，她回复十句。这样的女子损辱了娘家兄弟，连累了父母，简直不是人，样子和猪狗差不多呢。

小时候是父亲的孩子，长大了就做了孩子的父亲，外出时面容要严肃，行动就要像学校教导的那样敏捷有礼，说话要恭敬谨慎，终身就不会受苦。

无故诬陷败坏别人的名声的人，他的话别人首先就会讨厌。基本上都是沉默的人最终获胜。

安家必须选择好邻居，应该选择品格良好的朋友作为仰慕的对象；招待客人时要谦恭地侧立在门庭边，好饭好菜地伺候；如果没有新鲜的蔬菜，宾客就吃主食与酒就行了。

开门的时候如果不观察环境，就同禽兽没什么区别；本来就是贫穷的条件，还要装作富裕的样子，做事就必须讲究方寸；对客人不要嫌弃其贫，是古今流传的宝贵语录；

握发吐餐这个举动，这在以前是有先例的；开门不观察四周，那就是狗鼠都不如。

高山之树，易遭受风雨的吹打；路边之树，易遭受刀斧的砍伐；正对着大路当道修建房舍，容易受到往来路人动静的吵闹；

为人不谨慎的家庭，容易被官府找麻烦；牛羊如果不圈起来，狼虎就会袭击；禾熟如果不收割，雀鼠就会偷吃；

房屋漏雨还没有倾倒，梁柱就会遭受风吹雨打；将军如果不谨慎，军队就很容易失败；人生如果不好好读书，以后说话都不利索。

近朱者赤，近墨者黑；软矮的蓬蒿如果和麻一起生长，不用扶持自然就会笔直，接近死者的人易明事理，接近小偷的人容易成贼；

和愚笨者在一起的人容易生疑，接近圣人的人则会变得聪明；接近贤者的人有德行，接近荒淫鬼混的人容易好色。

穷人多的是力气，勤耕之人，肯定可以吃上黍米；勤俭治家的人，必然会出来做官；

良田如果不去不耕，会损害人的功德；养孩子如果不去教育，那就是白费家里的衣食。

与人一起吃饭，一定不要先动筷子；与人一起饮酒，不要先举杯。

走路的时候不要挡别人的道，坐的时候不要面对着墙壁。

路上遇到尊者，一定要侧立其旁，如果对方问话，必须礼貌地详细回答。

子女从外面回家，先须拜见父母，见尊者之前，不要进入私人房间。

如果让你饮食，慎莫先动碗筷，这样劳动就肯定能够先富裕起来；先端正自己的容仪，然后自报家门，随后就可以相互了解了。

陪同比自己年龄大很多的人，就像对待父亲一样对待他；对年长自己十年以上，则按照兄的礼节对他之；对年长五年以上的，就按照和自己一样的人对待他。

三人一起行走，其中必有可以作为我的老师的，选择好的方面向他学习，而那些不好的方面就自己改正。

生活不顺的时候就不要挑职业，贫穷的时候不挑选妻子，饥饿的时候不挑食，寒冷的时候不挑衣服。

小人为了财会互相仇杀，君子以德来了解对方；要想征服强者，先攻击对方薄弱的方面；

要想达到坚韧，先要找到对方的柔弱处，欲防外敌，必须做好内部防范；欲宣扬别人不好的方面，其实就是宣扬自己的不好；你所说出的伤人的话，最终伤害的却是你自己。

凡人不可根据相貌来判断优劣，大海是不可用斗这个器具来衡量多少的。

普通人家容易出公主；艾蒿的下面肯定有美丽的花草。

协助祭祀收获的是实物，经常协助开门得来的却是伤害。仁慈者一般长寿，凶暴者容易早死。

清清的水被土堤拦挡，众多有才学的人被酒伤身误事。

听到别人的好事，可以称赞传扬；知晓别人有过错，就隐藏不说；为什么这样做呢，是要用谈论对方的短处，浪费自己的长处。

鹰鸡飞得虽快，不可能快于风雨；日月虽很明亮，不能照耀覆盆之下的地方；唐虞虽圣明，不能教化他们的明主；

微子虽然贤良，不能让他的糊涂的君王纳谏；比干虽然聪惠，却不能勉励自己；蛟龙虽然凶猛，却不能猎杀海岸上的人；

刀剑虽然锋利，不会杀清正人士；罗兰虽纤细，无事之人是不会拿着的；灾祸也是不会入谨慎之人的家门。

人无远虑，必有近忧，品行不端的人最终会被好人带好，谗言最终也会被善良击败。

君子的胸怀如大海一般开阔，能博纳山川，宽广就有容量，敏捷还容易建功。

以法治人，人即得到治理；国君治理国家如果尽信谗言，必杀那些忠臣；治理一个家庭如果尽信谗言，这个家必然败亡；

兄弟之间如果信谗言，肯定会闹分家；夫妇之间如果信谗言，婚姻就会破裂；朋友之间如果信谗言，必然会带来很深的怨恨。

天雨五次袭击，荆棘则会受惠感恩。抱薪救火，火必成灾；扬汤止沸，不如减掉柴火。

一千人去抬门，不如一人拔开门栓有效；一人守险，万人莫当。贪心伤害害人的心灵，暂时利己，终究会伤身。

走在瓜田里面不整理鞋子，李子树下不整理帽子。

圣君虽渴，也不饮盗泉之水；暴风疾雨，即使要躲雨也不入寡妇之门。

孝子对君子不能隐瞒真情。君子也无须用法来教化，小人不需要知道礼仪。

君主如果昏庸就要用武力解决，君子清明则用谏言劝告他。

多言对自己身体没有好处，每天活动身体对身体没有坏处。

明君不容纳阴险使坏的大臣，慈父不爱没有能力的孩子。

用德来规范未来的道路，用礼来使他向贤者看齐。

小人生存是不选地方的，君子安贫乐道，小人侍奉官员也是不经选择的。

处于困境中的人，不会因为替人赶马车而羞愧；身处饥寒的人，不会为要饭而感到羞耻。

贫困的人不可欺负，富贵的人不可依靠，事物是相互转化的，三十年河东四十年河西。

姜太公未遇到周王的时候，一直在渭水钓鱼。

司马相如和卓文君在一起之前，还在街市上靠卖卦为生。

鲁连为了说服赵国和魏国的大臣不要称秦孝公为帝，敢于跳进东海自绝。后来他为了大义，拒绝了齐国的封赏而归隐。

孔子明白政治局势混乱，所以逗留等待合适的时机才开始从政。

鹤鸣于沼泽的深处，很远都能听见它的声音。雷电引火，蒸气都烧成了云。

一个家里有恶人恶行，别人肯定会知道的；一个人有高尚的德行，别人肯定会颂扬的。

孟母三次搬家，就是为了给儿子选择好邻居。

不必担心别人不了解自己，只需担心自己不了解别人。

自己要树立形象，必须先于别人做好自己；自己想做到的事，必须比别人先做到。

立身行道，开始于如何对待自己的亲人；尽孝没有开始和结束之说，一辈子都伴随着自己。

修身慎行，是担心让先人受辱；自己不愿意做的，就不要让别人去做。

靠近鲍鱼的人肯定臭，靠近兰花者肯定香；靠近愚者的人一般糊涂，接近智者的人一般都优良。

明珠如果不经常打磨，不会那么明亮光泽；人生如果不学习，说话都不成句子。

小时候就开始学习的人，如日出之光那样明亮；年纪大了还不学习的人，就像黑夜一样不明，糊涂。

柔必胜刚，弱必胜强；齿坚容易折断，弱柔则容易久长。

女慕贞洁，男效才良；如果行善招祸。那么行善就不会长久，看到的也不会多；

学问如果不广博，智慧就不会增长。要了解君主是个什么人，看他所重用的人就可以了，要想知道父亲的为人，先看他的儿子的言行就可以了。

要想把一块木料做成器具，要先看纹理走向；欲了解一个人的品行，先看他的奴婢的品性就可以了。

生病了就没有正常状态，喝醉了则没有顾忌。如果饮酒作乐丢丑，就不要责怪别人习俗不好。

圣人都不愿意用酒接待客人，君子担心酒客酒后失言。

智慧的人所生之子，多担心缺乏见识之过；愚者之子，多担心有小人之过失。

女子如果没有了破烂镜子，就不知道脸面的精致美丽。

将军这样的家庭一定会培养出勇敢的人；博学的家庭，必然会培养出君子。

所以人是通过各自职业来了解对方品行的，就像鱼在江湖相望那样熟悉。

一个人若无良友，就不会知自己行为的得失，所以结交朋友，须选择那些贤良的人。

寄儿托孤，情义深重则会亲密；荣则同荣，辱则同辱；有困难时则互相救助，遇到危险则相扶持。

勤奋是无价之宝，学习是明目神珠。

积财即使有千万，不如明解一部经书有价值；良田即使有千顷，不如有一门薄艺在身有用处。

谨言慎行是人在江湖的护身之符，谦虚低调是在各行各业的立身之本。

香饵之下，必有贪吃的鱼儿上钩；重赏之下，必有勇力之人来出力。

对有功者可奖赏，对有过者可处置。慈父不爱无能力的贰子，只爱有能力的家奴。

养女如果不对她好好教育，不如养一条狗有用。痴汉总想着女人，贤女知道尊敬丈夫。

要孝敬父母、尊重爱护兄弟姐妹，行为要效仿贤圣的样子。

【点评】

《太公家教》据传成书于唐朝，是古代训诫类蒙书的代表。全文均由长短不一的格言所组成，宣扬的是忠孝、仁爱、修身、勤学的儒家思想，其中“弟子事师，敬同于父”“一日为师，终身为父”的观点，体现了崇敬老师，重视教师作用的思想境界，有时代价值。

范仲淹：告诸子及弟侄（节选）

【原文】

吾贫时，与汝母养吾亲，汝母躬执爨，而吾亲甘旨[1]，未尝充也。今而得厚禄，欲以养亲，亲不在矣。汝母已早世，吾所最恨者，忍令若曹享富贵之乐也。

吴中宗族甚众，于吾固有亲疏，然以吾祖宗视之，则均是子孙，固无亲疏也。苟祖宗之意无亲疏，则饥寒者吾安得不恤也。自祖宗来积德百余年，而始发于吾，得至大官，若独享富贵而不恤宗族，异日何以见祖宗于地下，今何颜以入家庙[2]乎？

京师[3]交游，慎于高论，不同常言之地。且温习文字，清心洁行，以自树立平生之称。当见大节，不必窃论曲直，取小名招大悔矣。（《与直讲三哥》）

京师少往还[4]，凡见利处，便须思患。老夫屡经风波，惟能忍穷，方得免祸。（《与宅眷贤弟书》）

大参到任，必受知也。惟勤学奉公，勿忧前路。慎勿作书，求人荐拔，但自充实为妙。（《与集贤士书》）

将就大对，诚吾道之风采，宜谦下兢畏，以副士望。（《与贤良》）

青春何苦多病，岂不以摄生[5]为意耶？门才起立，宗族未受赐，有文学称，亦未为国家所用，岂肯循常人之情，轻其身汩[6]其志哉！（《与提点》）

贤弟请宽心将息[7]，虽清贫，但身安为重。家间苦淡，士之常也，省去冗口可矣。请多着功夫看道书，见寿而康者，问其所以，则有所得矣。

汝守官处小心，不得欺事[8]，与同官和睦多礼，有事只与同官议，莫与公人商量，莫纵乡亲来部下兴贩[9]，自家且一向清心做官，莫营私利。当看老叔自来如何，还曾营私否？自家好，家门各为好事，以光祖宗。

【注释】

[1] 甘旨：侍奉双亲。

[2] 家庙：宗祠，古时有官爵的家庭祭祀祖先的场所。

[3] 京师：当时的京城汴京。

[4] 往还：交往。

[5] 摄生：养生。

[6] 汩：埋没。

[7] 将息：保重。

[8] 欺事：做事不用心。

[9] 贩：做买卖生意。

【译文】

我在贫困潦倒的时候，曾经和你母亲一起赡抚养我的母亲，你母亲亲自烧火做饭，而我则亲自尝菜的咸淡，没有过过充裕的日子。现在有了丰厚的俸禄，想用它赡养我的母亲，但我的母亲已经不在了。你母亲也已经早早去世了。我最遗憾的是，让你们享受了富贵的快乐。

吴中那个地方我家的亲族很多，他们和我的血缘关系本来就有的亲近、有的疏远。但是站在祖宗的角度，则都是祖宗的子孙，当然也就没有亲疏之分了。如果在祖宗看来族人无所谓亲疏远近，那对那些忍饥受冻的亲人，我怎可不去救济一下呢？从祖宗那代直到今天，经过一百多年的积德，终于在我身上有所体现，当了大官，如果我独享富贵而不照顾宗族亲人，等我哪天死了的时候，怎么去地下面对先人，今天又有什么脸入家庙呢？

在京城与人交往的时候，千万不要高谈阔论说人是非，因为你不是谏官，不可以随便说话。你只管去温习文字功课，净化你的心灵和行为，以树立平生自立的形象。人的品行应当体现大节中，不要私下谈论别人的是非曲直，免得因贪图小名而招来灾祸。（《与直讲三哥》）

你要少来往于京城，凡是有利可图的地方，就应想到可能存在着风险。我经历多次政治风波，因为善于在困穷失意时忍耐而得以免祸。（《与宅眷贤弟书》）

大参就任官职后，必然会被上级全面了解并得到信任。要勤奋学习一心奉公，不要为前途担忧。千万不要写信求人推荐提拔，只有不断充实自己才是最佳选择。（《与集贤士书》）

将来参加殿试，要实实在在地展现我们家的见识和文采，还要谦虚待人，有敬畏之心，这样才符合一般士人的名望。（《与贤良》）

人在青年时期不应遭受多病的苦楚，怎么可以不注意身体保健呢？在门户才刚刚立起来，宗族还没有受恩赐，有了一点文学上的声名，还没被国家任用的时候，怎能按照平常人的思维行事，而轻视自己的身体健康，埋灭自己的志向呢？（《与提点》）

请贤弟放宽心好好养身，现在虽然清贫，但身体安康是最重要的。家庭生活贫苦平淡，是士人的正常状态，辞掉多余的仆人不就可以了吗。多花时间看看道家书籍，见到长寿又健康的人，问问他们平时是怎么做的，就会有所收获了。

你做官千万不要不用心做事，要礼待同事，和他们和睦相处，有事可多与同事商量，不要同上司计议，不要放任乡亲到属下处做买卖谋利。一定要做清官，切切不可谋取私利。你看老叔我一向为人如何，何曾谋求过私利呢？一家如果有好事，家家都会有好事，这样就可以光宗耀祖啊。

【点评】

范仲淹《告诸子及弟侄》书，通过现身说法，告诉亲人人生在世，要靠自己勤奋学习，奉公做事获得成功，不要想着走后门这条捷径。此外还要洁身自爱，甘于平常的生活，不要谋取不当利益，做一个清廉之士。

范质：戒从子诗

【原文】

去上初释褐[1]，一命列蓬丘。
青袍春草色，白紵[2]弃如仇。
适会龙飞庆，王泽天下流。
尔得六品阶，无乃太为优。
凡登进士第，四选升校雠[3]。
历官十五考，叙阶与乐俦。
如何志未满，意欲凌云游。
若言品位卑，寄书来我求。
省之再三叹，不觉泪盈眸。
吾家本寒素，门地寡公侯。
先子有令德，乐道尚优游。
生逢世多僻，委顺信沉浮。
仁宦不喜达，吏隐同庄周。
积善有余庆，清白为贻谋。
伊余奉家训，孜孜务进修。
夙夜事勤肃，言行思悔尤。
出门择交友，防慎畏薰莸[4]。
省躬常惧玷，恐掇庭闱羞。
童年志于学，不惰为箕裘。
二十中甲科，赪尾化为虬。

三十入翰苑，步武向瀛洲。
四十登宰辅，貂冠侍冕旒[5]。
备位行一纪，将何助帝猷。
即非救旱雨，岂是济川舟。
天子未遐弃，日益素餐忧。
黄河润千里，草木皆浸渍。
吾宗凡九人，继踵升官次。
门内无百丁，森森朱绿紫[6]。
鵷行洎内职，亚尹州从事。
府掾监省官，高低皆清美。
悉由侥倖升，不因资考至。
朝廷悬爵秩，命之曰公器。
不蚕复不穑，未尝勤四体。
虽然一家荣，岂塞众人议。
颙颙十目窥，龊龊千人指。
借问尔与吾，如何不自愧。
戒尔学立身，莫若先孝弟[7]。
怡怡奉亲长，不敢生骄易[8]。
战战复兢兢，造次必于是。
戎尔学干禄[9]，莫若勤道艺[10]。
尝闻诸格言，学而优则仕。
不患人不知，惟患学不至。
戒尔远耻辱，恭则近乎礼。
自卑而尊人，先彼而后己。
相鼠与茅鸱[11]，宜鉴诗人刺。
戒尔勿旷放[12]，旷放非端士[13]。
周孔[14]垂名教，齐梁尚清议[15]。

南朝称八达[16]，千载秽青史。
戒尔勿嗜酒，狂药非佳味。
能移谨厚性，化为凶险类。
古今倾败者，历历皆可记。
戎尔勿多言，多言者众忌。
苟不慎枢机[17]，灭危从此始。
是非毁誉间，适足为身累。
举世重交游，凝结金兰契[18]。
忿怨容易生，风波当时起。
所以君子心，汪汪淡如水。
举世好承奉，昂昂增意气[19]。
不知承奉者，以尔为玩戏。
所以古人疾，蘧篨与戚施[20]。
举世重任侠[21]，俗呼为气义。
为人赴急难，往往陷刑死。
所以马援书，殷勤戒诸子。
举世贱清素，奉身好华侈，
肥马衣轻裘，扬扬过闾里[22]。
虽得市童怜[23]，还为识者鄙。
我本羁旅臣，遭逢尧舜理。
位重才不充，戚戚怀忧畏。
深渊与薄冰，蹈之唯恐坠。
尔曹当悯我，勿使增罪戾。
闭门敛踪迹，缩首避名势。
名势不久居，华竟何足恃。
物盛必有衰，有隆还有替。
速成不坚牢，亟走多颠踬[24]。

灼灼园中花，早发还先萎。
迟迟涧畔松，郁郁含晚翠。
赋命有疾徐，青云难力致。
寄语谢诸郎，躁进徒为耳。

【注释】

[1] 释褐：脱去平民的衣服，形容新官上任。

[2] 白紵：白色苎麻所织的夏布，是制作深色布料的原料。

[3] 校雠：考订书籍，纠正讹误的工作。

[4] 薰莸：香草和臭草。喻善恶、贤愚、好坏等。

[5] 冕旒：大臣戴的最贵重的礼冠。

[6] 朱绿紫：不同颜色的官服，指各种官职。

[7] 孝弟：孝悌。

[8] 骄易：骄横。

[9] 干禄：做官。

[10] 道艺：学问和技能。

[11] 相鼠与茅鸱：指《相鼠》和《茅鸱》两首古诗，皆讽刺人失敬无礼。

[12] 旷放：放荡不羁。

[13] 端士：端庄正派人士。

[14] 周孔：周公和孔子。

[15] 清议：公正的议论。

[16] 八达：指齐梁时期胡毋辅之、谢鲲等八位不拘礼俗、行为放荡的人。

[17] 枢机：事情的关键。

[18] 凝结金兰契：结为兄弟。

[19] 昂昂增意气：得意扬扬。

[20] 蘧篨与戚施：蘧篨是竹或芦苇编的席子，戚施即癞蛤蟆，此处都指献媚者。

[21] 任侠：行侠仗义。

[22] 闾里：街道里巷。

[23] 怜：爱戴。

[24] 颠踬：指处境贫穷。

【译文】

去年你刚刚新官上任，从此就过上了神仙一般的日子。

穿的青袍是春草色，原来白色的粗布衣像仇人一样被抛弃了。

正遇上皇帝登基，皇恩泽被天下。

你得以授六品的官职，岂不是太优秀了么。

凡是登了进士第，经过四轮选拔即可升校雠职位。

一共要经历十五次考试，按资历或功绩提升官吏的品级。

你为什么意愿还没有得到满足，就想一飞冲天呢？

如果说目前的官职品位不高，写封信来求我帮忙吧。

我认真思考了这个问题，再三叹息，不知不觉眼里饱含泪水。

我们家本来就是普通人家，很少有人做公侯这么大的官职。

祖上有美德，喜欢道家学说，喜欢四处游玩。

没遇到好的世道的时候，为人和顺，随遇而安。

一般正直善良官员都不喜欢飞黄腾达，虽居官而犹如庄子那样的隐者，不计较名利。

积累善行的家庭，一定会有多到自己享用不了还能留给子孙享用的福德；清白做事是父祖对子孙后代的训诲。

你们要信奉家训各项内容，要孜孜不倦地学习体会。

无论是白天还是晚上做事都要严谨，一言一行尤其要反思之后在行动，以免后悔。

出门交友要慎重选择，要区分好人坏人。

反省自身，常常担心是否结交了坏人，以免让家里人蒙羞。

童年时期要有志于读书，不要中断了传统。

二十岁考中甲科，劳苦之人终于化为小龙了。

三十岁的时候入了翰林院，效法前贤走向了仙山。

四十登上了宰相的位子，貂冠也换成了最高贵的冕旒。

太子为登基等了 12 年，该准备怎样辅助皇上的大业呢。

你既不是救旱的及时雨，又怎么可能是渡河的舟呢？

天子未归天，只好每天素食为此担心。

黄河滋润千里田野，草木都被河水浸渍。

我们宗族共九人相继升了官职。

家里人数不足 100 人，看上去满眼都是着官服的人。

在朝官的行列内做到了内参机要的朝廷重臣，其次还担任尹州的从事。

府署辟置的僚属监省官，无论职位高低都是清雅美妙的舒适差事。

这都是因为侥幸而升上去的，不是因资历考试考得到的。

朝庭上悬挂着爵秩，称之为官家的器物。

不养蚕纺织又不种庄稼，四体不勤。

虽然一家有荣耀，怎么可能阻止众人议论呢？

肃静的时候有十双眼睛窥视，拘谨的时候有一千人指责。

问问你我怎么能够不自感惭愧。

告诫你，如何立身处世，不如先讲孝悌，孝敬父母，友待兄弟。

不要骄横自大。

做人要谨小慎微，不要妄自造次。

告诫你，学做官，最好要做好学问和专业技能。

曾听说过很多格言，学问好了就可以做官。

不要担心别人不知道你的水平，只担心学的功夫到不到家。

告诫你要远离耻辱，谦恭就接近于孔孟所说的礼仪。

自己要谦卑同时要尊敬他人，先考虑别人后再考虑自己。

《相鼠》和《茅鸱》这两首诗都是讽刺那些失礼之人的。

告诫你勿放荡不羁，放荡者不是端庄正派人士。

周公孔子创立儒家学说，齐梁时期崇尚公正的评议。

南朝号称“八达”的那几个放荡不羁的人物，千年青史上留下的是不好的名声。

告诫你勿嗜酒，使人癫狂的药绝不是佳味。

这酒能改变人的谨厚品性，容易化为危险因素。

古今那些失败者，都是可以数得过来的。

告诫你不要乱说话，大家都很忌讳乱说话的人。

如果不小心出了大错，灾祸就要开始了。

人啊，常在是非毁誉之间，不要被不该说的言语所连累。

世上的人都重交友，有的甚至结为兄弟。

但处理不当就很容易生恨，当时就可能引发矛盾。

所以君子交友的心，应该是淡如水的。

世上人喜欢奉承，听好听的话很容易让人飘飘然。

不明白吗？那些奉承你的人其实把你当玩物在戏弄。

所以古人最讨厌和反感的，就是那些献媚的人。

世上的人都看重侠义，一般称之为讲义气。

能为人赴汤蹈火的人，最后往往死于刑罚。

所以马援写信，殷勤告诫他的几个孩子别讲义气。

举世都轻视清贫朴素，全力追逐奢侈华丽，

骑着肥马穿着轻裘，在大街小巷招摇。

虽得到市童羡慕，还是被有见识的人所鄙视。

我本来是飘泊流浪的人，幸好遇到了明君看重我。

身处高位但才能不足，心里总是很担心工作做不好。

如临深渊如履薄冰，唯恐一不小心就坠落下去。

你们应当怜悯我，不要让我增添罪恶感。

平时要深居浅出，以避免与外人争名夺利。

名誉和权势不可能长期拥有，荣华终究不值得依靠。

物盛必衰，有兴盛就有更替。

快速获得的东西不可能牢靠，急匆匆赶路的人大多贫困潦倒。

园中盛开的鲜花，早开花的肯定先枯萎。

涧畔慢慢生长的松树，却能郁郁葱葱绿叶长青。

每个人的命运之神来得有快有慢，高官显爵是不能用蛮力轻易获取的。

我寄语谢家诸儿男，千万要沉稳，急躁冒进是没有用的。

【点评】

此诗是范质写给从子范杲的。当时范杲上奏章求官，范质于是写这首诗教育他。诗中告诫从子要学立身、学干禄、远耻辱、勿旷达、勿嗜酒、勿多言、谨慎交游、拒人奉承，不要任侠使气，切忌追求奢华。这也是范质人生经验的总结。

宋祁：庭诫（节选）

【原文】

教之持世者，三家而已。儒家本孔氏，道家本老氏，佛家本浮屠氏。吾世为儒，今华吾体[1]者，衣冠也；荣吾私[2]者，官禄也；谨吾履[3]者，礼法也；睿吾识[4]者，诗书也。入以事亲，出以事君，生以养，死以葬，莫非儒也。由终日戴天不知天之高，终日跖[5]地而不知地之重。故天下蚩蚩[6]终无谢生于其本者，德大而不可见也。

吾殁后，毋作道佛二家斋醮[7]，此吾生平所志，若等不得违命作之，违命作之是死吾也，是以吾为遂无知也。

孔子称“天下有至德要道谓之孝”，故自作经一篇以教后人必到于善，谓曰“至莫不切于事”，谓曰“要举一孝，百行罔不该焉”。故吾以此教若等。凡孝与亲，则悌于长、友于少、慈于幼，出于事君则为忠，于朋友则为信，于事为无不敬，无不敬则庶乎成人[8]矣。若等兄弟十四人，虽有异母者，但古人谓“四海之内皆兄弟”也，况同父均气乎？《诗》称“死丧之威，兄弟孔怀”[9]，不可不念也。兄弟之不怀，求合他人，他人渠[10]肯信哉！纵阳合之，彼应背憎也。若等视吾事莒公，莒公友吾，云：“何可以为法[11]矣？大抵人不可以无学，至于奏章笺记，随宜为之，天分自有所禀，不可强也。要得数百卷书在胸中，则不为人所轻诮矣。”

【注释】

[1] 华吾体：使我身体光鲜亮丽。

[2] 荣吾私：使我个人荣耀。

[3] 谨吾履：使我操行谨慎。

[4] 睿吾识：使我的见识睿智。

[5] 跖：用脚踩踏。

[6] 蚩蚩：纷扰无知。

[7] 斋醮：请僧道设斋坛，向神佛祈祷。

[8] 成人：道德修为完好的人。

[9] 死丧之威，兄弟孔怀：出自《诗·经》。威，同“畏”；孔，很；怀，思念。死亡的威胁最可怕，只有兄弟最关心。指兄弟间的友爱之情。

[10] 渠：怎么可以。

[11] 法：效法。

【译文】

世上所有教化人的学说，不过有此三家罢了。儒家源自于孔子，道家源自于老子，佛家源自于佛陀。我们家世代是儒家，装饰我们身体的是衣冠，荣耀我们身份的是官禄，引导我们人生之路的是礼法，增长我们智慧的是诗书。在家里侍奉双亲，在外侍奉君主，我们活着的时候被教化培育，去世后被埋葬，人生的指导思想都是儒家的学说。所以每天头顶着天但不知天有多高，脚踩着地却不知地有多厚，天下人纷纷攘攘愚昧无知，不知道感激仁德这个作用大得看不见的根本。

我死后，你们要根据家里的经济情况办理丧事，不要请道士、和尚做法事。这是我平生的志向，你们不要违背而行。如果违背我的遗命，就是真想我死，以为我马上就没有知觉了。

孔子说："天下最大的仁德和最关键的道义就是孝"，所以我自己写了一篇《孝经》，用来教导后人为人处世一定心存善念，是说"做到了一个孝字，那么所有的行为难道不该有善举吗"。因此我用这些话语来训导你们。凡是对双亲做到孝顺的，就能做到尊敬兄长，对弟弟爱护，对小孩子慈爱，外出做官服侍君王就会尽忠，与朋友交往也会注重信义，做任何事都很恭敬。如果事事都表现出恭敬，那么就差不多成为一个道德完美的人了。你们兄弟十四个虽然不同母，但古人说得好，"四海之内皆兄弟"，更何况你们是同一个父亲一样的血脉呢？《诗经》上说"死亡的震撼和威胁最可怕，只有兄弟最关心"，这话你们不能不牢记在心啊。兄弟之间如果不相互关心，却和别人关系密切，别人怎么会信任你呢！纵然是表面上和对方交好，对方背地里也会讨厌你的。你们看我如何对待兄长莒公，莒公对我很好，说："有什么可以效法呢？大概是人不能没有学问，奏章书柬只需根据情况相机处理即可。每个人的天分禀赋不同，所以不能强求一致。如果有几百卷书的内容牢记在心，你就不会被别人所轻视。"

【点评】

宋祁的这篇家训，要求诸子互相友爱，互相帮扶，努力学习，尽孝尽忠。还对自己的后事作了安排。他要求葬礼简单俭朴，不要复杂奢华，表现了他达观、开明的人生态度。

包拯：家训

【原文】

包孝肃公家训云："后世子孙仕宦有犯赃滥[1]者，不得放归本家[2]；亡殁之后，不得葬大茔[3]中。不从吾志，非子若[4]孙也。"共三十七字，其下押字又云"仰珙刊石，竖于堂屋东壁，以诏后世。"又十四字。珙者，孝肃[5]之子也。

【注释】

[1] 赃滥：贪污钱财。

[2] 本家：指同宗族的人。

[3] 大茔：墓地。

[4] 若：和，与。

[5] 孝肃：包拯。

【译文】

包孝肃公家族的家训上说："后世子孙做官，凡有贪赃枉法的，不得放他们回我们宗族家里来；死了之后，也不得葬在我们家族的祖坟中。凡是不遵从我的意愿的，不能算是我的子孙。"共三十七字，在家训下面又写着："请包珙刊在石碑上，并竖在堂屋的东壁，让后世的人知晓。"又十四字。这个包珙，就是包公的儿子。

【点评】

包大人果然是清官，所作家训也是对贪赃枉法行为痛心疾首。这家训对子孙的影响可想而知。

苏洵：名二子说

【原文】

轮辐盖轸[1]，皆有职乎，车而轼[2]，独若无所为者，虽然去轼，则吾未见其为完车也。轼乎，吾惧汝之不外饰也。天下之车，莫不由辙[3]，而言车之功者，辙不与焉。虽然车仆马毙，而患亦不及辙，是辙者善处乎祸福之间也。辙乎，吾知免[4]矣。

【注释】

[1] 轮辐盖轸：车轮、车辐条、车顶盖、车厢底部四周的横木。

[2] 轼：车厢前用做扶手的横木。

[3] 辙：车轮压的迹道。

[4] 免：免祸。

【译文】

马车上的轮辐盖轸，都有各自的功用，唯独车上的轼似乎没有什么用处，即使如此，如果去掉车轼，我就不认为是一辆完整的马车了。苏轼啊，我担心你不善于藏拙而过于显耀。天下的马车，都是沿着车辙而行的，但说到马车的各种功用，车辙好像并不参与，没啥用处。虽如此，如果马车翻了马也死了，责任也怪不到车辙上，所以车辙很善于处在祸福之间，是安全的。苏辙啊，我知道你是可以免除各种灾祸的。

【点评】

本篇是苏洵解释给两个儿子取名字的缘由的一篇短文。所要表达的是希望苏轼能低调为人，苏辙能八面玲珑，这样无论是在官场还是民间，都能够平安。

欧阳修：书示子侄

【原文】

藏精于晦[1]则明，养神于静则安。晦，所以畜用[2]；静，所以应动。善畜者不竭，善应者无穷。此君子修身治人之术，然性近者得之易也。

勉诸子：玉不琢不成器，人不学不知道。玉之为物，有不变之常，虽不琢以为器，犹不害[3]为玉也。人之性因物则迁，不学则舍君子而为小人，可不念哉！

与侄通理：自南方多事[4]以来，日夕忧汝。得昨日递中书[5]，知与新妇诸孙等各安，守官无事，顿解远想。吾此哀苦如常。想欧阳氏自江南归明[6]，累世蒙朝廷官禄，吾今又被荣显[7]，致汝等并列官品，当思报效。偶此多事，如有差使，尽心向前，不得避事。至于临难死节[8]亦是汝荣事。但存心尽公，神明亦自佑汝，慎不可思避事也。昨中书言：欲买朱砂来。吾不缺此物，汝于官下[9]，宜守廉，何得买官下物？吾在官所，除饮食外，不曾买一物，汝可以此为戒也。

【注释】

[1] 晦：微暗处。

[2] 畜用：储备精神以待使用。

[3] 不害：不妨碍，不影响。

[4] 南方多事：指北宋仁宗年间广西农民起义。时欧阳修之侄通

理任象州（今属广西）司理。

[5] 递中书：通过驿站传来的书信。

[6] 归明：指欧阳家族先辈从南唐归于圣明的大宋朝廷。

[7] 被荣显：蒙受荣耀显达，指担任朝廷重要职务。

[8] 临难死节：危难时舍生取义。

[9] 官下：官职管辖地域内。

【译文】

隐藏自己的才华不随意对外显露，这是明智的选择，在静思中涵养自己的精神，内心就会安然。韬晦的目的是储备积蓄能量以备将来的需要，平常的静守则是为了应对外界随时的变化。善于储备积蓄能量的人，到了需要的时候就会用之不竭。平日善于静守的人，应对变化时才能适应各种挑战。这就是君子修炼自身和治理天下的技巧，秉性与此相近者比较容易学到这种本事。

诫勉诸位儿子：玉如不经过精心琢磨，就不能成为有用的东西，人如不通过学习，就无法了解掌握学识义理。玉只是一个物件，即使未经过琢磨不能成为有用的东西，但依旧不失之为一块玉。但人的秉性是会随着环境和条件的变化而变化的，如果不学习、不修身，就不会成为君子而会成为小人，这个问题怎能不慎重思索呢！

给侄子通理：自从南方发生与农民的战事以来，我日夜为你担忧。昨日接到驿站递来的书信，知道你和侄媳妇侄孙都还好，守着官署，平安无事，我悬着的心总算放了下来。我此时因思亲，心里还像平常一样哀苦。我们欧阳家族自从在江南归附明主，数代承蒙朝廷的恩惠，享受朝廷的俸禄。如今我又承蒙皇上恩宠获得如此显耀的职位，并荫庇你们成为朝廷官员，理应时刻想着报效朝廷。你身处多事之境地，如朝廷对你有所指派，你必须努力争先，不得逃避应尽的责任。即使你为此舍生取义，也是一件非常光荣的事。只要你存有为国尽忠之心，神明自然也会保佑你的，你切不可思量怎样去逃避朝廷赋予你的职责。昨天你来信中提到要买朱砂送给我。我不缺这个东西，你在一个地方做官应当注意保持廉洁，怎么能买官府地盘内的物品朱砂呢？我在任上，除了饮食等必需物品外，不曾买过任所内的其他物品，你也可以以此为戒。

【点评】

欧阳修的这几篇家书，第一篇主要讲修身，认为要成君子必须要善于积累，要不露锋芒，修养品性，待时而动。第二篇讲的是要努力学习，提升自己的修养和学识。第三篇则是要求侄子欧阳通理在“南方多事”的情况下保持忠君、尽责，勇于任事、清正廉洁这些作为世蒙皇恩的官员应有的名节操守。这篇短文把叔侄间的情感交流展现得十分温情，朴实无华的语言很有感染力。

司马光：家范（节选）

【原文】

《周易》：离下巽上。家人：利女贞[1]。

《象》曰：家人，女正位乎内，男正位乎外，男女正，天地之大义也。

家人有严君焉，父母之谓也。父父，子子，兄兄，弟弟，夫夫，妇妇，而家道正。正家而天下定矣。

《象》曰：风自火出[2]，家人。君子以言有物，而行有恒。

初九：闲有家，悔亡[3]。

《象》曰：闲有家，志未变也。

六二：无攸遂，在中馈[4]，贞吉。

《象》曰：六二之吉，顺以巽也。

九三：家人嗃嗃[5]，悔，厉，吉。妇子嘻嘻，终吝[6]。《象》曰：家人嗃嗃，未失也。妇子嘻嘻，失家节也。

六四：富家，大吉。《象》曰：富家大吉，顺在位也。

九五：王假有家，勿恤，吉。《象》曰：王假有家，交相爱也。

上九：有孚威如[7]，终吉。《象》曰：威如之吉，反身之谓也。

《大学》曰："古之欲明明德于天下者，先治其国；欲治其国者，先齐其家；欲齐其家者，先修其身；欲修其身者，先正其心；欲正其心者，先诚其意；欲诚其意者，先致其知；致知在格物。物格而后知至，知至而后意诚，意诚而后心正，心正而后身修，身修而后家齐，家齐而后国治，国治而后天下平。自天子以至于庶人，一是皆以修身为本。其本乱而末治者否矣，其所厚者薄，而其所薄者厚[8]，未之有也！”此谓知本，此谓知之至也。所谓治国必先齐其家者，其家不可教而能教人者，无之。故君子不出家而成教于国。孝者所以事君也，弟者所以事长也，慈爱者所以使众也。《诗》云：“桃之夭夭，其叶蓁蓁。之子于归，宜其家人。”宜其家人，而后可以教国人。《诗》云：“宜兄宜弟。”宜兄宜弟，而后可以教国人。《诗》云：“其仪不忒[9]，正是四国。”其为父子，兄弟足法，而后民法之也。此谓治国在齐其家。

《孝经》曰：闺门之内具礼矣乎！严父，严兄。妻子臣妾，犹百姓徒役[10]也。

昔四岳[11]荐舜于尧，曰：“瞽子，父顽、母嚚、象傲。克谐以孝，烝烝乂[12]，不格奸[13]。”帝曰：“我其试哉！女于时，观厥刑于二女。”厘降二女于妫汭[14]，嫔于虞。帝曰：“钦哉！”

《诗》称文王之德曰：“刑于寡妻，至于兄弟，以御于家邦。”此皆圣人正家以正天下者也。降及后世，爰自卿士以至匹夫，亦有家行隆美可为人法者，今采集以为《家范》。

【注释】

[1] 利女贞：有利于女人守贞。

[2] 风自火出：风助火势，火助风威，二者相辅相成。

[3] 悔亡：没有悔恨。

[4] 中馈：过失。

[5] 嗃嗃：严酷的样子。

[6] 吝：隐忧。

[7] 有孚威如：有诚信，有威望。

[8] 其所厚者薄，而其所薄者厚：想把本来应该厚实的东西用薄的来代替，而把本来应该薄的东西用厚的来代替。

[9] 忒：过失。

[10] 徒役：服劳役的人。

[11] 四岳：传说中唐尧时期的四方诸侯。

[12] 烝烝乂：兴盛貌。

[13] 不格奸：不至于奸恶。

[14] 妫汭：妫水隈曲之处。一说妫水汭水。

【译文】

《周易》：离下巽上，家人卦：卜问有利于妇女之事。

《彖辞》说：家人的爻象显示，六二阴爻居于内卦的中位，如同妇女在内，以正道守其位，九五阳爻居于外卦的中位，如同男人在外，以正道守其位，这是天地间的大义。

家庭里有尊严的家长，就是常说的父母。父亲有父亲的样子，儿子有儿子的样子，兄长有兄长的样子，弟弟有弟弟的样子，丈夫有丈夫的样子，妻子有妻子的样子，如此家道就正了。如果家道都正了，天下自然也就安定了。

《象辞》说：巽为风，离为火，内火外风，风助火势，火助风威，两者相辅相成，是家人的卦象。君子从这个卦象中悟到，言辞要有内容，德行要坚守到底。

初九：严防家里出现意外，就没有悔恨。

《象辞》说：防家庭出现意外，目的就是在于防患于未然。

六二：妇女不自作主张，到了中午开始吃饭，守正道吉祥，没有失误，这是吉利之象。

《象辞》说：六二爻辞之所以吉利，是因为六二阴爻居九三阳爻之下，如妇人对男人那样恭顺。

九三：家里人被训斥，治家严厉，家里吉祥；妻儿嬉戏玩乐，最终会有隐忧。《象辞》说：家里人被训斥，治家严厉，没有失掉正派的家风。如果妻儿只知道嬉戏作乐，就会失去勤俭之道。

六四：富足而幸福的家庭，大吉大利。《象辞》说：富足而幸福的家庭大吉大利，因为六四阴爻居于九五阳爻之下，如同家人和顺而各守其职。

九五：君王借用齐家之道来治理天下，就不用担心，凡事皆吉利。《象辞》说：君王如果像对待家人一样对待臣民，说明君臣相互爱护。

上九：君王有诚信，有威望，终归吉祥。《象辞》说：有威望的吉祥，说的便是能反身自律。

《大学》说："古代那些想在天下彰显德行的人，必须治理好他们的国家；而要治理好国家，必须先要管理好他们的家庭事务；想管理好家庭事务，必须先提高自己各方面的道德修为；想要提高自己各方面的道德修为，必须先端正自己的内心；想要端正自己的内心，必须先要有一个诚恳的态度；想要有诚恳的态度，必须先要具备一定的知识；想获得知识就必须去探求事物的原理。通过探求事物的原理获得相应的知识，有了知识就会有诚恳的态度，有了诚恳的态度就会端正自己的内心，心正就可以提高修养，提高了修养就能够管理好自己的家，能够管理好自己的家也就可以治理好国家，治理好了国家就能够平定天下。从天子到一般百姓，都要将提高自己的修养作为根本。如果本都乱了，想把家庭、国家管理好，那是不可能的。想把本该厚实的东西用薄的来代替，而把本该薄的东西用厚的来代替，本末倒置从来不曾有过这样的事！"这才是抓住了事物的根本，是认知的最高境界。想治理好国家必须先管理好自己的家，这句话的意思是说，连家都治理不好却想去教育天下人，这是不可能有的事。君子之所以不出家门就能教化国人，是因为对父母的孝顺可以用于侍奉君主，对兄长的恭敬可以用侍奉长官，对子女的慈爱可以用于统治民众。《诗经》说："美丽的桃树枝繁叶茂；妙龄女子出嫁到丈夫家，使其家庭和顺。"把家庭治理得非常和谐，就可以去教导国人。《诗经》说："兄弟和睦，"把兄弟之间关系处理得非常和睦，就可以去教导国人了。《诗经》说："容貌举止庄重严肃，成为周边国家的表率。"父亲处理与子女之间关系的方式，也是兄弟之间处理关系的榜样，进而成为天下模仿的楷模。这就是治国先要齐家的道理。

《孝经》说：一个家虽小，但治理天下的方法都在里面了。侍奉父亲，侍奉兄长。对待妻子臣妾，就像对待百姓一样。

从前四方诸侯之长向尧推荐舜，说："他是乐官瞽叟的儿子，他父亲暴戾，后母酷虐，弟弟用心歹毒，曾联合起来想害死他，但是舜能和他们和睦相处，他用孝行美德来感化他们，又加强自身品格修养，不走歪路。"尧帝说："让我试试他吧！我将两个女儿嫁给舜，通过两个女儿来观察舜的德行。"于是尧帝命令两个女儿到妫水的转弯处，下嫁给舜。尧帝说："好自为之吧！"

《诗经》称赞周文王的德行说："周文王能够率先垂范，用礼法感化妻子和兄弟，进而来教化全国百姓，治理天下。"这是古代圣人先治好家，然后再治国的楷模。到后来，上至卿士下至一般百姓，也有许多在家里遵守礼法，并成为别人学习的榜样的人和事，如今我将这些典型事例汇集一起，编成了《家范》这本书。

【原文】

卫石碏曰："君义、臣行、父慈、子孝、兄爱、弟敬，所谓六顺也。"

齐晏婴曰："君令臣共[1]、父慈子孝，兄爱弟敬，夫和妻柔，姑慈妇听，礼也。君令而不违，臣共而不二，父慈而教，子孝而箴[2]，兄爱而友，弟敬而顺，夫和而义，妻柔而正，姑慈而从，妇听而婉，礼之善物也。"

夫治家莫如礼。男女之别，礼之大节也，故治家者必以为先。《礼》：男女不杂坐[3]，不同椸枷[4]，不同巾栉，不亲授受；嫂叔不通问，诸母不漱裳；外言不入于阃[5]，内言不出于阃；女子许嫁，缨。非有大故不入其门。姑姊妹、女子子，已嫁而反，兄弟弗与同席而坐，弗与同器而食。男女非有行媒不相知名，非受币，不交不亲，故日月以告君，斋戒以告鬼神，为酒食以召乡党僚友，以厚[6]其别也。

又，男女非祭非丧，不相授器。其相授，则女受以篚[7]。其无篚，则皆坐奠之，而后取之。外内不共井，不共湢浴，不通寝席，不通乞假[8]。

男子入内，不啸不指[9]；夜行以烛，无烛则止。女子出门，必拥蔽其面；夜行以烛，无烛则止。道路，男子由右，女子由左。

又，子生七年，男女不同席，不共食。男子十年，出就外傅[10]，居宿于外。女子十年不出。

又，妇人送迎不出门，见兄弟不逾阈[11]。

又，国君、夫人、父母在，则有归宁[12]。没，则使卿宁。

鲁公父文伯之母如[13]季氏，康子在其朝。与之言，弗应；从之及寝门，弗应而入。康子辞于朝而入见，曰："肥[14]也不得闻命，无乃罪乎？"曰："寝门之内，妇人治其业焉，上下同之。夫外朝，子将业君之官职焉；内朝，子将庀[15]季氏之政焉，皆非吾所敢言也。"

公父文伯之母，季康子之从祖叔母也。康子往焉，閾门[16]而与之言，皆不逾阈。仲尼闻之，以为别于男女之礼矣。

【注释】

[1] 共：共事。

[2] 箴：规劝。

[3] 杂坐：混一起坐。

[4] 椸枷：衣架。

[5] 阃：内室。

[6] 厚：郑重。

[7] 箧：古时盛东西的一种竹器。

[8] 乞假：相互借东西。

[9] 不啸不指：不大声说话，不指指点点。

[10] 外傅：外出拜师学艺。

[11] 阈：门槛。

[12] 归宁：回娘家探望父母。

[13] 如：到某处。

[14] 肥：指康子。

[15] 庀：处理。

[16] 阖门：站在寝室门边。

【译文】

卫石碏说："国君仁义，臣子有德，父亲慈祥，儿子孝顺，兄长友爱，弟弟恭敬，这就是人们所说的六顺。"

齐国人晏婴说："君主和善，臣子谦恭；父亲慈祥，儿子孝顺；兄长友爱，弟弟恭敬；丈夫温和，妻子柔顺，婆母慈善，媳妇顺从，这就叫礼。"君主和善又不违礼，臣下尽职又无异心，父亲慈祥又能教导，子女孝顺且能规劝，兄长对弟弟友爱而且和善，弟弟对兄长尊重又顺从，丈夫对妻子和蔼讲理，妻子对丈夫温柔端庄，婆母对媳妇慈祥宽容，媳妇听命而又温婉，这就是礼的积极作用。

治家最好的办法莫过于讲礼法。男女有别，这是礼之大节，所以治家者必须以礼为先。《礼记》说，男女不能在一起相处，不能共用衣架，不能共用毛巾和梳子，不能亲自传递和接受东西；

嫂子与小叔不能互相往来问候；庶母不能洗非亲生孩子的衣裳；闺房外的话不能传入闺房内，闺房内的话也不能传到闺房外；女子订婚后，必须佩带香囊表明自己已有所属。女子出嫁后，除非家中发生大事，否则不能回娘家。姊妹、堂姊妹出嫁之后再回娘家，兄弟不能与她们同席而坐，也不能跟她们用同一个器物吃饭。男女不经过媒人介绍不能互通姓名更不能相好；如果没有接受彩礼就不能交往，不能成亲，办婚礼必须选择吉日，要斋戒和祭祀鬼神，还要酒宴招待同乡好友，以示郑重。

另外，若非遇到祭祀或举行丧礼这种情况，男女之间不能相互传递用具。如果实在要相互传递，得由男人把东西放进竹筐里递给女人，女人再从竹筐里取出。若没有竹筐，男人要先把东西放在地上，女人再去取。内室女眷不能和外边的人取同一口井里的水；不能共用一个浴室；不能在同一个床上睡；不能相互借东西。

男子如果要进入内室，不可大声喊叫，不可用手指指点点；夜里出入家门，要拿上蜡烛，如果没有蜡烛就不要行动。如果女子出门，必须要用东西遮蔽住脸；夜里出入也要掌烛，没有蜡烛就不能行动。在路上行走，男子要走右边，女子走左边。

另外，孩子长到七岁的时候，男女再也不能在同一个床上睡，也不能坐在一起吃饭。男孩子长到十岁就可以到出外去拜师学艺，住在外面。女孩子即使到了十岁，也不能随便出门。

此外，妇人迎送客人不能走出门外，就算是见自己的兄弟，也不能迈到门槛的外边。

至于公主，如果父皇和母后在世，公主出嫁之后，要常回去看望父皇和母后。如果父皇和母后去世了，也应该派晚辈回去看望一下。

鲁公父文伯的母亲走访季氏的时候，康子正在朝中公干。康子和她打招呼，她没有回应。康子随后跟着她来到内室的门口，她还是不搭理康子，径自入内室里。康子退朝后去拜见这位从祖叔母，说："我刚才没有听到您的吩咐，难道我做错了什么吗？"从祖叔母答："内室里边是妇女们做事的地方，从上到下都是如此。在朝廷重地，你要履行国君交给你的职责；在家里，你要打理季氏家事。而这些都不是我该过问的啊。"

公父文伯的母亲是季康子的从祖叔母。康子每次去的时候，她总是打开门和康子说话，从不迈出门槛半步。孔子听说这事后，认为他们是严格遵守了男女有别的礼节。

【原文】

汉万石君石奋，无文学，恭谨，举无与比。奋长子建、次甲、次乙、次庆，皆以驯行孝谨，官至二千石。于是景帝曰："石君及四子皆二千石，人臣尊宠，乃举集[1]其门。"故号奋为万石君。孝景季年，万石君以上大夫禄归老于家，子孙为小吏，来归谒，万石君必朝服见之，不名[2]。子孙有过失，不诮让，为便坐[3]，对案不食。然后诸子相责，因长老肉袒固谢罪，改之，乃许。子孙胜冠[4]者在侧，虽燕[5]必冠，申申如[6]也。僮仆欣欣如也，唯谨。其执丧，哀戚甚。子孙遵教，亦如之。万石君家以孝谨闻乎郡国，虽齐、鲁诸儒质行[7]，皆自以为不及也。

建元二年，郎中令王臧以文学获罪皇太后。太后以为儒者文多质少，今万石君家不言而躬行，乃以长子建为郎中令，少子庆为内史。建老白首，万石君尚无恙。每五日，洗沐归谒亲，入子舍，窃问侍者，取亲中裙厕牏[8]，身自浣洒，复与侍者，不敢令万石君知之，以为常。

万石君徙居陵里。内史庆醉归，入外门不下车。万石君闻之，不食。庆恐，肉袒谢罪，不许。举宗及兄建肉袒。万石君让[9]曰："内史贵人，入闾里，里中长老皆走匿，而内史坐车自如，固当[10]！”乃谢罢庆。庆及诸子入里门，趋至家。

万石君元朔五年卒。建哭泣哀思，杖[11]乃能行。岁余，建亦死。诸子孙咸孝，然建最甚。

【注释】

[1] 举集：汇集。

[2] 不名：不问姓名。

[3] 为便坐：坐在旁边。

[4] 胜冠：已成年。

[5] 燕：休闲。

[6] 申申如：舒展的样子。

[7] 质行：品德操行。

[8] 中裙厕腧：内衣和便器。

[9] 让：责骂。

[10] 固当：应当受到处罚。

[11] 杖：用拐杖。

【译文】

汉朝的万石君石奋读书少，没有什么文化，不过他的为人很谨慎谦恭，当时很少有人能和他相提并论。石奋的大儿子石建、二儿子石甲、三儿子石乙、四儿子石庆，都因为谨慎、和顺、孝悌，做到了两千石的官位。对此汉景帝叹道：“石奋和他的四子都是两千石的官位，没想到作为臣子的尊宠都集中到了他一家。”就称石奋为“万石君”。孝景帝末年，万石君以上大夫的俸禄待遇归隐老家。他的子孙们做的都是小官，回家去拜见万石君的时候，万石君总要郑重地穿上朝服来接待，从不直呼他们的名字。如果子孙们有过失，万石君也从不责备他们，而只是坐在旁边的座位上，到了吃饭时间也是只对着桌子，不肯吃饭。于是子孙就纷纷检讨各自的错误，然后再请长者去找万石君说情，子孙们则袒胸露背跟在后边谢罪，并承诺改正错误。万石君这才原谅他们，答应吃饭。已经成年的子孙们常在万石君身边侍候，即便是闲暇的时候也戴着帽子，一副舒展样，家中的童仆也都表现出恭敬从命的姿态。万石君在操办丧事的时候，非常哀伤。子孙们都听从他的教导，和他一样的悲痛。万石君家以孝顺和谦恭闻名于郡国，就是齐、鲁地区的诸位品行超群的读书人，也都自愧不如。

汉武帝建元二年，郎中令王臧因为写的一篇文章得罪了皇太后，皇太后就觉得读书人虽然学问好，但品行差。而没文化的万石君家却能默默地躬行礼法，于是皇太后提拔石家长子石建为郎中令，小儿子石庆为内史。到石建年纪大的时候，头发都白了，可万石君身体一点毛病都没有。石建每隔五天都要回家去看望万石君。进入万石君的房间，偷偷向用人问询万石君的各项体征，亲自为之清洗内衣和便器，洗干净后再交给用人，从不敢让万石君知道。这已成了石建的习惯。

后来万石君迁徙到陵里居住。有一回担任内史的石庆醉酒回家，进了外门，忘了下车。万石君知道后，又生气不吃饭，石庆很惶恐，只得袒胸露背向父亲请罪，万石君仍不肯原谅他。全宗族的人还有兄长石建袒露胸背一起来求情，万石君责骂道："内史是身份显贵之人，进入里弄，即使里中年长的人也知道回避。可内史却坐在车上心安理得。这着实该罚。"说完，他就让石庆下去。从此以后，石庆和其他几个兄弟一进入里门，就直接快步走回家门。

万石君于元朔五年辞世。石建悲伤过度，甚至到了拄着拐杖才能行走的地步。过了一年，石建也去世了。万石君的子孙都很孝顺，但石建是其中最突出的。

【原文】

樊重，字君云。世善农稼，好货殖[1]。重性温厚，有法度，三世共财，子孙朝夕礼敬，常若公家[2]。其营经产业，物无所弃；课役童隶，各得其宜。故能上下戮力，财利岁倍，乃至开广田土三百余顷。其所起庐舍，皆重堂高阁，陂渠灌注。又池鱼牧畜，有求必给。尝欲作器物，先种梓漆，时人嗤之。然积以岁月，皆得其用。向之笑者，咸求假焉。赀至巨万，而赈赡宗族，恩加乡闾。外孙何氏，兄弟争财，重耻之，以田二顷解其忿讼。县中称美，推为三老。年八十余终，其素所假贷人间数百万，遗令焚削[3]文契。债家闻者皆惭，争往偿之。诸子从敕[4]，竟不肯受。

南阳冯良，志行高洁，遇妻子如君臣。

宋侍中谢弘微从叔混，以刘毅党见诛，混妻晋阳公主改适琅邪王练。公主虽执意不行，而诏与谢氏离绝。公主以混家委之弘微。混仍世宰相，一门两封，田业十余处，童役千人，唯有二女，年并数岁。弘微经纪生业，事若在公[5]。一钱、尺帛，出入皆有文薄。宋武受命，晋阳公主降封东乡君，节义可嘉，听还谢氏。自混亡，至是九年，而室宇修整，仓廪充盈，门徒不异平日。田畴垦辟有加于旧。东乡叹曰："仆射生平重此一子，可谓知人，仆射为不亡矣。"中外亲姻、里党、故旧，见东乡之归者，入门莫不叹息，或为流涕，感弘微之义也。

弘微性严正，举止必修礼度，婢仆之前不妄言笑，由是尊卑大小，敬之若神。及东乡君薨，遗财千万，园宅十余所，及会稽、吴兴、琅邪诸处。太傅安、司空琰时事业，奴僮犹数百人。公私或谓：室内资财，宜归二女；田宅僮仆，应属弘微。弘微一物不取，自以私禄营葬。混女夫殷睿素好摴蒱[6]，闻弘微不取财物，乃滥夺其妻妹及伯母两姑之分，以还戏责。内人皆化弘微之让，一无所争。弘微舅子领军将军刘湛谓弘微曰："天下事宜有裁衷[7]，卿此不问，何以居官？”弘微笑而不答。或有讥以谢氏累世财产充殷，君一朝弃掷，譬弃物江海，以为廉耳。弘微曰：“亲戚争财，为鄙之甚。今内人尚能无言，岂可道之使争！今分多共少，不至有乏，身死之后，岂复见关[8]！”

【注释】

[1] 货殖：做买卖。

[2] 常若公家：经常像在公堂上那样严肃。

[3] 焚削：烧毁。

[4] 敕：遗嘱。

[5] 事若在公：像办公事一样处理。

[6] 摴蒱：一种赌博游戏。

[7] 裁衷：合理裁决。

[8] 岂复见关：哪里还管的了。

【译文】

樊重，字君云。他家世代都擅长耕种田地，还爱做些小生意。

樊重性格温厚，处理事情很注意法度。他们家三代都没有分家，所有财物都是共有的，但子孙之间相互都很有礼貌，家里常像在公堂一样注重礼仪。樊重善于经营家产，几乎没有浪费；他使用仆人、佣工，能做到各取所长。所以家里老老少少能同心协力，财产每年都翻倍，后来发展到有三百余顷田。樊重家所建造的房舍都是几个大堂组成的高阁，周围有陂渠环绕。樊重家还养鱼和牲畜，乡邻如果向他家求助，樊重都尽量予以满足。樊重曾制作器物，先种植梓材和漆树作为原材料，当时的人们还笑话他。但过了几年，这些梓树和漆树都用上了。过去那些耻笑他的人，现在反而向他求借。樊重的钱财积累至成千上万，他常接济本族人，还给乡邻各种好处。樊重的外孙何氏，兄弟之间常为财产争吵，樊重以此为耻，干脆送给他们两顷田地，来化解他们之间的怨恨。本县人都称赞樊重的美德，并把他推为三老。樊重活了八十多岁才去世，他平素所借给别人的钱有数百万，他留下遗嘱要子女们将那些借据都烧了。那些借贷的人听说后都感到十分惭愧，争着还债。诸位孩子都按樊重的遗嘱，一律不接受。

南阳的冯良品行十分高洁，他对待夫妻关系就像对待君臣关系一样注意礼仪。

宋代侍中谢弘微的从叔谢混因为受刘毅一党案件的牵连，被处以死刑。谢混的妻子晋阳公主被迫改嫁给琅邪王练。尽管公主执意不肯付诸行动，但皇上下诏逼她离开谢家并与谢家断绝关系，公主只好将谢混家的事委托给谢弘微打理。这位谢混是当朝的宰相，一门两封，家里拥有十多处田产，童仆杂役有上千人，只有两个才几岁的女孩子。谢弘微帮忙经营谢混家的生意和产业就像给公家做事一样公正，即使是一分钱、一尺帛的出入也有详细的账目记载。宋武帝登基后，晋阳公主被降封为东乡君，这些年她守大节重情义的举动深受各方赞许，朝廷又让她重新回到了谢家。从谢混死到如今已九年了，但谢家的房子被修整得像新的一样，仓库里的粮食满满的，家里的用人杂役还是跟以前一样，耕种、开垦的田地比过去还要多。东乡君见此情景，感慨说："仆射平生很看重弘微，他真是很知人啊，仆射虽死犹生。"远近亲戚、邻里、故交看到东乡君归来后的场面，没有不感叹的，有的被感动得痛哭流涕。大家都在赞叹谢弘微的仁义之举。

弘微的性格严正，举止很讲究礼法。他在奴仆面前总是不苟言笑，所以家里老老少少仆从都很尊敬他。东乡君去世之后，留下的财产有上千万，在会稽、吴兴、琅邪等地有庄园、宅第十多处。到太傅安、司空琰时代，谢混家经营所用的奴仆童役还有数百人。当时的舆论认为，谢混家的所有财产，室内的钱财应归谢混的两个女儿，其余的田宅童仆应当属于弘微。但谢弘微却什么也没要，甚至连给东乡君举行葬礼的费用都是用自己的俸禄垫付的。谢混有一个叫殷睿的女婿，平常喜欢赌博，听说谢弘微不动谢混家的财产，他就大肆侵夺属于妻妹和伯母两姑名下的财产，用来偿还欠下的赌债。家里人都让着他，谢弘微则是一点也不争。弘微的妻弟领军将军刘湛对谢弘微说："天下任何事情都应该有一个公正合适的裁决，你连这件明显不公平的家事都不去过问，又怎么能做好官呢？"谢弘微笑而不语。有的人讽刺谢弘微说，谢家祖祖辈辈传下来的财产非常多，却在刹那间就全部抛弃了，就好像扔到了大海里一样，但谢弘微居然还觉得这样做是廉洁的表现呢，岂不是大傻瓜！但谢弘微却说："亲戚之间争夺财产，是最让人看不起的丑事。现在连我家里女人们都不吭气，我怎么可以引导他们相争呢？现有的财产多少还有一些，还不至于缺乏。等到哪天死了，哪里还去管得了呢？"

【原文】

刘君良，瀛州乐寿人，累世同居，兄弟至四从[1]，皆如同气。尺布斗粟，相与共之。隋末，天下大饥，盗贼群起，君良妻欲其异居，乃密取庭树鸟雏交置巢中，于是群鸟大相与斗，举家怪之。妻乃说君良，曰："今天下大乱，争斗之秋，群鸟尚不能聚居，而况人乎？"君良以为然，遂相与析居[2]。月余，君良乃知其谋，夜揽妻发，骂曰："破家贼，乃汝耶！"悉召兄弟，哭而告之，立逐其妻，复聚居如初。乡里依之，以避盗贼，号曰义成堡。宅有六院，共一厨。子弟数十人，皆以礼法，贞观六年，诏旌表其门。

张公艺，郓州寿张人，九世同居，北齐、隋、唐，皆旌表其门。麟德中，高宗封泰山，过寿张，幸其宅，召见公艺，问所以能睦族之道。公艺请纸笔以对，乃书“忍”字百余以进。其意以为宗族所以不协，由尊长衣食，或者不均；卑幼礼节，或有不备。更相责望，遂成乖争[3]。苟能相与忍之，则常睦雍矣。

唐河东节度使柳公绰，在公卿间最名。有家法，中门东有小斋，自非朝谒之日，每平旦辄出，至小斋，诸子仲郢等皆束带。晨省于中门之北。公绰决公私事，接宾客，与弟公权及群从弟再食，自旦至暮，不离小斋。烛至，则以次命子弟一人执经史立烛前，躬读一过毕，乃讲议居官治家之法。或论文，或听琴，至人定钟[4]，然后归寝，诸子复昏定于中门之北。凡二十余年，未尝一日变易。其遇饥岁，则诸子皆蔬食，曰：“昔吾兄弟侍先君为丹州刺史，以学业未成不听食肉，吾不敢忘也。”姑姊妹侄有孤嫠[5]者，虽疏远，必为择婿嫁之，皆用刻木妆奁，缬文绢为资装[6]。常言，必待资装丰备，何如嫁不失时。及公绰卒，仲郢一遵其法。

国朝公卿能守先法久而不衰者，唯故李相昉家。子孙数世二百余口，犹同居共爨[7]。田园邸舍所收及有官者俸禄，皆聚之一库，计口日给饼饭，婚姻、丧葬所费，皆有常数。分命子弟掌其事，其规模大抵出于翰林学士宗谔所制也。

【注释】

[1] 四从：四代堂房亲族。

[2] 析居：分开居住，分家。

[3] 乖争：纷争。

[4] 定钟：深更半夜。

[5] 孤嫠：孤儿寡妇。

[6] 资装：嫁妆。

[7] 爨：烧火做饭。

【译文】

刘君良是瀛州乐寿人，他家几代人都在一个大家庭里生活，即使是四代堂房的兄弟，关系也和同胞兄弟一样亲近。即使是一尺布，一斗米，大家也是共享的。隋朝末年发生了大饥荒，盗匪很多，刘君良的妻子想让自己家与大家分开居住，于是她想了一个办法，将院子里一棵树上的两只小鸟对换了鸟巢，结果两窝鸟就打了起来。刘君良一家人都觉得很奇怪，刘君良的妻子借机游说丈夫说："现在天下大乱，是非常时期，连鸟尚且不能安居在一起，更何况人呢？"刘君良认为妻子所言有理，就与兄弟们分开来生活。过了一个多月，刘君良终于知道了原来这一切都是妻子的计谋，就在一个晚上揪住妻子的头发，骂道："破我家的贼，就是你啊！"他把兄弟们都招呼来，哭泣着把分家的真实原因告诉了大家，并立刻将他的妻子休回娘家，众兄弟又像从前那样合居。同乡人都依附他们家，借以防备盗贼的侵扰。刘家这户大家庭被大家称为"义成堡"。他们的房子共有六个院落，只用一个厨房。刘君良的子侄辈加起来有数十人，但彼此都以礼相待。贞观六年，唐太宗颁布诏书，特别褒奖了刘家。

张公艺是唐代郓州寿张人，他家则是九代聚居在一起，这个家族在北齐、隋朝、唐朝都得到过朝廷的表彰。麟德年间，唐高宗在去泰山封禅的路上，经过寿张时，特地到张公艺家。高宗召见张公艺，特意问他这个大家族是怎样做到和睦相处的。张公艺拿来纸笔回复，在纸上一连写了一百多个"忍"字呈给高宗。他的意思是说，有的家族不能和睦相处，或者是因为家长分派衣食不公，或者是因为上下尊卑的礼节不周全，造成大家互相责备生怨，最后造成了纷争。如果大家都能够做到互相忍让，那么家族成员就能和睦相处了，整个家族就能长期亲密和好。

唐朝河东节度使柳公绰在公卿士大夫里面是最有名的。他家的家法很严。他家中门的东边有小书房，凡是在不朝见皇帝的时候，他都在每天清晨准时到小书房，仲郢等子女也都整装束带地站在中门之北向他请安。柳公绰无论是处理公事还是私事，以及接待宾客、和弟弟公权及堂弟们进食就餐，从早到晚，都不离开小书房。夜晚掌灯时分，就依次叫子弟们捧着经史书籍站在灯前，让他们各自朗读一遍后，就开始讲解为官治家的道理和方法。公绰有时候也谈论文章，有时候聆听弹琴，直到深夜才回到卧室睡觉，此时子女又站在中门之北向他道晚安。这样的习惯坚持了二十多年，没有一天改变过。如果遇到荒年，子女们就以蔬菜粗粮为食，公绰对他们说："以前我们兄弟侍奉父亲丹州刺史，因为学业未成，不肯吃肉，那个情景我到今天也不敢忘怀。"堂姊妹中如有守寡的，哪怕关系再疏远，公绰也一定要为她们选择夫婿，置备嫁妆，那些嫁妆都是木刻镜匣以及染花的丝织品。他常说："一定要等嫁妆齐备再结婚，这哪里比得上不错过出嫁的好时机呢？"等到公绰去世后，其子仲郢完全遵守家法，按他父亲的做法办事。

在当朝的诸位公卿里，能够固守古代礼法的，只有太宗时的宰相李昉。他家几代子孙有二百多人，依然在一起吃饭。家里田地房产的所有收入，和家里做官获取的朝廷俸禄，一律交回家里统一管理。平时都是按人口数量分配饭食，婚嫁丧葬等开支都有明确规定的数额。这些事务都是选派家中子弟分工负责，李家这个大家庭的规模大概超过了翰林学士宗谔家。

【原文】

夫人爪之利，不及虎豹；膂力之强，不及熊罴；奔走之疾，不及麋鹿；飞飏之高，不及燕雀。苟非群聚以御外患，则反为异类食矣。是故圣人教之以礼，使之知父子兄弟之亲。人知爱其父，则知爱其兄弟矣；爱其祖，则知爱其宗族矣。如枝叶之附于根干，手足之系于身首，不可离也。岂徒使其粲然[1]条理以为荣观哉！乃实欲更相依庇，以捍外患也。

吐谷浑阿豺有子二十人，病且死，谓曰："汝等各奉吾一支箭，将玩之。"俄而命母弟慕利延曰："汝取一支箭折之。"慕利延折之。又曰："汝取十九支箭折之。"慕利延不能折。阿豺曰："汝曹知否？单者易折，众者难摧。戮力一心，然后社稷可固。"言终而死。彼戎狄也，犹知宗族相保以为强，况华夏乎？

圣人知一族不足以独立也，故又为之甥舅、婚媾、姻娅[2]以辅之。犹惧其未也，故又爱养百姓以卫之。故爱亲者，所以爱其身也；爱民者，所以爱其亲也。如是则其身安若泰山，寿如箕翼[3]，他人安得而侮之哉！故自古圣贤，未有不先亲其九族，然后能施及他人者也。彼愚者则不然，弃其九族，远其兄弟，欲以专利其身。殊不知身既孤，人斯戕之矣，于利何有哉？昔周厉王弃其九族，诗人刺之曰："怀德惟宁，宗子惟城；毋俾城坏，毋独斯畏[4]；苟为独居，斯可畏矣。"

宋昭公将去群公子，乐豫曰："不可。公族，公室之枝叶也。若去之，则本根无所庇荫矣。葛藟[5]犹能庇其根本，故君子以为比，况国君乎？"此谚所谓庇焉而纵寻斧焉者也，必不可。君其图之，亲之以德[6]，皆股肱也。谁敢携贰[7]！若之何去之？"昭公不听，果及于乱。

华亥欲代其兄合比为右师，谮于平公而逐之。左师曰："汝亥也，必亡。汝丧而宗室，于人何有？人亦于汝何有？"既而，华亥果亡。

【注释】

[1] 粲然：显然明了。

[2] 婚媾、姻娅：前者指妻子的娘家人，后者指丈夫的亲属。泛

指姻亲。

[3] 箕翼：神仙。

[4] 怀德惟宁，宗子惟城；毋俾城坏，毋独斯畏：出自《诗经》。有德便能国家昌盛安宁，宗子就是护卫王室的城墙啊。不要让城墙毁坏，不要让自己孤立无援，否则太可怕了。

[5] 葛藟：落叶木质藤本植物。

[6] 亲之以德：用美德亲近他。

[7] 携贰：生异心。

【译文】

人的爪牙即使再锋利，也比不上虎豹的牙齿；人的体力再强大，也比不上熊罴的力量；人跑得再快，也比不上麋鹿的速度；人飞得再高，也比不上燕雀。如果人类不是靠群体的力量来抵御外敌，就会被其他动物吃掉。所以圣人教人以礼法，劝告人父子兄弟之间应该亲密。一个人如果爱戴他的父亲，就会爱他的兄弟；仰幕他的先人，就会爱他的族人。人与自己家族的关系，就像枝叶依附在根干，手脚长在身体上一样，是不能分开的。哪里只是为了明了有序显得好看呢？实在是希望互相庇护，抵抗外敌的攻击呀。

吐谷浑阿豺有二十个儿子，他在快病死的时候对儿子们说：“你们各拿一支箭给我，我准备给你们玩个游戏。”过了一会，他对弟弟慕利延说：“你拿一支箭来，把它折断。”慕利延一下子就折断了。阿豺又说：“你去拿十九支箭来，把其一起折断。”慕利延怎么也折断不了。阿豺这才对儿子们说：“你们明白了吗？一支箭是容易折断的，众多的箭在一起就不易折断。只要你们同心协力，国家就可以安定稳固。”说完这话他就死了。他们是落后的戎狄，尚且知道宗族互相支持互相保护才能够强大的道理，何况我们是中原华夏之人呢？

圣人很清楚单一宗族的人力量终究太单薄，因此又用甥舅关系、婚姻关系来作为辅助。即使如此，还是觉得力量不够强，所以又爱护和抚育百姓，让百姓来保卫自己。由此看来，爱护自己的亲戚，即是爱护自己；爱护百姓，就是在爱护亲戚。如果能做到这样，自己就会安如泰山，寿比神仙。别人怎能欺侮你呢？所以，自古以来的圣贤之人，没有不先和睦自己的族亲，然后再去护佑其他人的。那些愚人就不同了，他们抛弃自己的九族，疏远自家的兄弟，只想自己独享好处。却不懂得你孤单一人，别人就可能来加害你，这样对你能有什么好处呢？从前，周厉王抛弃九族，当时的人们用诗讥讽他："有德便能国家昌盛安宁，宗子就是护卫王室的城墙啊。不要让城墙毁坏，不要让自己孤立无援。如果什么事都自己独断专行，成为孤家寡人这样就太可怕了。"

宋昭公准备去掉诸位公子，乐豫说："万万不可，公族就像是公室的枝叶，如果去掉这些枝叶，那么公室这个树根就失去了保护。连葛藟这种植物都懂得去庇护它的根，君子都用葛藟来比喻做人的道理，何况是国君呢？"这个谚语说的是国君要用本宗族作为辅助力量，就像根要用枝叶来庇护它一样。如果你用斧子砍掉这些枝叶，那么你肯定坐不稳国君的位子。对待本家公族，该用仁德来亲近他们，这样他们就都会成为你的得力助手。如此天下还有谁敢对你有二心呢？你为什么要去掉他们呢？"昭公不听乐豫的话，后来果然导致了国家的大乱。

华亥想取代他的兄长合比成为右师，就到平公那边去说合比的坏话，好让平公把合比赶走。左师就说："你这个华亥呀，早晚必定要灭亡！你连你的宗族都要损害，对别人又会如何呢？别人又会如何对待你呢？"没多久，华亥果然死了。

【原文】

孔子曰："不爱其亲而爱他人者，谓之悖德[1]；不敬其亲而敬他人者，谓之悖礼。以顺则逆，民无则[2]焉，不在于善，而皆在于凶。德虽得之，君子不贵[3]也。故欲爱其身而弃其宗族，乌在其能爱身也？"

孔子曰："均无贫，和无寡，安无倾[4]。"善为家者，尽其所有而均之，虽粝食不饱，敝衣不完，人无怨矣。夫怨之所生，生于自私及有厚薄也。

汉世谚曰："一尺布尚可缝，一斗粟尚可舂。"言尺布可缝而共衣，斗粟可舂而共食。讥文帝以天下之富，不能容其弟也。梁中书侍郎裴子野，家贫，妻子常苦饥寒。中表贫乏者，皆收养之。时逢水旱，以二石米为薄粥，仅得遍焉，躬自同之，曾无厌色。此得睦族之道者也。

【注释】

[1] 悖德：违背道德。

[2] 则：规矩，规则。

[3] 贵：以……为贵，珍惜，尊重。

[4] 安无倾：平安无隐患。

【译文】

孔子说："不爱家里的亲人却去爱别人，这是违反道德的；不敬重自家亲人而敬重别人，这是违反礼法的。君主教导百姓尊敬父母，自己却违反道德礼法，这样就会造成百姓没有遵循的东西，无所适从。凡是不敬重自己的父母，又违背道德礼法的人，即使再注意德行，君子也不会去尊敬他。一个人想爱护自己，却抛弃自己的宗族，那又怎么能够真正做到爱护他自己呢？"

孔子说："财产如果能做到均匀分配，家里就不会有人贫穷；如果大家能够和睦相处，家人就会一条心；家人相安无事，家里面就不会有灾祸。"善治家者平均分配所有财产，即使是每天粗茶淡饭、穿破旧衣裳，甚至吃不饱穿不暖，也不会有怨恨。怨恨之所以会产生，是因为家长自私自利，而且对家人厚此薄彼。

汉代有一句谚语说："一尺布也可缝，一斗粟也可以舂。"意思是说即使天下仅有一尺布，也还可以把它缝制成衣服，大家一起穿；即使天下仅有一斗谷粟，也还可以做好了，大家一起吃。这句谚语是讥讽汉文帝的，他虽然拥有整个天下，却不能容纳他的亲兄弟。梁代中书侍郎裴子野的家里很穷，妻子儿女经常受饥寒交迫之苦，裴子野却把贫穷的表弟表妹收养在家。当时正碰上水灾、旱灾，裴子野家用二石米煮成很稀的粥，家里人多，只够一人喝一碗。裴子野和其他人一样只喝一碗，没有一点难受厌弃的样子。这个做法应该是懂得与家族和睦相处的道理了。

【点评】

司马光的《家范》内容全面，涉及家庭生活的方方面面，很多内容都源自于儒家经典，主要阐述封建大家庭里的伦理关系、道德标准和治家方法。虽然有些观点陈腐过时，但在教导人正确妥善处理日常生活方面的问题上还是有独特的见解的。他认为在家庭生活中，各安其位，各守本分，互相关照，公平分配财物，尊老爱幼，团结一心，家庭就会和睦，能战胜各种困难。

邵雍：诫子孙

【原文】

上品之人[1]不教而善，中品之人教而后善，下品之人教亦不善。不教而善，非圣而何？教而后善，非贤而何？教亦不善，非愚而何？是知善者，吉之谓也；不善者，凶之谓也。吉也者，目不观非礼之色，耳不听非礼之声，口不道非礼之言，足不践非礼之地，人非善不交，物非义不取，亲贤如就芝兰[2]，避恶如畏蛇蝎。或曰不谓之吉人，则吾不信也。凶也者，语言诡谲，动止阴险，好利饰非，贪淫乐祸，疾良善如雠隙[3]，犯刑宪如饮食，小则殒身灭性，大则覆宗绝嗣。或曰不谓之凶人，则吾不信也。

《传》有之曰："吉人为善，惟日不足；凶人为不善，亦惟日不足。"汝等欲为吉人乎？欲为凶人乎？

【注释】

[1] 上品之人：品性良善的人。

[2] 芝兰：芝草和兰草，喻君子美德。

[3] 雠隙：仇怨。

【译文】

上等品质的人，不需要别人教育自动就会行善；中等品质的人，经过教育后方去行善；下等品质的人，教导了也不会去行善。不经教导就能行善的人，不是圣人还会是别的什么人吗？教育后就会行善的人，不算贤良的人又是什么人呢。教育了还不能去行善，不是愚蠢的人又是什么人呢。所以，知道善而行善的人，可称为吉人。不善的蠢人，可称为凶人。吉祥的人，眼不看非礼之色，耳不想听非礼之声，不讲这些非礼之言。脚不践踏非礼之地。对方如不是善人，绝不与之交朋友。不合道义的财物绝对不要去获取；亲近贤人，就像与芝兰相伴；规避恶人，如同躲避蛇蝎。如果说这样的人不吉祥，我是不信的。凶顽的人言语诡诈，举止阴险，喜欢谋取好处且掩饰过错，贪图淫欲享受，喜欢幸灾乐祸，讨厌善良的人就像仇人一样，违法作恶就像家常便饭平常，小则丢命，大则是给自家的族人带来危害，甚至导致灭族。像这样的人如果不算是凶险之人，我是不信的。

《易经·系传》说：吉祥的人行善，总以为一天的时间都不够。凶人作恶，也觉得一天的时间不够。你们是打算做吉人，还是做凶人呢?

【点评】

本篇所论属于人生问题。作者认为人可以分为三个等级，即上品、中品和下品，其中上品、中品属于好人，下品则为坏人。对于什么是好人，坏人，作者作了具体描述。这样就方便其子孙判断选择。有趣的是，作者只讲了为恶者不得好死，但对行善的好人的结局却略而不谈。或许是他认为行善尽心即可，莫问前程，把做好人作为一种道德追求吧。

黄庭坚：家诫

【原文】

庭坚自丱角[1]读书，及有知识，迄今四十年，时态历观，谛[2]见润屋[3]封君，巨姓豪右[4]，衣冠世族，金珠满堂。不数年间复过之，特见废田不耕，空囷不给。又数年，复见之，有缧绁[5]于公庭者，有荷担[6]而倦行于路者。问之曰："君家曩时，蕃衍盛大，何贫贱如是之速耶？"有应于予曰："嗟乎！吾高祖起自忧勤，噍类[7]数口，叔兄慈惠，弟侄恭顺。为人子者，告其母曰：'无以小财为争，无以小事为仇，使我兄叔之和也'；为人夫者，告其妻曰：'无以猜忌为心，无以有无为怀，使我弟侄之和也'。于是共卮[8]而食、共堂而燕、共库而泉、共廪而粟，寒而衣，其币[9]同也，出而游，其车同也。下奉以义，上谦以仁。众母如一母，众儿如一儿，无尔我之辨，无多寡之嫌，无私贪之欲，无横费之财，仓箱共目而敛之，金帛共力而收之。故官私皆治，富贵两崇。逮其子孙蕃息，妯娌[10]众多，内言多忌，人我意殊，礼义消衰，诗书罕闻，人面狼心，星分瓜剖。处私室则包羞[11]自食，遇识者则强曰同宗；父无争子[12]而陷于不义，夫无贤妇而陷于不仁，所志者小而所失者大。至于危坐孤立，患害不相维持。此其所以速于苦也！"某闻而泣之。家之不齐，遂至如是之甚，可志此以为吾族之鉴。因为常语[13]以劝焉，吾子其听否？

昔先猷[14]以子弟喻芝兰玉干生于阶庭者，欲其质之美也；又谓之龙驹鸿鹄[15]者，欲其才之俊也。质既美矣，光耀我族；才既俊矣，荣显我家，岂有偷取自安而忘家族之庇乎？汉有兄弟焉，将别也，庭木为之枯；将合也，庭木为之荣。则人心之所叶者，神灵之所佑也。晋有叔侄焉，无间者为南阮之富，好异者为北阮之贫[16]。则人意之所和者，阴阳之所赞也。大唐之间，义族尤盛，张氏九世同居，至天子访焉，赐帛以为庆。高氏七世不分，朝廷嘉之，以族闾为表。李氏子孙百余众，服食器用，童仆无所异。黄巢、禄山[17]大盗横行天下，残灭人家，独不劫李氏，云："不犯义门也。"此见孝慈之盛，外侮所不能欺。

虽然，皆古人陈迹[18]而已，吾子不可谓今世无其人。德安王兵部义聚百年，至五世，诸母新寡，弟侄谋析财[19]而与之，俾营别居，诸母曰："吾之子幼，未有知识，吾所倚赖，犹子伯伯、叔叔也，不愿他业。待吾子得训经意，知礼数足矣！"其后，侄子官至兵部侍郎，诸母授金冠章帔[20]，人皆曰："诸母岂先知乎，有助耶！"鄂之咸宁有陈子高者，有腴田五千，其兄田止一千，子高爱其兄之贤，愿合户而同之。人曰："以五千膏腴就贫兄，不亦卑乎？"子高曰："我一身尔，何用五千？人生饱暖之外，骨肉交欢而已。"其后，兄子登第，仕至大中大夫，举家受荫，人始曰："子高心地吉，乃预知兄弟之荣也。"然此亦人之所易为也，吾子欲知其难者，愿悉以告。

昔邓攸[21]遭危厄之时，负其子侄而逃之，度不两全，则托子于人，而宁抱其侄也。李充[22]在贫困之际，昆季[23]无资，其妻求异，遂弃其妻曰："无伤我同胞之恩。"人之遭贫遇害，尚能为此，况处富盛乎？然此予闻见之远者，恐未可以言人，又当告以耳目之尤近者。吾族居双井四世矣，未闻公家之追负，私用之不给，泉粟盈储，金朱继荣，大抵礼义之所积，无分异之费也。其后妇言是听，人心不坚，无胜己之交，信小人之党，骨肉不顾，酒胾[24]是从，乃至苟营自私，偷取目前之逸，恣纵口体[25]而忘远大之计。居湖坊者，不二世而绝；居东阳者，不二世而贫。其或天欤，亦人之不幸欤！

吾子力道问学，执书册以见古人之遗训，观时利害，无待老夫之言矣。于古人气概风味，岂特仿佛耶？愿以吾言敷而告之，吾族敦睦当自吾子起，若夫子孙荣昌、世继无穷之美，则吾言岂小补[26]哉！志之曰《家诫》。时绍圣元年八月日书。

【注释】

[1] 丱角：头发束成两角形。指童年或少年时期。

[2] 谛：仔细。

[3] 润屋：居室华丽，指富有。

[4] 豪右：豪门大族。

[5] 缧绁：牢狱。

[6] 荷担：用肩负物，挑担。指贫困。

[7] 噍类：要吃饭的人。

[8] 卮：酒器，器皿。

[9] 币：通“帛”。

[10] 妯娌：兄弟之妻的合称。

[11] 包羞：庖馐，厨房内精美的食品。

[12] 争子：争，通“诤”。直言规劝父母的儿子。

[13] 常语：寻常话，俗话。

[14] 先猷：先圣。

[15] 龙驹鸿鹄：龙驹，比喻英俊少年。鸿鹄，比喻志向远大的人。

[16]“晋有叔侄焉”句：晋阮籍与其侄阮咸共居道南，合称“南阮”。出自南朝宋刘义庆《世说新语·任诞》：“阮仲容、步兵居道南，诸阮居道北。北阮皆富，南阮贫。”

[17] 黄巢、禄山：指唐代的黄巢和安禄山。

[18] 陈迹：过去的事情。

[19] 析财：分割财产。

[20] 帔：古代披在肩背上的服饰。

[21] 邓攸：字伯道，晋代人，有德行。

[22] 李充：字弘度，东晋人，文学家。

[23] 昆季：兄弟。长为昆，幼为季。

[24] 酒胾：酒肉。

[25] 口体：口和身体。

[26] 小补：微小的益处。

【译文】

我黄庭坚自儿童时开始读书，到渐渐有了知识，到现在已经四十年了。时局世态都一一经历了，曾经看到过那些富丽堂皇的家庭受爵被封、大户富豪、世袭贵族人家，金银珠宝堆满厅堂的场景。过几年再去探访时，只看到废弃的田地没人耕种，空空的粮囤已经没有了供应的粮食。又过了几年，再见到这些曾经的富贵人时，有的被关在公庭，有的挑着担子在路上为生计疲惫地奔忙。就问他们：“你家过去人多势众，为什么这么快就落入贫贱之地呢？”有人回答我说：“唉！我高祖从忧患勤奋起家，虽然一大家人在一起吃饭，但是叔父兄长仁慈贤惠，弟弟侄子恭敬有礼。做儿子的对母亲说：‘不要为小钱与人争执，不要为小事与人记仇，这样就能让我叔叔兄长和睦相处。’做丈夫的告诉妻子说：‘心里不要猜忌别人，不要把得失放在心上，这样能让我弟弟侄子和睦相处。’这样，一家人都在一起生活，在一个堂屋吃饭，有钱放在一起，收获的粮食存在一处。天冷了添衣服，大家穿的一样；出门远行，大家坐的车也一样。晚辈讲义气，长辈有仁心。每家的母亲好像同一个母亲，各家的儿子如同一个儿子。没有彼此的分别，没有什么矛盾，没有为私利贪心的念头，没有浪费的钱财。库房都是大家一起看着收藏的，赚钱的事情大家合力完成，所以和官府和民间的关系都很好，财富和地位提升的也比较高。等到后代子孙人口增加，妯娌多了，在家里说的有些话难免招来嫉恨，加上各人有各人的想法，礼义慢慢减少，也听不到吟诗读书的声音了，变得人面兽心，一家人像分散的星星，切开的瓜一样。各自在家关上门吃美味佳肴，出门相遇了就敷衍说是自家人。父亲没有了能谏诤的儿子而不再讲道义，丈夫没有了贤惠的妻子而没有仁心。志向很小以致失去的东西很多。后来小家庭各自分立，遇到灾祸都不能相互帮助。这就是家族迅速衰败的苦衷啊。”我听说这些禁不住悲哭。治家不好才导致这样严重的后果，应该记下这些作为我们家族的镜鉴，因此就用俗话来劝诫家人。只是我儿子他能听得进吗？

古代先贤把晚辈比作生长在庭院中的芝兰玉树，是期望他们能有美好的品质。称他们为龙驹鸿鹄，是期望他们才智出众。品质美好，就能光宗耀祖；才华出众，就能显赫门楣。怎么能只顾自己苟且偷安却忘了对家族的悉心维护呢？汉代有两兄弟，打算分家时，庭院中的树木就枯萎；准备团聚时，树木又重归茂盛。这是靠人能同心，同时也是靠神灵保佑才能这样的。晋代有叔侄两家人，关系亲密的南边阮家就很富足，关系疏远的北边阮家却很贫穷。这说明只要人心和谐，老天都会来帮你。唐朝时期，孝义之家很多，有户张姓人家，九世同堂，以至于连皇帝都驾临这家访问，还赐给绢帛以示祝贺。有一户姓高的人家，祖孙都七代了都没有分家，朝廷把他们树立为乡里同族的楷模。李姓人家子孙上百人，吃穿杂用等，小孩仆人都是一样的标准。黄巢、安禄山这些大盗横行天下，残害百姓的时候，唯独不劫掠李家，说不能侵犯孝义人家。由此可见孝慈的巨大精神感召力，即使外面的侵略压迫也不好意思侵犯。

虽然这些都是古人的旧事，孩子啊，你也不能说当代没有这样的人。德安王兵部一家，共居百年到五世同堂，庶母刚刚寡居，兄弟子侄就谋划分产给她，让她搬到别处居住。庶母说：“我的儿子年纪还小，不懂事，我能依靠的只有孩子的伯伯叔叔们，所以我现在还不想搬到别的地方。等到我儿子受到教育，懂得礼数就可以走了。”后来她的侄子官至兵部侍郎，庶母也被诰封金冠章帔。大家都说难道庶母是有先见之明吗，有贵人相助吗。湖北咸宁有个叫陈子高的人，有五千亩肥田，他哥哥的田只有一千亩，子高敬重他哥哥的贤德，愿意两家合为一家共享这些田地。有人说：“坐拥五千亩肥田却去投靠贫穷的哥哥，这样做不是很低贱吗？”子高回答说：“我一个人只要一间房子就可以了，哪里用得了五千亩的土地啊？人生除了吃饱穿暖以外，唯有和亲人一起共享天伦之乐而已。”此后不久，他哥哥的儿子考中了科举，官至大中大夫，全家人都因此沾光。人们这才说：“陈子高品性高洁，能预判兄弟家会荣华富贵。”当然这也是人们容易做到的。孩子啊，你想知道那些难以做到的，我都告诉你们。

过去邓攸遭遇危险时，领着儿子和侄子逃跑，他思量自己一人不能保全两个孩子，宁愿选择把自己的儿子托付给别人，自己却抱着侄子逃跑。李充贫困的时候，兄弟们都穷，他妻子想分家，他就休了妻子，说：“不要伤害了我们同胞兄弟的感情。”这些人在遭到贫穷祸患时尚且能这样，何况处在富裕发达的时候呢？我听说看见的这些往事太遥远，恐怕你们不太相信。我就把我自己近来的所见所闻告诉你们。我的家族住在双井，已经第四代了，没听说有过公家追债，自家开支不足的情形。我们家钱财粮食堆满了仓库，金印朱绶不断，显露我们家的荣华富贵，这些大都是凭着慎行礼法道义而有的积累，不会有分家的额外开销。但是后来，后辈只听妻子的话而无主见，没有交往比自己强的朋友，只相信小人，不关心爱护亲人，只喜欢酒肉，自私自利，只知道享受眼前的安逸，贪图口腹之欢，却忘记了筹划家庭的长远生存大计。居住在湖坊的那家不到两代就绝户了，居住在东阳的那家不到两代就贫困潦倒了。这是天意呢，还是人自己造成的不幸呢？

你们要致力于信守道义，勤奋学习，看书要弄懂古人遗留下的训导，观察分析世事的各种利害关系，不用等着我来给你们说明白吧。古人的气概风范，怎么能像我说的这样简单呢？我只能说个大概来告诉你们。我们家族的亲善和睦，应该从你们这里开始，让子孙荣耀繁盛，并能世代传承。我的话或许能有一点点用处。记录的这些话叫《家诫》。

时在绍圣元年八月某日

【点评】

黄庭坚《家诫》篇幅不长，主旨是在大家庭里生活，应该做到互相关心、互相帮助，不要自私自利，尽打自家的小算盘，只有和睦相处，家族才能兴旺发达。文中案例众多且十分生动，很有说服力。而好人有好报的思想贯穿全篇，也符合当时一般人的认知。

陆游：放翁家训（节选）

【原文】

吾家在唐为辅相者六人，廉直忠孝，世载令闻[1]。念后世不可事伪国[2]，苟富贵，以辱先人，始弃官不仕，东徙渡江，夷于编氓[3]。孝悌行于家，忠信著于乡，家法凛然，久而弗改。宋兴，海内一统，祥符[4]中，天子东封泰山，于是陆氏乃与时俱兴，百余年间文儒继出，有公有卿，子孙宦学相承，复为宋世家[5]，亦可谓盛矣。

然游于此切有惧焉。天下之事，常成于困约[6]而败于奢靡。游童子时，先君谆谆为言，太傅出入朝廷四十余年，终身未尝为越产，家人有少变其旧者辄不怿[7]。其夫人棺才漆，四会婚姻，不求大家显人，晚归鲁墟[8]，旧庐一椽不可加也。楚公年少时尤苦贫，革带敝，以绳续绝处。秦国夫人尝作新襦[9]，积钱累月乃能就，一日覆羹污之，至泣涕不能食。太尉与边夫人方寓宦舟，见妇至喜甚，辄置酒，银器色黑如铁，果醢数种，酒三行而已。姑嫁石氏，归宁，食有笼饼，亟起辞谢曰："昏耄不省是谁生日也。"左右或匿笑，楚公叹曰："吾家故时数日乃啜羹，岁时或生日乃食笼饼，若曹岂知耶？"是时楚公见贵显，顾以啜羹食饼为泰，愀然叹息如此。游生晚，所闻已略，然少于游者又将不闻，而旧俗方以大坏，厌藜藿[10]，慕膏粱[11]，往往更以上世之事为讳。使不闻此风，放而不还，且有陷于危辱之地，沦于市井降于皂隶者矣。复思如往时，父子兄弟相从居于鲁墟，葬于九里，安乐耕桑之业，终身无愧悔，可得耶？

鸣呼！仕而至公卿，命也；退而为农，亦命也！若夫挠节以求贵，市道以营利，吾家之所深耻，子孙戒之，尚无坠厥初。

【注释】

[1] 世载令闻：世代留下美名。令闻，美好的名声。

[2] 伪国：指夺取唐朝天下的政权。

[3] 夷于编氓：地位变为平民。

[4] 祥符：北宋真宗第三个年号（1008—1016 年）。

[5] 世家：门第高贵、世代为官的人家。

[6] 困约：困顿贫乏。

[7] 不怿：不悦。怿，欢喜。

[8] 鲁墟：指鲁地（今山东）。

[9] 襦：短衣，短袄。

[10] 藜藿：粗劣的汤羹。指生活贫苦。

[11] 膏粱：肥肉和细粮。指生活富贵。

【译文】

我们家族在唐朝当过宰相的共有六人，每位都廉洁正直、忠心孝顺，世代流传下美好的名声。想到后世子孙不能够侍奉伪朝，一旦哪天得以富贵，就会羞辱祖先的名声。于是就辞官不就了，然后向东迁徙渡过长江，做普通百姓。不过孝顺友爱的品德依然在家中推行，忠诚守信的名声在乡里显耀，家法依旧令人敬畏，很久也没有变过。宋朝兴起后，天下统一了，陆家也就应运而兴。此后的一百多年里，相继出现了多位文豪名儒，有的位列三公，有的官拜九卿，子孙也都致力于仕途或潜心于治学，这种风气代代相承，从此，又成为宋朝世家大族，可以说是很兴旺了。

但我对于这种情况私下里有些担忧，天下的事往往成于困境，败于奢侈。我在小时候，先父曾谆谆教导我们说，太傅出入朝廷四十多年，终身未曾积攒额外的财产，见家人有稍微改变旧俗的举动，就很不爽。晚年时回到鲁地老家，住的旧房子连一根椽子也没有增加。祖父楚公少年时很贫穷，衣带破旧了，就用绳子接续断裂处。祖母秦国夫人曾做过一件新短衣，钱攒了好几个月才做成。有一天不小心打翻粥弄脏了，竟哭泣着不肯吃饭。有次太尉和边夫人到我家船上小住，见到妇人来很高兴，就置办酒款待，银器餐具都像铁那样黑，果品也只有几种，酒过三巡就吃完了。小姑嫁给石家人，有一次回娘家探亲时，食物中有笼饼，她立即起来道歉说："我糊里糊涂的，都不知道今天是谁过生日。"旁边有的人就暗笑。楚公叹息说："我家从前，好几天都只能喝粥，每年过节或过生日时才能吃上笼饼，你们怎会知道呢？"当时楚公已经地位尊显了，依旧以喝粥吃饼为从容事，才有如此叹息。我出生得太晚，所听说的事情已经很简略了；但比我更年轻的陆家子弟，可能就再听不到这些旧事了。过去的家风现在已经被严重败坏。子弟们厌恶粗茶淡饭的艰苦生活，向往肥肉细粮的富贵享受，还常把以前的苦难日子视为忌讳不让孩子们知晓。这样放任好的家风逐渐式微而不能再恢复，甚至有把子孙陷入危险受辱之地，让他们有沦落为市井小民甚至奴仆的危险。回想从前先祖父子兄弟尽力于耕织种桑的生活，安居乐业而终身不愧不悔，这样的场景是可以求得的吗？

唉！读书做官直至到公卿，都是命运的安排；退居山野务农，这也是命运的安排。如果以放弃节操来追求显贵，出卖自己奉行的道德准则来谋取好处，这是我们家族的人深感为耻的。子孙们一定要以此为戒，只有这样，家族就不会有毁坏衰亡的苗头。

【点评】

陆游的这篇家训，讲的是勤俭持家、诗书传承、忠孝廉直对于家族的兴旺发达的重要意义。文字朴实，情感真挚，浓缩了对后代深切的怜爱和勉励。

朱熹：与长子受之

【原文】

早晚授业，请益随众，例[1]不得怠慢。日间思索有疑，用册子随手札记，候见质问，不得放过。所闻诲语，归安下处，思省要切之言，逐日札记，归日要看。见好文字，录取归来。

不得自擅出入，与人往还。初到，问先生，有合见者见之，不合见则不必往。人来相见，亦启禀，然后往报之。此外不得出入一步。居处须是居敬，不得倨肆惰慢。言语须要谛当[2]，不得戏笑喧哗。

凡事谦恭，不得尚气陵人，自取耻辱。

不得饮酒，荒思废业，亦恐言语差错，失己忤[3]人，尤当深戒。不可言人过恶，及说人家长短是非，有来告者，亦勿酬答。于先生之前，尤不可说同学之短。

交游之间，尤当审择。虽是同学，亦不可无亲疏之辨。此皆当请于先生，听其所教。大凡敦厚忠信，能功吾过者，益友也。其谄谀轻薄，傲慢亵狎，导人为恶者，损友也。推此求之，亦自合见得五七分，更问以审之，百无所失矣。但恐志趣卑凡，不能克己从善，则益者不期疏而日远，损者不期近而日亲[4]，此须痛加检点而矫革之，不可荏苒[5]渐习，自趋小人之域。如此，则虽有贤师长，亦无救拔自家处矣。

见人嘉言善行，则敬慕而录纪之；见人好文字胜己者，则借来熟看，或传录之，而咨问之，思与之齐而后已。不拘长少，惟善是取。

【注释】

[1] 例：每次。

[2] 谛当：恰当。

[3] 忤：抵触。

[4] 则益者不期疏而日远，损者不期近而日亲：有益处的朋友即使不想疏远也会逐渐离去，坏朋友即使不想来往却日渐亲近。

[5] 荏苒：时间逐渐过去。

【译文】

早晚去上课，和大家一起请教学问，每次都不应该怠慢。白天的时候思考有疑问的地方，用小本子随手记录下来，等到见老师时再请教，不能推到以后。对于所听到的教诲，回到住处后，要好好回想重要的语句，每天都要记录，你回来时要看到记录的好语句带回来。

不能自己随便进出，和他人来往。刚到时要询问先生意见，可以见面的就见面，不能见面的就不见。别人来相见，也要先禀报，然后再去。除此之外不能进出一步。

到哪里都要非常恭敬，不得自傲放肆，懈怠简慢，说话要恰当，不能嬉笑喧哗，做事要谦恭，不能盛气凌人，自取其辱。

不能饮酒，荒废学业，恐怕也会说话失言，自己犯错还得罪别人，所以喝酒尤其要戒除。不能说别人的坏话和人家的长短是非，有来给你说的，也不要应和。在老师面前，尤其不能说同学的短处。

对于交往的朋友，尤其要谨慎选择。虽然是同学，也不能不分亲近疏远，这些都要请教老师，听老师的教诲。大凡忠厚诚信，能指出我的过错的人，都是有益的朋友。那些讨好轻浮，傲慢而随意亲近还诱导人作恶的人，都是坏朋友。照这样看人，也大概能看出五七分，再交谈询问了解，就大致不会出错。只恐怕志趣低下而普通，不能向好的方面有所进步，那有益处的朋友就是不想疏远也会逐渐的离去，坏朋友不想来往却日渐亲近，这一定要痛切地检点自己并且改正，不能一天天地成为习惯，让自己沦落到小人的行列里。如果这样，即便是有再好的老师长辈，也没有办法挽救自己了。

见到别人出色的语句和善良的行为，要仰慕并且记录下来，看见别人比自己优秀的文章，要借来熟读或抄录下来，并且请教对方，要时刻想着能赶上对方才行。不论大人、小孩，只要有好的地方就要学习。

【点评】

朱熹这篇家训，谈的主要是求学的问题，大意是学习要勤奋多思，养成多问、多记的良好习惯，注意慎交朋友，不说长道短，虚心请教，见贤思齐，不能饮酒等，都是肺腑之言。作为一代大儒、教育家，朱熹教子可谓十分严格。特别是此家训从益友和损友两个角度，说明近朱者赤，近墨者黑的道理，要求其子克己从善，希望其子成才的迫切之心十分明显。

袁采：袁氏世范（节选）

【原文】

和兄弟教子善

人有数子，无所不爱，而于兄弟则相视如仇雠[1]。往往其子因父之意遂不礼于伯父、叔父者。殊不知己之兄弟即父之诸子，己之诸子，即他日之兄弟。我于兄弟不和，则我之诸子更相视效[2]，能禁其不乖戾否？子不礼于伯叔父，则不孝于父，亦其渐也。故欲吾之诸子和同，须以吾之处兄弟者示之。欲吾子之孝于己，须以其善事伯叔父者先之。

背后之言不可听

凡人之家，有子弟及妇女好传递言语，则虽圣贤同居，亦不能不争。且人之做事不能皆是[3]，不能皆合他人之意，宁免其背后评议？背后之言，人不传递，则彼不闻知，宁有忿争？惟此言彼闻，则积成怨恨。况两递其言，又从而增易之[4]，两家之怨至于牢不可解。惟高明之人，有言不听，则此辈自不能离间其所亲。

亲戚不宜频假贷

房族、亲戚、邻居，其贫者财有所阙[5]，必请假焉。虽米、盐、酒、醋计钱不多，然朝夕频频，令人厌烦。如假借衣服、器用，既为损污，又因以质钱[6]。借之者历历在心，日望其偿。其借者非惟不偿，又行常自若，且语人日："我未尝有纤毫假贷于他。"此言一达，岂不招怨怒。

亲旧贫者随力周济

一应亲戚故旧，有所假贷，不若随力给与之。言借，则我望其还，不免有所索。索之既频，而负偿"冤主"反怒日："我欲偿之，以其不当频索，则姑已之。"方其不索，则又日："彼不下气问我，我何为而强还之！"故索亦不偿，不索亦不偿，终于交怨而后已。

盖贫人之假贷，初无肯偿之意，纵有肯偿之意，亦由何得偿？或假贷作经营，又多以命穷计绌而折阅[7]。方其始借之时，礼甚恭，言甚逊，其感恩之心可指日以为誓。至他日责偿之时，恨不以兵刃相加。凡亲戚故旧，因财成怨者多矣。

俗谓"不孝怨父母，欠债怨财主。"不若念其贫，随吾力之厚薄，举以与之。则我无责偿之念，彼亦无怨于我。

子孙常宜关防

子弟有过，为父祖者多不自知，贵宦尤甚。盖子孙有过，多掩蔽父祖之耳目。外人知之，窃笑而已，不使其父祖知之。至于乡曲贵宦，人之进见有时，称道盛德之不暇，岂敢言其子孙之非！况又自以子孙为贤，而以人言为诬，故子孙有弥天之过而父祖不知也。间有家训稍严，而母氏犹有庇其子之恶，不使其父知之。

富家之子孙不肖，不过耽酒、好色、赌博、近小人，破家之事而已。贵宦之子孙不止此也。其居乡也，强索人之酒食，强贷人之钱财，强借人之物而不还，强买人之物而不偿。亲近群小，则使之假势以陵人；侵害善良，则多致饰词以妄讼；不恤误其父母，陷于刑辟[8]也。凡为人父祖者，宜知此事，常关防，更常询访，或庶几焉。

【注释】

[1] 仇雠：仇人。

[2] 视效：效仿。

[3] 是：正确，合适。

[4] 增易之：此处是添油加醋的意思。

[5] 阙：缺乏。

[6] 质钱：质押换钱。

[7] 折阅：减价销售。

[8] 刑辟：本意是刑律。此处指被刑罚处置。

【译文】

和兄弟教子善

人啊自己的孩子多，个个都喜欢，而对自己的兄弟却视同仇人。经常是儿子按照父亲的意思，对伯父、叔父不那么恭敬了。不晓得自己的兄弟就是父亲的儿子，自己的几个儿子，他们之间也就是兄弟关系吗？如果我与我的兄弟不和，那么我的几个儿子也会仿效，怎可阻止他们蛮横不讲理呢？如果做子女的对伯父、叔父没有礼貌，那么他们也不会对自己的父亲孝顺，这是一个渐进的过程。所以，要想我的几个儿子和睦相处，就要把我如何与兄弟友好相处的样子给他们作示范。要想我的子女对自己孝顺，我自己必须先善待伯父、叔父。

背后之言不可听

有些人的家里，子弟和妇女喜欢说东道西，议论别人，这样的话，即使他们和圣贤居住在一起，也会产生争执。况且人们做事不一定每次都合适，不可能全合其他人的心意，怎么能避免别人在背后议论呢？背后说的话，如果别人不传递，那么那个人就不会知道，哪里还会有什么不满和争执呢？只有这个人说的话后来被那个人听见了，才逐渐积成怨恨。更何况两头传话，内容还会有所改变，添油加醋，这样两家人结的怨就再也解不开了。只有那些高明的人，有闲话也不听，那么这种说闲话的人也就不能够挑拨他们之间的关系了。

亲戚不宜频借贷

家族、亲戚和邻居里面，生活穷困一些的，如果缺点什么东西，肯定会向别人去借。虽然只是米、盐、酒、醋这些不值钱的东西，但如果老是借，次数多了就会让人厌烦。如果借的是衣服或日用品，即使被对方弄脏弄坏了，自己还可以拿它们去换钱。只是出借者把这些都一一放在心上，天天想着借的人归还，而借的人不仅不还，行动表情还与平常一样，甚至还跟别人说："我从来没有向他借过一分钱的东西。"这种混账话一旦说出来，岂不是要惹出出借人的怨怒吗？

对亲旧贫者可量力接济

与其答应借给亲戚和朋友财物，不如根据自己的经济能力送一些给他。如果借出去的话，我肯定希望他尽快还，否则就免不了去讨要。但讨要的次数多了，借走东西的人反而会生气地说：“我本来打算还他的，但他不应当这样频繁地来要。既然这样，我就暂时不还了。”如果出借人不来讨要了，借的人又会这样说：“既然他不开口来向我要，我为什么非要还给他呢？”所以要也不还，不要也不还，反正双方最后都会结下怨恨。

大概是因为穷人借财物，本来就没有打算归还。即使他诚心想还，又能拿什么东西来还呢？有的穷人借钱去做生意，往往又因为运气差或能力不足而赔了本。当他借钱的时候，表现得礼貌恭敬，说话也非常客气，那种感谢的心情，可指着太阳发誓。可到了要还债的时候，却恨不得拔刀相见。亲戚朋友之间因钱财而闹矛盾的事例很多。

俗语说：“儿女不孝顺，责任在父母；有人欠了债，责任在财主。”与其这样，不如怜悯他贫穷，根据自己经济能力的大小，送一些钱物给他。这样我既不会惦记要他还，他也不会恨我了。

子孙常宜关防

子孙犯错，做父亲、祖父的往往不知晓，那些做高官要员的家庭更是如此。因为子孙犯了错误后，大多数都尽量不让父亲、祖父听到看到。外人晓得了，也只是暗地里讥笑而已，也不会让他们的父亲、祖父知道。至于地方上的大员，人们时常去拜见巴结他们，奉承拍马还来不及，哪里还敢说他子孙的不是呢？更何况高官要员们一般都自认为自己的子孙是出色的，往往会把别人说的关于子孙的坏话当成是诬陷。所以这些人的子孙即使犯下天大的错，其父亲、祖父也不可能知道。偶尔也有家教比较严一点的府第，但又会遇到母亲包庇儿子的过错，并不会让其父亲知道。

有钱人家子孙的不堪，只不过是沉溺于酒色，赌博，与坏人打成一片，至多使家庭破产之类而已。有权有势的高官大员家子孙的危害就远不止这些了。他们在乡里，强要别人的酒食，索取别人的钱财，强借别人的东西不还，强买别人的东西不付钱。与坏人混在一起，让他们也借自己的强大背景来欺负别人；侵害那些善良的人，甚至还要捏造事实来栽赃他们。他们不在乎让其父母的名声受损，以致最终触犯刑律。凡是做父母的，应该明白这些事理，经常加以提防，同时要经常去向别人了解自家孩子的情况，这样也许就差不多了。

【原文】

子弟贪缪[1]勿使仕宦

子弟有愚缪贪污者，自不可使之仕宦。古人谓“治狱[2]多阴德，子孙当有兴者”。谓“利人而人不知所自，则得福”。今其愚缪，必以狱讼事悉委胥辈[3]改易事情，庇恶陷善，岂不与阴德相反！古人又谓“我多阴谋，道家所忌”。谓“害人而人不知所自，则得祸”。今其贪污，必与胥辈同谋，货鬻[4]公事，以曲为直，人受其冤无所告诉，岂不谓之阴谋。士大夫试历数[5]乡曲三十年前宦族，今能自存者仅有几家？皆前事所致也。有远识者必信此言。

家业兴替系子孙

同居父兄子弟，善恶贤否相半，若顽很刻薄，不惜家业之人先死，则其家兴盛未易量也；若慈善、长厚、勤谨之人先死，则其家不可救矣。谚云：“莫言家未成，成家子未生；莫言家未破，破家子未大。”亦此意也。

男女不可幼议婚

人之男女，不可于幼小之时便议婚姻。大抵女欲得托，男欲得偶，若论目前，悔必在后。

盖富贵盛衰，更迭不常；男女之贤否，须年长乃可见。若早议婚姻，事无变易固为甚善，或昔富而今贫，或昔贵而今贱，或所议之婿流荡不肖，或所议之女很戾不检[6]。从其前约，则难保家，背其前约，则为薄义，而争讼由之以兴，可不戒哉！

【注释】

[1] 贪缪：贪污荒谬。缪，同“谬”。

[2] 治狱：管理监狱。

[3] 胥辈：小官员。

[4] 货鬻：出售货物。此处指以权谋私。

[5] 历数：历数。

[6] 很戾不检：凶狠乖张不检点。

【译文】

不要让贪婪悖谬的子孙从政

子弟中如果有愚昧贪婪的人，不能让他们走仕途。古人说：“在治理监狱时积了很多阴德的人，他们的子孙里面一定能出现显达的人。”又说：“给别人以好处，而别人又不知是谁给他的好处，这种人将来一定会得到福报。”现在那些愚蠢荒谬的人，都是把审理犯人、处理官司之类的事全部让那些小官员去处理，他们歪曲事实，包庇坏人，陷害好人，这样做难道不是和积阴德正相反吗？古人又说：“我有很多阴谋诡计，这是得道者最忌讳的。”

又说："陷害别人而别人却不知是谁陷害他的人，这个陷害者必定会遭到报应。"现在那些贪赃的人，肯定是跟那些小官员一起做坏事。拿公家的事来做私下交易，把弯的说成直的。别人被冤枉了，却没有地方去说理，这不就是阴谋吗？士大夫们请数一数乡里的人，三十年前是官宦之家，现在还在做官的有几家？这种情形都是前述之事造成的。有远见的人肯定相信这些话。

家业兴替要靠子孙

共同居住的父亲、兄长、儿子、弟弟，贤善和奸恶者大约各占一半。如果顽劣懒惰、刻薄糟蹋家业的人先死了，这个家庭的兴旺将难以估量。如果善良忠厚、谨慎勤劳的人先死了，这个家庭就不可救药了。谚语说："不要说一个家庭不兴旺，而要保佑这个家庭兴旺的子女还没出生；不要说一个家庭不会破败，而是败家的子女还没有长大。"说的也是这个道理。

在孩子还小的时候不要议论其婚事

在儿子、女儿还小的时候，家长不应该替他们谈婚论嫁。因为女子想找到依托，男子想得到配偶，如果只根据目前的情况来定，以后肯定会后悔。

这是因为一个家庭的富贵盛衰，变化是很快的，不能总保持原来那个样子。中意的小男小女究竟好不好，要等到他们长大以后才能看出来。如果很早就商量好了婚事，后来各方条件也没有什么变化，这当然是最好。可是有的以前富有的现在变穷了，有的以前很显达的现在变一般的了，或者商定的男孩长大后放荡不成器，商定好的女孩凶狠懒惰不检点。那么，信守以前的婚约，恐难以保住家庭的幸福安宁；违背以前的婚约，则是不守信义，纠纷和官司就会因此而起，这难道不应该引以为戒吗?

【点评】

《袁氏世范》所述均为家庭生活中的经验之谈，充满智慧，其对人性的深刻洞察和社会规则的全面了解确实非同一般。家训中的绝大多数内容都是宝贵的告诫，值得借鉴。

叶梦得：石林治生家训要略

【原文】

一、人之为人，生而已矣。人不治生[1]，是苦其生也，是拂[2]其生也，何以生为？自古圣贤，以禹治水，稷之播种，皋之明刑，无非以治民生也。民之生急欲治之，岂己之生而不欲治乎？若曰圣贤不治生，而惟以治民之生是从。井可以救人，而摩顶放踵[3]，利天下亦为之矣，非圣贤之概也。

二、治生不同。出作入息，农之治生也；居肆成事，工之治生也；贸迁有无，商之治生也；膏油继晷[4]，士之治生也。然士为四民之首，尤当砥砺表率，效古人，体天地，育万物之志，今一生不能治，何云大丈夫哉！

三、治生非必营营逐逐，妄取于人之谓也。若利己妨人，非唯明有物议[5]，幽有鬼神，于心不安，况其祸有不可胜言者矣，此岂善治生欤？盖尝论古之人，诗书礼乐与凡义理养心之类，得以为圣为贤，实治生之最善者也。

四、圣门若原宪[6]之衣鹑，至穷也，而子贡则货殖焉。然论者不谓原宪贤于子贡，是循其分也。季氏之聚敛，陈子之螬李，俱为圣贤所鄙斥，由其矫情也。人知法此治生，当择其善者而从之，其不善者而改之。

五、要勤。每日起早，凡生理所当为者，须及时为之，如机之发、鹰之搏，顷刻不可迟也。若有因循，今日姑待明日，则费事损业，不觉不知，而家道日耗矣。且如芒种不种田，安能望有秋之多获？勤之不得不讲也。

六、要俭。夫俭者，守家第一法也。故凡日用奉养，一以节省为本，不可过多。宁使家有盈余，毋使仓有告匮。且奢侈之人，神气必耗，欲念炽而意气自满，贫穷至而廉耻不顾。俭之不可忽也若是夫。

七、要耐久。昔东坡曰："人能从容自守，十年之后，何事不成？"今后生汲于谋利者，方务于东，又驰于西。所为欲速则不达，见小利则大事不成，人之以此破家者多矣。故必先定吾规模，规模既定，由是朝夕念此，为此必欲得此，久之而势我集、利我归矣。故曰善始每难，善继有初，自宜有终。

八、要和气。人与我本同一体，但势不得不分耳。故圣人必使无一夫不获其所，此心始足。而况可与之较锱铢，争毫末，以至于斗讼哉？且人孰无良心，我若能以礼自处，让人一分，则人亦相让矣。故遇拂意处，便须大著心胸，亟思自返。决不可因小以失大，忘身以取祸矣也。

九、有便好田产可买，则买之，勿计厚值。譬如积蓄，一般无劳经营而有自然之利，其利虽微而长久。人家未有无田而可致富者也。昔范文正公三买田地，至今脍炙人口。今人虽不能效法古人，亦当仰企为是。

十、自奉宜俭，至于往来相交，礼所当尽者，当即使尽之，可厚而不可薄。若太鄙吝废礼，何可以言人道乎？而又何以施颜面乎？然开源节流，不在悭琐[7]为能。凡事贵乎适宜，以免物议也。

十一、内人贤淑者难得，当交相儆戒，以闺门肃若朝廷为期。至于六婆尼师，最能耗家，须痛绝之。首饰衣服，虽宜从俗，而私居之时，亦不可华侈相尚。不唯消费难继，亦非所以惜福而传后也。

十二、无家教之族，切不可与为婚姻。娶妇固不可，嫁女亦不可。此虽吾惩往失痛心之言，然正理古今不异。《礼记》者云："为子孙娶妻嫁女，必择孝悌，世世有行仁义者。"如是则子孙慈孝，不敢淫暴。党[8]无不善，三族辅之。故曰："凤凰生而有仁义之意，狼虎生而有暴戾之心。"两者不等，各以其母。呜呼，慎戒哉！

十三、妻亡续娶，及娶妾生子，俱不幸之事，鲜有不至乖离酿成家祸者，切宜慎之。

十四、管家者最宜公心，以仁让为先。且如他人尚不可欺，而况于一家至亲骨肉乎？故一年收放要算，分予要均。和气致祥，天必佑之。不然少有所私，神人公鉴，家道岂能长永而无虞乎？

予曾见《颜氏家训》，大约有一子则予田产若干，屋业若干，蓄积若干。有余，则每年支费。又有余，则以济亲友，此直知止知足者也。盖世业无穷，愈富而念愈不足，此于吾生何益？况人之分有限，踰分者颠。今吾膝下亦当量度处中，未足则勤俭以足之，既足则安分以守之。敦礼义之俗，崇廉耻之风，其于治生，庶乎近焉。

【注释】

[1] 治生：谋生。

[2] 拂：违背。

[3] 摩顶放踵：从头顶到脚跟都擦伤了。形容不辞劳苦。

[4] 膏油继晷：点上灯烛来接替日光照明。形容夜以继日地用功读书。

[5] 物议：非议。

[6] 原宪：孔子弟子，七十二贤之一，很清苦。

[7] 悭琐：吝啬。

[8] 党：亲族。

【译文】

一、人之所以为人，不过是为了生存罢了。人如果不努力谋生，活着就会很辛苦，这是背弃了生存之道，还活着做啥呢？古代的圣贤，如大禹治水，后稷播种，皋陶明正典刑，都是为了管理好民众的生计。民众的生计尚且都要抓紧管好，难道自己的生计就能不管不顾吗？有人说圣贤不谋生，只考虑民众的生计。从井里可以救人，而不辞个人劳苦，只为天下人的利益去做事，并不是圣贤所做的全部。

二、生计各有不同。出门干活回家休息，是农夫的谋生；在店铺里做事，是工匠的谋生；贸易往来互通有无，是商人的谋生；夜以继日刻苦读书，是士子的谋生。但士大夫是四民之首，应当特别努力做好示范，效法古代圣人，体会自然之道，培养发育世间万物的远大志向，现在竟然连个人生计都不能保证，怎么好意思说什么自己是大丈夫呢？

三、谋生并非一定要有多忙碌去随意谋取他人的财物。如果损人利己，不但明里要面对众人的议论，暗里也有鬼神监管，内心不宁，且还有道不尽的灾祸发生，这哪里是好的谋生之道呢？我曾经谈论过古人，认为诗书礼仪和明理养性都能达到的人，才能够成为圣贤，他们才是最善于谋生的人。

四、孔子的得意门生原宪穿着破衣服，非常贫穷，另一个门生子贡经商却大盈其利。但人们并不觉得原宪比子贡更贤能，这是根据不同的身份来衡量的。季康子聚敛钱财，陈仲子品尝虫子吃过的李子，这些举动都被圣贤看不起而遭排斥，这是因为他们太过矫情。人们照这些去学如何谋生的话，应当选择那些好的去学，不好的要改正。

五、要勤劳。每天要早起，凡经营上应该做的事，必须及时去做，这就好比机弩发射、老鹰捕猎，动作要迅速不能迟缓。如果拖拖拉拉，今天等明天，就会荒废家业，不知不觉中，家道就被消耗得差不多了。这就好比芒种时节不抓紧种田，怎可指望秋天有更多的收成呢？所以勤劳这习惯不能不奉行啊。

六、要节俭。节俭是持家守业首要的法门。凡是每天的家庭开支，都要依照节省的原则实施，不能花费过多。宁可使家里有些剩余，也不能让家底都空了。奢侈的人，他们的神气必然被消耗，欲望多必骄满，一旦变贫穷了，反而会不顾廉耻。生活节俭这事，就是这样不能忽视啊。

七、要持久。以前苏东坡说过："人做事如果能坚持到底，十年之后，什么事会做不成呢？"现在的年轻人急于谋利，才今天干着这个，明天又干那个。做事欲速而不达，只看到小利，做不了什么大事，很多人就因为这样而导致家道中落。所以一定要先根据自己的能力，确定自己的事业的规模大小，大小确定后，早晚筹划，要是能如那样做就必须先那样做，时间长了，形势就会有利于自己，利益自然也就归了自己。所以说，好的开始往往都很艰难，但如果从一开始就坚持下去，自然就会有好的结果。

八、要和气。别人和自己原本是一样的，但因环境不同而有所差别。所以圣人要让每个人都能有自己合适的位置，这样心里才能得到满足。何必要与他们计较得失多少，甚至于打官司呢？再说，哪个人没点良心呢，自己如能讲礼，让别人一分，对方也会让你的。所以遇到不如意的时候，要胸怀宽广，自我反省，绝不可因小失大，不顾自己安危而招致祸端。

九、有合适的好田产，能买的就买下，不要过于计较价格高。就当是积蓄，一样的不需要劳作经营就能生利，这利虽小但能长久。从没有听说过不依靠田产却能致富的家庭。从前范文正公（范仲淹）就三次购买田地，这事到今天依然被人所赞许。我们今天虽不能效仿古人，但也应当仰望才是。

十、个人的开销应当节俭，至于一般的朋友交往，凡事必要的人情往来要尽力做得妥帖，礼物要厚重而不能轻薄。如果太轻就显得不懂礼数，怎么提做人之道呢？怎么会有脸面呢？不过，开源节流不是靠吝啬就行的。凡事要做到适宜才是最好的，以免招致别人的非议。

十一、贤惠的妻子很难得，夫妻之间应该相互勉励，要以让家里和朝廷一样严肃整齐为目标。至于那些三姑六婆，她们是最能耗费家业的，应坚决禁绝。至于首饰衣服等，虽然也要随大众，但在自己家里面，也不应崇尚华丽奢侈。这不仅是因为花费较大，难以长期维持，也是因为要珍惜福气以流传后人。

十二、对于那些没有家教的家庭，千万不能与之结亲。娶媳妇当然不可，嫁女儿也不可。这虽然是我悔恨以前过错的痛彻之语，但其中的道理古今都是一样的。记得《礼记》说："为子孙娶妻嫁女，应该选择那些讲孝悌，世代奉行仁义的人家。"这样子孙就会慈爱孝敬，不会淫乱暴虐。亲族没有什么不好的，三族可以共同辅佐啊。所以说："生出凤凰就表明有仁义之德，生出虎狼就暗示有暴虐之心。"两者之所以不同，是因为母亲不同。真是可叹啊，要小心！

十三、妻子亡故再续娶，以及为生子而娶妾，都是不幸的事，很少有不导致骨肉分离，给家里酿祸的，对此尤其要万分谨慎。

十四、当家的家长最应该有一份公正的心，要做到宽仁礼让。外人尚且不能欺负，何况是自家的至亲骨肉呢？所以一年的收支要严格算账，给各人的待遇要公平。和气带来吉祥，老天自会保佑。否则稍微有点私心，神灵和大伙都会看得很清楚，这样的情况多了，家道怎么能保证永远不出事呢？

我看过《颜氏家训》，大概是说有一个儿子就给多少田产，多少房产，多少积蓄。如还有剩下的，就每年支取开支。若还有剩余的，则用来接济亲友，这才是真正懂得适度、懂得知足的人。世代相传的事业无穷无尽，人越是富有就越不知足，可这样做对自己到底有什么好处呢？何况人的本分是有限的，超过本分就会出事。现在我的孩子的情况要考虑，如果谁有不足就要用勤俭来补足，补足了就安守本分。劝从礼义的风俗，崇尚廉耻的风气，这些对于谋生的意义，差不多就很接近了。

【点评】

本家训所讲之治生，指的是生计和生存，叶梦得认为治生关系到个人生存与幸福与否，所以每个人都要关心自己的生计问题，否则就无法成为真正的圣贤。关于治生的方法，叶梦得认为主要有勤俭治家、和气生财、立足长远等。

陆九韶：居家制用篇（节选）

【原文】

古之为国者，家宰[1]制国用。必于岁之杪[2]，五谷皆入，然后制国用。用之大小，视年之丰耗。三年耕，必有一年之食。九年耕，必有三年之食。以三十年之通制国用，虽有凶旱水溢，民无菜色。国既若是，家亦宜然。故凡家有田畴，足以赡给者，亦当量入而为出，然后用度有准，丰俭得中，怨讟[3]不生，子孙可守。

今以田畴所收，除租税，及种盖粪治之外，所有若干，以十分均之。留三分为水旱不测之备，一分为祭祀之用，六分分十二月之用。取一月合用之数，约为三十分，日用其一。可余而不可尽用，至七分为得中，不及五分为太啬。其所余者，别置簿收管，以为伏腊裘葛[4]、修葺墙屋、医药、宾客、吊丧问疾、时节馈送。又有余，则以周给邻族之贫弱者、贤士之困穷者、佃人之饥寒者、过往之无聊者。毋以妄施僧道，盖僧道本是蠹民[5]，况今之僧道，无不丰足，施之适足以济其嗜欲，长其过恶，而费农夫血汗勤劳所得之物。未必不增吾冥罪，果何福之有哉？

其田畴不多，日用不能有余，则一味节啬。裘葛取诸蚕绩，墙屋取诸蓄养，杂种蔬果，皆以助用，不可侵过次日之物，一日侵过，无时可补，则便有破家之渐。当谨戒之。

其有田少而用广者，但当清心俭素，经营足食之路。于接待宾客、吊丧问疾、时节馈送、聚会饮食之事，一切不讲，免致干求亲旧，以滋过失；责望故素，以生怨尤；负讳通借，以招耻辱。

家居如此，方为称宜，而远吝侈之咎。积是成俗，岂惟一家不忧水旱天灾，虽一县一郡，通天下皆无忧矣，其利岂不博哉！

居家之病有七：曰呼，曰游，曰饮食，曰土木，曰争讼，曰玩好，曰惰慢。有一于此，皆能破家。其次贫薄而务周旋，丰余而尚鄙啬。事虽不同，其终之害，或无以异，但在迟速之间耳。夫丰余而不用者，宜若无害也，然已既丰余，则人望以周济。今乃恝然[6]，必失人之情。既失人之情，则人不佑之，人惟恐其无隙，苟有隙可乘，则争媒蘖[7]之。虽其子孙，亦怀不满之意，一旦入手，若决堤破防矣。

前所言存留十之三者，为丰余之多者制也。苟所余不能三分，则存二分亦可。又不能二分，则存一分亦可。又不能一分，则宜撙节[8]用度，以存赢余，然后家可长久。不然，一旦有意外之事，必遂破家矣。

前所谓一切不讲者，非绝其事也，谓不能以货财为礼耳。如吊丧，则以先往后罢为助；宾客，则樵苏供爨[9]清谈而已。至如奉亲，最急也，啜菽饮水尽其欢，斯之谓孝；祭祀，最严也，蔬食菜羹，足以致其敬，方不是因贫乏而废礼义。凡事皆然，则人固不我责，而我亦何歉哉！如此，则礼不废而财不匮矣。

前所言以其六分为十二月之用，以一月合用之数，约为三十分者，非谓必于其日用尽，但约见每月每日之大概，其间用度，自为赢缩[10]。惟是不可先次侵过，恐难追补，宜先余而后用，以无贻鄙啬之讥。

世皆谓用度，有何穷尽，盖是未尝立法，所以丰俭皆无准则。好丰者，妄用以破家；好俭者，多藏以敛怨。无法可依，必至于此。愚今考古经国之制，为居家之法，随赀产之多寡，制用度之丰俭。合用万钱者，用万钱，不谓之侈；合用百钱者，用百钱，不谓之吝，是取中可久之制也。

【注释】

[1] 冢宰：官名，即太宰，为百官之首。

[2] 杪：年末。

[3] 怨讟：怨恨诽谤。

[4] 裘葛：裘，冬衣；葛，夏衣。泛指四时衣服。

[5] 蠹民：害人精。

[6] 恝然：漠不关心。

[7] 媒蘖：诬陷。蘖，黄柏，黄丝乱不可治。

[8] 撙节：节制。

[9] 樵苏供爨：取柴草做饭。樵，柴；苏，草。出自秦代黄石公《三略》："樵苏后爨，师不宿饱。"

[10] 赢缩：增减。

【译文】

古代国家的管理都是由冢宰负责安排国家财政开支。在每年年末，收获五谷后，再计划国家的财政用度。而用度安排的多少，要视年景好坏而定。耕作三年，必留有一年的储备。耕作九年，必留有三年的储备。通常以三十年为一个周期全盘安排国家的财政开支，即使在有严重水旱灾害的年份，百姓也不至于挨饿。国家是这样管理，家庭也是如此。所以凡是有田地足够供给全家衣食的家庭，也应当量入为出，支出有标准，丰俭适中，这样就无人抱怨，子孙也能够守住家业。

田地里的收成，除去租税，以及人工肥料这些费用之外，所有的收入，要平均分为十份。留三份作为水旱灾害等不测事件的救济储备，一份作为祭祀的开销，六份分作十二个月的生活费用。取一个月的总数，再分为三十份，每天用一份作为生活费用。可以有剩余但不能全部用完，用了七成就算合适，若用的不到五成就太吝啬了。对于剩余的部分，要单做记录留存，用作四季换取衣物、修葺房屋、看病买药、招待宾客人、生老病死人情往来送礼等的开支费用。如果还有剩余的，就用来周济贫困弱小的邻居族人、穷困的士子、佃户、路过的贫穷无依的人。切不要用来随意施舍给那些僧道，因为有些僧道就是害人精。况且现在的僧道大多丰衣足食，给他们施舍只会激发他们的贪欲，助长他们的过错恶行，却浪费农夫辛勤劳动的果实。这样的施舍虽然未必会加大自己死后的罪恶，但又能得到什么福报呢？

田地少而生活无富余的家庭，应该节省开销。自己养蚕纺织衣服，攒钱修建房子，种植蔬菜瓜果，这些都对家用有所帮助。不能提前花费，如果提前一天花费，后边的资金缺口就没办法弥补，渐渐地就有败家的风险，应当加以戒备。

田地少却花费多的家庭，应当静心俭朴，思量丰衣足食的路子。至于接待客人、吊丧慰病、年节送礼、聚餐饮乐这些事，一律不要太讲究，要尽量节省，不在乎面子上好不好看，免得过后乞求亲友，产生不快；期望故旧能接济，只会生些怨气；不忌讳开口求人，进而招致羞辱。只有这样安排生活，才与家庭经济状况相吻合，却远离了要么吝啬要么大方带来的过失。如果形成了习惯，就不止让一家人不担心水旱天灾，就是一个县一个郡，全天下都不用担忧了，好处该有多大啊！

家庭生活通常有七种问题：大声喧哗，游荡无聊，大吃大喝，大兴土木，爱惹官司，喜好玩物，懒惰散漫。有其中任何一条，就足以导致家业败落。其次是家业穷困单薄却喜欢钻营，家业富裕却喜欢吝啬。这两种情形虽然不一样，却有相同的危害，就看危害发生时间的早晚了。家业富裕却不花费，表面上看起来似乎没啥不好，可是既然富裕，周围的人自然都期望能多少得到一些接济。现在如果你对他们漠不关心，必然会失去人心。导致没有了人情。如果哪天你有什么需要，大家也就不会去给你帮忙。他们唯恐没有机会，一旦有合适的机会，就会争先恐后地诬陷你。自己的子孙也会心怀不满，一旦家业在手，就像溃堤一样无可救药了。

前面所说留存的三份，是为较富裕的家庭规定的，如果觉得留存三份太多，两份也是可以的。如果留不下两份，一份也可以。如果一份也留不下，那就要节省开支啦。有一些盈余留存，家业才能长久维持。不然的话，万一遇到意外情况，肯定会导致家庭破败。

前面所说的一概不讲究，并不是要完全避免做这些事，而是指不能拿有限的财物当礼品送。如遇到吊丧，就主动地早去晚归，帮点忙；招待客人时，自己砍柴烧火做饭清谈即可。至于侍奉双亲，当然最重要，即使粗茶淡饭也要让父母高兴，这才是真的尽孝；祭祀是最严肃的事情，哪怕单薄的菜饭菜汤，也足以表达对先辈的敬意。这不是因为穷就不讲礼。如果凡事都如此，人家也就不会怪罪，自己也没什么可愧疚的。这样，既没有失礼，也没有多花费。

前面所说分六份作为十二个月的生活费用，取一个月的总数，再分为三十份，并不是说一定要在当天花完，而是预估每个月每天大概的花费是多少，在此期间具体的用度肯定会有多有少。只是不能一开始就出现超支，那样的话后面难以补足，很被动，应该先有了结余，再考虑支出，以避免后面支出不足让人笑话你吝啬。

世人都说花钱哪有尽头，这是因为事先没有立下花销的规矩，所以该花多少钱没有一个标准。大手大脚的人随意花销，其结果就是导致家业破败；过分俭朴的人倒是有很多积蓄，但多容易招致别人的怨恨。因为没有办法可依照，必然会造成这样的局面。我考察古代国家管理的制度办法，制订了家庭财物管理的方法，根据资产的规模，制定花费用度的多少。该花一万钱的，花一万钱也不算奢侈；该花一百钱的，花百钱也不算吝啬。取用得当，这是合理的可长久使用的办法。

【点评】

陆九韶的《居家制用篇》，内容是一般家庭生活开支的详细指南。他认为量入为出，丰俭有度是家庭财务管理的基本原则。而制定财务规则并认真遵守是保证。特别的一点，陆九韶主张，有富裕的家产时，可适当接济穷人；不宽裕时，则要多加俭省。这是很值得称道的。

许衡：训子诗

【原文】

干戈恣烂熳[1]，无人救时屯[2]。中原竟失鹿[3]，沧海变飞尘。

我自揣何能，能存乱后身。遗芳[4]藉远祖，阴理[5]出先人。

俯仰[6]意油然，此乐难拟伦。家无儋石储[7]，心有天地春。

况对汝二子，岂复知吾贫。大儿愿如古人淳，小儿愿如古人真。

平生乃亲多苦辛，愿汝苦辛过乃亲。身居畎亩[8]思致君，身在朝廷思济民。

但期磊落忠信存，莫图苟且功名新。斯言殆可书诸绅。

【注释】

[1] 恣烂熳：恣，放纵。烂熳，分散。

[2] 时屯：时世艰难。唐韦应物《伤逝》诗："提携属时屯，契阔忧患灾。"

[3] 失鹿：指大宋失去中原政权。鹿，帝位。

[4] 遗芳：遗留的美德。

[5] 阴理：家风和修养。

[6] 俯仰：低头和抬头，指从容应对。

[7] 儋石储：少量财物。儋，成担货物的计量单位。出自《汉书·扬雄传上》："家产不过十金，乏无儋石之储，晏如也。"

[8] 畎亩：田野。指民间。

【译文】

现在到处是恣意燃烧的烽火，好像无人能够拯救这艰难的时局。大宋已失去对中原的统治，这局势真是变化不定啊。

我打量着自己，到底有何德何能，能在这乱世中生存下来，不过是凭借祖宗的美名，以及先人教给我的家风和修养罢了。我坦然应对着世间的变迁，快乐难以用语言来形容。家里虽没有少量财物，但心中却拥有天地之春。

况且对着你们两个儿子，又怎么认为我贫穷呢？我希望大儿子像古人那样敦厚淳朴，小儿子像古人一样坦率真诚。

我的一生已经很辛苦了，但我希望你们的辛苦能超过我们。身在民间，应心系朝廷；身在朝廷，应想到帮助百姓。期望你们做人光明磊落，坚守忠信品格。不要为了贪图新功名而苟且一生。我说的这些话，你们尽可以写给诸位乡绅。

【点评】

人在任何时候都要忧国忧民，做人坦荡守信，即使在兵荒马乱的岁月也要保持真诚敦厚，努力奋斗。这就是这首《训子诗》的大致意思。它告诉我们，内心的充实和淡定，是人的快乐坦然的源泉。

方孝孺：家人箴

【原文】

论治[1]者常大天下而小一家。然政行乎天下者，世未尝乏；而教洽乎家人者，自昔以为难。岂小者固难，而大者反易哉？盖骨肉之间，恩胜而礼不行，势近而法莫举。自非有德而躬化[2]，发言制行，有以信服乎人，则其难诚有甚于治民者[3]。是以圣人之道，必察乎物理，诚其念虑，以正其心，然后推之修身；身既修矣，然后推之齐家；家既可齐，而不优于为国与天下者，无有也。故家人者，君子之所尽心，而治天下之准也。安可忽哉？余病乎德，无以刑乎家[4]，然念古之人自修有箴戒之义，因为箴[5]以攻己缺，且与有志者共勉焉。

正　伦

人有常伦，而汝不循，斯为匪人[6]。天使之然，而汝舍旃[7]，斯为悖天。天乎汝弃，人乎汝异[8]，曷不思邪？天以汝为人，而忍自绝，为禽兽之归邪？

重　祀

身乌乎生[9]？祖考之遗；汝哺汝歠[10]，祖考之资。此而可忘，孰不可为？尚严享祀，式敬且时[11]。

谨 礼

纵肆怠忽，人喜其佚[12]，孰知佚者，祸所自出。率礼无愆[13]，人苦其难，孰知难者，所以为安。嗟时之人[14]，惟佚之务[15]，尊卑无节，上下失度。谓礼为伪，谓敬不足行，悖理越伦，卒取祸刑。逊让之性，天实锡[16]汝，汝手汝足，能俯兴拜跪，曷为自贼，恣傲不恭人。或不汝诛，天宁汝容。彼有国与民，无礼犹败；矧予眇微，奚时弗戒[17]。由道在己，岂诚难邪？敬兹天秩[18]，以保室家。

【注释】

[1] 治：治理。

[2] 自非有德而躬化：自己不是有德行又能亲身实践。

[3] 则其难诚有甚于治民者：如此看来，治家实在是比治国还难啊。

[4] 余病乎德，无以刑乎家：我的德行不够完美，不能作为家族的行为表率。

[5] 箴：古代用于规劝他人的一种文体。

[6] 匪人：不是人。

[7] 旃：文言助词。

[8] 天乎汝弃，人乎汝异：你放弃天道，又自绝于人道。

[9] 身乌乎生：身体从何处来。

[10] 歠：饮水。

[11] 式敬且时：祭祀祖先要恭敬且按时。

[12] 佚：放纵。

[13] 率礼无愆：遵行礼义没有差错。

[14] 嗟时之人：可叹现在的一些人。

[15] 惟佚之务：只想着放纵。

[16] 锡：通“赐”。

[17] 奚时弗戒：怎么能不时刻警示自己呢?

[18] 天秩：此处指礼法制度。

【译文】

谈论治国的人常以为管理天下是大事，而管理一个家庭是小事。但政令能通行于天下的情形，各个朝代都不缺少，而以教化来感化家人的，自古以来都觉得很难。难道是小的本有难度而大的反而容易吗?原因大概是骨肉之间，恩情很多而不能实行礼治，距离太近而没法实行法治吧。除非用道德来亲身感化，说话办事靠手段让别人信服。如此看来，它的难度确实超过了治理民众。所以圣人之道必须考察事物的运作原理，使思虑精诚，用来端正自己的心灵，然后推广到修身。自身已经有足够修为了，再推广然后把家庭治理好。能把家庭治理好却不善于治理天下的人是不会有的。所以，家人是君子最用心思的地方，同时也是治理天下的标尺。这怎能忽视呢?我担心自己的道德修为不足以在家里做表率，但又想古人的自我修身里有箴戒的内容，所以写箴来批评自己的不足，并且愿与有志之士共勉。

正　伦

人有一般通行的伦理，如果你不去遵守执行，你就不能算是人。上天让它如此，而你却放弃，就是在违背天意。对抛弃天道，又自绝于人道，为什么不反思一下呢?天让你做人，而你却忍心自绝于人类，那就和禽兽一样了。

重　祀

人的身体是怎样来的？是祖宗和父亲遗留下的。你吃你喝的都是祖宗和父亲的资产。如果连这个都可以忘记，那还有什么不可以做的？请严肃地行祭祀，并且要恭敬和按时。

谨　礼

放纵、懈怠、马虎，人们喜欢自己过这样安逸的生活。殊不知安逸就是灾祸产生的根源。要严格遵循礼法且没有过失，人们往往会感到困难不易做到。岂不知难的才能保持安宁。可叹当代这些人只知贪图安逸，尊卑之间没有礼节，上下之间没有规矩。居然认为礼是虚伪的，认为恭敬不值得去做。违背礼节，超越辈分，最终招来祸患。上天确实赐给了你逊让的性格，你的手你的脚能够行俯身跪拜的礼节。为何要自己伤害自己，傲慢放肆，对人不恭敬呢？也许别人不会杀你，上天难道能容得了你吗？那些有国有民的人，无礼尚且还会失败。况且我等渺小如斯，有什么资本而不用常存戒心？循道行事全在于自己，难道真的很难做到吗？恭敬地按上天安排的人伦秩序行事，如此才能保全自己的家。

【原文】

务　学

无学之人，谓学为可后。苟为不学，流为禽兽。吾之所受，上帝之衷[1]，学以明之，与天地通。尧舜之仁，颜孟[2]之智，圣贤盛德，学焉则至。夫学，可以为圣贤、侔[3]天地，而不学，不免与禽兽同归。乌可不择所之乎？噫！

笃　行

位不若人，愧耻以求。行不合道，恬不加修。汝德之凉[4]，侥幸高位。秖[5]为贱辱，畴[6]汝之贵。孝弟乎家，义让乎乡。使汝无位，谁不汝臧[7]。古人之学，修己而已，未至圣贤，终身不止。是以其道硕大，光明化行邦国，万世作程[8]。汝曷弗效，易自满足，无以过人，人宁汝服？及今尚少，不勇于为，迨其将老，虽悔何追？

自　省

言恒患不能信，行恒患不能善，学恒患不能正，虑恒患不能远；改过患不能勇，临事患不能辨，制义患乎巽懦[9]，御人患乎刚褊[10]。汝之所患，岂特此耶？夫焉可以不勉。

绝　私

厚己薄人，固为自私。厚人薄己，亦匪[11]其宜。大公之道，物我同视。循道而行，安有彼此。亲而宜恶，爱之为偏[12]；疏而有善，我何恶焉[13]。爱恶无他，一裁以义。加以丝毫，则为人伪。天之恒理，各有当然。孰能无私，忘己顺天。

崇　畏

有所畏者，其家必齐；无所畏者，必怠而睽[14]。严厥父兄，相率以听[15]。小大祗肃[16]，靡敢骄横。于道为顺，顺足致和。始若难能，其美实多。人各自贤，纵私殖利。不一其心，祸败立至。君子崇畏，畏心、畏天、畏己有过、畏人之言。所畏者多，故卒安肆[17]。小人不然，终履忧畏。汝今奚择，以保其身。无谓无伤[18]，陷于小人。

惩　忿

人言相忤，遽愠以怒[19]。汝之怒人，彼宁不恶。恶能兴祸，怒实招之。当忿之发，宜忍以思。彼言诚当，虽忤为益。忤我何伤？适见其直。言而不当，乃彼之狂。狂而能容，我道之光。君子之怒，审乎义理。不深责人，以厚处己。故无怨恶，身名不隳[20]。轻忿易忤，小人之为。人之所慕，实在君子。考其所由，君子鲜矣。言出乎汝，乌可自为。以道制欲，毋纵汝私。

【注释】

[1] 上帝之衷：指上天的意思。

[2] 颜孟：颜回和孟子。

[3] 侔：等同。

[4] 凉：低劣。

[5] 秖：通“衹”，只。

[6] 畴：等同。

[7] 臧：颂扬。

[8] 程：规则，模范。

[9] 巽懦：卑顺、怯懦。

[10] 刚褊：固执狭隘。

[11] 匪：通“非”。

[12] 亲而宜恶，爱之为偏：和自己亲近的人有错，按理应该憎恶，但爱让自己偏袒他。

[13] 疏而有善，我何恶焉：和自己疏远的人即使有优点，自己为

何还是会厌恶他。

[14] 睽：不顺。

[15] 相率以听：家族的其他人就会遵从家规。

[16] 祗肃：虔诚肃敬。

[17] 肆：终尽。

[18] 无谓无伤：别认为这无伤大雅。

[19] 人言相忤，遽愠以怒：别人在言语上顶撞了你，你马上会发怒。

[20] 隳：损害。

【译文】

务　学

没有学问的人，认为读书学习这样的事可以等以后再说。如果不读书，人就会变成禽兽。我所接受的是上天的旨意，通过读书学习来弄明白事理，从而与天地相通。尧帝舜帝的仁爱，颜渊孟子的智慧，圣贤的美德，通过学习就会得到。学习可以使自己成为圣贤，与天地并列。而不学习，就难免跟禽兽是同一个归宿。怎可不选择能顺利到达的路呢？噫！

笃　行

地位不如人家高，感到惭愧羞耻进而去追赶。行为不合乎道，却恬不知耻，不加修养。你的道德很差，侥幸登上高位。这是卑贱和耻辱，谁会认为你尊贵。在自己家里行孝悌，在乡里行正义和谦让，即使你没有什么地位，谁会不认为你好。古人所学的，不过是自我修养而已。如果没有达到圣贤的境界，终身都不能停止学习，因此他的道正大而光明，可以转变人心风俗，并在全国推行，成为千秋万代的楷模。你为什么不效法，而容易自我满足。如果你没有过人的地方，别人怎可能服你？趁今天年纪还小，如果还不大胆地去做，等你年老的时候，即使后悔，又能有什么办法补救呢？

自　省

说话总是担心没有信用，行为总是担心不够友善，学习态度总是担心不够端正，思考常担心不够深远，改过总担心不够勇敢，遇事担心不能分辨是非，写文章担心卑顺懦弱，管理别人担心刚愎自用。你所担心的，难道只是这些吗？怎么可以不自勉呢。

绝　私

凡事偏爱厚待自己而轻视苛责别人，这固然是人的自私的行为。遇事过于宽容别人却苛刻自己，丧失衡量事理的公正标准，这也是不合适的。至公之道，讲求对物对事、对人对己都一视同仁。遵循道义而行，就应该不分彼此。和自己亲近的人如果有错，按理应该憎恶，但爱让自己偏袒他。和自己疏远的人有善行，我为何还要憎恶他呢？喜欢和厌恶的区分不该有什么别的标准，而都应遵从道义，只要稍微掺入一点点个人感情，则会产生虚假。天经地义、永恒不变的道理，往往都是如此。那么，到底怎样才能够做到杜绝私心，就应该忘掉个人，顺应天理。

崇 畏

凡是心存敬畏的人，他的家必定治理得很好。而无所畏惧的人，必定懈怠不顺。父兄如果严厉，大家都会很听话。小事大事都敬肃，没有人敢骄横。对于道来说，主要就是顺应，顺应就能达到和睦。开始的时候很难做到这一点，但它的好处确实很多。人们都自认为自己贤能，放纵私欲，聚敛财富，又不齐心，祸败马上就到。君子崇尚敬畏，畏惧的是心，畏惧的是天，畏惧的是自己有过错，畏惧的是别人的言论。所畏惧的很多，所以最后内心终于安宁。小人则不然，最终会落到个担惊受怕的田地。你今天准备选择什么来保全自身呢？不要以为没什么事，很容易沦落为小人的。

惩 忿

别人说的话一旦冒犯了自己，一般人马上就生气发怒。你如果对别人发怒，他岂能不反感。憎恶能给你带来灾祸，实是因你发怒引发来的。当你发怒的时候，应该先忍一忍耐，冷静思考一下。如果他说的话是真实恰当的，尽管冒犯了你，但也对你是有益的。冒犯了自己，其实又有什么关系呢？正好可看出他为人耿直。如果他说得不恰当，那是他的狂妄。对他的狂妄能容忍，是我为人之道的荣光。君子发怒，要先审察是不是合乎义理。不要苛求别人，要以宽厚来要求自己。如果没有怨恨和憎恶，身体和名声就都不会受到损害。轻易地就发怒，很容易就与人产生不和，这是小人的行为。人们真正仰慕的，实际上还是君子。若要认真考察其中的缘由，是因为君子太少啊。话是从你嘴里说出的，不可放任自己，要用道来控制你的欲望，别放纵你的私心。

【原文】

戒惰

惟古之人，既为圣贤，犹不敢息[1]。嗟今之人，安于卑陋，自以为德。舒舒[2]其学，肆肆[3]其行，日月迈矣[4]，将何成名？昔有未至[5]，人闵汝少[6]。壮不自强，忽其既耄。于乎汝乎！进乎止乎。天实望汝，云何而忍，无闻以没齿乎？

审听

听言之法，平心易气。既究其详，当察其意。善也吾从，否也舍之。勿轻于信，勿逆于疑。近习小夫[7]，闺閤嬖女[8]。为谗为佞，类不足取。不幸听之，为患实深。宜力拒绝，杜其邪心。世之昏庸，多惑乎此。人告以善，反谓非是。家国之亡，匪天伊人[9]。尚审尔听，以正厥身。

谨习

引卑趋高，岁月劬劳[10]。习乎污下[11]，不日而化。惟重惟默，守身之则。惟诈惟佻[12]，致患之招。嗟嗟小子，以患为美，侧媚倾邪，矫饰诞诡。告以礼义，谓人己欺，安于不善，莫觉其非。彼之不善，为徒孔多[13]。惧其化汝，不慎如何！

择术

古之为家者，汲汲于礼义。礼义可求而得，守之无不利也。今之为家者，汲汲于财利，财利求未必得，而有之不足恃也。舍可得而不求，求其不足恃者，而以不得为忧，咄嗟乎若人，吾于汝也奚尤[14]！

虑 远

无先已私，而后天下之虑；无重外物，而忘天爵[15]之贵。无以耳目之娱，而为腹心之蠹；无苟一时之安，而招终身之累。难操而易纵者，情也；难完而易毁者，名也。贫贱而不可无者，志节之贞也。富贵而不可有者，意气之盈也。

慎 言

义所当出，默也为失[16]。非所宜言，言也为愆。愆失奚自？不学所致。二者孰得，宁过于默。圣于乡党，言若不能。作法万年，世守为经。多言违道，适贻身害。不忍须臾，为祸为败。莫大之恶，一语可成。小忿弗思，罪如丘陵。造怨兴戎，招尤速咎，孰为之端？鲜不自口[17]。是以吉人，必寡其辞。捷给便佞[18]，鄙夫之为。汝今欲言，先质乎理[19]。于理或乖，慎弗启齿。当言则发，无纵诞诡。匪善曷陈[20]，匪义曷谋[21]？善言取辱，则非汝羞。

【注释】

[1] 息：休息，停止。

[2] 舒舒：安适貌。

[3] 肆肆：放纵貌。

[4] 日月迈矣：时间流逝。

[5] 昔有未至：过去不曾做到的。

[6] 人闵汝少：闵，通“悯”，原谅。人们原谅你年少无知。

[7] 近习小夫：被自己宠信的仆人。

[8] 闺閤嬖女：内室中被自己宠幸的妾。

[9] 匪天伊人：不在于天而在于人。

[10] 引卑趋高，岁月劬劳：人们终日劳苦，摆脱低微处境，追求高贵生活。

[11] 习乎污下：长期言行不端。

[12] 惟诈惟佻：言语诡诈，行为轻佻。

[13] 孔多：很多。

[14] 吾于汝也奚尤：我对你还能有什么苛责，即无话可说。

[15] 天爵：上天赐予的责任与福禄。

[16] 默也为失：使沉默也是过失。

[17] 鲜不自口：很少不是从口中说出来的。鲜，很少。

[18] 捷给便佞：伶牙俐齿，善于察言观色。

[19] 先质乎理：先从道理上辨别清楚。

[20] 匪善曷陈：曷，通“何”。不是美善的话，怎么可以说呢。

[21] 匪义曷谋：不合道义的点子，怎可和别人商量呢？

【译文】

戒 惰

古时候的人，即使已经成了圣贤，还不敢停止强化道德修为。可叹今人安于卑微浅陋，还自以为是好品德。学习很缓慢，行动却很放肆。大好时光都流逝了，这样怎能成名呢？从前你没有做到，人家还能谅解你年少无知。现在成年了，还不发愤图强，转眼就老了。你呀，是继续前进，还是就此放弃呢？老天其实一直在看着你，似乎在说，你就忍心一直到老都默默无闻吗？

审　听

听人说话的正确方法，是平心静气。既要听全，还要明察他的意图。好的我就听从，不好的就舍弃。既不要轻信，也不要轻易猜疑。被自己宠信的仆人和被自己宠爱的婢妾，都喜欢用花言巧语谄媚人，他们的话一律不值得听取。如果不幸听了他们的，害处实在很大。应该全力拒之，以杜绝他们的歪心思。世上昏庸的人大多被他们所迷惑。人家告诉你的是好的，你反而认为不是。家庭和国家的灭亡，不由天定，而是由人决定的。请你谨慎听人说话，以端正你的态度。

谨　习

从卑微经过努力走向高贵，那个过程通常会很辛苦。学不好的东西，没几天人就变了。只有庄重和沉默，才是守身的准则。而奸诈和轻佻，是招来祸患的因素。那些小子把祸患当作好事，用不正当的手段讨好人，狡诈做作，荒诞怪异。告诉他们礼义，他们却说人家欺负自己，安于做坏人，并不觉得自己有什么错。他们这些不善的人数还真不少。我害怕他们把你同化，你不谨慎怎么行呢！

择　术

古代治家之人，急于求得礼义。礼义确实是可以求得的，守礼义没有什么不好。今日治家之人，急于求得财利。其实求财不一定能得到，有了财也未必值得依靠。舍弃可以得到的东西而不追求，却去追逐不值得依靠的东西，还为得不到而发愁。真为之叹息啊，我对你还苛责什么呢？无话可说。

虑 远

不要先考虑自己的私利后考虑国家社会的公利，不要重视外物而忘了宝贵的天命。不要因为感官的娱乐而让娱乐腐蚀内心，不要贪图一时的舒适而连累终身。难以把控又易放纵的是人的感情。难以圆满又易毁损的是人的名声。贫贱时不该缺少的是坚贞的气节。富贵时不应该有的是志得意满。

慎 言

按照道义，该发声的时候应当发声，这个时候沉默就是过失。不该发声的时候，说了就是过失。过失从哪里来的？是由不学习带来的。那么发声与沉默哪个更合适呢？宁可过于沉默吧。孔子在乡里的时候，像是一个不善于说话的人。可是他却制定的可实行万年的规则，被当作传世经典。多言违背道，恰恰能给自身带来害处。一时不忍，就会招来祸害，招致失败。一句话就可造成最大的罪恶，如果只是小小的生气而不假思考，有可能罪像丘陵那般沉重。产生怨恨，发动战争，招来过失，招来罪咎，哪个是它产生的原因呢？我看很少不是因为出自口。因此善人必须尽量少说话。伶牙俐齿，反应敏捷，花言巧语，阿谀奉迎，是那些鄙陋浅薄的人最喜欢做的。如果你今天想说话，先从道理上辨别清楚再说。如果违背正理，千万不要开口。该说的就说，不要讲些荒诞怪异的东西。如果不是善的内容，有必要去说吗？不合乎道义的想法，为什么还要和别人商议呢？当然如果因为说良善的话而招来欺侮，这并不是你的耻辱。

【点评】

方孝孺作为明初大儒，其言行深合孔孟之道。这篇《家人箴》所讲均是儒家传统的对人的要求。他提出的穷要穷的有气节，富要富的谦虚的观点，非常有现实意义。

陈献章：诫子弟书

【原文】

人家[1]成立则难，倾覆[2]则易。孟子曰："君子创业垂统，可继也；若夫成功，则天也。"[3]人家子弟才不才，父兄教之可固必[4]耶？虽然，有不可委之命，在人宜自尽[5]。里中有以弹丝[6]为业者，琴瑟，雅乐也，彼以之教人而获利，既可鄙[7]矣。传及其子，托琴而衣食，由是琴益微而家益困，辗转岁月[8]，几不能生。里人贱之，耻与为伍，遂亡士夫之名。此岂为元恶大憝[9]而丧其家乎？才不足也。既无高爵厚业以取重于时，其所挟[10]者，率时所不售者也，而又自贱焉，奈之何其能成立也。大抵能立于一世，必有取重[11]于一世之术。彼之所取者，在我咸无之，及不能立，诿曰："命也。"果不在我乎？人家子弟不才者多，才者少，此昔人所以叹成立之难也。汝曹勉之。

【注释】

[1] 人家：世人的家族。

[2] 倾覆：家散、破落。

[3]"孟子曰"句：出自《孟子·梁惠王下》。君子创立基业，奠定统绪，是可以被继承下去的。至于成功与否，则取决于天命。

[4] 固必：一定，必然。

[5] 自尽：指尽到努力。

[6] 弹丝：弹奏弦乐器。

[7] 鄙：轻视。

[8] 辗转岁月：随着时间推移。

[9] 元恶大憝：元凶魁首。

[10] 所挟：所依靠、所凭借。

[11] 取重：得到重视。

【译文】

一个家庭，成家立业往往很难，但败家却很容易。孟子说，君子开创基业传承后代，目的是为了能够有后人继承；如果成功了就是天命使然。家里的子弟能不能成才，要靠父亲兄长教导，但那就一定能成功吗？即使成功，本人也有不能推脱的责任，自己应该尽心。街坊里有个以弹琴为业的，琴瑟是雅乐，他教人弹琴不是培养情操，却用来获利，这样的做法令人鄙视。他把琴艺再传给儿子，儿子以此为生，由于水平更差而使得谋生更难。随着时间的流逝，到后来几乎不能维持生计。街坊们都看不起他，耻于与他为伍，后来他最终丢掉了士大夫的身份。这难道是因为曾经他是大奸大恶而败家的吗？才能不足，既没有高官权位和丰厚的家业让人看重，所依靠的才艺又都是时代所不需要的，还这样自己作贱自己，这样怎么能立足于世呢？大概在世上要想站稳一辈子，一定要有能被世人看重的能力。别人所需要的，自己全不具备，以至于到了不能在世间立足的境地，只好找借口推诿："这都是命啊！"原因真的不在自己身上吗？家里子弟不成才的多，成才的少，这就是以前人们叹息成才太难的缘由啊。你们可要特别努力才是呀！

【点评】

陈献章的这篇家训强调的是自身努力对于个人未来发展的极

端重要性。努力什么？培养时代和社会需要的工作能力。这个观点对于如今的大学生乃至各行各业的人都有极大的指导意义。只有才为所用，立身与发展才有可能。

王守仁：家书四札

【原文】

示宪儿

幼儿曹，听教诲；勤读书，要孝悌；学谦恭，循礼义[1]；节饮食，戒游戏；毋说谎，毋贪利；毋任情，毋斗气；毋责人，但自治。能下人[2]，是有志；能容人，是大器。凡做人，在心地；心地好，是良士；心地恶，是凶类。譬[3]树果，心是蒂；蒂若坏，果必坠。吾教汝，全在是。汝谛听，勿轻弃！

【注释】

[1] 循礼义：遵循礼义。

[2] 能下人：能降低自己的身段。

[3] 譬：比如。

【译文】

示宪儿

孩子们，你们要听从师长的教诲；勤奋读书，孝顺父母友爱兄长；要学会谦恭待人，一切按照礼义行事；要节制饮食，尽量不玩游戏；不能撒谎，不要贪图小利；不要耍性子，不要与别人斗气；不要责怪别人，要学会自我管理。能放低自己身段，这是有志气的表现；能容纳别人，这是大度的表现。做人主要在于心地的好坏；心地好，就是善良之人；心地恶，就是凶残之人。比如树上结的果实，它的心就是蒂；如果蒂烂了，果实就会掉下来。我现在教诲你们的东西，全都在这里。你应该好好听，不要轻易放弃。

【原文】

示弟立志说

予弟守文[1]来学，告之以立志。守文因请次第其语，使得时时观省[2]；且请浅近其辞，则易于通晓也。因书以与之。

夫学，莫先于立志。志之不立，犹不种其根而徒事培拥[3]灌溉，劳苦无成矣。世之所以因循苟且，随俗习非，而卒归于污下者，凡以志之弗立也。故程子曰："有求为圣人之志，然后可与共学。"苟诚有求为圣人之志，则必思圣人之所以为圣人者安在，非以其心之纯乎天理[4]，而无人欲[5]之私欤？圣人之所以为圣人，惟以其心之纯乎天理，而无人欲。则我之欲为圣人，亦唯在于此心之纯乎天理，而无人欲耳。欲此心之纯乎天理而无人欲，则必去人欲而存天理；务去人欲而存天理，则必求所以去人欲存天理之方；求所以去人欲存天理之方，则必正诸先觉。考诸古训，而凡所谓学问之功者，然后可得而讲，而亦有所不容已矣。

夫所谓正诸先觉者[6]，既以其人为先觉而师之矣，则当专心致志，唯先觉之为听。言有不合，不得弃置，必从而思之；思之不得，又从而辩之，务求了释，不敢辄生疑惑。故《记》[7]曰："师严，然后道尊；道尊，然后民知敬学。"苟无尊崇笃信之心，则必有轻忽慢易之意。言之而听之不审，犹不听也；听之而思之不慎，犹不思也。是则虽曰师之，犹不师也。

夫所谓考诸古训[8]者，圣贤垂训，莫非教人去人欲存天理之方，若五经、四书是已。吾惟欲去吾之人欲，存吾之天理，而不得其方，是以求之于此。则其展卷之际，真如饥者之于食，求饱而已；病者之于药，求愈而已；暗者之于灯，求照而已；跛者之于杖，求行而已。曾有徒事记诵讲说[9]，以资口耳之弊哉！

夫立志亦不易矣。孔子，圣人也，犹曰："吾十有五而志于学，三十而立。"[10]立者，志立也。虽至于不逾距，亦志之不逾距也。志岂可易而视哉！夫志，气之帅也，人之命也，木之根也，水之源也；源不浚则流息，根不植则木枯，命不续则人死，志不立则气昏。是以君子之学，无时无处而不以立志为事。正目而视之，无他见也；倾耳而听之，无他闻也。如猫捕鼠，如鸡覆卵，精神心思，凝聚融结，而不复知有其他，然后此志常立。神气精明，义理昭著，一有私欲，即便知觉，自然容住不得矣。故凡一毫私欲之萌，只责此志不立，即私欲便退；听一毫客气[11]之动，只责此志不立，即客气便消除。或怠心生，责此志即不怠；忽心生，责此志即不忽；懆心生，责此志即不懆；妒[12]心生，责此志即不妒；忿心生，责此志即不忿；贪心生，责此志即不贪；傲心生，责此志即不傲；吝心生，责此志即不吝：盖无一息而非立志责志之时，无一事而非立志责志之地。故责志之功，其于去人欲，有如烈火之燎毛，太阳一出，而魍魉潜消矣。

自古圣贤，因时立教，虽若不同，其用功大指，无或少异。《书》谓"惟精惟一"；《易》谓"敬以直内，义以方外"；孔子谓"格致诚正，博文约礼"；曾子谓"忠恕"[13]；子思谓"尊德性而道问学"[14]；孟子谓"集义养气，求其放心"[15]。虽若人自为说，有不可强同者，而求其要领归宿，合若符契[16]。何者，夫道一而已。道同则心同，心同则学同，其卒不同者，皆邪说也。

后世大患，尤在无志，故今以立志为说。中间字字句句，莫非立志，盖终身问学之功，只是立得志而已。若以是说而合精一，则字字句句皆精一之功；以是说而合敬义，则字字句句皆是敬义之功。其诸格致、博约、忠恕等说，无不吻合，但能实心体之，然后信予言之非妄也。

【注释】

[1] 守文：王阳明的弟弟。

[2] 观省：浏览和反省。

[3] 培拥：培土养植。

[4] 天理：自然规律与理性。

[5] 人欲：指人内心之不受约束的欲望。

[6] 先觉者：指先领悟了圣贤之学真意的人。

[7]《记》：指《学记》。古代典籍《礼记》中的一篇。

[8] 古训：古代圣贤的教诲。

[9] 记诵讲说：记录、背诵、讲论等。

[10] “吾十有五”句：出自《论语·为政》。我十五岁的时候开始学习，三十岁的时候得以立身行道。

[11] 客气：指外物对自身的触动。

[12] 妬：嫉妒。

[13]《书》:指《尚书》。“惟精惟一”：心志专一。出自《尚书·大禹谟》。“敬以直内，义以方外”：君子内心诚敬，行为端正。出自《周易·坤卦》。“格致诚正，博文约礼”：格物、致知、诚意、正心，广求学问，恪守礼法。出自《四书章句集注》。“忠恕”：处己为忠，推己及人为恕。出自《论语·卫灵公》.

[14] “尊德性而道问学”：“尊德性”指敬持天理，“道问学”指修学问道。出自《礼记·中庸》。

[15] “集义养气”句：出自《孟子》，指修身成德。

[16] 合若符契：有相通相合之处。

【译文】

示弟立志说

我的弟弟守文来求学，我告之以要先立志。守文就请我写几句话，让他时时阅读反省，并要求通俗易懂。因此我就给他写了以下内容。

对于求学来说，立志是第一位的。志如果没有立，就像种树不顾树根的情况，只顾培土灌溉，辛苦半天也没啥用。世上那些墨守成规，随波逐流，最终堕落的人，都是因为没有立志。所以程子说：“只有那些有希望成为圣人远大志向的人，才可以和他一起学习。”假如一个人真的有成为圣人的志向，那么他必定会思考圣人之所以成为圣人的原因，不就是因其心纯遵循天理，没有一点私欲吗？圣人之所以为圣人，只是以其心纯遵循天理，而无私欲。那么我欲为圣人，也只有我心纯遵循天理，而无私欲。要做到这一点，就必须去除私欲而存天理；而要去除私欲而存天理，则必须寻找如何去私欲存天理的有效方法；而求如何去私欲存天理的方法，则必须用那些先领悟了圣贤之学真意的人来校正自己。考证古代圣贤的教诲，有了以上种种做学问的功夫，然后才能够得到真正的讲习，而且也是不能中止的。

所谓用那些先领悟了圣贤之学真意的人来校正自己，是要你不仅把他当老师，还要一心一意，完全照他所说的做。如果自己的理解和他说的不一样，不能弃之不顾，要深入思考，思考后如果还没有收获，就继续分析，务求完全明白，不能只是一知半解，导致心存疑惑。所以《记》里面这样说：“老师学术严谨，道才会被尊崇；道被尊崇了，民众才知道尊敬学问。”假如没有尊重相信的心思，则必然有轻忽怠慢的想法。圣贤说的话，如果听了不认真思考，就像没有听一样，听了而思考不缜密，就像没有思考一样，这样虽说学了，就像没学一样。

至于对古贤的教诲的考证，圣贤的训导都是教人去人欲而存天理之法，像五经和四书就是如此。我想要除去私欲，发现天理，但找不到方法，所以在古训中求索。打开书的时候，就像饿着肚子的人想要吃饭一样，只求吃个饱；就像患者需要用药一样，只求能治好；就像黑夜需要灯一下，只求有光明；就像瘸脚时需要拐杖一样，只求方便行走。对只想记录、背诵、讲论的人来说，只不过是增加了一些谈资罢了。

立志也是不容易的。孔子应该算是圣人吧，还说过“我十五岁才开始发奋学习，到了三十岁才立志”。所谓立者，就是立志了。后来到了不逾矩的境界，即志向到了不逾矩。怎能轻视立志呢！志向，是一个人精气的主导，人的性命，像树木的根，水的源头。源头如果不通，流水就没了，树根如果不培植，树木就会枯萎，人要是没命就会死去，志若是不立则容易糊涂。要成为君子，无时无处不以立志为最重要的事。正眼看立志，不关注其他的事，洗耳恭听，不听其他的。就像猫抓老鼠，母鸡孵蛋那样全神贯注，而不再管有其他，这样这个志才能真正立起，然后就会精神抖擞，天理现身。私欲一出现便能感知，自然也不会容许它存在。这样但凡有一点私欲来袭，就会反思是不是自己的志向未立，这样私欲便会退去。感觉到一点外物对自身的影响，就反思志向未立，那影响就会消除。又如，懒惰之心如果生起来，就要反思自己的志向不立，这样就不懒惰了；疏忽之心如果生起来，就反思自己的志向不立，这样就不疏忽了；烦躁之心如果生起来，就反思自己的志向不立，这样就不烦躁了；嫉妒之心如果生起来，就反思自己的志向不立，这样就不嫉妒了；贪婪之心如果生起来，就反思自己的志向不立，这样就不贪婪了；骄傲之心如果生起来，就反思自己的志向不立，这样就不骄傲了；吝啬之心如果生起来，就反思自己的志向不立，这样就不吝啬了。这样就没有一刻不是在立志责志，没有一件事情不是在立志责志。责志的目的在于去除人的私欲，这就如同烈火烧毫毛，太阳出来妖魔鬼怪自然消失一样有效。

从前的圣贤都是根据时代的需要开展教化，虽然他们的表述各不相同，但其内容都差不多。《尚书》说“心志专一”，《易经》说“君子内心诚敬，行为端正”，孔子说“格物、致知、诚意、正心，广求学问，恪守礼法”，曾子说“处己为忠，推己及人为恕”。子思说“敬持天理，修学问道”，孟子说“修身成德”，虽然他们每个人都有不同的表述，这确实不能强求一致，但其中的侧重点都是一样的。为什么呢？因为天理都是一样的。既然天理是一样的，那么道心也是一样的，道心一样，那么学问就是一样的。其他与此不同的都是邪说。

后世的人最大的问题，主要在于没有志向，所以今天把立志作为一门学问提出来。中间的每个字句都是在说立志，这是因为人终其一生的学问，不过是立志而已。如果要说这个观点合于精一，则字字句句都是精一的功夫；用来合于敬义，则字字句句都是敬义的功夫。其与“格致”“博约”“忠恕”等说法，无不吻合。只要能用心实际体会，就会相信我这些话都不是随便说的。

【原文】

书正宪[1]扇

今人病痛[2]，大段[3]只是傲。千罪百恶，皆从傲上来。傲则自高自是，不肯屈下人。故为子而傲，必不能孝；为弟而傲，必不能弟[4]；为臣而傲，必不能忠。象[5]之不仁，丹朱[6]之不肖，皆只是一“傲”字，便结果了一生，做个极恶大罪的人，更无解救得处。汝曹为学，先要除此病根，方才有地步可进。

“傲”之反为“谦”。“谦”字便是对症之药。非但是外貌卑逊，须是中心恭敬、撙节[7]、退让，常见自己不是，真能虚己受人。故为子而谦，斯能孝；为弟而谦，斯能弟；为臣而谦，斯能忠。尧舜之圣，只是谦到至诚处，便是允恭克让[8]、温恭允塞[9]也。汝曹勉之敬之，其毋若伯鲁之简[10]哉！

【注释】

[1] 正宪：王阳明养子，为其堂弟王守信之子。

[2] 病痛：毛病。

[3] 大段：大都。

[4] 弟：通“悌”，敬爱兄长。

[5] 象：舜的异母弟，本性傲狠，常与母亲一起密谋杀舜。

[6] 丹朱：中国上古部落联盟首领尧的长子。相传，因丹朱不肖，尧未让其继位。

[7] 撙节：有礼貌，有节制。

[8] 允恭克让：诚实、恭敬又能够谦让。允，诚信；克，能够；让，谦让。源自《尚书》。

[9] 温恭允塞：温和恭敬充实于内而形于外。允塞，充满、充实。源自《尚书》。

[10] 伯鲁之简：据《资治通鉴·周纪一》载：“赵简子之子，长曰伯鲁，幼曰无恤。将置后，不知所立。乃书训诫之词于二简，以授二子，曰：‘谨识之。’三年而问之，伯鲁不能举其词。问其简，已失之矣。问无恤，诵其词甚习。问其简，出诸袖中而奏之。于是简子以无恤为贤，立以为后，是为赵襄子，而果昌赵。”王阳明通过这个典故告诫长子正宪不要学伯鲁，要学无恤，要牢记长辈的教诲。

【译文】

书正宪扇

现在的一些人的毛病，大多是源于一个傲字。千罪百恶都从傲引发出来的。人如果有傲气了，就很容易自以为是，不肯屈居在别人之下。所以，作为儿子而傲，必然不肯孝顺父母；作为弟弟而傲，必然不孝悌兄长；为人臣而傲，必然不是忠臣。象之所以不仁，丹朱之所以不肖，皆只是因为一个傲字，导致他们一生都完了，如果再做个罪大恶极之人，更是无可救药。你等求学，首先要除去这一病根，才会取得进步。

“傲”的对面为“谦”。“谦”字便是对症之药。不仅要外表谦逊，还要心有恭敬、有礼节，知道谦让，能经常发现自己的过失，能真正做到虚心接受别人的意见。因此，为人子如果能谦虚的话，就能做到孝顺父母；做弟弟如果谦虚的话，就能做到敬爱兄长；做人臣如果谦虚的话，就能做到忠君。尧舜之所以能成为圣人，是因为他们的谦虚到了至诚的程度，即既有内心的诚实、恭敬和谦让，又有外在的和颜悦色、恭逊之容。你等应该以此自勉并努力效法，切不要出现像过去“伯鲁之简”不记教诲而失位那样的情形！

【原文】

赣州书示四侄正思等

近闻尔曹学业有进，有司考校[1]，获居前列。吾闻之喜而不寐，此是家门好消息。继吾书香[2]者，在尔辈矣，勉之勉之！吾非徒望尔辈但取青紫[3]，荣身肥家，如世俗所尚，以夸市井[4]小儿。尔辈须以仁礼存心[5]，以孝弟[6]为本，以圣贤自期[7]，务在光前裕后[8]，斯可矣。

吾惟幼而失学无行，无师友之助，迨今中年，未有所成。尔辈当鉴吾既往，及时勉力，毋又自贻他日之悔，如吾今日也。习俗移人，如油渍面，虽贤者不免，况尔曹初学小子，能无溺乎？然惟痛惩深创[9]，乃为善变。

昔人云："脱去凡近，以游高明。"[10]此言良足以警，小子识之！吾尝有立志说[11]，与尔十叔，尔辈可以钞录一通[12]，置之几间[13]，时一省览，亦足以发。方虽传于庸医，药可疗夫真病。尔曹勿谓尔伯父"只寻常人尔，其言未必足法"，又勿谓"其言虽似有理，亦只是一场迂阔[14]之谈，非吾辈急务"，苟如是，吾未如之何矣。

读书讲学，此最吾所宿好。今虽干戈扰攘[15]中，四方有来学者，吾未尝拒之。所恨牢落尘网[16]，未能脱身而归。今幸盗贼稍平，以塞责[17]求退，归卧林间[18]，携尔曹朝夕切磋砥砺[19]，吾何乐如之！偶便，先示尔等，尔等勉焉！毋虚吾望[20]。

正德丁丑[21]四月三十日

【注释】

[1] 有司：古代设官分职，各有专司，故称有司。也泛指官吏。考校：考试。

[2] 书香：古人为防蠹虫咬食书籍，以芸香草夹于书中，夹有这种草的书籍有清香之气，故称书香。后为读书风气或读书家风的美称。

[3] 青紫：本为古代公卿服饰，因借指高官显爵。汉制公侯金印紫绶，九卿银印青绶。

[4] 市井：一般人。

[5] 仁礼存心：把仁爱、礼仪放在心上。

[6] 孝弟：孝悌，孝敬父母，友爱兄弟。

[7] 以圣贤自期：把成圣成贤作为对自己的期望。

[8] 光前裕后：为前代争先，使后代造福。

[9] 痛惩深创：彻底地责罚，厉害的创伤。

[10] 脱去凡近，以游高明：这句是说，远离凡庸浅薄的人，同高明的人交往。

[11] 立志说：指王阳明写给弟弟的《示弟立志说》一文。

[12] 一通：用于文书，表示一份。

[13] 几间：案桌边。

[14] 迂阔：迂远而不切合实际。

[15] 干戈扰攘：谓战乱。干戈，兵器。干，盾。戈，平头戟。古代将干戈引申为战争。扰攘，混乱，不太平。

[16] 牢落尘网：无所寄托尘世。牢落，无所寄托。尘网，犹尘世。把现实世界看作束缚人的罗网。

[17] 塞责：搪塞责任。

[18] 归卧林间：到山林中隐居。

[19] 切磋砥砺：切磋本指对骨头、象牙、玉石等的加工，后用以比喻学习和研究问题时相互讨论，取长补短。砥砺本为磨刀石。这里指磨炼品格和节操。

[20] 毋虚吾望：莫让我的希望落空。虚，空。

[21] 正德：明朝第十位皇帝明武宗朱厚照的年号，起于 1506 年，止于 1521 年。丁丑：指公元 1517 年。

【译文】

赣州书示四侄正思等

最近我听说你们学业有进，在有关部门组织的考试中，成绩都在前列。我听说后高兴得睡不着，此是我们家族的好消息啊。

继承我们书香门第家风的，就指望你们了，努力吧努力！我并不只是希望你们飞黄腾达，光耀门楣，如俗人所向往的那样，在一般人面前夸耀。你们应该把仁爱、礼仪放在心上，以孝悌为本，把成为圣贤作为人生目标。目的在于为前代争先，为后代造福，这样才可以的。

我因儿时不知学习，品行不端，又没有师友的帮助，以至于到现在人到中年，还是一事无成。你们应以我为鉴，及时用功学习，不要等到将来后悔，以至于像我现在这个样子。习俗能改变人，就像油浸泡在面粉里一样，即使是贤人也难免。何况你们这些刚开始学习的年轻人，能不被习俗所淹没吗？但在犯事后只有严格惩戒自己才可能变好。

古人说："远离那些凡庸浅薄的人，多和高明的人交往。"这些良言足以警醒你们的了，你们要牢记在心啊！我曾写过一篇《立志说》给你们的十叔，你们可以抄录一遍，放在桌子上，时不时看看，也足以对你们有所启发。有些药方虽然是从庸医那里传下来的，但药却可以治疗患者真实的病痛，你们不要说你们的伯父我只是一个普通人，所说的话未必值得效法，也不要认为我的话即使有一定的道理，也不过是一些不切实际的空谈，并不是你们现在的当务之急。如果你们真的这样认为，我也不知道怎么做才好了。

读书讲学是我长期以来最大的爱好。如今虽处在战乱中，四方有来求学的，我不曾拒绝过。所恨的是自己被世间琐事所困，不能脱身回家。今幸好盗贼基本平定，我就想着搪塞责任退隐山林。早晚带着你们讨论学问，磨炼品格节操。真能这样的话，我该有多快乐啊。今天偶尔有点空，就先给你们说这些吧。你们可一定要努力啊，不要辜负我的期望。

正德丁丑四月三十日

【点评】

王阳明的这几篇家书，内容都是对晚辈学习修身方面的劝勉。他认为“以仁礼存心，以孝弟为本，以圣贤自期”是立身处世的根本，并且认为道德学问远高于功名富贵，也就是今天所说的“以德为先”的意思。王阳明还指出，人要成功，立志是根本，这是奋斗动力和方向；立志之后要努力学习，谦虚为人，友爱他人，学会自我管理，同时要学会宽容。这些见解都是王阳明的人生感悟，颇有针对性。

薛瑄：诫子书

【原文】

人之所以异于禽兽者，伦理[1]而已。何为伦？父子、君臣、夫妇、长幼、朋友五者之伦序是也。何为理？即父子有亲、君臣有义、夫妇有别、长幼有序、朋友有信，五者之天理是也。于伦理明而且尽，始得称为“人”之名，苟[2]伦理一失，虽具人之形，其实与禽兽何异哉？

盖禽兽所知者，不过渴饮饥食、雌雄牝牡[3]之欲而已，其于伦理，则蠢然无知也。故其于饮食雌雄牝牡之欲既足，则飞鸣踯躅[4]，群游旅宿，一无所为。若人但知饮食男女之欲，而不能尽父子、君臣、夫妇、长幼、朋友之伦理，即暖衣饱食，终日嬉戏游荡，与禽兽无别矣！

圣贤忧人之陷于禽兽也如此，其得位者则修道立教，使天下后世之人，皆尽此伦理。其不得位者则著书垂训，亦欲天下后世之人，皆尽此伦理。是则圣贤穷达[5]虽异，而君师万世之心则一而已。汝曹既得天地之理气凝合、祖父之一气流传，生而为人矣，其可不思所以尽其人道乎？欲尽人道，必当于圣贤修道之教、垂世之典[6]，若《小学》[7]、若《四书》、若《六经》之类，诵读之、讲习之、思索之、体认之，反求诸日用人伦之间。

圣贤所谓父子当亲，吾则于父子求所以尽其亲。圣贤所谓君臣当义，吾则于君臣求所以尽其义。圣贤所谓夫妇有别，吾则于夫妇思所以有其别。圣贤所谓长幼有序，吾则于长幼思所以有其序。圣贤所谓朋友有信，吾则于朋友思所以有其信。于此五者，无一而不致其精微曲折之详，则日用身心，自不外乎伦理，庶几[8]称其人之名，得免流于禽兽之域矣！

其或饱暖终日，无所用心，纵其口目耳鼻之欲，肆其四体百骸[9]之安，耽嗜[10]于非礼之声色臭味，沦溺于非礼之私欲宴安，身虽有人之形，行实禽兽之行，仰贻[11]天地凝形赋理之羞，俯为父母流传一气之玷[12]，将何以自立于世哉？汝曹勉之！敬之！竭其心力，以全伦理，乃吾之至望[13]也。

【注释】

[1] 伦理：人伦道德。

[2] 苟：假使，如果。

[3] 牝牡：雌雄，指动物的性欲。

[4] 踯躅：以足击地，顿足。

[5] 穷达：困苦或显达。

[6] 垂世之典：流传于世的典法。

[7] 小学：古人的章句训诂之学。

[8] 庶几：差不多。

[9] 百骸：指人的各种骨骼或全身。

[10] 耽嗜：沉溺，嗜欲。

[11] 贻：遗留，留下。

[12] 玷：使有污点。

[13] 至望：殷切期待。

【译文】

人和禽兽的不同之处，就在于有无人伦道德而已。什么是伦？就是父子、君臣、夫妇、长幼、朋友这五种关系之间的次序。什么是理？就是父子之间有亲爱之情，君臣之间有相敬之礼，夫妇之间有内外之别，长幼之间有尊卑之序，朋友之间有诚信之谊，这五方面就是天理。能够懂得伦理而且完全做到了的，才可以称为人。如果行为丧失伦理，即使具备人的躯壳，实际上和禽兽又有什么不同呢？

禽兽懂得的仅仅是渴了要喝，饿了要吃，以及雌雄交配罢了，它们对于伦理完全愚昧无知。所以它们在满足食欲性欲后，就飞翔、鸣叫、顿足，成群结伴游走栖息，此外啥也不做。而身为人，如果只知食欲、性欲的满足，却不讲究父子、君臣、夫妇、长幼、朋友间的人伦道德，吃饱穿暖后，终日游手好闲，这样就和禽兽没任何区别。

圣贤担心人容易沦落成禽兽那样，于是在他们还在官位上的时候就修道立教，对民众施行教化，使后世之人都能做到遵循伦理。那些不在官位的圣贤，就著述立说训导世人，希望后世之人都能实践这些伦理。尽管圣贤们在个人际遇上有穷困或显达的差别，但他们教化万世民众的想法都是一致的。你们既然得到天地理气的凝聚，以及父、祖血脉形体的遗传，生为人了，难道不应该思考如何实践做人的道理吗？而要实践做人的道理，就一定要对圣贤修道教化的教义和传世经典，如研究文字的学问，如《论语》《孟子》《大学》《中庸》四书，如《诗》《书》《礼》《乐》《易》《春秋》六经之类的典籍，要诵读、研究、思考和体认，并且要回头在日常生活及人伦之间付诸实践。

圣贤所说的父子之间应当亲爱，我就在父子之间力求做到亲爱。圣贤所说的在君臣之间应当有礼义，我就在君臣之间力求做到有礼义。圣贤所说的在夫妇之间应有内外的分别，我就在夫妇间尽力做到内外有别。圣贤所说的在长幼间应有尊卑的次序，我就在长幼间力求做到有尊卑有序。圣贤所说的朋友之间要有诚信的交往，我就在朋友间的交往上力求做到有诚信。对于这五个方面，无不尽心尽力做到妥当，这样在日常生活、身心内外，都能做到遵循人伦道德，这样差不多就可称之为人吧，至少不会沦为禽兽了。

有些人饱食终日，无所用心，只知放纵耳目口鼻的欲望，竭力追求身体感官的安乐，沉迷在不合礼义的声色臭味之中，沦陷于不合礼义的私欲里面。他们的身躯虽有人的外形，表现的实是禽兽的行为。对上来说，让天地因为造化你而蒙羞；对下而言，让父母因为生养你而蒙耻。准备靠什么在世上立足呢？你们要努力啊，要谨慎啊！要尽量遵循人伦道德，这就是我最殷切的期待！

【点评】

薛瑄的《诫子书》谈的是遵守伦理道德的问题，认为人如果没有伦理观念、伦理意识，不按伦理行事做人，那么就和动物没有任何区别。这也告诉当代人，道德修养和规则意识是走向社会、走向成功的通行证，是做人最基本的要求。当然本篇所讲道德属于传统的儒家范围里的内容，于今天可以有所取舍。

杨继盛：椒山遗笔（节选）

【原文】

父椒山，谕应尾、应箕两儿：

人须要立志。初时立志为君子，后来多有变为小人的。若初时不先立了个定志[1]，则中无定向，便无所不为，便为天下之小人，众人皆贱恶[2]你。你发愤立志要做个君子，则不拘作官不作官，人人也都敬重你。故我要你，第一先立起志气来。心为人一身之主，如树之根，如果之蒂，最不可先坏了心。心里若是有天理，存公道，则行出来便都是好事，便是君子这边的人。心里若存的是人欲，是私意，虽欲行好事，也有始无终，虽欲外面做好人，也会被人看破。如根朽则树枯，蒂坏则果落，故要你休把心坏了。

心以思为职[3]，或独坐时，或夜深时，念头一起，则自思曰："这是好念，是恶念？"若是好念，便扩充起来，必见之行；若是恶念，便禁止勿思。方行一事，则思之，以为此事合天理不合天理？若是合天理，便行，若是不合天理，便止而勿行。不可为分毫违心害理之事，则上天必保护你，鬼神必加佑你，否则，天地鬼神必不容你。你读书，若中举中进士，思吾之苦，不做官也可。若是做官，必须正直忠厚赤心，随分报国。固不可效我之狂愚，亦不可因我为忠受祸，遂改心易行，懈了为善之志，惹人父贤子不肖之笑。

你们两个年幼，恐油滑人见了，便要哄诱你，或请你吃饭，或诱你赌博，或以心爱之物送你，或以美色诱你，你一入圈套，便吃他亏，不惟荡尽家业，且弄你成不得人。若是有这样人哄你，便想吾的话来识破他。合你好是不好的意思，便远了他。拣着老成忠厚，肯读书肯好学的人，与他肝胆相交，语言必信，逐日与他相处，自然成一个好人，不入下流也。

读书见一件好事，则便思量，我将来必定要行；见一件不好的事，则便思量，我将来必定要戒；见一个好人，则思量我将来必要学他一般；见一不好的人则思量，我将来休要学他，则心地自然光明正大，行事自然不会苟且，便为天下第一等人矣。

习举业[4]，只是要多记多作。《四书》《五经》记文一千篇，读论一百篇，策一百问，表五十道，判语八十条。有余功，则读《五经》白文，好古文读一百篇。每日作文一篇，每月作论三篇，策二问，切记不可一日无师傅。无师傅则无严惮、无稽考[5]，虽十分用功，终是疏散，以自在故也。又必须择好师，如一师不惬意，即辞了另寻，不可因循迁延，致误学业。又必择好朋友，日日会讲切磋，则举业不患其不成矣。

与人相处之道，第一要谦下诚实，同干事则勿避劳苦，同饮食则勿贪甘美，同行走则勿择好路，同寝睡则勿占席。宁让人，勿使人让吾；宁容人，勿使人容吾；宁吃人亏，勿使人吃吾亏；宁受人气，勿使人受吾气。人有恩于吾，则终身不忘；人有恶于吾，则即时丢过。见人之善，则对人称扬不已；闻人之过，则绝口不对人言。人有向你说某人感你之恩，则云他有恩于吾，吾无恩于他，则感恩者闻之，其感益深；有人向你说某人恼你谤你，则云他与吾平日最相好，岂有恼谤吾之理。则恼吾谤吾者闻之，其怨即解。人之胜似你，则敬重之，不可有忌刻[6]之心；人之不如你，则谦待之，不可有轻贱之意。又与人相交，久而益密，则行之邦家，可无怨矣。

【注释】

[1] 定志：固定的志向。

[2] 贱恶：看不起，讨厌。

[3] 职：功能。

[4] 习举业：读书中举。

[5] 稽考：检查考核。

[6] 忌刻：对人忌妒刻薄。

【译文】

父椒山告知应尾、应箕两儿：

人必须要立志，一开始就立志做一个正人君子，后来有很多变成小人的。如果一开始不先立定一个志向，心中就会没有目标，就会无所不为，成为大家心目中的小人，大家就会看不起并嫌弃你。如果你们立志要做个君子，那无论你做不做官，人人都会敬重你。所以我要求你们首先要立志。心是人的主宰，就像树木的根，果实的蒂，最怕的是心先坏了。心里如果明白事理，心存公道，做出来的就都是好事，就是和君子一样的人；心里如果满是欲望，都是私心，虽然想做好事，往往也是有始无终的。即使你表面上想做个好人，也会被人识破。就像根坏了树就要枯萎，蒂坏了果实就坠落，所以你们不能有坏心。

心的功用是思考，独坐的时候，或夜深之时，如果起了某个念头，就自己先想一想，“这是好念头，还是坏念头？”如果是好念头，就多想想，并要有所行动；如果是坏念头，就停止不再想。想做一件事，先想一想这件事合乎道理，还是不合乎道理？如果合乎道理，就去做；如果不合乎道理，就停止不做。如果不做任何违背良心伤天害理的事情，那么上天必然会保护你们，鬼神也更加护佑你们。否则，天地鬼神都容不下你们。你们读书如果中了举人中了进士，要想一想我的苦心，即使不做官，也是可以的。如果做了官，就要正直忠厚，专心做好本职工作，全力报效国家，千万不能像我这样狂妄愚昧。但也不能因为我尽忠却遭难，就改变想法和行为，甚至懈怠向善的志向，引来别人“父亲贤德，儿子却不肖”的嘲讽。

你们两个年幼，恐怕那些圆滑世故的人看见了，会哄骗引诱你们，或者请你们吃饭，或者引诱你们赌博，或者拿心爱的东西说给你们，或者用美色来勾引你们。你们一旦中了他们圈套，就要吃他们的亏，不只是败坏完家业，还可能让你们成为坏人。如果有这样的人哄骗你们，就好好想想我的话来识破他。投你们所好的，肯定不合适，就远离他。挑选老成忠厚，喜欢读书向善的人，和他肝胆相照，结为挚友。要说话算话，每天和他相处，你自然就会成为一个好人，不会堕落。

读书看见一件好事，就要想一想，将来自己一定也要这样做；看见一件不好的事，也想一想，自己将来一定要防范；看见一个好人就要敬重他，自己将来一定要和他一样；看见一个不好的人，要想我以后千万不能学他。这样你的心里自然就会光明正大，做起事来自然也不会敷衍，就能成为天下第一等人。

至于读书谋取功名，只需要多记多写。要熟读《四书》《五经》，背诵文章一千篇，谈论一百篇，策一百问，表五十道，判语八十条。如还有剩余时间，则熟读《五经》白话文，以及好古文一百篇。每日做一篇作文，每月作论三篇，策两问。千万要记住，不能没有老师指导。没有老师，就缺乏严格的要求，也没有考核。即便非常用功，还是会不自觉地懒散的。另外，必须选择一名好老师，如果对一个老师不满意，就辞去另外再找，不能因为学费而拖延，耽误学业。还要选择好朋友，每天可在一起讨论，能这样的话，科举考试就不用担心不成功了。

和人交往的办法是，首先自己要谦虚诚实。和别人一起做事，不要躲避苦活累活；一起吃饭，不要贪图好吃的饭菜；一起走路，不要挑好走的道；一起睡觉，不要占着床铺。宁可谦让别人，也不要让别人谦让自己；宁可容让别人，也不要让别人容让自己；宁可吃别人的亏，不要让别人吃自己的亏；宁可受别人的气，不要让别人受自己的气。别人对自己有恩情，要终身不忘；别人对自己有怨言，要即刻忘记。看见别人的善行，就当面赞扬；听到别人的过错，就闭口不再散播。如果别人对自己说“某人感戴你的恩情”，你就告诉对方“他对我有恩，我对他没有恩”，感恩的人如果听到了，感恩之情会更加深厚。如果有人向自己说，“某人生你的气，说你的坏话”，你就回说“他和我平时关系最好，怎么会有对我生气，说我坏话的道理”，那个生气说你坏话的人如果听到你说的这些，怨气自然也就化解了。如果别人胜过自己，就要敬重他，不能有猜忌嫉妒的念头；如果别人不如自己，也要谦虚待他，不能有任何轻视的表现。和别人相处时间长了，关系自然就会更加亲密，即使走遍天下，都不会产生怨恨。

【点评】

杨继盛的这份遗嘱，重点说了立志、做人、读书、交友、亲族关系、居家之要等方面的问题。文字浅显，娓娓道来，殷殷之情渗透在字里行间。文中“人有恩于我，则终身不忘；人有怨于我，则即时丢过。”“人之胜似你，则敬重之，不可有忌刻之心；人之不如你，则谦待之，不可有轻贱之意。”等句，已成传世名言。

张居正：示季子懋书

【原文】

汝幼而颖异[1]，初学作文，便知门路，吾尝以汝为千里驹，即相知诸公见者，亦皆动色相贺曰："公之诸郎，此最先鸣者也。"乃自癸酉科举之后，忽染一种狂气，不量力而慕古，好矜己而自足。顿失邯郸之步，遂至匍匐而归。丙子之春，吾本不欲求试，乃汝诸兄咸来劝我，谓不宜挫汝锐气，不得已黾勉从之，竟致颠蹶[2]。艺本不佳，于人何尤[3]？然吾窃自幸曰："天其或者欲厚积而钜发之也"，又意汝必惩再败之耻，而俯首以就矩镬也[4]。岂知一年之中，愈作愈退，愈激愈颓。以汝为质不敏耶？固未有少而了了，长乃懵懵者，以汝行不力耶？固闻汝终日闭门，手不释卷。乃其所造尔尔，是必志骛于高远，而力疲于兼涉，所谓之楚而北行[5]也。欲图进取，岂不难哉！

夫欲求古匠之芳躅[6]，又合当世之轨辙，惟有绝世之才者能之。明兴以来，亦不多见。吾昔童稚登科，冒窃盛名，妄谓屈、宋、班、马，了不异人，区区一第，唾手可得，乃弃其本业，而驰骛古典。比及三年，新功未完，旧业已芜。今追忆当时所为，适足以发笑而自点耳。甲辰下第，然后揣己量力，复寻前辙，昼作夜思，殚精毕力，幸而艺成[7]。然亦仅得一第止耳。犹未能掉鞅[8]文场，夺标艺院也。今汝之才，未能胜余，乃不俯寻吾之所得，而蹈吾之所失，岂不谬哉？

吾家以诗书发迹[9]，平生苦志励行，所以贻则于后人者，自谓不敢后于古之世家名德，固望汝等继志绳武[10]，益加光大，与伊巫之俦[11]，并垂史册耳。岂欲但窃一第，以大吾宗哉？吾诚爱汝之深、望汝之切，不意汝妄自菲薄，而甘为辕下驹[12]也。今汝既欲我置汝不问，吾自是亦不敢厚责于汝矣。但汝宜加深思，毋甘自弃，假令才质驽下，分不可强，乃才可为而不为，谁之咎与？与己则乖谬[13]，而徒诿之命耶？惑之甚矣！且如写字一节，吾呶呶谆谆者几年矣，而潦倒差讹，略不少变，斯亦命为之耶？区区小艺，岂磨以岁乃能工耶？吾言止此矣，汝其思之！

【注释】

[1] 颖异：聪慧过人。

[2] 颠蹶：倒仆，跌落。

[3] 尤：过失。

[4] 矩镬：规矩。

[5] 之楚而北行：南辕北辙。

[6] 芳躅：指前贤的踪迹。

[7] 艺成：指通过科举考试。制艺，指明清时的八股文。

[8] 掉鞅：此处比喻从容显示才华。

[9] 发迹：得志显达。

[10] 绳武：出自《诗经·大雅·下武》："昭兹来许，绳其祖武。"继承祖先业迹。

[11] 俦：同类。

[12] 辕下驹：比喻见世面少的人。

[13] 乖谬：抵触违背。

【译文】

你自幼就特别聪明，刚开始学写文章时，就懂得门道，我原认为你是一匹千里马。熟悉的朋友见到你，也都惊异地向我祝贺道："你的几个儿子中，这个是最先显露才华的。"可你自从参加了癸酉年的科举后，忽然沾染了一种狂傲之气，不自量力却仰慕古风，喜欢夸耀自己而自我满足，像邯郸学步那样失去了自我，以至于垂头丧气而归。丙子年春天，我本不想让你去应试，你的几个兄长都来劝我，说我不该挫你的锐气，我只好勉强答应，结果你考试还是遭受了挫折。原本是你自己学艺不精，别人有什么错呢？但我庆幸地对自己说："老天或许是想要让你厚积薄发吧。"又想到你会以再次失败的教训为戒，愿意低头遵守规矩。哪里想到一年时间里，你居然越来越退步，越激励越颓废。是你的才质不够聪敏吗？你本不是小时候聪明，长大了却糊涂的那种人啊。是你不够努力吗？我听说你终日闭门读书，手不释卷。可是目前的才学造诣还是一般般，我估计一定是你好高骛远，涉猎太广以至于疲于奔命，你这样做就是南辕北辙啊！这样做还想求进步，难度不是很大吗？

想要追寻古代前贤成功的足迹，又能符合当今的社会规范，只有那些有绝世才能的人才可以做到，在明朝兴起以来的这些年里，也是不多见的。我过去少年登科，愧享盛名，曾狂妄声称，即使屈原、宋玉、班固、司马迁也不过如此，区区一个科举，唾手可得。我于是放弃本业学问，把精力都放在古代经典上。过了三年，在新学问上没有什么建树，旧功课却已荒费。现在追想当年的所作所为，不仅可笑，也是我的一个污点。甲辰年考试落第后，我客观估计自己的实力水平，重寻以前的路子，白天写作晚上思考，费尽心力，幸而取得成功，但也只是一次科举考试而已，还没能达到能够在文坛上从容挥洒，在技巧上独占鳌头的程度。现在你的才华还没有超过我，如果还不能放下身段探讨我的成功心得，却重蹈我失败的覆辙，不是很荒谬吗？

我们家因读诗书得以显达，我一辈子笃志践行，所留给后辈的那些道理，自认为不会比古代世贤的水平低。一直期望你们继承我的志向和功绩，并能更加发扬光大，让我和伊尹、巫咸这些人一起名垂青史！岂止是想靠一次科举成功，就光大我们宗族呢？我实在是因爱你太深，对你的期望才如此迫切。没想到你却妄自菲薄，甘于做一个没什么见识和格局的人。现在你既然想让我不管你，我自然也不敢过于责怪你。但你还是应该深思，不要甘于自暴自弃。如果你才能驽笨，我也不必强求；但你有天赋却不好好努力，那该是谁的过错呢？自己的想法荒谬，却把责任归结于命运，真是太糊涂了！就拿写字来说，我反复叮嘱你几年了，你还是这么潦草多错，几乎没有什么进步，难道这也怪命运吗？这点小小的技艺，难道也要磨炼好几年才能写得精巧工整吗？我就说这么多，你自己想一想吧。

【点评】

张居正面对儿子存在的毛病，采取了冷静分析的态度，并且耐心地指出了具体问题和解决方法。他认为儿子是因好高骛远才没有打好基本功从而导致科举不利的后果，他要求儿子正确认清自己的实际水平和能力，一步一个脚印，不断提升自己。这封信言辞严厉，责怪颇多，表现了张居正望子成龙又恨铁不成钢的急迫心情。

庞尚鹏：庞氏家训（节选）

【原文】

孝、友、勤、俭四字，最为立身第一义，必真知力行。学贵变化气质[1]，岂为猎章句、干利禄哉。唧[2]子弟从师问业，本有课程，尤当旦暮间察其勤惰，验其生熟，使知激昂奋发，有所劝惩，乃不负责成之志。子弟以儒书为世业，毕力从之。力不能则必亲农事，劳其身，食其力，乃能立其家。否则束手坐困[3]，独不悉冻馁乎？思祖宗之勤苦，知稼穑之艰难，必不甘为人下矣。前代举贤，以孝悌、力田列制科[4]，使从业其官，皆习知民隐，岂忍贼民以自封殖[5]哉？妇主中馈[6]，皆当躬亲为之。凡朝夕柴米蔬菜，逐一磨算稽查，无令太过、不及。若坐[7]受豢养，是以犬豕自待而败吾家也。

女子六岁以上，岁给吉贝十斤，麻一斤；八岁以上，岁给吉贝二十斤，麻二斤；十岁以上，岁给吉贝三十斤，麻五斤。听其贮为嫁衣。妇初归，每岁吉贝三十斤，麻五斤，俱令亲自纺绩，不许雇人。

待客，肴不过五品，汤果不过二品，酒饭随宜。子孙各要布衣蔬食，惟祭祀、宾客之会，方许饮酒食肉，暂穿新衣，免饥寒足矣，敢以恶衣恶食为耻乎？……尺帛半钱不敢浪用，庶几不至于饥寒。

亲戚每年馈，多不过二次，每次用银多不过一钱。彼此相期，皆以俭约为贵，过此者拒勿受。其余庆吊[8]，循俗举行，不在此限。

待客品物，本有常规，如亲友常往来，即一鱼一菜即可相留……今后客至，肴不必求备，酒不必强劝。淡薄能久，宾主相欢，但求适情而已。

子孙各安分循理，不许博弈、斗殴、健讼及看鸭、私贩盐铁，自取覆亡之祸。天地财物，得之不以义，其子孙必不能享。古人造钱字，一金二戈，盖言利少害多。

傲，凶德也。凡以富贵学问而骄人，皆自作孽耳。即使功德冠古今，亦分内事，何与于人？天道恶盈，惟谦受益，予阅历史外，备尝[9]之矣。

病从口入，祸从口出。凡饮食不知节，言语不知谨，皆自贼其身，叹夫谁咎？修斋、诵经、供佛、饭僧，皆诞妄之事。而端公圣婆、左道惑众，尤王法所必诛[10]也。凡僧道师巫，一切谢绝。不许惑于妇人、世俗之见。

观人家起卧之早晚，而知其兴衰，此先哲格言也。凡男女必须未明而起，一更后方许宴息，无得苟安放逸，终受饥寒。

论人惟称其所长，略其所短，切不可扬人之过。非惟自处其厚，亦所以寡怨而弭祸[11]也。

书籍为人家命脉，须置簿登记，依期晒晾，束之高阁，无令散失。

子弟立身，非惟颠狂灭义，淫纵伤生，当刻骨痛戒。即嗜好之偏，如广交延誉，避事闲，溺琴棋，聚宝玩，购字画，乐歌舞，此当丧志之具。彼自谓放达清流[12]，岂知其为身家之蠹哉？处身固以谦退为贵，若事当勇往而畏缩深藏，则丈夫而妇人矣。

【注释】

[1] 气质：风格。

[2] 唧：可叹。

[3] 束手：捆住了手，比喻没有办法。坐困：困守一处，找不到出路。

[4] 力田：努力耕田。制科：殿试。

[5] 封殖：栽培，聚财。

[6] 中馈：饮食。

[7] 坐：不劳动。

[8] 庆吊：喜事与丧事。

[9] 备尝：都经历过。

[10] 诛：铲除。

[11] 弭祸：息祸；止祸。

[12] 傲达：放纵豁达。清流：名士。

【译文】

孝顺、友善、勤奋、节俭，是为人处世即立身最重要的事，你们要真正懂得这个道理，且要身体力行。治学贵在有推陈出新的风格，怎么可以为了猎奇章句、追求钱财和做官而去读书呢？可叹年轻人跟老师修习学业，本来自有其科目和规定的日程，老师更应该每天查看弟子是勤是懒，考查他们所学的功课是熟练还是生疏，敦促他们努力学习。只有这样有所劝勉和惩戒，才不至于辜负家长的托付。年轻人以学习儒家经典作为祖传的事业，还要用毕生的精力去学习它。如果实在没有读书的能力，就只能务农，做体力劳动，自食其力，这样才能建立家业。否则就会束手待毙。难道你们不知道寒冷和饥饿吗？好好想想祖辈们是如何创业的辛苦，了解务农的艰难，就不会甘心落后于别人了。古人推荐人才，把孝悌、种田等科目列入殿试的范围，让每个官员都熟悉民间疾苦，怎会容忍不良臣民残害百姓大肆敛物呢？妇女掌管家里伙食，都应当亲自动手。凡是早晚所需的柴米蔬菜，都要一项一项地计划、核算和检查，以免花费过多或花费不够。如果坐享其成，让人供养，这就是把自己当作猪狗一样看待了，就败坏了我们的家风。

家里女子过了六岁，每年分给上等棉十斤，麻一斤；八岁以上，每年分给上等棉二十斤，麻二斤；十岁以上，每年分给上等棉三十斤，麻五斤。让她们积存起来作为将来的嫁衣。媳妇过门后，每年分给上等棉三十斤，麻五斤。要求她们都要亲自纺织，不许雇人做活。

招待客人时，菜肴不得超过五种，汤和水果不得超过二种。至于酒和饭，随意即可。子孙后代自己吃穿要节约，平常穿麻布衣服，吃蔬菜。只有在祭祀、招待客人的场合，才允许饮酒吃肉，暂时穿上新衣。吃的、穿的只要不挨饿受冻就可以了，你们怎能为吃穿不好而感到羞耻呢？只要做到不敢浪费一点布帛钱财，就不会挨饿受冻了。

每年亲戚之间的赠送，最多不超过两次，每次用银最多不超过一钱。彼此间的相互往来，都要力求节俭。如果超过上述标准就要婉拒不受。其余的喜事和丧事，则按当地习惯和风俗办理，可以不受这个规定的限制。

待人接物，本来就有一定的常规。如果亲友经常往来，一份鱼和一份蔬菜也可以留他们吃饭。……，从今以后，如果家里来了客人，菜肴不必求齐全，喝酒也不必特别相劝。人与人之间的交往，淡薄一点，关系反而能长久。宾主相欢，只求适度恬情即可。

子孙后代都要安分守己，通情达理。不许赌博、打架斗殴、喜好打官司、看鸭、私贩盐铁，以免自取灭亡之祸。田地财物，如果是用不正当手段取得的，子孙辈一定无福消受。古人造“钱”字，一金二戈，就有利少害多的含义。

傲慢是一种不好的德行。凡是因自己的富贵、学问而在别人面前骄横的人，都是自己作孽。即使一个人的功德盖世，也是他分内的事，有什么值得向别人比较、显摆的呢？天道都讨厌骄满，只有谦虚才能受益。我除了在史书上读到过以外，自己还亲身经历过。

病从口入，祸从口出。凡是饮食不知道节制，说话不懂得谨慎的，都是自己给自己招惹灾祸，能怪谁呢？供斋作法、诵读经文、给佛上供、送饭给和尚吃，这些都是荒唐的事。而那些巫师巫婆用旁门左道迷惑众生，更是王法所必须惩治铲除的。凡是遇到和尚、道士、巫师来，要一概谢绝。不许被妇人和世俗之见所迷惑。

看别人睡觉和起床时间的早晚，就可以知道他们家是兴旺还是衰败，这是先哲的格言。所有男女都必须在黎明时起床，晚上一更之后才可安歇。不许苟且偷闲，甚至放纵淫逸，否则的话，终会遭受饥寒之苦。

评价别人时，要多称赞其优点，忽略其缺点，切不要对外宣扬别人的过失，这样做，不仅可使自己处于厚道有利的地位，也可以减少怨言，止息灾祸。

书籍是读书人的命脉，必须用专门的本子把它们登记好，还要定期晒晾，整齐地摆放在高高的书架上，不要把它们散失了。

年轻人立身处世，要知道，不仅颠狂有损道义，纵淫也是伤身的，应当切记坚决戒除。就是那些过度的嗜好，如滥交友图虚名，逃避做事而安于清闲，沉溺于弹琴下棋，收藏珠宝古玩，购买字画，喜欢唱歌跳舞等，也是让人意志消沉的东西。他们自认为是放纵旷达的名士，怎么知道那些其实是败坏本人及其家庭德行的坏习惯呢？立身处世固然应当以谦虚忍让为贵，但如果需要勇敢面对的时候却畏惧躲藏，就不像男人而变成胆小怕事的女人了。

【点评】

《庞氏家训》分为务本业、考岁用、尊礼度、禁奢靡、严约束、崇厚德、慎典守、端好尚八个方面的内容，此处节选了其中的一部分。从内容上看，是比较典型的传统家训。比较特别的是，《庞氏家训》的许多规定都比较具体，容易遵守。其中提到的读书是为了修身养性而非追名逐利的观点很高明。

徐媛：训子书

【原文】

儿年几弱冠[1]，懦怯无为，于世情毫不谙练，深为尔忧之。男子昂藏六尺于二仪[2]间，不奋发雄飞而挺两翼，日淹[3]岁月，逸居无教[4]，与鸟兽何异？将来奈何为人？慎勿令亲者怜而恶者快！兢兢业业，无怠夙夜，临事须外明于理而内决于心。钻燧去火，可以续朝阳；挥翮[5]之风，可以继屏翳[6]。物固有小而益大，人岂无全用哉？习业当凝神伫思，戢[7]足纳心，鹜精于千仞之颠，游心于八极[8]之表；浚发于巧心，抒藻[9]为春华，应事以精，不畏不成形；造物以神，不患不为器。能尽我道而听天命，庶不愧于父母妻子矣！循此则终身不堕沦落，尚勉之励之，以我言为箴，勿愦愦[11]于衷，勿朦朦于志。

【注释】

[1] 弱冠：成年。

[2] 二仪：天地。

[3] 淹：浪费。

[4] 无教：不听教导。

[5] 翮：鸟的翅膀，羽毛。

[6] 屏翳：古代传说中的云神，此处指风。

[7] 戢：停止，收起。

[8] 八极：八方极远之地，天地间。

[9] 抒藻：抒发华丽的文采。

[10] 愦愦：糊涂。

【译文】

儿子啊你现在快二十岁了，却还是胆小怕事，没有什么作为，也不懂一点人情世故。我为你深感忧虑。一个堂堂六尺的男子汉，屹立于天地之间，却不能像鸟那样张起两个翅膀奋发高飞，而是让大好时光白白流逝，贪图安逸的日子，不接受教诲，这个样子与鸟兽有什么两样呢？将来又怎么做人呢？千万不要让亲人为你感到伤心和可怜，让那些厌恶你的人为你不成器而感到高兴。希望你兢兢业业，从早到晚，每天都不能懈怠。处理事情时，要先弄清楚事物的道理，然后从心里作出决断。用钻木取火的方法取来的火虽然是很微弱的，但却可以在太阳落下去之后继续发光；挥动羽毛扇而扇出的风也是很小的，但在炎热的天气里也可以继自然风为人们解除闷热。某些东西虽然本来很小，但用处却很大。以人的灵性，难道就不胜任任何事情吗？读书一定要聚精会神，要足不出户，心无旁骛。精神境界要达到在千仞的高山的高度；思想情怀好像驰骋在天地之外。要不断开拓思路，使它变得灵巧。作文要辞藻华丽，就像春天的花一样鲜艳夺目。处理事情更要聚精会神，不要担忧它是否会像个什么样子。做一件东西要全神贯注，不要担心它能否成为自己所要做的器物。成功与否还有赖于客观条件，只要自己尽力了，就无愧于父母妻子了。如果遵照上面所讲的做，你终身都不会堕落。希望你时刻勉励自己，把我的话作为激励自己的箴言。切不要再心思糊涂，志向迷糊。

【点评】

徐媛在这篇家书里提出了人的价值问题，在她看来，人的价值就在于不断努力奋斗，决不可虚度光阴。读书要聚精会神，思路要开阔，作文要讲究文采。只要尽力做事，无论成功与否，就无愧于心。这些见解很有参考价值。

卢象升：寄训子弟

【原文】

古人仕学兼资[1]，吾独驰驱军旅。君恩既重，臣谊[2]安辞？委七尺于行[3]间，违二亲之定省[4]。扫荡廓清未效，艰危困苦备尝。此于忠孝何居也？愿吾子弟思其父兄，勿事交游，勿图温饱，勿干戈而俎豆[5]，勿弧矢而鼎彝[6]。名须立而戒浮[7]，志欲高而无妄[8]。殖货矜愚，乃怨尤之咎府[9]；酣歌恒舞，斯造物之僇民[10]。庭以内悃愊无华[11]，门以外卑谦自牧[12]。非惟可久，抑且省愆[13]。凡吾子弟，其佩老生之常谈；惟我一生，自听彼苍[14]之祸福。

【注释】

[1] 仕学兼资：在立言（著书立说）立功（成就事业）两方面都做得好。

[2] 谊：合适的行为。

[3] 行：军队。

[4] 二亲之定省：每天早晚给父母请安。

[5] 俎豆：祭祀用具，指崇奉。俎：置肉的桌子。豆：盛干肉一类食物的器皿。

[6] 弧矢：弓箭，喻战乱。鼎彝：祭祀礼器，指敬奉。

[7] 浮：虚名。

[8] 妄：虚妄，狂妄。

[9] 咎府：祸根。

[10] 僇民：罪魁祸首。

[11] 悃愊无华：至诚而不虚浮。

[12] 卑谦自牧：保持谦虚姿态。牧，管理，修养。

[13] 省愆：减免过失。愆，过失，罪过。

[14] 彼苍：上天。

【译文】

古人为官、治学都是二者兼顾，只有我驰骋于军旅之中。既然已经蒙受了君王的深恩，臣子该尽的义务我怎能推托呢？我投身于军旅，违反了每天定期探望父母双亲的规矩；击破敌人安定边境的努力现在也未见成效，这些日子经历了数不尽的危难困苦。在忠孝这两件事上我做的怎么样呢？希望我家子弟思量父兄的经历，不要把精力用于交际方面，不要过多去想谋求舒适生活，不要看重战功光耀祖先。应当建立功名但不能浮躁，应当志向高远但不能妄求。那种居积财物在众人面前炫耀的举动，其实是招惹灾怨的祸根。日夜歌舞，奢靡嬉乐，实际是人间苦难的罪魁祸首。对内做到至诚而不虚浮，对外保持谦虚谨慎的姿态。这样不断可以保持自身长久安宁，而且还可以减免过失。凡是我们家的子弟，都要遵照这些一般言论去做；至于我这一生，就听由老天的安排吧。

【点评】

卢象升这篇短文写于战乱时期，他要求自家子弟志向高远，不慕奢华，不尚嬉乐，时刻保持谦虚谨慎的姿态。他提出的“名须立而戒浮，志欲高而无妄”，可谓抓住了子女教育中的核心问题，于今天很有借鉴意义。

朱伯庐：朱子家训（节选）

【原文】

黎明即起，洒扫庭除，要内外整洁；既昏便息，关锁门户，必亲自检点。一粥一饭，当思来处不易；半丝半缕，恒念物力维艰。宜未雨而绸缪，勿临渴而掘井。自奉必须俭约，宴客切勿流连。器具质而洁，瓦缶胜金玉；饮食约而精，园蔬愈珍馐[1]。勿营华屋，勿谋良田。三姑六婆[2]，实淫盗之媒；婢美妾娇，非闺房之福。童仆勿用俊美，妻妾切忌艳装。祖宗虽远，祭祀不可不诚；子孙虽愚，经书不可不读。居身务期俭朴，教子要有义方。勿贪意外之财，勿饮过量之酒。与肩挑贸易[3]，毋占便宜；见贫苦亲邻，须加温恤。刻薄成家，理无久享；伦常乖舛[4]，立见消亡。兄弟叔侄，需分多润寡；长幼内外，宜法肃辞严。听妇言，乖[5]骨肉，岂是丈夫？重资财，薄父母，不成人子。嫁女择佳婿，毋索重聘；娶媳求淑女，勿计厚奁[6]。见富贵而生谄容者最可耻，遇贫穷而作骄态者莫甚。居家戒争讼，讼则终凶；处世戒多言，言多必失。勿恃势力而凌逼孤寡，毋贪口腹而恣杀生禽。乖僻自是，悔误必多；颓惰自甘，家道难成。狎昵恶少，久必受其累；屈志老成，急则可相依。轻听发言，安知非人之谮诉[7]？当忍耐三思；因事相争，焉知非我之不是？需平心暗想。施惠无念，受恩莫忘。凡事当留余地，得意不宜再往。人有喜庆，不可生妒忌心；人有祸患，不可生欣幸心。善欲人见，不是真善；恶恐人知，便是大恶。见色而起淫心，报在妻女；匿怨而用暗箭，祸延子孙。家门和顺，虽饔飧[8]不继，亦有余欢；国课早完，即囊橐[9]无余，自得至乐。读书志在圣贤，非徒科第；为官心存君国，岂计身家？安分守命，顺时听天。为人若此，庶乎近焉。

【注释】

[1] 珍馐：珍奇名贵的食物。

[2] 三姑六婆：三姑即尼姑、道姑、卦姑；六婆即牙婆、媒婆、师婆、虔婆、药婆、稳婆。其中尼姑、道姑是一种身份；药婆、稳婆是一种职业。药婆是卖药的，稳婆乃接生婆。牙婆、媒婆同是中介。原来这些人并非都是不良分子，后因常诱骗妇女谋利，乃至成了人人厌恶的人物。

[3] 肩挑贸易：贩夫走卒做交易。

[4] 乖舛：差错。

[5] 乖：违背。

[6] 厚奁：丰厚的嫁妆。

[7] 谮诉：诬陷。

[8] 饔飧：早饭和晚饭。

[9] 囊橐：盛物的袋子。

【译文】

每天黎明就应该起床做事，先用水来洒湿庭堂内外的地面，然后再扫地，让庭堂内外都规整干净；到了黄昏就要准备休息，睡前还应亲自巡查一下门窗关好了没有。对于一顿粥或一顿饭，我们应当想着它来之不易；对于衣服的半根丝或半条线，我们也要常念着这些物资的生产是很艰难的。凡事要提前做好准备，没到下雨的时候，就应该先把房子修补完善，不要到了口渴的时候，才去挖井取水。自己在生活上必须保持节俭，和别人聚餐会不要过多流连。只要餐具质朴干净，即使用泥土做的瓦器，也比金玉制作的要好；只要食品简约精美，即使是田园里种的蔬菜，也胜过山珍海味。不要建造华丽的房屋，不要盘算去买良田。三姑六婆一类的不正派女人，都是奸淫和盗窃的中介；拥有美丽的婢女和娇艳的姬妾，不是家庭的福气。不要雇用英俊美貌的家童、奴仆，妻、妾千万不可有艳丽的妆饰。祖宗虽然离我们年代久远，祭祀时我们还是要保持虔诚；子孙即使很愚笨，“五经”“四书”也是应该诵读的。自己居家过日子要节俭，用做人的正道伦理来教育子孙。不要贪图那不属于你的财物，不要喝过量的酒。和做小生意的贩夫走卒做买卖，不要占他们的便宜，看到穷苦的亲戚或邻居，要关心和周济他们。为人刻薄而发家的，按常理不可能长久。凡行事违背伦常的人，会很快消亡。兄弟叔侄之间要互相帮助，富裕的应当资助贫穷的。家庭内外要有清正严格的规矩，长辈对晚辈，家庭内对外，言辞都应该庄重。如果听信妇人的挑拨，伤了骨肉之情，这样的人怎配做一个大丈夫呢？过分看重钱财，而待自己父母不好，这样的人不配做儿子。嫁女儿时，要为她选择贤良的夫婿，不要索取贵重的聘礼；娶媳妇时，必须寻求贤淑的女子，不要贪图丰厚的嫁妆。看到富贵的人就作出巴结讨好的样子，这是最可耻的；遇着贫穷的人就摆出骄傲的姿态，是最可鄙的。居家过日子，应尽量避免争斗甚至打官司。一旦打了官司，无论胜败，结果都不会好。和别人相处时，尽量不要多说话，因为言多必失。不可用强势欺压孤儿寡妇，不要贪图口腹之欲而任意宰杀牛、羊、鸡、鸭等动物。性情乖张又自以为是的人，肯定会常常因做错事而后悔；颓废懒惰，自甘堕落的人，是很难成家立业的。如果接触亲近的是不良少年，日子长了必然会受到他们的牵累；要恭敬自谦，虚心地与那些阅历多而善于处事的人交往。这样在你遇到急难时，就可以得到他的指导或帮助。别人如果来你面前说长道短，你最好不要轻信，怎么知道他不是诬陷人的呢？所以要再三思考。因为某事与人相争时，怎么知道不是我的过错呢？所以要冷静地自我反省。如果对人施了恩惠，请不要放在心上；但受了他人的恩惠，就该牢记在心。无论做什么事，都应该留有余地；得意以后要懂得知足，不要得寸进尺。遇到他人有了喜事，不可有妒忌之心；遇到他人有祸患，更不可幸灾乐祸。做了好事又想别人知道，这不属于真正的善人。做了坏事却又怕别人知道，这才是真正的坏人。看到美貌的女性而起邪心的，将来的报应一定会在自己的妻子儿女身上；怀恨在心并暗中伤害人的，会给自己的子孙后代留下祸根。家里如果和气平安，即使缺衣少食，大家也会觉得快乐；早点缴完该交的赋税，即使口袋所剩无几，也会轻松快乐。读圣贤书，目的在于效法圣贤的行为，不只是为了科举及第；做官应该有忠君爱国的意识，怎么可以考虑自己和家人的享受呢？我们要安分守己地工作生活，一切听从上天和命运的安排就可以了。如果能够这样做人，那就差不多了。

【点评】

朱伯庐的这部家训也叫《治家格言》，阐述的是儒家的修身治家之道，内容虽然多是传统的说教，但文字却是骈体文，所以读起来很容易上口，因而很快风靡开来，成为当时及后代家庭教育的必读书。其中的诸多名句，如“一粥一饭，当思来处不易”等更是传诵至今，教育意义重大。

高攀龙：高忠宪公家训（节选）

【原文】

吾人立身天地间，只思量作得一个人，是第一义，余事都没要紧。作人的道理，不必多言，只看《小学》[1]便是，依此作去，岂有差失？从古聪明、睿智、圣贤、豪杰，只于此见得透、下手早，所以其人千古万古不可磨灭。闻此言不信，便是凡愚，所宜猛省。

作好人，眼前觉得不便宜，总算来是大便宜；作不好人，眼前觉得便宜，总算来是大不便宜。千古以来，成败昭然如此，迷人尚不觉悟，真是可哀！吾为子孙发此真切诚恳之语，不可草草看过。

吾儒学问，主于经世[2]，故圣贤教人，莫先穷理[3]。道理不明，有不知不觉坠于小人之归[4]者，可畏可畏！穷理虽多，要在读书亲贤，《小学》《近思录》[5]、四书五经、周程张朱[6]语录、《性理纲目》者，所当读之书也。知人之要，在其中矣。取人，要知圣人取狂狷[7]之意，狂狷皆与世俗不相入，然可以入道。若憎恶此等人，便不是好消息。所与皆庸俗人，己未有不入庸俗者，出而用世，便与小人相昵，与君子为仇，最是大利害处，不可轻看。吾见天下人坐此病甚多，以此知圣人是万世法眼。

不可专取人之才，当以忠信为本。自古君子为小人所惑，皆是取才，小人未有无才者。以孝弟为本，以忠义为主，以廉洁为先，以诚实为要。临事让人一步，自有余地；临财放宽一分，自有余味。善须是积，今日积，明日积，积小便大。一念之差，一言之差，一事之差，有因而丧身亡家者，岂可不畏也！

爱人者，人恒爱之；敬人者，人恒敬之。我恶人，人亦恶我；我慢人，人亦慢我。此感应自然之理。切不可结怨于人。结怨于人，譬如服毒，其毒日久必发，但有小大迟速不同耳。人家祖宗受人欺侮，其子孙传说不忘，乘时遘会[8]，终须报之。彼我同然，出尔反尔，岂可不戒也！

言语最要谨慎，交游最要审择。多说一句不如少说一句；多识一人，不如少识一人。若是贤友，愈多愈好，只恐人才难得，知人实难耳。语云："要做好人，须寻好友，引酵若酸[9]，哪得甜酒？"又云："人生丧家亡身，言语占了八分。"皆格言也。

见过[10]所以求福，反己所以免祸。常见己过，常向吉中行矣。自认为是，人不好再开口矣。非是为横逆之来[11]，姑且自认不是，其实人非圣人，岂能尽善。人来加[12]我，多是自取，但肯反求，道理自见。如此则吾心愈细密，临事愈精详。一番经历，省了几多力气，长了几多识见。小人所以为小人者，只见别人不是而已。

【注释】

[1]《小学》：南宋朱熹所著，为幼小时初学入门读物。

[2] 经世：治理国事。

[3] 穷理：探究事物的道理。

[4] 归：一类。

[5]《近思录》：南宋吕祖谦与朱熹精选周敦颐、张载、程颢、程颐等儒者语录而成的著作。

[6] 周程张朱：指宋代儒者周敦颐、程颢、程颐、张载、朱熹。

[7] 狂狷：指志向高远的人与拘谨自守的人。

[8] 乘时遘会：遭逢机会。遘会即相逢。

[9] 引酵若酸：发酵的酒曲如果变酸了。

[10] 见过：发现自己的过失，反省。

[11] 横逆之来：为违逆、触犯自己而来。

[12] 加：指责。

【译文】

我们在天地间生存，只需思考如何才能成为一个真正的人，这是最重要的事情，其他的事都不要紧。做人的道理不需要多说，只看孩子学习的《小学》里面的内容就可以了，照这些去做，会有什么偏差吗？从古至今，聪明、睿智的圣贤、豪杰，都在这些方面看得很透彻，着手又早，所以他们的事迹能够流传千古，永远不可磨灭。凡是听到这些又不愿意相信的人，都是凡夫俗子，所以应当猛然醒悟。

若成为一个好人，眼前可能还感觉没什么好处，但从长远来看，有好处大得很；不成为一个好人，眼前感觉似有某些好处，但长远看却没有大好处。千古以来，成功失败的原因都很明显，那些迷糊的人还不能觉悟，真是可悲啊。我为子孙说出这些真诚恳切的话，你们可不要随便看看就不管了。

我们儒家的学问主要用于治理国事，所以圣贤教诲大家，都是先搞清事物的道理，如果道理不明白，就会不知不觉堕落到小人堆里，这太可怕了！搞清事物道理的方法虽然很多，要点其实就在于读书和亲近贤人。《小学》《近思录》、四书五经、周敦颐、程颐程颢、张载、朱熹的语录、《性理纲目》，都是应当精读的书。明白做人的要点都在这里面。要明白圣人所说的狂狷的含义。狂狷之人和世俗人是格格不入的，但是却可以进入正道。如果讨厌这样的人，其实并不是好事。如果交往的都是些庸俗之人，那就没有不进入庸俗者之列的。如果出来混社会，就和小人为伍，仇视君子，这样对自己是最不利的，不能小看这样做的害处。我看天下很多人都有此等毛病，就凭这一点就知道圣人的长远眼光。

不能只凭才能这一点去选择人，而应当以忠信为根本标准。自古以来君子被小人蒙蔽，都是因为看中了他们的才干，而小人没有缺乏才干的。应该以孝悌为根本，以忠诚为核心，以廉洁为先导，以诚实为关键。遇到事情时要让对方一步，就是给自己留下余地；处理事情时要宽待对方，自己就能有回旋余地。行善事要靠不断地积累，今天积累一点，明天积累一点，一点点积累起来会变成大善。有人因一个恶念，一句错话，一件错事，就导致家破人亡，这难道不可怕吗？

爱护他人的人，他人也肯定爱护他；尊敬他人的人，他人也肯定尊敬他。自己讨厌别人，别人也会讨厌自己；自己慢待别人，别人也慢待自己。这是自然而然的道理。千万不能和别人结下仇怨。和别人结下仇怨，就好像服毒一样，时间久了毒性就会发作，只不过毒性有大小，发作有快慢这些不同罢了。别人家的祖宗受到他人侮辱，其子子孙孙会把这事相互传递，念念不忘，一旦遇到机会，终将去报仇。大家彼此都是一样的。你怎样对待别人，别人就怎样对待你，难道不应该警戒么！

说话时最应该谨慎，交朋友最应该审慎选择。多说一句，不如少说一句；多认识一个人不如少认识一个人。但如果是贤明的朋友，当然是越多越好，只是真正的人才实在难得，而要深入了解他人也很难。俗话说：“要做好人，就要找好朋友，如果酒曲是酸的，怎能酿出甜酒？”又说：“人这一辈子遇到的家破人亡的灾祸中，因说错话引发的要占到八成。”这些都是人生格言啊。

能常常发现自己的过错便可以求得福气，常常反思自己的行为才能免去灾祸。经常看到自己的过错，才能不断地向好的方面进步。如果自认为正确，他人就不好意思开口反驳；如果不是因为他人故意触犯你，那不妨自己认个错。其实人不是圣贤，哪能全对呢。别人指责我，大多是由自己造成的，只要肯在自己身上找原因，就会明白很多道理。这样的话，自己考虑问题时，心思就会越来越周密，处理事情越来越仔细周全，一次经历，就会省下很多精力，长几分见识。小人之所以是小人，就是只看到别人的错误罢了。

【原文】

人家有体面崖岸[1]之说，大害事。家人惹事，直者置之，曲者治之而已。往往为体面立崖岸，曲护其短，力直其事，此乃自伤体面，自毁崖岸也。长小人之志，生不测之变，多由于此。

世间惟财色二者，最迷惑人，最败坏人。故自妻妾而外，皆为非己之色。淫人妻女，妻女淫人，夭寿折福，殃留子孙，皆有明验显报。少年当竭力保守，视身如白玉，一失脚即成粉碎；视此事如鸩毒，一入口即立死。须臾坚忍，终身受用；一念之差，万劫莫赎，可畏哉！可畏哉！

古人甚祸[2]非分之得，故货悖而入，亦悖而出。吾见世人非分得财，非得财也，得祸也！积财愈多，积祸愈大，往往生出异常不肖子孙，做出无限丑事，资人笑语，层见叠出于耳目之前而不悟，悲夫！吾试静心思之、净眼观之，凡宫室饮食衣服器用，受用得有数，朴素些有何不好？简淡些有何不好？心但从欲如流，往而不返耳。转念之间，每日当省不省者甚多，日减一日，岂不潇洒快活。但力持勤俭两字，终身不取一毫非分之财，泰然自得，衾影无怍[3]，不胜秽浊之富百千万倍邪？

人生爵位，自是定分，非可营求。只看得义命二字透，落得作个君子。不然，空污秽清静世界，空玷辱清白家门。不如穷檐茆屋、田夫牧子，老死而人不闻者，反免得出一番大丑也。

士大夫居间得财之丑[4]，不减于室女踰墙从人之羞。流俗滔滔，恬不为怪者，只是不曾立志要作人。若要作人，自知男女失节，总是一般。

人身顶天立地，为纲常名教之寄，甚贵重也。不自知其贵重，少年比之匪人，为赌博宿娼之事，清夜睨而自视，成何面目！若以为无伤而不羞，便是人家下流子弟。甘心下流，又复何言？

古语云："世间第一好事，莫如救难怜贫。"人若不遭天祸，舍施能费几文？故济人不在大费己财，但以方便存心。残羹剩饭，亦可救人之饥；敝衣败絮，亦可救人之寒。酒筵省得一二品[5]，馈赠省得一二器[6]，少置衣服一二套，省去长物[7]一二件，切切为贫人算计，存些赢余以济人急难。去无用可成大用，积小惠可成大德，此为善中一大功课也。

少杀生命，最可养心，最可惜福。一般皮肉，一般痛苦，物[8]但不能言语耳。不知其刀俎之间，何等苦恼，我却以日用口腹、人事应酬，略不为彼思量，岂复有仁心乎？供客勿多肴品，兼用素菜，切切为生命算计，稍可省者便省之。省杀一命，于吾心有无限安处，积此仁心慈念，自有无限妙处，此又为善中一大功课也。

有一种俗人，如佣书作中、作媒唱曲之类，其所知者势利，其所谈者声色，所就者酒食而已。与之绸缪[9]，一妨人读书之功，一消人高明之意，一浸淫渐渍，引人于不善而不自知，所谓便辟、侧媚[10]也，为损也不小，急宜警觉。

人失学不读书者，但守太祖高皇帝圣谕六言："孝顺父母，尊敬长上，和睦乡里，教训子孙，各安生理[11]，毋作非为。"时时在心上转一过，口中念一过，胜于诵经，自然生长善根，消沉罪过。在乡里中作个善人，子孙必有兴者。各寻一生理，专守而勿变，自各有遇。于毋作非为，内尤要痛戒嫖、赌、告状，此三者，不读书人尤易犯，破家丧身尤速也。

【注释】

[1] 崖岸：矜庄。常引申为操守，立场。

[2] 祸：以之为祸。

[3] 衾影无怍：夜间盖着被子独对影子时，问心无愧。

[4] 得财之丑：钱财来路不正。丑，不光彩。

[5] 品：道。

[6] 器：件。

[7] 长物：多余的东西。

[8] 物：人之外的东西。这里指动物。

[9] 绸缪：紧密缠缚。这里指交往。

[10] 便辟、侧媚：便辟即谄媚逢迎。侧媚指用不正当的手段讨好别人。

[11] 生理：生计。

【译文】

有人因为好面子讲立场，这很容易坏大事。家人在外面惹了事情，如是正确的就放在一边不管，若是错误的，批评改正就可以了。可有人往往为了脸面讲立场，千方百计护短，强词夺理以证明自己无辜，这其实是给自己丢脸，自己败坏了操守，长了小人的志气，导致发生无法预测的事情，根源就在于此。

人世间只有钱财美色这两样东西最能迷惑人，也最能败坏人，所以除自己妻妾之外的美色都不属于自己。和别人的妻女淫乱，妻女和别人淫乱，不仅会损寿折福，还会给子孙留下灾殃，这都是有明确的报应验证的。少年人要尽力保护好自己，把身体看作无瑕的白玉，一旦失足就会粉身碎骨。把淫乱这事视为毒药，一入口就会身亡。片刻的坚持忍耐，会让你终身受用；而一念之差，就会让你万劫不复，多可怕啊，多可怕啊！

古人认为得到不属于自己分内的钱财是坏事，不是靠正道得来的钱财，也会以不走正道的方式失去。我觉得世人不从正道得来的钱财，这不是得财而是得祸。积累的钱财越多，积累的灾祸就越大，往往会生出来异于常人的不肖子孙，干出很多丑事，让别人笑话。看到听到多少次也不醒悟，真是太可悲了！我试图静心思考这个事，平静地观察这件事，这些房子、食物、衣服、各种用品，自己能享受到的终究有限，朴素一些有什么不好呢，俭朴一些又有什么不好呢？人的想法往往只随欲望走，如同流水一样过去了就不回头。回头想一想，每天应节省而没有节省的开支有很多，一天天地节省下去，岂不很潇洒快活，只要坚持“勤俭”二字，终身不拿一点非分之财，心安理得多自在，没有疑神疑鬼的举动，不是胜过那些积累肮脏钱财的富人百千万倍吗？

人的社会地位是命中注定的，并不是刻意追求就能得到的。只须把仁义两个字看得明白透彻，成为一个君子就可以了。否则就白白地污染了这清静的世界，玷辱了清白的家门，还不如那些穷困家庭、农夫牧童，到老到死也没人知道，反而免得在众人面前出大丑。

像士大夫居间谋利这样的耻辱，不亚于家里的女子翻墙和别人私奔那样的羞耻。这做法之所以成为流俗，以至于人们见怪不怪，都是因为那些人没有立志成为一个正人君子。如果要成为正人君子，就应该知道男人、女人失去节操，都是一样的羞耻。

生而为人，顶天立地，身体是纲常名教的寄托，非常贵重。自己不知道珍视自己，少年就和流氓为伍，做些赌博嫖娼之类的丑事，夜深人静的时候反思一下自己，成什么鬼样子。如果认为没有关系并不觉得羞耻，就类似别人家的下流子弟，自甘堕落，还能说啥呢？

古话说，“人世间第一件好事，就是解救危难怜惜穷人”。如果自己家没有遇到灾祸，施舍能花费几个钱呢？所以救济他人不在于自己多花了钱，只要量力而行即可，残羹剩饭也可以解救饥饿的人，破衣烂絮也可以解救挨冻的人。酒桌上节省一两道菜，少送两样礼品，少置办一两套衣服，省下一两件多余的物件，切实为穷人盘算，存一些余钱来解救别人的急难，省去那些没用的，可以发挥大用；积累小恩惠，可以积累大功德，这才是行善里的一大功德。

尽量少杀害生命，这最能修养心灵，最能珍惜福气。一样有皮肉，一样有痛苦，动物只是不能说话而已。不知道它们在刀子肉案之间有多么痛苦。我们却为了日常食用、款待客人，从来不为它们着想，这样做难道还有仁心吗？待客不要有太多的肉食，也要有一些素菜，一定要为那些生灵考虑，能稍微减少的就尽量减少。少杀一个生命，在自己心里就有无限的安宁。积累这些慈念仁心，自然有太多的好处，这又是行善里的一大功德。

有一类俗人，比如抄写、中介、媒人、唱曲等，这些人只知道逐利，再就是谈论声色，关心酒食而已。和这些人打交道，一是容易耽误读书的时间，二是容易降低自己的智慧，三是容易沉迷其中，诱使人变坏而不自知。即使只是逢迎谄媚，危害也不小，因此一定要非常警惕。

那些失学不读书的人，应该牢记太祖高皇帝的六句圣谕：孝敬父母，尊敬长上，和睦乡里，教训子孙，各安生理，毋作非为。时时在心里想一遍，口里念一念，其效果胜过念诵经文，如此就会很自然地会生长出善的萌芽，抵消罪恶过错。在乡里成为一个善人，子孙中一定会有人复兴家业的。各人找到合适的谋生手段，然后专心坚守，不要轻易改变。其中自然会有机会。至于“毋作非为”，指的是内心尤其要坚决戒除嫖娼、赌博、告状的恶习，那些不读书的人特别容易犯这三条过失，很快就能导致家破人亡的悲惨结局。

【点评】

这篇家训主要讲如何做人，文中认为做人是第一位的大事，做好人可以长久获益，而做坏人则相反，只能获得短期收益。此外文中还提到谨慎交友，少说话，常思己过，这都是正确做人的基本要求。而少杀生的思想，似有动物保护主义的意识。

吕坤：为善说示诸儿

【原文】

问吉凶于卜筮[1]者，惑也。善则吉，不善则凶。登泰山造浮图、衣冠土木[2]，谄事鬼神者，亵也。善则福，不善则祸。求人之誉，怨人之毁者，劳也。善则誉，不善则毁。虽然，此理也，此圣人教人不得已之说也。至其自为，则不然。善者皆凶，而君子不敢避善以趋吉；善者皆祸，而君子不敢忘善以徼福[3]；善者皆毁，而君子不敢违善以要誉。父慈子孝，兄爱弟敬，夫义妇顺，家人和，姻族睦，不伤人，不害物[4]，安常处顺，以求无负于民彝[5]，如斯而已矣。其吉也、福也、誉也，君子之为善自若也。反是，君子之为善亦自若也。吾为所当为，如饥之食、渴之饮耳。吾不为所不为，如饥不食堇[6]，渴不饮鸩耳。吉凶、祸福、毁誉，听其自来也，于我何与焉？

虽然，善难言也，不择善者每失之。或曰：忘其贵贱，同其尊卑，忍耻包羞，纳侮受欺，善乎？曰：非也。此老庄也，不然，是以宽为阱[7]也。君子临下以庄体统，以辨尔汝，不受使，人无犯，是故有宽为恶而严为善者，此类是也。或曰：勿择是非，莫问贤愚，慈悲怜爱，乐施好予，善乎？曰：非也。此释氏也，不然，是以恩为市也。君子推恩有序，由亲及疏，不惜有罪，不忍无辜，是故有杀不为暴，而赦不为仁者，此类是也。或曰：正色直言，切责愚悖，尽我实心，忘人怨怼，善乎？曰：非也。此亲师之道也，不然，是以直贾祸[8]也。君子较其厚薄，观人审己，和平奖劝，以远辱耻，是故有薄责于人为是，而攻人之恶为非者，此类是也。儿辈亦有为善之心矣，余惧其昧于是非，过不及之间[9]也，作以示之。

【注释】

[1] 卜筮：古代民间占问吉凶的两种方法。卜用龟甲，筮用蓍草。

[2] 衣冠土木：修墓地。衣冠，即衣冠墓，代指墓地；土木，就是兴土木。

[3] 徼福：祈福。

[4] 物：财产物质。

[5] 民彝：人伦，人与人之间相处的伦理道德准则。

[6] 堇：多年生草本植物，可入药。

[7] 以宽为阱：陷坑。

[8] 以直贾祸：说话直率的人会惹祸。出自《左传·成公十五年》。

[9] 过不及之间：在过分和不及之间，意为尺度不准。

【译文】

用卜筮来问吉凶，这样的人真是糊涂啊。行善就是吉，不行善就是凶。登泰山建造佛塔、修建坟墓，以此来讨好鬼神，实际上是亵渎鬼神。行善就是福，不行善就是祸。请求别人来赞扬自己，埋怨别人批评自己，都是白费功夫。行善自然就会得到赞扬，不行善就会得到诋毁。虽然道理是如此，其实这只是圣贤教导人的一种不得已的说法，他们自己做事时并不是这样。行善可能会遇到凶事，君子不会回避行善来求吉；行善可能会遭遇灾祸，君子不会忘记行善来祈福；行善可能会遭到诋毁，君子不会违背善心来求得赞扬。父亲慈爱，儿子孝敬，兄长友爱，弟弟敬重，丈夫义气，妻子顺从，家人和谐，亲族和睦，不伤害他人，不浪费财物，安于常态处世平顺，只求不辜负天理人伦，如此而已。面对吉祥、福气、赞扬的时候，君子是这样坦然行善；面对凶兆、灾祸、诋毁的时候，君子还是这样坦然行善。我做自己应该做的，比如饿了吃饭，渴了喝水。我不做自己不该做的，比如饿了不吃毒草，渴了不喝毒酒。至于吉凶、祸福、毁誉，顺其自然吧，跟我有什么关系呢？

尽管如此，行善这事还是很难说清楚，不知道如何选择善的人常常会弄错。有人说：不管贵贱等级，彼此尊卑平等，容忍羞耻，接纳欺辱，是善吗？我说：当然不是。这只是老子、庄子的道家所为，并不是善，而是把平地当陷阱。君子居高临下要严明规矩，辨别尊卑，不受他人驱使，别人也不来侵犯，所以有作恶标准过宽而为善标准过严的说法，指的就是这种情形。有人说：不谈是非，不论好坏，大家都慈悲怜爱，乐善好施，这是善吗？我说：不是，这是释迦摩尼的佛家做法，并不是善，而是拿恩情做交易。君子从亲人到陌生人有次序地广施恩惠，不会怜惜有罪恶者，不会忍受无辜者受难，才有了不为暴力而杀戮，宽容那些没有仁心的人的说法，指的就是这种情形。有人说：郑重地直言相告，痛切地责问愚蠢错误，尽自己诚恳之心，忘记别人的抱怨指责，这是善吗？我说：不是。这是亲近老师的待人之道，并不是善，是以说话坦率引来祸患。君子会比较关系的深浅，仔细观察别人，客观审视自己，心平气和地夸奖劝告，以此来远离耻辱，这才有了少责备他人是正确的，而攻击别人的缺点是错误的说法，指的就是这种情形。儿子这一辈里也有行善之心的，我担心你们是非不分，把握不好分寸，就写这篇文章给你们看。

【点评】

这是一篇谈论善的家书，作者认为，以善为本，善则吉，不善则凶；为善是福，不善是祸；善则誉，不善则毁。而对什么是善，什么不是善，他都举例作了令人信服的解释。概括起来说，这篇家书分析了善恶福祸之间的辩证关系，指出了当时社会上一些思想的问题所在。他的分析对于今天的社会现实也有参考意义。

高拱京：高氏塾铎

【原文】

余晚岁归田，教家之念倍切。闲居追忆过庭[1]之年，所闻祖父之训，日以嘉言渐泯[2]为忧，因取《小学》，及先正[3]格言，中今时子弟之膏肓者，檃[4]为六则，太文则览者弗省，太多则览者弗竟，用是杂以俚言，使人易晓，题曰《塾铎》，聊以狥[5]于门内，振余之子孙云尔。

好读书

林文安公家训，首嘱子弟读书，俗云读书必登科甲，苟不能，不如蚤[6]弃之，去营生理，免费了钱财，又惰了手脚，此俗见也。余谓多读一岁书，多一岁之受用，多读一月书，多一月之受用。下笔之际，腕如心转，理路即熟，出口成章，不至求人，言辞自然雅驯，礼节自然闲熟，然后知祖父多遗我十亩田，不如多送我读一岁书也。若曰不科甲，尚可舌耕[7]，又其后已。

读书必有暗地工夫，方能进益。一边读一边想，坐则读，闲则记，夜则思量。至于与众游适，亦念念在此，必求理路透彻而后已。此真读也。若口吾伊[8]而心玩好，身学馆而心务外，日计有余，月计不足，徒糜廪饩[9]以瞒父兄，其父兄不知，亦曰读书无益，此是假读，与不读者同。故余以读书在能好，好则嗜之如饴，慕之如宝，而于读思过半矣。

谨友交

交贵择友。阳明先生《客座铭》言之悉矣，然知人甚难。益友损友，何从辨之？余有一法，教尔曹分别。凡其人于吾前，言多箴规，口多药石[10]，望之俨然不作献谀之态者，益友也；窥我唾余，投我之所喜，谬为恭敬，以奉承我者，损友也；所谈吐，皆古昔先生，贯穿经史，间及时事，亦深中窾綮[11]者，此益友也；发人阴私，谈人妇女，阑入于嫖赌骨董[12]，津津垂涎者，损友也。又有一等柔顺之人，嘱以事，能做；托以专对，能言；我有时怒骂，亦能消受，以为可作一臂之用，而不知柔顺之中，尝存狡狯，他日得权，又别一番面孔矣。防之防之。

治生勤

古人云，自食其力，惟力然后得食，未有坐而得食者。坐而得食，世惟有两样人，贵人之子，富人子是也。父祖用许多力，得了富贵，而子享之，此享父祖之余力也。若父祖既不富贵，而我不用力而食，其可得乎？故勤为治生之至要也。先正云，勤有三益，曰民生在勤，勤则不匮，是勤可以免饥寒，一益也；农民昼则力作，夜则甘寝，邪心淫念，无从而生，是勤可以远淫僻[13]，二益也；户枢不蠹，流水不腐。周公论三宗文王，必归之无逸，是勤可以致寿考，三益也。然治生之道，读书之暇，即当用力农圃，不惮胼胝[14]之劳，与亚旅[15]杂作，自获有秋。至于商贾，古以为末作；若夫掾史[16]，虽曰捷径，恐坏心术；子孙虽极窘迫，切勿濡足[17]。

处家俭

粒粒丝丝，皆是辛苦，人谁不知，而用度毕竟流于侈者，为门面故也。与士绅交游，便学士绅用度；与素封[18]结姻，便学素封用度。倘不如此，恐被士绅素封耻笑。世人为“体面”二字，荡却家赀[19]者多矣。语云：自奉要俭，待客要丰。今观文节公训家，待客亦是俭，且不怕客怪。温公待客，尝食三簋，盛食五簋，东坡效之。吾曹读其书，独不能法其事乎？况俭有四益：人之贪淫，未有不生于奢侈者，俭则不至于贪，何从而淫，是俭可以养德，一益也；人之福禄，只有此数，暴殄糜费，必至短促，樽节[20]爱养，自能长久，是俭可以养寿，二益也；醉浓饱鲜，昏人神志，菜羹蔬食，肠胃清虚，是俭可以养神，三益也；奢者妄取苟存，志气卑辱，一从俭约，则于人无求，于己无愧，是俭可以养气，四益也。东坡云：本是悭[21]，文之以美名曰俭。此谑谭[22]也。

恤穷困

陈眉公云：夜雨聚谈，大有佳趣，一丐者冒雨啼号，谭兴索然。何者？一体[23]故也。譬如轻裘肥马，踏雪看梅，遇见翳桑[24]饿夫，寸缕弗掩，则必为之恻然。恻之则必有以恤之。非恤其人也，宽我一念难忍之心也。尝见水西黄氏家训，岁计子息之入，抽十分之一以赈困乏，用之如其数而止，来岁复然，历世不倦。厥后子孙有登入座者，此最可法。余效其意而润色之，为之次序：先宗族，次知识，次乡里，次鳏寡，若夫沙门游僧，则其最后也。

行方便

凡济人之事，有二：以钱财济人，是为舍施，功德诚钜[25]；不以钱财济人，而能益人，是为方便。君曹寒素，所当念念记忆者，何谓方便？隐人之恶，扬人之善，不言人闺阁之事，成就人之美事也。人有商量为恶者，出一言劝改之；有商量为善者，出一言诱掖[26]之。或所劝改，是两冤家，其人听吾言而即解释，则阴德大矣。盖有行善之事，而无为善之名，虽曰方便，实曰阴德。尝观孔子释迦，何曾有财利施人，不过只诲人不倦而已。如是看来，是言语亦做是大功德，吾辈岂可泛然[27]而出言乎？语云：不交好友，不如闭门；不出好言，不如沉默。是又一道也。

余始为六则以示子孙，讵意[28]天步艰难，于吾身及见之，将何以再丁宁[29]子侄，以免祸于乱世乎？语云："邦有道，危言危行[30]；邦无道，危行言孙[31]。"此后世界，言孙，行尤当孙，俗云"退一步天高地阔"是也。余一执友，平生无他长，只是不讨人便宜，让便宜与人而已，余爱敬之。今举以勉儿辈，当服膺弗失。或者不得罪于冥冥，庶可免祸于昭昭矣。

【注释】

[1] 过庭：接受长辈对晚辈的训诫。典出《论语注疏·季氏》。

[2] 嘉言渐泯：好的言论渐渐消失了。

[3] 先正：前代的贤臣。

[4] 檃：原指矫正木材弯曲的器具，做动词用时，意思是剪裁改写。

[5] 狥：展示。

[6] 蚤：同"早"。

[7] 舌耕：以授徒讲学或说书谋生。

[8] 吾伊：读书声。

[9] 廪饩：生活物质。

[10] 药石：药物。此处指忠言。

[11] 窾綮：筋骨结合处，比喻要害或关键。

[12] 骨董：原意是古董，此处指陈年旧事。

[13] 淫僻：放荡淫乱。

[14] 胼胝：老茧。

[15] 亚旅：兄弟及众子弟。语出《诗·周颂·载芟》。

[16] 掾史：古代分曹（部门）治事的属官，掾为长，史为次。

[17] 濡足：涉足，参与。

[18] 素封：无官爵封邑而富比封君的人。

[19] 家赀：家产。赀，同“资”。

[20] 樽节：节约，节省。

[21] 悭：吝啬，小气。

[22] 谭：同“谈”。

[23] 一体：整体。

[24] 翳桑：饿馁绝粮。

[25] 钜：同“巨”。

[26] 诱掖：引导扶植。

[27] 泛然：随意，漫不经心。

[28] 讵意：哪里想到。

[29] 丁宁：叮咛。

[30] 危言危行：说正直的话，做正直的事。

[31] 言孙：言辞谦逊。孙，同“逊”。

【译文】

我晚年退休回到老家后，教导家人的想法倍加迫切。闲居时追忆自己年少接受启蒙教育时，听到祖父的训诲，每天都担心那些善言会慢慢消失了，于是我选取了《小学》以及先贤的格言，把里面切中当今子弟严重问题的内容，改写为六则。想着如果太文雅了吧，观者看不懂，如果内容太多了吧，观者又看不完，就间杂了一些俗语，让人容易看明白，起名叫“塾铎”，就展示在门内供大家浏览，以帮助抚育子孙们成长。

好读书

《林文安公家训》里面，首先就嘱咐子弟要读书，俗话说，读书必须要中举，如果读书实在不行，不如趁早放弃，去找个生计做，免得白读书耗费钱财，还让人变懒。这真是俗人的看法。我说多读一年书，就多一年的好处，多读一个月的书，就多一个月的好处。动笔的时候，手腕随着心思转动，道理思路精熟，出口成章，不用去求人，言辞自然优美流畅，礼节自然娴熟，这才明白与其让祖父多留给自己十亩田地，不如多送自己读一年书。如果没考中科举，还可以靠授课说书谋生，又在其后了。

读书必须暗地里猛下功夫，才能有所进步和收获。一边读书一边思索，坐下时读书，空闲时记笔记，到了夜晚就思考，即使是和大家游玩时，也要思考，必须想透彻了才可以。这才是真正的读书。如果口中念念有词而心里想着玩耍，身在学馆而心思在外，一天下来似乎书读了不少，一个月下来实际收获却很少，白白浪费钱粮来哄骗父亲兄长，父兄不知道，也说读书没有用，这就是假读书，和不读书差不多。所以我认为读书的关键在于要真正的爱好，爱好就甘之如饴，贪慕如宝，就会很想读书了。

谨交友

交朋友最重要的是正确选择交往对象。在这个问题上，王阳明先生《客座铭》已经说得很详细了，不过要真正了解一个人，确实很难。益友和损友，该怎么辨别？我这里有一个方法，教你们区分。凡是有人在自己面前，说话有很多有告诫，言语多是忠言，看上去严肃庄重，没有献媚之态，这就是益友；而那些顺着我说过的话，投我所好，装作恭敬的样子，来奉承我的，一定是损友；凡是谈吐中都是过去老师说过的话，穿插着经史内容，里面还加些时事评论，并能切中要害，这是益友；而那些散布别人隐私，谈论别家妇女，还不适度地加入一些嫖赌的过去琐事，并且说得津津有味，垂涎三尺，这是损友。还有一种很软弱顺从的人，嘱咐他一些事情，他能做；托付专门应对的事务，也能办；自己有时候怒骂他，他也能承受，就以为他能助自己一臂之力，却不知道表面软弱顺从中，常常隐藏狡诈之心。一旦哪天他手里有权力，又会是另外一个面目。对这样的人一定要小心提防。

治生勤

古人说，自食其力，只有出了力才可能有饭吃，没有闲坐着就有饭吃的人。世上只有两种人可以坐等着吃，一是贵人家的孩子，二是富人家的孩子。他们的先祖付出了很多努力，才有了富贵，而子孙所享受的，是先祖努力挣来的多余成果。如果先祖不富贵，自己也不付出努力就有饭吃，这可能吗？所以勤劳是生计的最重要的事。先贤曾说，勤劳有三个好处。一是民众的生计要靠勤劳维持，只有勤劳才不会缺吃少穿，勤劳可以让人免于饥寒，这是一个好处；二是农民白天努力劳作，晚上酣睡，疲惫了就不会胡思乱想，所以勤劳可以让人远离邪恶的念头，这是第二个好处；三是户枢不蠹，流水不腐，勤劳可去病健身。周公评价三位先祖和文王时，认为他们不贪图安逸，因此勤劳可以长寿，这是第三个好处。但是谋生之道在于，读书余暇要勤力农耕，不怕劳累，和弟兄们一起耕作，那么秋天自有收获。至于经商，自古以来就被视为是末流行当；至于做官，虽然是捷径，但也容易坏人心术。子孙哪怕过得再贫困，再为难，也切不要去涉足。

处家俭

每一粒粮食，每一根蚕丝，都是辛苦劳动得来的，谁不知道呢。但人们的开销还是偏于奢侈，这都是因为好面子的缘故。与士绅做朋友，便学士绅的开销；与富豪结姻，便学富豪的开销。担心如果不这样做，会被士绅、富豪所耻笑。世人因为“体面”二字，浪费了很多家产。有句话是这样说的：自己用的要节俭，待客则要丰盛。今天看了《文节公家训》，他家待客也是很节俭啊，并且不在乎客人责怪。温公待客，尝食共三簋，盛食共五簋，东坡也这样效仿。我们读他的书，唯独不能效仿他的事迹吗？况且节俭有四大好处：人的贪婪淫荡，没有不生于奢侈的。节俭则就不会贪，又怎么可能淫？所以节俭可以养德，这是第一大好处。人的福禄，只有那个数，铺张浪费，必然导致财力短缺，节约爱惜养身，日子自然能长久，所以节俭可以增寿，这是第二大好处。如果贪醉饮酒，暴食佳肴，会让人神志不清，如果食用粗粮菜汤，就会使肠胃虚空清爽，保养神志，所以节俭可以养神，这是第三大好处。生活奢侈的人企图取得苟活的机会，往往志气低下。人一旦开始节约，则对别人无所求，对自己也无愧，所以节俭可以养志气，这是第四大好处。东坡说：本来就是吝啬，却美其名曰节俭。这当然是玩笑话。

恤穷困

陈眉公说：夜雨时节和朋友聚谈，本是一件很有趣的雅事，突然听到一乞丐冒雨大哭，谈兴一下子就没有了。为什么呢？这是因为环境和气氛是一体的。譬如你穿着轻裘，骑着肥马踏雪看梅，遇见一个几乎没有穿衣服的快饿昏了的人，肯定会悲怜他，然后肯定会救济他。其实也不是救济这个人，而是为了宽慰自己的难忍之心。我曾经见过水西《黄氏家训》，每年统计利息收入，抽其中的十分之一来赈穷困家庭，一直用完这个数额为止。第二年也依此办理，几代人都坚持这么做。后代子孙有负责这事的，这个办法最值得效仿。我依照原来的意思把这个材料做了一些润色，并规定了先后次序：先考虑宗族，其次是知识，再次是乡邻，再次是鳏寡人士，至于游历的和尚，则放在最后。

行方便

救济他人的方式主要有两种：以钱财救济人，这叫作施舍，功德确实很大；不以钱财救济人，而能有益于人，这个叫方便。那些人清贫，给他们的应该是让他们念念不忘的东西。什么叫方便？隐藏他人的缺点，宣扬他人的优点，不谈论别人闺房内的私密之事，成就他人的好事。如果有人和你商量做坏事，你表态劝阻他；如有来商量做好事的，表态引导成全他。如果所劝改的人是两冤家，那个人听了我的话后出面做解释，这样两人的关系就能得到和缓，如此就是积大阴德。这就是所谓有行善之事，而无为善之名，虽名为方便，实际上应该叫积阴德。我曾经观察过孔子和释迦牟尼，他们何曾有过施人财利的举动，只不过是诲人不倦罢了。如此看来，这样的言语也可以看作是大功德，吾辈难道能够随便说话吗？我这样说吧：如果交不到好友，就不如闭门不出；如果不能说出良善之言，就不如保持沉默。这是又一条。

我开始时想制定这六则以向子孙展示，想不到时运变得如此困难，我自己已经感觉到了。那么该如何再叮咛子侄，以便能在乱世中免祸呢？就这样表述吧："如果国家政治清明，就可以说正直的话，做正直的事；如果国家政治昏暗，就做正直的事，说谦逊的话。"以后在社会上说话一定要小心谦逊，做事尤其要谦逊，就像俗话说的"退一步天高地阔"。我的一个挚友，平生没有其他特长，只不过不喜欢占别人便宜，还让便宜给别人。我很喜欢并尊敬他。今天列举这几条，以勉励你们这些后辈，你们要牢记在心，衷心信奉，不得有误。或许在家里这种隐秘的地方不去犯错，在社会那种公开场合上大概也就可以免祸了。

【点评】

《高氏塾铎》所谈是关于节俭和家风的问题，对于节俭，高氏认为有四大好处，修德、养寿、养神、养生。对于读书，高氏提出须从暗处下功夫，这是有创见的提法。

王心敬：丰川家训（节选）

【原文】

近者不谐何暇言远，亲者不治何敢问疎[1]。家之中，吾父，吾兄弟，妻子，以及仆婢之所日接也，身之所历，莫切于此；学之所施，莫要于此，可漫易[2]哉。训居家。

昔之言治家者，曰忍，曰和，曰公，吾谓公为要焉。家之不和，每起于不公。既不和矣，即忍岂可长乎？且恐忍小而久之害大也，可奈何？故三者以公为要。

教家以忠厚为元气[3]，严整为格式。盖一家之中，能使忠厚之意，贯浃[4]于内外男女心髓之间，而不自知，则善气所迎，即隐消多少乖戾之气。然非严整素定，使家中一切人知我家法，有确不可移易之意，则忠厚流为姑息，但遇顽冥，必且有败类之衅[5]。故宽猛共济，非特治国治天下之道宜尔，治家更为要紧。

《易》曰：家人有严君，父母之谓也。故治家者，必以治国之道治之，庶赏罚是非井井不紊，而上下之间恩明义美，无意外乖忤[6]之隙。

《易》曰：闲有家，悔亡[7]。盖言治家之法，严则无悔也。又曰：家人嗃嗃，悔厉吉[8]；妇子嘻嘻，终吝[9]。是则言治家而过严，虽家人或凛惕局蹐[10]，似乎不堪，然不致有犯分乖逆之嫌，自是吉事；若但宽弛纵逸，嘻嘻自如，当时虽若安于无事，而久之必有冒犯尊长肆意专行之弊生焉。即人心未离，不致败家而悔吝[11]之，咎终不免矣。故家中恩胜之地，必以义济之乃可不乱。昔看子产之治郑，武侯之治蜀，皆是此意。有治家之责者正须知也。

生我家者父母，覆载我家者天地，至于覆庇我家，安养教卫我家者大君。故教家以忠君为第一义。身膺仕籍[12]者，须教之国尔忘私，公尔忘身；方事进取者，须教之矢志致主，立心报国；即畎亩耕稼之人，无君可事，亦须教之急公尚义，安分守法，如此则永不犯公法，长得乐生理。即家道成一康宁顺泰之家，而父母兄弟妻子群享其荫息矣。故忠君一事，又所以安父母安兄弟安妻子之原本也，凡我子孙，虽农夫单寒[13]，亦正不得视此二字乃百尔卿士职分，而无与于居家之通义。

豺獭尚知报本，父母生我，鞠育顾复[14]，欲报之德，真是昊天罔极。人而不孝，物类不如。故入门而尽孝，终身不替。然生我者父母，生我父母者又我祖妣，又我高曾。昔先王推报本追远之意，分所可及，崇报靡替[15]，盖水源木本，生人不可一日而忘也。况今属在士庶，俱得有高曾祖考之祭，故我们家中，家庙即不得立，亦须有神龛栖主，大节奠献，随时荐新，朔望拜谒之定节。

凡居家，必须量置祭器，藏之洁处，为四时荐献之具，祖考有遗下手泽书籍，切莫轻易狼籍损失，视为闲物。

遇祖先贻留，即当思手泽口泽之存[16]；遇四时八节，即当尽拜献荐奠之礼。行之日久，积成家范，子孙视以为常，自然敬祖先之意缠绵固结于其心，而不可解。即庸劣不肖，亦或能廑[17]如在之诚。所以培养子孙孝敬之意者，当且无穷。

【注释】

[1] 疎：同“疏”。本义疏导，开通。

[2] 漫易：漫不经心。

[3] 元气：精神。

[4] 贯浃：浸透。

[5] 衅：争端。

[6] 乖忤：抵触、违逆。

[7] 闲有家，悔亡：持家能够预防不测之灾，就不会有后悔了。

[8] 家人嗃嗃，悔厉吉：家里人常被训导，治家严厉吉祥。

[9] 妇子嬉嬉，终吝：妇女、孩子嘻嘻哈哈，最终会有耻辱。

[10] 凛惕局蹐：紧张害怕，局促不安。

[11] 悔吝：后悔。

[12] 仕籍：记载官吏名籍的簿册。此处指做官。

[13] 单寒：出身寒微。

[14] 鞠育顾复：辛勤养育。出自《诗经·小雅·蓼莪》："父兮生我，母兮鞠我……顾我复我，出入腹我。"

[15] 崇报靡替：崇敬而不废除。

[16] 手泽口泽之存：父母手汗、口液的润迹。指养育之恩。

[17] 廑：殷勤。

【译文】

如果身边的人都不能做到和谐相处，哪里还有工夫去谈远处的人，自己的亲人都管不好怎么敢开导别人。在家里，每天接触的就是自己的父亲、兄弟、妻儿，还有仆人、婢女，亲身经历的感受最真切；将所学付诸实践，最重要的意义就在于此。怎么能漫不经心呢。于是我作了这个居家之训。

过去谈论治家的人，都说最关键的是要忍耐，要和睦，要公正，我则认为是公正。家庭出现不和睦，往往是因为处事不公正。既然家庭不和睦，那能忍得了多久呢？而且忍耐小事的时间久了危害就会变大，又该如何是好呢？所以上述三者中，公正是最重要的。

教育训导家人，要把忠厚作为主要精神，严整作为基本规矩。因为一家之中，能够让忠厚的精神渗透到全家男女老少的内心深处，并且要做到一点感觉都没有，那么由此带来的善良之气，会暗中冲淡多少古怪习气。但如果没有预先制定严整的规矩，让全家人都知道家规是明确的和不可更改的，那忠厚就会很容易变成放纵，万一有冥顽不化的成员，肯定会有成为败类的危险。所以宽严相济，不但适合治国家治天下，对于治家更为重要。

《易经》上说：家里有严厉的君主，说的就是父母。因此管家之人要用治国的方式去治家，这样才能对对错赏罚分明，全家老少之间也能有情有义，关系亲密融洽，不会有出乎意料的家人之间相互抵触的情形出现。

《易经》说：持家能够预防不测之灾，就不会有后悔了。意思是说如果管理家庭的方法严格，就无悔。又说：家人常被训导，虽然很严厉但最终会导致家庭吉祥；如果妇人孩子常常嘻嘻哈哈，最终会招来耻辱。这就是说如果治家过严，虽然家人会局促畏惧，似乎不能忍受，但不至于出现犯上违逆的情况，这当然是好事啊；如果宽松姑息，让他们随意嬉闹，当时虽然好像没事，但时间长了，一定会出现冒犯尊长肆意妄为的弊端。即使人心未散，没到家庭破败而后悔的程度，但最终还是免不了要出问题的。所以家里是感情浓厚的地方，要辅以符合大家利益的道理才能不出乱子。以前看子产治理郑国，诸葛亮治理蜀国时皆是如此。担负管家之责的人正应当知晓。

生养我的是父母，承载包容我家的是天地，至于庇护我家庭，恩泽教育我家的是君主。所以教导家人忠于君王是最重要的。如果是朝廷官员家庭，要教导家人为国忘私，为公忘身；如果是正在谋取功名的家庭，要教育家人立志致君主，忠心报国；即使是不面对君主的广大耕田者，也要教导家人急公好义，安分守法，这样才能永远不会犯法，过长久安定的快乐日子。这样家就能成为一平安和顺之家，父母兄弟妻儿也都能享受家庭的庇荫。所以忠于君王这件事，是能够让父母兄弟妻儿安心的根本。凡是我家子孙后代，哪怕是务农的贫苦家，也不能把忠君这两个字看作只是官吏的职责，而不当成家庭生活的行为规则。

豺獭尚且知道回报其祖，父母生养了自己，辛勤抚育了自己，想要报答的父母恩情，真的是广大无边。为人而不孝，真的连动物都不如。因此在家里尽孝，一定要终身践行。但生养自己的是父母，生养父母的又有祖父母，又有高祖父母。过去的先王推崇报答先祖追思久远的意义，是自己的本分，要推崇而不能废除，就如水之源，树之根，活着的人一天都不能忘怀。况且现在的士大夫和百姓家庭，都要有高曾祖父的祭祀，所以在我们家里，即使没能力建家庙，起码也应该有神龛安放祖先的牌位，在重要节日进行祭祀，平时献供新鲜果品，每月初一、十五作为拜祭固定的节日。

居家生活，要按数量置办祭器，并收藏在干净处，用于四季供祭。祖先留下的手稿书籍，切莫把它当作无用处的物件随便乱放和丢失。

看到祖先留下的东西，就要想父母的养育之恩。凡是四时八节，就要做好祭奉。坚持时间长了，就慢慢成了家庭的规范，子孙会习以为常，尊敬祖先的念头会持久萦绕在心，不会遗忘。即便是顽劣不成器的子弟，或许也会像祖先在世的时候那样殷勤。因此培养子孙对祖先孝敬的意识的工作，应当持续下去。

【点评】

关于如何治家，《丰川家训》提出了和以前习惯观念不一样的观点。与强调家庭生活以忍为上的传统不同，作者认为公正才是最重要的。因为不公正必然造成家庭不和睦，不可能长期忍下去，如此会爆发冲突。所以公正最重要。这一思想对于今天也是适用的，并且不局限于家庭事务的处理。

顾炎武：答徐甥公肃书

【原文】

幼时侍先祖，自十三四读完《资治通鉴》后，即示之以邸报，泰昌[1]以来，颇窥崖略[2]。然忧患之余，重以老耄，不谈此事已三十年，都不记忆。而所藏史录奏状一二千本，悉为亡友借观，中郎被收，琴书俱尽。承吾甥来札[3]，惓惓勉之以一代文献[4]，衰朽讵足副此[5]？既叨下问，观书柱史[6]，无妨往还，正未知绛人甲子[7]、郯子[8]云师，可备赵孟、叔孙[9]之对否耳？

夫史书之作，鉴往所以训今。忆昔庚辰、辛巳之间，国步阽危，方州瓦解，而老成硕彦，品节矫然，下多折槛之陈[10]，上有转圜之听。思贾谊之言，每闻于谕旨；烹弘羊[11]之论，屡见于封章。遗风善政，迄今可想。而昊天不吊[12]，大命[13]忽焉，山岳崩颓，江河日下，三风不儆，六逆弥臻[14]。以今所睹国维人表，视昔十不得二三，而民穷财尽，又倍蓰而无算矣。身当史局，因事纳规，造膝之谟[15]，沃心[16]之告，有急于编摩者，固不待汗简奏功，然后为千秋金镜之献也。关辅[17]荒凉，非复十年以前风景，而鸡肋蚕丛，尚烦戎略[18]，飞刍挽粟[19]，岂顾民生。至有六旬老妇，七岁孤儿，挈米八升，赴营千里。于是强者鹿铤，弱者雉经，阖门而聚哭投河，并村而张旗抗令。此一方之隐忧，而庙堂之上或未之深悉也。吾以望七[20]之龄，客居斯土，饮瀣餐霞，足怡贞性；登岩俯涧，将卜幽栖[21]，恐鹤唳之重惊，即鱼潜之非乐。是以忘其出位，贡此狂言。请赋《祈招》[22]之诗，以代麦秋之祝[23]。

不忘百姓，敢自托于鲁儒；维此哲人，庶兴哀于周雅。当事君子，倘亦有闻而太息者乎？东土饥荒，颇传行旅；江南水旱，亦察舆谣。涉青云以远游，驾四牡而靡骋，所望随示以音问，不悉。

【注释】

[1] 泰昌：明光宗朱常洛的年号。

[2] 崖略：大略。

[3] 札：书信。

[4] 惓惓勉之以一代文献：以整理明代文献来劝我。

[5] 衰朽讵足副此：我已经老了，干不了这事。

[6] 柱史："柱下史"的省称，是管理典籍的官员。

[7] 绛人甲子：绛人，老人的代称。甲子，年岁。

[8] 郯子：春秋时期郯国国君，据说孔子曾向其求学。

[9] 赵孟、叔孙：赵孟，春秋时期晋国赵氏的领袖，奠定了后来建立赵国的基业。叔孙，叔孙豹，曾有著名的"三不朽"之论。

[10] 折槛：指忠言。

[11] 弘羊：桑弘羊，洛阳人，西汉政治家、财政大臣。

[12] 昊天不吊：上天不顾念。

[13] 大命：指国运。

[14] 六逆弥臻：六种悖逆行为全都出现了。六逆，指贱妨贵，少陵长，远间亲，新间旧，小加大，淫破义。

[15] 造膝之谟：指膝盖相接并作，意亲近。

[16] 沃心：使内心受启发。

[17] 关辅：指关中及三辅地区，代指中国。

[18] 鸡肋蚕丛，尚烦戎略：蚕丛，相传为蜀王先祖，教人蚕桑，这里代指农桑之事。戎略，即军事。指战乱导致农业废弛。

[19] 飞刍挽粟：飞，形容极快；刍，饲料；挽，拉车或船；粟，

小米，泛指粮食。指迅速运送粮草，指军队运输粮草辎重迅速。

[20] 望七：接近七十岁。

[21] 将卜幽栖：幽栖，有隐居打算。此处指将不久于人世。

[22] 祈招：祈求明德之意。

[23] 麦秋之祝：直言之谏。

【译文】

我幼时侍奉先祖，自十三四岁读完《资治通鉴》后，先祖即把邸报让我看，泰昌以来的大事，已了解了大概。然而我在忧患之中蹉跎，逐渐老了，不谈此事已三十年，好多都不记得了。而所藏史录奏状一二千本，都让失去的友人借走阅览，中郎也收走了，琴书都没有了。承蒙我外甥来信，以整理明代文献来殷勤地劝我，可我已经老了，干不了这个。不过既然吩咐我了，我就在管理典籍时看看书，不妨回复一下，不知六十多岁的老人、郏子所称的老师，能否回答类似赵孟、叔孙所提的问题啊？

一般的史书，都是借鉴古代的事指导今天的。回忆往昔庚辰、辛巳年间，国运艰难，很多地方都土崩瓦解，而那些老成持重的才智杰出的学者，保持坚贞不屈的气节，纷纷向朝廷陈述忠言，希望朝廷挽回局势。总想着贾谊的建议总会被皇上采纳；要烹杀桑弘羊的议论，多次在大臣的密奏里出现。善政遗风，今天可想而知。只是上天不怜见，大明天下快完了，山岳崩塌，江河日下，也顾不得防备巫、淫、乱三种恶劣风气，贱妨贵，少陵长，远间亲，新间旧，小加大，淫破义等六种悖逆行为全都出现了。今天所看到的，国家的法纪，人的表率，竟然不到过去的十分之二三，民穷财尽的严重程度又数倍于以往，甚至无法计算。我既然记载历史，就根据不同的事情纳入相应的类别，密切接触一手材料，以让内心得到启发，对于那些可以马上编撰的内容，当然不只是写文章建功，更主要的是使它成为千秋万代可资借鉴的重要文献。如今国家到处一片荒凉，不再是十年以前的风景，而战乱导致农业废弛，军队迅速运输粮草辎重，哪里还顾得了民生。甚至有六旬老妇，七岁孤儿，携带八升米，千里奔赴军营。于是身强力壮者赴险犯难，老弱病残者自缢，全家一起痛哭投河，几个并村庄举旗抗拒军令的景象。这些地方上的隐忧，朝廷未必都知晓。我以快七十岁的年纪，客居在这个地方，饮的是夜间水气，食的是白天的朝霞，这种超尘脱俗的仙家生活很是切合我忠贞的品格；登岩下涧，有隐居乃至仙逝的打算，又担心惊动了鹤引来鸣声，让下潜的鱼也不快乐。所以忘记了自己的身份，说出了这番狂言。请赋《祈招》之诗，用以代表我的直言之谏。在不忘百姓这件事上，敢自称受托于为鲁地的儒生孔子；只有这位哲人，因“周雅”而表现出喜怒哀乐。当事的那些君子有听到这些而叹息的吗？东土饥荒的信息，会在行旅人里面传播；江南水旱的情况，通过了解民谣就知晓了。我随着青云去远游，驾着四匹公马而任意飞骋。有什么愿望随时问我，这里就不详细说了。

【点评】

这封家书所谈内容是顾炎武在年老体衰之际，仍然关心天下安危，对明末吏治腐败、民生多艰、礼乐崩坏的现状痛心疾首，并希望外甥能向朝廷转达他的建议。为外甥做了一个忠君爱国的榜样。

刘德新：余庆堂十二戒（节选）

【原文】

余愚朴无似，总角[1]时入家塾，闻先生长者，训经书义，辄于圣贤大道理，慨然有触于心，常述以语人。人靳子曰："子将为道学先生耶？"余曰："道学不可为，孰是可为者？"比及成童，少知自好，不为跅弛[2]无赖之行。岁庚戌，余年二十有四，初筮仕[3]来，后岁少不更事，无益于卫木伾山[4]间，而此心犹凛凛[5]如昨。听政暇会，撷[6]古今格言数十项，汇而题之曰赠言，业已授梓，为同人之献矣。因而思朋友且有规劝之义，岂所亲爱之子若弟，而反无一言为诲耶？爰[7]条事之可戒者十有二，各为之论，其论以是非可否言者，十之三；以祸福利害言者，十之七。盖是非可否之谈，平面[8]难入；而祸福利害之说，警而易从，予为子若弟诲，故不禁痛切谆复言之如此。且以见余之立论，乃要诸人情世事之所必至，不但袭[9]道学义理之成语也。

戒妄念

海鸟有信天翁者，拙而不能攫鱼以食，但食诸他鸟啖啄之余。夫他鸟之啖啄者，日所余几何，而乃待以为命，吾为信天翁惧矣。然卒不闻海上有饿死之信天翁，何也？君子观此可以悟处境法焉。贵贱贫富死生，有司其权者曰天，天不可以人为也；有定其分者曰命，命不可以力竞也，吾顺吾天吾安吾命，知止知足之间，自有不殆[10]不辱之理，岂必形逐逐，意营营[11]，以与天较，与命衡？而卒无如此天与命何哉？

夫实地莫负于见在，悬思[12]莫牵于将来，见在者可据之地也，未来者难知之乡也，诸快乐之观[13]，从实地出也，诸苦恼之况，从悬思成也。衣不过被体已耳，虽目前之鹑衣缊袍亦自若也，奚必为他年谋千金之裘？食不过充腹已耳，虽目前之箪食瓢饮，亦自乐也，奚必他年计万钱之奉？居不过容膝已耳，虽目前之蓬户瓮牖[14]，亦自安也，奚必为他年筹千万间之厦？古人有言曰：非无足财也，心不足也；非无安居也，心不安也。夫有可足之财而心不足，有可安之居而心不安，舍可据之地而问难知之乡，弃快乐之观而耽苦恼之况，知者[15]固当如是耶？

盖吾人之道德品谊，当向胜于我者思之，则希圣济贤，而奋励之心自起。吾人之居处服食，当向不如我者思之，则随缘安分，而觊规之念自消。苟非然者，不以不如人之道德品谊为耻，而以胜于我之居处服食为羡，身在今日，心在他年，愁根不断，愁火常煎，势将多病易老，无益有损。吾窃叹衡命[16]之人，终不如信天之鸟也。

戒恃才

语曰：美女不病不娇，才士不狂不韵[17]，此非君子之言也。美女何以病，怙[18]其美而为柔怯可怜之状，故病也；才士何以狂，逞其才而为宕轶不羁[19]之行，故狂也。此岂贞女正人之所为？而世乃以是为诩诩[20]哉。美女而有幽闲贞静之仪，乃以全其美也；才士而有沉潜渊默之气，乃以成其才也。

吾于世之所称为才者，不能无议焉。夫才之实，不易言也；才之名，不易副也。古大贤圣，如虞之五臣，周之十乱，孔子乃以才目[21]之。而今人岂有其千百之一二耶？而何以言才耶？即曰以一才一艺论也，则是如财赋，如兵戎，如礼乐，如刑名，凡人之谙乎是者，皆才也。而世之论才者，又不以是，盖不过文章之一事言耳。夫持三寸管，以摛[22]纸上之空言，亦何益于天下事，而乃以是以为才，且自恃耶？且其以是文章之才自恃者，又未必真有是文章之才也。为制艺者，少知属比偶，即自负曰吾茅归矣，吾王瞿矣；为古文者，少知工铺叙，即自负曰吾欧韩矣，吾秦汉矣；为近体古风者，少知媲青白，别仄平，即自负曰吾李杜矣，吾陶谢矣，好大言！沽虚誉，此近世之通病也。吾闻之，司马光与人不言政事，而言文章；欧阳修与人不言文章，而言政事。夫有其才者，且不矜[23]，而乃无是才以妄自炫耶？里妇效西施之颦，而自曰美女；鲰生[24]学子建之步，而自曰才士，吾恐不足当旁观者之粲然一笑也。

【注释】

[1] 总角：幼儿时期。中国古时儿童束发为两结，向上分开，形状如角，故称总角。

[2] 跅弛：放荡。

[3] 筮仕：初次为官。

[4] 卫木伾山：指河南浚县。伾山即大伾山。

[5] 凛凛：令人敬畏的样子。

[6] 撷：采摘。

[7] 爰：就，于是。

[8] 平面：表面上。

[9] 袭：因袭。

[10] 殆：危险。

[11] 形逐逐，意营营：总想着。

[12] 悬思：揣想，臆想。

[13] 观：看法，观念。

[14] 蓬户瓮牖：用蓬草编门，用破瓮做窗。指贫苦的人家。

[15] 知者：智者。

[16] 衡命：违逆命令。

[17] 韵：气质风度。

[18] 怙：凭借，依靠。

[19] 宕轶不羁：奔放洒脱，不受约束。

[20] 诩诩：自得貌。

[21] 目：看待。

[22] 摛：散布。

[23] 矜：自夸、自大。

[24] 鲰生：浅薄愚陋的人，小人。典出《汉书》卷四十。

【译文】

我无比愚笨，幼年时进家塾念书，听老师长辈教给我经书的义理，圣贤所讲的那些深邃的道理，自己的内心深受触动，就经常讲给别人听。一位姓靳的人对我说："你是准备当道学先生吗？"我说："如道德学问不去做，还有什么可做呢？"等到了少年时期，稍微知道点洁身自好，就不再做放荡无赖的荒唐事。庚戌年，我二十四岁初次为官，此后的几年因年轻不大懂事，没有做什么像样的事来造福于浚县，但心中的敬畏之一如既往。在处理政务的空隙，我采选古今格言几十条，汇总起来，并题名为《赠言》，已经印好了，准备送给志同道合的朋友。就想到自己对朋友尚且有规劝的责任，对于自己亲爱的子弟反而没有几句教诲的话么？于是就列举应当借鉴的十二条事项，分别加以论述。其中涉及是非当否的内容约有十分之三；涉及祸福利害的内容约有十分之七。

其中有关是非当否的论述流于肤浅不够深入；而有关祸福利害的论述却能给予警示，比较容易让人听从。因为是我对于子弟的教诲，所以才这样忍不住深切诚恳地反复论说。而且你们看我的观点，重点都是人情世故所必须注意的方面，不只是沿袭道德学问义理等的老生常谈。

戒妄念

有一种名叫信天翁的海鸟，很笨拙，自己不能抓鱼吃，只能捡其他鸟剩下的吃。那么其他鸟每天所剩的能有多少呢。就靠这样的方法来活命，我真替信天翁担惊受怕。但却总听不到海上有饿死的信天翁的消息，这是为何呢？君子通过观察这件事可以悟到生存的窍门。贵贱贫富生死，掌管这个权力的是上天，而人是不能控制上天的；确定地位身份的是命运，而命运是不能靠人的力量去争的。我顺从上天和命运的安排，安于在适可而止和满足之间，自然就不会处于危险境地，不会遭受耻辱，为什么非要想着和上天较量，和命运对抗呢？即使最终不听命于天，自己又能如何呢？

莫辜负眼前拥有的一切，莫为将来会怎样而胡乱臆想。现在拥有的一切才是你所能依靠的，未来是难以把握的未知领域。很多快乐的观念，都是从实际中获得的；很多苦恼的境况，都是臆想所导致的。衣服不过是用来遮盖身体的，即使现在穿着破衣烂袍也无所谓，何苦为今后能穿上价值千金的裘衣去费力呢？吃饭不过是为饱肚子而已，即使现在吃的是粗茶淡饭也能开心，何必为将来考虑万钱的俸禄呢？居所不过是有一个人容身处，现在的茅草屋也能安身啊，何必为将来谋划千万间的大房子呢？古人说：不是钱财不够多，而是人的贪心不足；不是房子不够住，而是人的贪心不安宁。有足够的钱财还贪心不足，有足够的可以安居的房屋还贪心不宁，舍弃现在的依靠却寻觅难以预测的东西，放弃快乐的观念却沉浸在苦恼的状态里，有智慧的人难道会如此吗？

我们的道德品质，应该向胜过自己的人思齐，朝成为圣贤的方向去努力，这样自然就会激发上进的斗志。我们的起居衣食，应该向不如自己的人思齐，这就会随缘，安守本分，那些非分的念头自会消失。若不如此，不以不如别人的道德品质为耻，反而去羡慕超过自己目前消费层次的起居衣食，生活在现在，心思却在未来，愁绪绵绵，一定会生多种疾病并容易衰老，这样做没有一点好处却有很多坏处。我私下叹息那些违背命运的人，甚至不如那些相信天命的海鸟。

戒恃才

有一种说法：美女如不生病就显不出娇媚，才子若不狂傲就显不出风范，这不是君子说的话。美女为什么要生病，是想借助她的美貌扮柔弱可怜状，所以要装生病；才子为什么要狂傲，是想炫耀他的才华并作出无拘无束的行为，所以要狂傲。这难道是好女子和正人君子的所作所为吗？世人却以此自鸣得意。美女有幽闲贞静的仪态风范，才算是有美貌；才子有深沉静默的气质神韵，才算有才华。

我对于世人所说的有才者，不能不说说自己的观点。才能的本质，并不容易说清楚；才的名望，却不容易相称。古代的大圣贤，像虞代的五位臣子，周文王的十位能臣，孔子才按有才者来看待。现代人的才能能有他们的千百分之一二吗？凭什么说自己有才呢？就以一种能力一种技艺来讲，比如财税，比如军事，比如礼乐，比如刑法，凡是有熟悉这些的，都算是有才。但世人谈的所谓才能，又不是这样的，而是都拿写文章这事来说。就靠手拿三寸笔，铺排满纸空话，这对天下大事能有什么实际好处，却把这当作才能，并且拿这当作自己的资本吗？那些认为有写这类文章的才能并自恃其才的人，其实未必真有写这类文章的才能。那些写八股文的，不过是稍微懂得一点对偶，就很自负地说自己是茅归，自己是王瞿；写古文的，不过是稍微懂得一点平铺直叙，就自负地说自己是欧阳修、韩愈，能写秦汉时期的古文；写近体古风的，不过是稍微知道一点黑白比喻，分得清平仄，就自负地说我是李白、杜甫，是陶渊明、谢灵运了，真是好大的口气！沽名钓誉，这是近来一些人的通病。我听说，司马光从不和别人谈论政事，而是谈论文章；欧阳修不和别人谈论文章，而是谈论政事。有才能的人尚且都不自夸，没有这类才能的人怎能随便炫耀？里巷女子仿效西施皱眉头，自谓美女；小人学曹植七步成诗，自吹是才子，我看这还不值得让旁观者粲然一笑。

【原文】

戒挟势

有喻以势之可恃者，曰爇[1]火风上，以烧风下之草，莫之能返也；投石山巅，以击山底之人，莫之能拒也。予即以势之不可恃者喻曰：仆于平壤者，不必尽折足也，若踬[2]高山之脊，则糜矣；蹶[3]于行潦者，不必尽濡首[4]也，若坠大河之泓，则没矣。

呜呼！世之名家贵胄，高爵巨官，其席祖父阀阅[5]之势，以及据一己赫奕[6]之势者，皆蹑履高山之脊，而荡舟大河之泓也，吾谓其当兢兢然，谨登高临深之惧，而以宠荣为惊，以盛满为戒，为求无至于山之踬、河之坠，而惧彼糜骨没身之祸，亦云幸矣。况乃乘顺风负山之便，而遂欲甘心于一日，矜己凌人，肆毛鸷之威，报睚眦之怨，以为此爇火投石之行耶？

吾恐器满则覆，基累则倾，其以之爇人者，终以自焚也；以之投人者，终以自击也。请以古人论。李勣曰：吾见房杜[7]，仅能立门户，遭不肖子孙，颠覆殆尽，然则祖父阀阅之势，其可恃耶？主父偃为武帝所宠，公卿畏其口，赂遗至千金，或谓其太横，偃不悛[8]，后竟以事族，然则一己赫奕之势，其可恃耶？

夫祖父之势不可恃，一己之势不可恃，而世之人乃更有要公卿，通宾客，依城托社[9]，援他人之势以恐吓陵轹[10]其乡里之人，如所谓狐假虎威者，抑又何为哉？

戒怙富

洪范之次五福也，二曰富；其次六极也，四曰贫。贫者富之反也。今必执向子富不如贫之说为言，毋乃论之不近人情，而于经训有悖耶。

虽然富亦何过，顾所以处富者何如耳？富而能散外上，能保次之，最下则怙其富。疏广曰：富者众之怨也。夫彼此同阛闬[11]，各家其家，各事其事，何嫌何疑，顾独有怨于富者则何耶？是有由，有无不均，多寡相耀[12]，苟非安贫守道之君子，鲜不生一艳慕心，生一惭愧心。而且心羡其盛者，反口刺其非；耻我之不足者，遂忌人之有余，此恒人必至之情也。富者当此之际，苟上之不能慕卜式马援之义，输粟分财以佐国家之急，以赒乡族之艰；次又不能制节谨度，绝其僭心，革其奢习，以求免于罪戾，而顾凭财贿为气势，虎眈狼顾恣为兼并武断不法之行，以陵轹其内外亲疎之人，夫如是，则众之怨者，不将更结为仇耶？

揆[13]其猖狂自恃之意，岂不曰：权贵可以苞苴[14]请也，官长可以贿赂通也，罪犯可以金粟赎也，纵无礼于若，若将奈我何？呜呼！以是而言，“千金之子，不死于市”，诚如陶朱公所述矣。

然试问朱公杀人之中男，何以卒不赦于楚，而其兄竟以丧归耶？

【注释】

[1] 爇：用火烧。

[2] 踬：绊倒。

[3] 蹶：跌倒。

[4] 濡首：把头弄湿。

[5] 阀阅：门第，世家。

[6] 赫奕：光辉，炫耀貌。

[7] 房杜：唐名相房玄龄、杜如晦的并称，两人各有所长。

[8] 悛：停止。

[9] 依城托社：指依靠各种社会关系。

[10] 陵轹：欺压。

[11] 阎闬：邻里。

[12] 耀：显示，夸耀。

[13] 揆：估量，掌管。

[14] 苞苴：包装鱼肉等用的草袋，也指馈赠的礼物。

【译文】

戒挟势

有形容势力可以依仗的，说如果在风上烧火，就能烧着风下的草，没有办法可以挽救；如果在山顶投石头，袭击山底下的人，没有办法前来阻挡。我就以势力不能依仗的比喻来形容：在平地摔倒，未必会摔断脚，若在高山之脊上摔下来，就粉身碎骨了；跌倒在水沟里，未必会弄湿头发，若掉到大河的宽阔的深水里，身体肯定就淹没了。

可叹啊！世上的那些名门贵族，显爵高官，凭借祖辈世家的势力，和占据自己显赫的权势的那些人，都是在高山之脊上趿拉着鞋，在大河的深水区里荡舟，我说他们应当万分小心，登高临深所引起的恐惧，需要谨慎，面临荣宠也要惊惧，对于盛满也要警惕，目的是不从山顶摔下，掉落河里。担心遇到跌落山底沉入河中的灾祸，也可以说是幸运了。何况那些乘着顺风凭借靠山的便利，想要在一整天中都随心所欲，夸耀自己欺负他人，逞酷吏的威风，报很小的怨仇，是做点火投石的行为吗？

我担心容器里东西如果盛满了会倾覆，基石如果垒得过高了就会倒下，依仗势力伤害人的，最终也会自焚；依仗势力打击别人的，最终会打击自己。就拿古人来说。李勣说：我看房玄龄、杜如晦这样高级别的人，也只能勉强做到自立门户，遇到不成器的子孙，家业就全败了。由此看来，祖宗世家的权势还可以依靠吗？主父偃被汉武帝所宠信，公卿都畏惧他在汉武帝面前说自己的坏话，给他的贿赂甚至多达千金，有人说他太霸道专横，主父偃也不知收敛，最后竟然因此而被灭了全族。可见自己显耀的权势可以依仗吗？

祖宗的势力不能依靠，自己的权势也不能依靠，但世人依然还是巴结公卿，与他们的门客交往，依托乡党关系，借助他人的势力来恐吓欺压自己乡里的人，就像狐假虎威那个样子，这又是做什么呢？

戒怙富

《尚书·洪范》所排列的五福，第二就是富；排列的六极，第四就是贫。贫是富的反面。现在一定要执着于向儿子说富不如贫的说法，岂止是不近人情，而且和经义相悖。

可是富裕本身又有什么过错呢，那些富裕的人又该如何自处呢？富裕的同时又能对外施舍是最好的，能保住富裕就差一等，最差的就是什么都靠财富来支撑。西汉疏广说：财富是众人所怨恨的。同居一个地方，各家都有各自的家业，各家做各家的事，能有什么矛盾，为何偏偏都恨富家呢？这其实是有原因的，财富不均，多寡之间差距显眼，如非安贫乐道的正人君子，很少有心里不生艳羡的，不生惭愧的。并且羡慕富人的那些人反而会不服气，说对方坏话；羞愧于自己不富的那些人会忌恨别人富裕，这固然是人之常情。在这个时候，富裕家庭如果第一不能仿效卜式、马援的高尚行为，奉献财米以应国家急需，缓解乡里族人的困难；第二又不能节俭家庭开支，杜绝超越本分的心思，废除奢侈陋习，以求免除罪过，却只想着凭借财势，虎视眈眈、肆无忌惮、恣意妄为，作出违法之事，欺负家里家外亲疏之人。如果是这样的话，那么大家就不只是生怨，还要结仇了吧？

分析这些人之所以如此猖狂地依仗财势的心理，岂不就是说：权贵可以靠送礼物来结交，官吏可以用贿赂来买通，罪犯可以拿财物来赎罪，纵然是对他们无礼，可他们又能拿自己有什么办法？真可叹啊！这样的想法实际上就是说，“有钱人家的孩子犯罪不会在街上被处死”。确实就如陶朱公所说的那样。然而，试问一下，陶朱公那位杀了人的次子为何最终没有被楚国赦免，他的兄长最后只带回了弟弟的尸体呢？

【原文】

戒骄傲

予尝读《易》，至谦卦[1]而有感也。易之为卦，六十有四，其吉凶悔吝，错见于六爻者，比比是也。谦则六爻皆吉焉。谦之时义，诚大矣哉。

夫知谦之吉，则反乎谦之悔吝凶，可无问[2]也。世之人昧于此义，乃故存一自先自上之心，而发之以不肯后人，不肯下人之气，而恣睢睥睨之态出焉。此其为类有二，一则以势自雄[3]，谓人即在吾后，吾自宜先之；人既在吾下，吾自宜上之。此所谓富贵者骄人，以尊傲卑者也。一则以才自命，谓我虽在彼后，而有所以先之者；我虽在彼下，而有所以上之者，此所谓贫贱者骄人，以卑傲尊者也。

吾以是二者皆过也。以势自雄，此非善居其势者也；以才自命，此亦非善用其才者也。吾且不述三代以后之为骄傲败者，而述三代以前之为骄傲败者，今之人，孰不知丹朱[4]为不肖子耶？孰不知鲧[5]为凶人耶？然亦知丹朱与鲧之所以为不肖子，为凶人耶。尧咨若时而放齐以朱对，咨俾乂而四岳以鲧对，是朱与鲧之在当日必皆具有绝人之才为众所推许者也，然朱终以嚣讼[6]不获嗣位，而鲧终以方命圮族[7]，绩用弗成见殛[8]，遂得不肖子凶人之名，使后世传之，几不知其为何如恶劣人，此不易之理也。人奈何甘受其损，而不自求其益也。

戒残刻

吾读班氏《酷吏传》，于他人不为齿，而窃喟然叹惜于严延年也。昌邑之变[9]，延年抗疏谓擅废立无人臣礼，君子韪[10]之，以为烈比彝齐[11]。且考其生平，亦廉正无私，是延年固汉臣中之不多见者，乃以疾恶太严，过行杀戮，竟被祸，如其母氏之言。而史氏遂以之与宁成尹赏辈，同类并讥，万世播恶声焉。则甚矣残刻之行，为能杀人身而败人名也。间尝推原其故，盖天地以生万物为心，人在仁慈好生者，顺天地之心者也，故降之以福；人之残刻好杀者，逆天地之心者也，故降之以祸。以好生得生，以好杀招杀，理有固然，事所必至，亦何惜乎延年之身名俱丧耶。

或者曰信如是，则世之为官吏者，将必出重囚，翻大狱，以行所为阴德事，而因觊于驷马三公[12]之报耶？予曰非是之谓也。法不可以不守也，情亦不可以不原也。彼有可杀之道，而吾必生之，是谓纵有罪；彼有可生之道，而吾必杀之，是谓贼不辜。然则贼不辜不甚于释有罪耶。

善乎欧阳氏之言，曰求其生而不得，则死者与我俱无憾也。此真仁人心也。然吾以为欲制残刻之行于当官，当养仁慈之心于平日。何则，屠之门无仁人，岂其性固然，习使之也。古之人，于无故而伐一木杀一兽，拟之曰不孝，斯盖绝其忍心之萌，而以成其不忍人之德也欤。

【注释】

[1] 谦卦：象征谦虚卑退之意。谦卦是《易经》里最特殊的一卦。

[2] 无问：不必问。

[3] 自雄：自以为了不起。

[4] 丹朱：尧的长子。相传，因为丹朱不肖，尧把部落联盟首领之位禅让给了舜。

[5] 鲧：大禹之父，传说鲧窃取天帝的息壤用以治水，天帝发现后，派火神祝融诛杀了鲧，并且收回了息壤。

[6] 嚣讼：众说纷纭，久无定论。

[7] 方命圮族：不遵守命令，危害同族；也用来指民族的败类。

[8] 殛：诛杀。

[9] 昌邑之变：指西汉元平元年（前 74 年）刚即皇位的昌邑王刘贺被权臣霍光废黜之事。

[10] 韪：认为对。

[11] 彝齐：殷末孤竹国君的两个儿子伯夷、叔齐。彝，同“夷”。

[12] 驷马三公：驷马，四匹马驾的车。三公即古代的太师、太傅、太保。指高官。

【译文】

戒骄傲

我曾经读过《易经》，看到谦卦处时有一些感想。《易经》里面的卦共有六十四个，其中的吉凶，混在六爻里面的比比皆是。但谦卦在六爻里则均为吉。谦卦的意义确实很大啊。

明白了谦卦之所以吉的原因，反观谦卦的凶险灾祸，就不用问了。世上的人因为不懂这个道理，就有了自尊自大的念头，随之就有了不肯居于人后，不肯居于人下的习惯，进而表现出傲视他人、为所欲为的姿态。这种表现可分为两类：一类是以权势而自负，想着别人都不如自己，自己就该在别人前头；别人既然在自己下面，自己就该在别人上面。这就是所说的富贵者傲视他人，以地位高贵慢待地位低的人。二类是自认为有才干，认为自己虽位在他人后，却有超越他人之处；自己虽在他人下面，却有高出他人之处，这就是所说的贫贱者傲视他人，以地位卑下轻视地位尊崇的人。

我觉得这两种做法都不对。因权势而自负，这不是善于维持权位的人；认为自己有才干，亦非善于利用自己才干的人。我姑且不提那些过了三代之后因为骄傲而失败的人，就说那些三代之前因为骄傲而失败的人吧。现在的人，有谁不知丹朱是没出息的儿子？有谁不知道鲧是凶恶之人呢？甚至还知道丹朱和鲧为什么没出息为什么是凶恶之人。当初尧帝询问用谁可接位时，放齐回答说“丹朱”；尧帝询问谁有能力时，四岳回答说“鲧”。确实，丹朱和鲧在当时都是有出类拔萃的才干而被众人所推荐的人选，但丹朱最后因众说纷纭而没能继承帝位，鲧最后因为不服从命令危害族人，政绩不佳而被杀，这才有了没出息的儿子和凶恶之人的臭名声在后世流传，基本不了解他们是什么样的行为恶劣之人，这是亘古不变的道理。人们为什么甘愿让自己的名声受损，却不追求扩大自己的好名声呢?

戒残刻

我读班固所写《酷吏传》的时候，对于其他人是颇为不齿的，但却对严延年这个人却很有感触。昌邑王刘贺皇位被废时，严延年就上疏直言，说擅自废立是没有人臣之礼，君子都认为他说得对，认为他性格刚烈，堪比伯夷、叔齐。再考察他的生平履历，也是廉正无私，像严延年这样的大臣在汉代中不多见的，但最后却因为嫉恶过于严酷，杀人太多，如他母亲所预言的那样遭遇横祸。而史官把他和宁成、尹赏并列，视为同类人而讥讽谴责，以致遗臭万年。刻薄尖酷的行为的坏处实在太厉害了，不但能诛杀人的身体，还能败坏人的名声。我曾探究过其中的缘故，大概是天地以让万物生长为心意，仁慈好生的人是顺应天地的心意的，所以上天会降福于他；而为人冷酷刻薄偏爱杀戮的人，是违逆天地的心意的，所以上天降祸于他。因为好生而求得生存，因为好杀而招致被杀，本来就该是这个理，是事情正常演变的必然结局，那为何还要惋惜严延年的生命和名誉都丧失了呢。

有人说，如果真是如此，那世上那些做官吏的会不会释放重罪犯，为重大案件翻案，去做所谓积阴德的事，并企图得到晋升高官的回报呢？我说不是这样的。法律不能不遵守，案情也不能不查明。如果那个人有可杀的理由，但我却一定要让他活下来，那么我就是在纵容犯罪；如果那个人有可以活下来的理由，但我一定要杀他，那么我这是在滥杀无辜。但是滥杀无辜难道不比释放罪犯的危害性更严重吗？

欧阳修说得好：“如果想尽办法都没能让罪犯活下来，那么被杀的罪犯和我就都没有遗憾了。”这真是仁者之心啊。但我认为，要制约官吏那些残暴冷酷的行为，平时就应当培养他们的仁慈之心，为什么这么说呢，屠夫家里没有仁德之人，难道是因为他们的天性就是如此吗？其实是长期的生活习惯造成的。古代人如果无缘无故地砍一棵树杀一头野兽，也被认为是不孝，这样做的目的大概是要根绝人的残忍之心的萌发，养成恻隐和怜悯的品德吧。

【原文】

戒放荡

子夏曰：“大德不踰闲，小德出入可也[1]。”儒者犹病其言[2]，以为观人则可，自律则非。盖圣贤之道，谨小谨微，以求寡过难，虽一举足一启口，亦不敢轻且易，而谓何事可荡轶[3]于礼法之外耶？

不谓世之恣纵者，匪惟小有出入，抑且大闲罔顾焉。厌为绳尺[4]所拘，耽习夫狷狂不羁之行，往往曰礼非为吾辈设也，吾游方之外也。揆其意岂不以昔之七贤八达辈为口实耶。然亦思此七贤八达辈，为何如人耶？虽其中不无因世之变，有托而逃，为混迹尘埃以自匿者，而要其越闲败检[5]，得罪名教者，固比比矣。或以废君臣之义，或以绝母子之恩，或以溃男女之防，而且诩诩然相推曰，此贤也达也，因之一倡万和，而天下之风俗，由是坏，而天下之纪纲，由是隳[6]。晋室败亡之祸，实出于此，君子深痛其祸，而究其为厉之阶，谓其罪浮于桀纣，而顾可真以是为贤且达耶。

或曰，晋人即不可学，则必师宋人矣。清谈之放，道学之迂，一间[7]耳。放差能乐，迂从自苦，亦何必舍此取彼为？予曰：苦乐固别，福祸亦殊。礼者，古所制也；法者，今所守也。尔弃礼，不惧败矩度；尔蔑法，不惧罹罪辜耶？

楚子将出师，入告夫人邓曼曰：余心荡[8]。曼曰：王禄尽矣。盈而荡，天之道也。楚子果卒于师。夫荡于心，为死亡之兆，则荡于身者，又当何如也。然则儒者主敬之学，固养心之道，而实保身之道也欤。

戒豪华

语云“德过百人曰豪”，是豪之为名，以德称也。又云“和顺积中，英华发外”[9]，是华之为义，亦以德着也。洵如是，亦何恶豪华，而为之戒哉？而不知此古人性分之谓，非今人势分之谓也。今人所矜为豪，多在驾高车驱驷马，意气扬扬自得之间，而所艳为华，亦不过崇轮奂[10]，美裘裳，以照耀于闾阎市井中已耳，此非范质所讥为“纵得儿童怜，还为识者鄙”者耶？

吾且不论此虎皮羊质，玉外珉中，见讥于有道长者而窃为若人瞿瞿有祸福之惧焉。何以见其然也，人心好胜，天地忌盈，豪过则灭，华甚则竭，此必至之势也。不思古人“宫成缺隅，衣成却衽”[11]之义耶？

试取从来之最豪华者论，富莫过于石季伦、李赞皇[12]。季伦以人臣，与贵戚斗富，虽以天子助之，犹为之诎[13]；赞皇饮食珠玉之奉，过于王者，然一则为孙秀所收，一则有岭南之窜，卒不克以免其身焉。岂非其暴殄之行，有干天道故耶？夫以季伦之文章，赞皇之勋业，犹且至是，况在区区辈耶？

诸葛武侯云“澹泊以明志，宁静以致远”，吾于其言有感。

【注释】

[1] 大德不踰闲，小德出入可也：在大的道德节操上不能逾越界限，在小节上有些出入是可以的。

[2] 病其言：认为这话有毛病。

[3] 荡轶：放纵，不受约束。

[4] 绳尺：比喻法度、规矩。

[5] 越闲败检：指行为不规矩，不守礼法。亦作“逾闲荡检”。越，超越；败，败坏；闲、检，指道德规矩、法度。

[6] 隳：损坏。

[7] 一间：间隔很小，差不多。

[8] 心荡：指心跳不安。

[9] 和顺积中，英华发外：和顺的情感聚积在心中，就会有美好的神采表现在外表。出自《礼记》。

[10] 轮奂：形容屋宇高大众多。

[11] 宫成缺隅，衣成却衽：宫殿建成有意缺角，衣服制作有意缺襟，示有缺陷，以启迪为人应谦逊自持，不当自满。出自《韩诗外传》卷三：“衣成则必缺袵，宫成则必缺隅，屋成则必加措，示不成者，天道然也。”

[12] 石季伦、李赞皇：西晋文学家、大臣石崇，唐名相李德裕。

[13] 诎：通“屈”，屈服。

【译文】

戒放荡

子夏说：“在大的节操上不越界，小节操上有点过失是可以的。”儒家还是觉得此话有问题，认为这样看待别人还可以，用来自律就不合适了。大抵要成为圣贤须谨小慎微，力求减少过错是很难的，就是迈步开口也不敢随意，还能有何事可无拘无束于礼法之外呢？

姑且不提世上那些恣意放纵的人，他们不仅在小节上有过失，甚至连基本的规矩都不在乎。他们不喜欢被规矩所拘束，喜欢模仿狂放不羁的行为，往往还说礼法不是为我们这些人制定的，我们处在礼法约束范围的外面。揣测他的意图，莫非是以竹林七贤、江左八达之流为借口吧。然而想一想七贤八达这些人，又是些什么人呢？虽然这些人中不乏因世道有变，借故避世而混迹于凡尘自隐的，但与他们结交，不守规矩，败坏礼法，触犯礼教的人，却比比皆是。有的废弃君臣间的责任义务，有的断绝母子间的恩情，有的突破男女间的界限，并且欣欣然互相吹嘘说，这都是贤达之辈，故能一人提倡万人跟风，天下的风俗却由此变坏，天下的礼法由此堕落。晋代皇室败亡的祸根实际上就是由此埋下的。君子甚为这灾祸痛惜，在查找加剧亡国灾难的根源时，认为这些人的罪过甚至比桀纣还要大，现在回过头再看，这些人真的算贤达之辈么？

有人说，既然晋代人的做派不能学，那必定要学宋代人的了。清谈的放纵逸乐，道学的迂腐不切实际，本质上差不多。前者多少还能开心，后者则是自找苦吃，何必弃西就东呢？我的看法是：苦乐固然有区别，福祸也有差异。礼是古代所制定的；法是如今所遵守的。你背弃礼，不怕败坏规矩；你蔑视法，难道不怕遭受罪谴吗？

楚武王要出兵打仗，入宫告诉夫人邓曼说：我好像心神动荡啊。邓曼说：看来君王的福禄已经完了。水满了就会荡出，这是自然规律。后来楚武王果然在军中去世。如果说心神动荡是死亡的前兆，那么身体动荡又该如何呢？儒家主要是讲恭谨的学问，虽然是养心的方法，但实际上是保护自身安全的途径。

戒豪华

古语说“德行超过百人的可称为豪”，这个“豪”的名誉是和德行相称的。又说“只有和顺的情感聚积在心中，华美的神采才会外显”，所以华美的意义也是根据个人的德行来呈现的。假如真是如此的话，那为何要讨厌豪华，甚至还要戒掉它呢？却不知这本是古代人对人之本性的看法，不是现代人对权势地位的看法。现在人所自夸的豪，多是乘四匹马拉的大马车，扬扬自得；所艳羡的华，不过是高屋大厦和华丽衣裳，能够在街衔头巷尾里显摆一下而已。这难道不是范质所讥讽的“即使有不懂事的孩子喜欢，也会被有识之士所鄙视”那种情形吗？

我且不说这种表里不一的行为被有高尚品行的长者所讥讽，私下里真替这些人的祸福担心啊。为何这样说呢？人都有好胜之心，天地忌讳充满，过于强盛就会灭亡，过于奢华则会衰竭，这是必然的趋势。不应该好好想想古人“宫殿建成有意缺角，衣服制作有意缺襟”的含义吗？

我试着拿历史上最豪华的人的经历来谈谈，若是论富，没有超过石崇、李德裕的。石崇位极人臣，曾和皇亲国戚斗富，尽管对方有天子的帮助，仍然把对方给比下去了；李德裕的饮食开销超过了王侯，但他们两人，一个被孙秀所杀，一个被贬官到岭南，最终未能免死。这难道不是他们奢侈的行为触犯了天道的缘故吗？以石崇的出色文章，李德裕的卓著功勋，尚且是如此结局，何况一个常人呢？

诸葛亮说“淡泊于名利才能明确志向，身心安宁沉静才能实现远大的抱负”，我对这句话感触很深啊。

【原文】

戒轻薄

尝读《苏子瞻传》，有云“嬉戏笑骂皆成文章”。在作传者，盖以是为之称也，而不知其一生受祸之本，正坐此。何则苏子以雄视百代之才，不能沉潜静默，以养成其远大之器，顾以笔墨为玩弄。当时之人，摭拾[1]其九泉蛰龙之辞，而必置之死也。安知非受其侮辱者，而假此以为报复耶？此亦不厚重之祸也。予即以是类，著之为世之轻薄子诫焉。

虽轻薄之事，予亦不能覼举[2]，而所最忌者三：

一则勿以己之少慢人之老也，无论近父近兄，礼宜尚齿[3]，即以人生百年计之，自少至老，旦暮事耳。今日红颜之子，不即他日白头之翁耶？况寿夭不齐，安知不老者犹存而少者或没耶？杨亿少入禁掖[4]，每侮其同官之老者。一人曰：“老终留与君。”一人曰：“莫与他，免为人侮。”杨后未艾[5]而卒。此以少慢老，轻薄之可戒者也。

一则勿以己之长哂[6]人之短也。天下事，吾所知能者，不胜所不知不能者，顾于人所不知不能者哂之，曷亦自反而计吾所知能者几何耶？温庭筠谒时相，相询以故实，温曰：“事出《南华》，非僻也，冀相公燮理[7]之暇，姑宜稽古[8]。”时相薄其人而恶之，温卒不获一第。此以长哂短，轻薄之可戒者也。

一则勿以己之全，笑人之缺也。大凡形体不全之人，其讳护为最重。我故为玩其所不足，以中其所忌，鲜有不深激其怒者。郄克与鲁卫诸臣，使于齐，其形各有所缺。齐以其类为迎，且令妇人帏观之。克大怒，誓以必报，后卒有鞌之师。此以全笑缺，轻薄之可戒者也。

若引而伸之，触类而长之。其于轻薄之行，不思过半哉？

戒酗酒

传有曰："兵犹火也，不戢[9]将焚。"吾即以酒犹兵也，不弭将自杀。吾今戒若以勿崇于饮，但袭取前人之言曰：内丧若德，外丧若仪，云云也。若或德仪之不恤[10]，将有迂吾言而褒然笑者。

吾且不为若德计，若仪计，而为若性命计。若当群然举白，鲸吸自豪，岂不曰，吾求一醉之为快也，而不知醉中之祸，有不可胜言者。若之量，为酒所胜，颓然而倒，不知天之高，地之厚，非梦如梦，非死如死。吁！危矣！迨至梦幸得觉，死幸得苏，而宿酲所苦，呕心吐肝，辄为作数日恶。夫吾人之身，寒暑燥湿之不克当者，宁堪经此摧折耶？

即若之量，不为酒所胜，而不能不为酒所使。酒胜则气粗，气粗则胆壮，喜而狂呼大笑，已可丑也。况一有所触，怫然而怒，非言可劝，非力可排，因而骂坐行殴，杯盘之地，顿成戈矛之场，其以之得亡身丧家之惨者，盖比比也。是知酒弱者祸迟，酒强者祸速。然迟速皆祸也，弱与强皆无一可者也。

呜呼！人之湎于酒者，纵不恤若德若仪，独不恤若性命耶！

【注释】

[1] 摭拾：收集，挑剔。

[2] 觑举：繁细地列举。

[3] 尚齿：尊崇年长者。典出《庄子集释》卷五中《外篇·天道》。

[4] 禁掖：宫中旁舍，亦泛指宫廷。

[5] 未艾：未到五十岁。艾，古代指五十岁以上的老年人。

[6] 哂：嘲笑。

[7] 燮理：协和治理，此处指宰相的政务。

[8] 稽古：考察古代的事迹。

[9] 戢：收敛，停止。

[10] 恤：怜悯，怜惜。

【译文】

戒轻薄

我曾经读过《苏子瞻传》，里面说他“嬉戏笑骂皆成文章”，从传记作者的角度，可能以为这是一种赞许，却不知道苏轼一生遭祸的本因，正是这个。为何苏轼以傲视历代英才的才华，却不能保持沉稳静思，以培养自己的远见卓识，而只顾在那里舞文弄墨。当时的人故意挑出他“九泉蛰龙”的词语，定要把他置于死地，怎么知道不是受到他侮辱的人要借此来报复他呢？这也是他为人不够稳重招来的人祸。我就把这种事情写下来，作为世间轻薄子弟的借鉴吧。

即使是轻薄的事，我也不能详尽列举，而世间最为忌讳的有以下三种：

一是不要以为自己年轻就怠慢老年人，无论接近父接近兄，按礼节都应该尊重年纪大的人。按人生有一百年来算，从小到老，不过早晚的事。现在的红颜少年，不就是明天的白发老翁吗？况且每个人的寿命不同，怎么知道不是年老者还活着而年少者或许就没了呢？杨亿年少时就做官入朝，经常欺负同僚中年纪大的。有一个人说：“年老的最后留给你吧。”另一个人则说：“不要留给他，免得受他欺负。”杨亿后来不到五十岁就死了。这就是年轻人怠慢老年人，而应该要戒除的轻薄行为。

二是不要用自己的长处嘲笑他人的短处。天下的事情，自己所知道和做到的，肯定不会超过那些不知道做不到的，与其嘲笑别人所不知道做不到的事，何不去掂量一下自己所知道能做到的有多少呢？温庭筠有次拜见当时的宰相时，宰相询问他某个典故的出处，温庭筠回复说："典故出自庄子的《南华经》，不算冷僻，希望相公您在处理政事的空闲能多考证古书。"宰相于是就很蔑视并讨厌他，温庭筠最终一次也没有考中进士。这就是用自己的长处嘲笑别人的短处，而应该戒除的轻薄行为。

三是不要用自己的身体健全这个优势去嘲笑别人身体的残疾。一般形体不全的人，最看重对自己忌讳的维护。自己故意拿别人的缺陷开玩笑，就会犯了别人的忌讳，很少有不深深激怒对方的。春秋时期晋国的郄克和鲁国卫国的大臣出使齐国，这些人的身体均有各种残疾，齐国国君特意安排有同样残疾的人去迎接，甚至还让妇人躲在帷幕后观看取笑。郄克大怒，发誓要为此次所蒙受的羞辱报仇，后来果然在鞍之战中打败了齐国。这就是用身体健全嘲笑别人残疾，而应该戒除的轻薄行为。

若把这类行为引申到其他有关的事情上，以此类推，对于轻薄行为，不就可以领悟一大半了吗？

戒酗酒

《左传》里说："战争如同燃火，不收敛停止就会烧到自己。"我认为酒就像战争，不加控制就等于自杀。我今天告诫你们不要崇尚喝酒，只沿袭前人的话：喝酒对内丧失德行，对外丧失仪表，等等。当然，你要是不在乎品德仪表，可能会认为这是迂腐之论而赞同地笑一笑。

我暂且不为你们的德行和为你们的仪表考虑，仅为你们的性命考虑。你们一定会一起举酒杯，豪饮一口，这是不是在说，自己追求的是一醉方休的惬意，却不知喝醉后的灾难后果数也数不清。你们不胜酒力，醉倒后就不知道天高地厚，没有做梦却好像在梦中，没死却似死，唉，这太危险了！等到有幸从醉梦中醒来，醉死过去又醒酒过来，苦于宿醉，难于呕吐，乃至身心一连几天都不舒服。自己的身体连寒湿暑燥都不能承受，难道受得了这样的摧残吗？

即使你们的酒量大，喝不醉，却不能不被酒性左右。醉了后气就粗，气粗了后就胆壮，高兴了就狂呼大笑。这已经很不雅观了，更何况醉后一旦被人触犯，会一触即发，立马翻脸发怒，别人的言语也不能劝解，别人再有劲也劝阻不了，进而辱骂斗殴，就餐的地方顿时成了打斗的场所，为此而沦落到家破人亡悲惨境地的，比比皆是。由此就知道酒量小的灾祸来得就晚，酒量大的灾祸来得就快。但不论早来的还是晚来的，都是灾祸，酒量不管大小，都会遇到灾祸，无一可免。

可叹啊！那些沉湎于喝酒的人，即使不在意你自己的德行仪表，难道还不顾惜你自己的性命吗！

【点评】

《余庆堂十二戒》用大量有说服力的事例告诫晚辈，要养成良好的道德品质和习惯，因为妄念、恃才、挟势、怙富、骄傲、残刻、放荡、豪华、轻薄、酗酒、赌博、宿娼等恶习对人的品性乃至生命都有害处。本篇家训中，对于苏轼命运的分析可谓独具匠心，一般认为苏轼之所以仕途不顺是因为蒙冤，这固然是事实，但还有一个影响因素，那就是刘德新所指出的，行为放荡不羁，招人嫉恨，所以才落得一生不得志的结局。这个分析是十分合理的。

王夫之：传家十四戒

【原文】

勿作赘婿[1]；勿以子女出继异姓及为僧道；勿嫁女受财（或丧子嫁妇尤不可受一丝）；勿听鬻术人[2]改葬；勿做吏胥[3]，勿与胥隶为婚姻；勿为讼者或作证佐；勿为人作呈送；勿作歇保[4]；勿为乡团之魁；勿作屠人、厨人及鬻酒食；勿挟枪弩网罗禽兽；勿习拳勇、咒术；勿作师巫及鼓吹人；勿立坛祀山魈[5]、跳神。

能士则士，次则医，次则农、工、商、贾，各惟其力与其时。吾不敢望复古人之风矩[6]，但得似启、祯间[7]稍有耻者足矣。凡此所戒，皆吾祖父所深鄙者。若饮博狂荡自是不幸，而生此败类，无如之何。然其繇来，皆自不守此戒丧其恻隐羞恶之心[8]始。吾言之，吾子孙未必能戒之，抑或听妇言、交匪类[9]而为之，乃家之绝续。在此，故不容已于言。后有贤者引申以立训范，尤所望而不可必者，守此亦可不绝吾世矣。

丙寅[10]季夏，姜斋七十老人书

【注释】

[1] 赘婿：入赘的女婿。

[2] 鬻术人：指方术之人。

[3] 吏胥：地方官府中掌管簿书案牍的小吏。

[4] 歇保：明清时代县衙与乡民之间为追征赋役和词讼审理设立的中间机构，政府言其为保户，乡民言其为歇家，故合称为“歇保”。

[5] 山魈：传说中山里的怪物。

[6] 风矩：风度，规矩。

[7] 启、祯间：明代年号。天启，明熹宗朱由校的年号（1621—1627）。崇祯，明思宗朱由检年号（1627—1644）。

[8] 恻隐羞恶之心：恻隐：见人遭遇不幸而心有所不忍。羞恶：因己身的不善而羞耻，见他人的不善而憎恶。出自《孟子·公孙丑》。

[9] 匪类：行为不端正的人。

[10] 丙寅：康熙二十五年（1686）。

【译文】

不要做上门女婿；不要让子女过继给异姓人家或当僧人道士；嫁女不接受彩礼（丧子媳妇改嫁更不能接受一丝一毫）；不要听风水师的话改葬；不做官府的小吏，不和官府的小吏结亲；不当起诉人，不给诉讼双方作证；不给别人递状纸及做保人；不做歇保；不当屠夫、厨师及贩卖酒食；不用火枪、弓箭、罗网捕猎禽兽；不学武术，不念咒语，不做巫师和吹鼓手；不立祭坛祭祀山魈、跳神。

能做士子就去做士子，其次是行医，再次是农民、工匠、商人，各尽其力其时。我不敢期望恢复古人的风度，只要像天启、崇祯年间稍知耻辱的人那样就够了。凡是这戒条里列举的内容，都是我祖父所极度鄙视的。如果有人饮酒、赌博、放荡不羁，都属于不幸生出的败类，这是没有办法的事，看似是偶然，但归根到底是从没有遵守戒条，导致丧失恻隐羞恶之心开始的。即使我说了，我的子孙也未必能引以为戒，或者本不想做，听了妇人的话、交往坏人而去做了，这是关系到家庭能否延续的大事，所以容不得我不说。后代的贤德之人在此基础上加以发挥，设立训戒，是我特别期望却不一定要做的，遵守这些戒条也能延续我们家族的香火。

丙寅季夏，姜斋七十老人书

张英：聪训斋语（节选）

【原文】

圃翁[1]曰：圣贤领要之语，曰："人心惟危，道心惟微。"[2]危者，嗜欲之心，如堤之束水[3]，其溃甚易。一溃则不可复收也。微者，理义之心，如帷之映灯[4]，若隐若现，见之难，而晦[5]之易也。人心至灵至动，不可过劳，亦不可过逸，惟读书可以养之。每见堪舆家[6]平日用磁石养针，书卷乃养心第一妙物。闲适无事之人，镇日不观书，则起居出入，身心无所栖泊[7]，耳目无所安顿，势必心意颠倒，妄想生嗔。处逆境不乐，处顺境亦不乐。每见人栖栖皇皇[8]，觉举动无不碍者，此必不读书之人也。古人有言：扫地焚香，清福已具。其有福者，佐以读书；其无福者，便生他想。旨哉斯言！予所深赏。且从来拂意之事，自不读书者见之，似为我所独遭，极其难堪；不知古人拂意之事，有百倍于此者，特不细心体验耳。即如东坡先生殁后，遭逢高、孝[9]，文字始出，名震千古。而当时之忧谗畏讥，困顿转徙潮、惠[10]之间，苏过[11]跣足[12]涉水，居近牛栏，是何如境界？又如白香山[13]之无嗣，陆放翁[14]之忍饥，皆载在书卷。彼独非千载闻人，而所遇皆如此！诚壹[15]平心静观，则人间拂意之事，可以涣然冰释[16]。若不读书，则但见我所遭甚苦，而无穷怨尤嗔忿之心，烧灼不宁，其苦为何如耶？且富盛之事[17]，古人亦有之，炙手可热[18]，转眼皆空。故读书可以增长道心，为颐养第一事也。

记诵纂集，期以争长[19]，应世则多苦，若涉览[20]，则何至劳心疲神？但当冷眼于闲中窥破古人筋节处[21]耳。予于白、陆诗，皆细注其年月，知彼于何年引退，其衰健之迹[22]皆可指，斯不梦梦[23]耳。

【注释】

[1] 圃翁：张英号乐圃，此处为作者自称。

[2]“人心惟危，道心惟微”：出自《尚书·大禹谟》：“人心惟危，道心惟微；惟精惟一，允执厥中。”指性情之心易私而难公，故益加危殆。义理之心易昧而难明，故常隐微不显。唯有专一精诚，秉持中道而行。

[3] 束水：抵御洪水。

[4] 帷之映灯：用布幔遮蔽灯光。帷，帘幕。

[5] 晦：掩蔽。

[6] 堪舆家：风水先生。

[7] 栖泊：栖息停靠。

[8] 栖栖皇皇：惶恐不安的样子。

[9] 高、孝：指宋高宗、孝宗两位帝王，推崇苏轼的文章。

[10] 潮、惠：潮州、惠州，皆属今天的广东省。

[11] 苏过：字叔党，号斜川居士，北宋文学家，苏轼第三子。

[12] 跣足：赤脚。

[13] 白香山：唐代诗人白居易。

[14] 陆放翁：宋代诗人陆游。

[15] 诚壹：心志专一。

[16] 涣然冰释：完全消解。

[17] 富盛之事：指富贵荣华。

[18] 炙手可热：指有财有势者气焰逼人。

[19] 争长：争相增长。

[20] 涉览：博览。

[21] 筋节处：关键部分。

[22] 衰健之迹：强健或衰颓的迹象。

[23] 梦梦：昏乱。

【译文】

圃翁说：圣贤最主要的话是："人心惟危，道心惟微。"所谓危者，指的是嗜欲之心，如防水的大堤，很容易崩溃。一旦溃堤则不可复原，水也收不回来。所谓微者，指的是理义之心，如同用布幔遮蔽的灯光，像影子若隐若现，看清楚很难，但藏起来比较容易。人心是最灵动的，不能太过劳碌，也不可过于安逸，只有读书可以滋养心智。我们常见风水先生用磁石养针，而书是最养心的绝妙之物。生活闲适无所事事者，若整天不看书，在起居出入的时候，身体与心灵皆无归宿，耳目也无所关注，肯定会造成心意颠倒，胡思乱想和愤怒。导致无论处于逆境还是顺境，都不快乐。那些惶恐不安、感觉和行为都不甚妥当的人，肯定是不读书的。古人说，扫净地焚上香，就已经具备清福的条件。有福之人于此读书；无福之人就想别的事去了。这话真说对了，我很赞赏。在不读书的人看来，那些不如意的事，似乎是他专有的遭遇，所以很难忍受。却不知古人遭遇的不如意，超过他所遭遇的百倍，只是古人不愿细心体验而已。比如苏轼死后受到宋高宗、宋孝宗两的推崇，文章才广为流传，乃至名震千古。而他在世的时候，常为他人的指责而担忧，官场遭遇不顺，迁徙在潮州、惠州之间，陪在身边的幼子苏过赤足蹚水，住在牛栏附近，这是怎样的困境？又如白居易膝下无子，陆游忍受饥饿，这些事都记载在书里。他们都是千古名人，经历却是如此坎坷！如能心态专一，冷静地了解这些，自己所遇的种种不如意，就都能烟消云散了。

如不读书，不知道这些，就只会看到自己的遭遇很苦，就产生无尽的怨恨和愤怒，内心焦躁不安，这种痛苦又有什么用呢？而且富贵荣华之事，古人也是有的，书里也有记载，别看那些人有财有势而气焰逼人，转眼间都灰飞烟灭。所以，读书可培养人追求大道的志向，是修身养性的最佳途径。

对着书中的内容去写笔记、背诵、编辑、收集，期望用它来争先，应对世事，那会很辛苦的。如果广涉博览，又怎么会劳心费力呢？只应该以冷眼旁观的态度洞悉古人书中的关键处。我对于白居易和陆游的诗，都详细地标注出写作的年月，知道他们在什么时间引退，他们身体衰健的痕迹也都能找到，这样读起书来，就不会昏乱了。

【原文】

圃翁曰：圣贤仙佛，皆无不乐之理。彼世之终身忧戚、忽忽[1]不乐者，决然无道气、无意趣之人。孔子曰“乐在其中”[2]、颜子“不改其乐”[3]、孟子以不愧不怍为乐[4]。《论语》开首说“悦”“乐”[5]。《中庸》言“无入而不自得”[6]，程朱教寻孔颜乐处[7]，皆是此意。若庸人多求多欲，不循理，不安命。多求而不得则苦，多欲而不遂则苦，不循理则行多窒碍而苦，不安命则意多怨望而苦。是以局天蹐地[8]，行险侥幸，如衣敝絮行荆棘中，安知有康衢[9]坦途之乐？惟圣贤仙佛，无世俗数者之病[10]，是以常全乐体。香山字乐天，予窃慕之，因号曰“乐圃”。圣贤仙佛之乐，予何敢望？窃欲营履道[11]，一丘一壑[12]，仿白傅[13]之“有叟在中，白须飘然”，“妻孥熙熙，鸡犬闲闲”[14]之乐云耳。

圃翁曰：予拟一联，将来悬草堂中：“富贵贫贱，总难称意[15]，知足即为称意；山水花竹，无恒主人，得闲便是主人。”其语虽俚，却有至理。天下佳山胜水，名花美箭[16]无限，大约富贵人役于名利，贫贱人役于饥寒，总无闲情及此，惟付之浩叹[17]耳。

【注释】

[1] 忽忽：失意的样子。

[2]“乐在其中”：出自《论语·述而》：“饭疏食饮水，曲肱而枕之，乐亦在其中矣。不义而富且贵，于我如浮云。”

[3]“不改其乐”：出自《论语·雍也》：“贤哉回也！一箪食，一瓢饮，在陋巷，人不堪其忧，回也不改其乐。”

[4]“孟子以不愧不怍为乐”：出自《孟子·尽心上》：“君子有三乐，而王天下不与存焉。父母俱存，兄弟无故，一乐也；仰不愧于天，俯不怍于人，二乐也；得天下英才而教育之，三乐也。”

[5]“论语”句：出自《论语·学而》：“学而时习之，不亦说乎？有朋自远方来，不亦乐乎？人不知而不愠，不亦君子乎？”此句为《论语》的篇首章。

[6]“无入而不自得”：出自《中庸》第十四章：“君子素其位而行，不愿乎其外。素富贵，行乎富贵；素贫贱，行乎贫贱；素夷狄，行乎夷狄；素患难，行乎患难。君子无入而不自得焉。”指君子恪守本分，无论处在什么环境，都能悠然自得。

[7] 程朱教寻孔颜乐处：指程颐、朱熹在教育弟子之时，多让其弟子体寻孔子、颜回之乐。

[8] 局天蹐地：戒慎恐惧的样子。局，通“跼”，弯曲。蹐，小步行走。

[9] 康衢：四通八达的大路。

[10] 数者之病：指“多求、多欲、不循理、不安命”。

[11] 履道：遵行正道。

[12] 一丘一壑：比喻隐者栖息之所。

[13] 白傅：白居易，因曾任太子少傅，故称白傅。

[14]“有叟在中”四句：白居易归老洛阳，作《池上篇》：“有堂有亭，有桥有船，有书有酒，有歌有弦。有叟在中，白须飘飒，识分知足，外无求焉。妻孥熙熙，鸡犬闲闲。优哉游哉，吾将老乎其间。”

[15] 称意：称心如意。

[16] 美箭：美竹。

[17] 浩叹：感叹。

【译文】

圃翁说：那些圣贤仙佛，都没有不快乐的道理。世间终身愁悲、失意不乐的人，肯定是没有修行功夫、缺乏品位的人。孔子说：“乐在其中。”颜子即使箪食瓢饮也是快乐不变，孟子以做事无愧于天地人间为快乐，《论语》开篇就说愉悦与快乐的问题。《中庸》说：“君子无论处在什么环境都能恪守本分，悠然自得。”程颐和朱熹都提倡追求孔子和颜子的快乐境界，说的都是此意。那些平庸之辈有过多的追求和欲望，不遵循规律，不安于天命；求的多而不得必然难受，多欲没有得到满足也会难受，不遵循规律导致难行也会难受，不安天命则会积怨太多也会难受。这样必然会惊恐不安，甚至作出侥幸、冒险的行为，就像穿着破烂的棉絮在荆棘丛里穿行，哪里还懂得走在四通八达的大道上的快乐呢？只有圣贤仙佛才没有俗人的上述毛病，故能常葆身心快乐。白香山字乐天，我私底下对他很羡慕，就自号为“乐圃”，至于圣贤仙佛那样的快乐，我怎敢奢望呢？只想私下里谋求遵循大道里的栖息之地，模仿白居易所形容的“老叟端坐中间，白色胡须飘飘，妻儿安乐围绕，鸡犬自在游走”那样的快乐场景。

圃翁说：我拟了一付对联，将来要悬挂在草堂中：“富贵贫贱，总难称意，知足即为称意；山水花竹，无恒主人，得闲便是主人。”这文字虽然俗气，却包含有人间最根本的道理。天下的好山好水，名花美竹无限，大概是富贵人被名利所束缚，贫贱人被饥寒所困，以至于总没有这般闲情雅致，只得付之一叹了。

【原文】

圃翁曰：古人以“眠、食”二者为养生之要务。脏腑肠胃，常令宽舒有余地，则真气得以行而疾病少。吾乡吴友季善医，每赤日寒风[1]，行长安道上不倦。人问之，曰：“予从不饱食，病安得入？”此食忌过饱之明征也。燔炙熬煎[2]香甘肥腻之物最悦口，而不宜于肠胃。彼肥腻易于粘滞，积久则腹痛气塞，寒暑偶侵，则疾作矣。放翁诗云：“倩盼作妖狐未惨，肥甘藏毒鸩[3]犹轻。”[4]此老知摄生[5]哉！

炊饭极软熟，鸡肉之类只淡煮，菜羹清芬鲜洁渥[6]之。食只八分饱，后饮六安苦茗一杯。若劳顿饥饿归，先饮醇醪[7]一二杯，以开胸胃。陶诗云：“浊醪解劬饥”[8]，盖借之以开胃气也。如此，焉有不益人者乎？且食忌多品，一席之间，遍食水陆，浓淡杂进，自然损脾。予谓或鸡鱼凫豚[9]之类，只一二种，饱食良[10]为有益，此未尝闻之古昔，而以予意揣当如此。

【注释】

[1] 赤日寒风：极热极冷天气。

[2] 燔炙熬煎：烧烤煎炸之物。

[3] 鸩：鸟名，羽毛有剧毒，浸于酒叫作“鸩”，指毒酒。

[4]“放翁诗”二句：出自南宋陆游《养生》诗。与妖媚的美女相比，狐精的害人手段还不算毒。与肥美甘甜的食物相比，鸩酒所藏的毒害还算轻。

[5] 摄生：养生。

[6] 渥：使汤味道浓厚。

[7] 醇醪：味浓烈的酒。

[8] 浊醪解劬饥：浓酒解除疲劳和饥饿。劬，疲劳。此句出自东晋陶潜《和刘柴桑》诗。

[9] 凫豚：水鸭和江猪。

[10] 良：实在。

【译文】

圃翁说，古人把“睡觉和饮食”当作养生的两大要务。脏腑和肠胃应该经常保持宽松舒适并留有余地，元气就能畅通无阻不生疾病。我家乡有个名吴友季的精通医学，常在烈日寒风天，在长安道上行走，一点也不知疲倦。有人问他何以至此，他回答说：“我从不饱食，怎么会得病呢？”这就是食忌过饱的明确例子。烧烤煮熬油煎的香甜肥腻之物最为爽口，但不利于肠胃。那些食物肥腻容易黏住而难以消化，积存的时间久了就会腹痛不通气，遇到寒热内侵，就会发病。陆放翁有首诗里说：“倩盼作妖狐未惨，肥甘藏毒鸩犹轻。”（“与妖媚的美女相比，狐精的害人手段还不算毒辣。与肥美甘甜的食物相比，鸩酒所藏的毒害还算轻的。”）此老先生颇知养生啊！

做饭要极其柔软熟透，鸡肉之类的只适合清淡地煮，蔬菜类要新鲜干净，清水里煮味道浓。饮食只需八分饱，然后饮六安苦茗茶一杯即可。如果是劳累饥饿回来，先饮浓酒一二杯，开开胃。陶渊明诗里说：“浊醪解劬饥”（浓酒解除疲劳和饥饿），这是说借酒开胃气。这样做，怎么不有益于人的身心健康呢？而且饮食忌品种多，一桌酒席上，水陆产品都有，浓的淡的都进口中，自然损害脾胃。我认为属于鸡、鱼、猪的肉类只需一二种饱食，才有益处。这个观点以前没听人说过，我猜测是这样。

【原文】

安寝，乃人生最乐。古人有言，“不觅仙方觅睡方”。冬夜以二鼓[1]为度，暑月以一更为度。每笑人长夜酣饮不休，谓之消夜。夫人终日劳劳[2]，夜则宴息[3]，是极有味，何以消遣为？冬夏皆当以日出而起，于夏尤宜。天地清旭[4]之气，最为爽神，失之，甚为可惜。予山居颇闲，暑月，日出则起，收水草清香之味，莲方敛而未开，竹含露而犹滴，可谓至快！日长漏永[5]，不妨午睡数刻，焚香垂幙，净展桃笙[6]。睡足而起，神清气爽，真不啻天际真人[7]。况居家最宜早起。倘日高客至，僮则垢面，婢且蓬头，庭除[8]未扫，灶突犹寒[9]，大非雅事。昔何文端公[10]居京师，同年[11]诣之，日晏[12]未起，久之方出。客问曰：“尊夫人亦未起耶？”答曰：“然。”客曰：“日高如此，内外家长皆未起，一家奴仆，其为奸盗诈伪，何所不至耶？”公瞿然[13]，自此至老不晏起。此太守公[14]亲为予言者。

【注释】

[1] 二鼓：指二更天，晚上九时到十一时。古人以击鼓报时。

[2] 劳劳：辛劳忙碌。

[3] 宴息：安寝休息。

[4] 清旭：清晨日出光明的样子。

[5] 漏永：漏，计时之器。指时间长。

[6] 净展桃笙：打开清洁的寝席，准备睡觉。桃笙，桃枝竹编的席子。

[7] 天际真人：天上的仙人，极言其舒适与满足。

[8] 庭除：庭前阶下。

[9] 灶突犹寒：尚未生火煮饭。灶突，灶上的烟囱。

[10] 何文端公：何如宠，明桐城人，字康侯，号芝岳，谥文端。

明万历进士，官至武英殿大学士。

[11] 同年：古代科举考试同科中第者之互称。

[12] 日晏：时候已晚。

[13] 瞿然：惊惧的样子。

[14] 太守公：姚文燮（1628—1692），字经三，清顺治十六年（1659）进士。

【译文】

能安心就睡个好觉，乃人生最大的乐事。古人有这样的说法，“不寻觅仙方而要寻觅安睡的方子”。冬夜以二更为限，暑天以一更为限，作为就寝时间。我常笑话人家长夜酣饮不肯停歇，居然还称之为消夜。人整日辛劳，夜晚就该安歇，这是极舒适的事，还消遣什么呢？冬夏都应当日出即起，夏天尤其适合。天地清朗的空气，最为爽神，没有呼吸到这清爽之气，是很可惜的。我在山里闲居，暑天日出即起，呼吸水草清香的味道，莲花含苞未放，竹叶含露犹滴，真是特别快活！夏日悠长时，不妨午睡数刻，点燃香薰，垂下帘子，打开清洁的寝席，准备睡觉。睡足之后再起，神清气爽，简直就是神仙一般。况且居家过日子最应该早起。如果太阳升起老高，客人来了，僮仆脸上有污垢，婢女蓬头乱发，庭前阶下还未打扫，也没有生火煮饭，就很不雅观了。过去何文端公在京师居住的时候，同科中第者拜访他，他很晚都未起床，过了很久才出来见客。客人问道：“尊夫人也未起来吗？”他回答：“是啊。”客人又说：“日头都这样高了，里里外外的家长都没有起床，家里的奴仆们如果要做些作奸犯科、弄虚作假的坏事，什么做不了？”何文端公听了很是惊惧。自此以后，一直到老都不再晚起。这是太守公姚文燮亲口对我说的。

【原文】

圃翁曰：昔人论致寿之道有四，曰慈、曰俭、曰和、曰静。人能慈心于物，不为一切害人之事，即一言有损于人，亦不轻发。推之，戒杀生以惜物命，慎剪伐以养天和。无论冥报[1]不爽，即胸中一段吉祥恺悌[2]之气，自然灾沴[3]不干，而可以长龄矣。

人生福享，皆有分数[4]。惜福之人，福尝有余；暴殄[5]之人，易至罄竭。故老氏以俭为宝。不止财用当俭而已，一切事常思俭啬[6]之义，方有余地。俭于饮食，可以养脾胃；俭于嗜欲[7]，可以聚精神；俭于言语，可以养气息非；俭于交游，可以择友寡过；俭于酬错[8]，可以养身息劳；俭于夜坐，可以安神舒体；俭于饮酒，可以清心养德；俭于思虑，可以蠲[9]烦去扰。凡事省得一分，即受一分之益。大约天下事，万不得已者，不过十之一二。初见以为不可已，细算之，亦非万不可已。如此逐渐省去，但日见事之少。白香山诗云："我有一言君记取，世间自取苦人多。"[10]今试问劳扰烦苦之人，此事亦尽可已，果属万不可已者乎？当必怃然自失矣。

人常和悦，则心气冲[11]而五脏安，昔人所谓养欢喜神。真定梁公[12]每语人："日间办理公事，每晚家居，必寻可喜笑之事，与客纵谈，掀髯[13]大笑，以发舒一日劳顿郁结[14]之气。"此真得养生要诀。何文端公时，曾有乡人过百岁，公扣[15]其术，答曰："予乡村人无所知，但一生只是喜欢，从不知忧恼。"噫，此岂名利中人所能哉！

《传》曰："仁者静。"又曰："知者动。"[16]每见气躁之人，举动轻佻[17]，多不得寿。古人谓："砚以世计，墨以时[18]计，笔以日计。"动静之分也。静之义有二：一则身不过劳，一则心不轻动。凡遇一切劳顿、忧惶、喜乐、恐惧之事，外则顺以应之，此心凝然不动，如澄潭，如古井，则志一动气[19]，外间之纷扰皆退听[20]矣。

此四者于养生之理，极为切实。较之服药引导[21]，奚啻万倍哉！若服药，则物性易偏，或多燥滞[22]。引导吐纳[23]，则易至作辍。必以四者为根本，不可舍本而务末也。《道德经》[24]五千言，其要旨不外于此。铭之座右，时时体察，当有裨益耳。

【注释】

[1] 冥报：冥冥中的善恶报应。

[2] 恺悌：和乐平易。

[3] 灾沴：灾害。

[4] 分数：天命，一定之数。

[5] 暴殄：不知爱惜物力。

[6] 俭啬：节省。

[7] 嗜欲：放纵耳、目、口、鼻等之所欲。

[8] 酬错：应酬交际。错，交互。

[9] 蠲：免除。

[10]“白香山诗”二句：出自白居易《感兴二首》。

[11] 心气冲：心意平和。

[12] 真定梁公：指梁清标，明末进士，后降清，官至保和殿大学士。

[13] 掀髯：笑时开口张须的样子。

[14] 劳顿郁结：身体劳累疲倦，内心抑郁。

[15] 扣：求教，问询，探询。

[16]“《传》曰”二句：出自《论语·雍也》：“知者乐水，仁者乐山；知者动，仁者静；知者乐，仁者寿。”

[17] 轻佻：举止不庄重。

[18] 时：四时，即春、夏、秋、冬，一年之意。

[19] 志一动气：心志凝住浮动之气。

[20] 退听：不听、不受，指不受影响。

[21] 引导：为道家养生之法，如五禽戏。

[22] 燥滞：干燥停滞。

[23] 吐纳：道家养生之法，口吐出恶浊之气，鼻吸入清新之气。

[24]《道德经》：相传为老子所作，为道家经典。

【译文】

圃翁说：过去的人谈论让人长寿的方法有四个，即慈、俭、和、静。人能对万物有慈爱之心，不做一切害人之事，即使只有一句话可能损人，也不轻易说出。由此推而广之，戒杀生以珍惜动物的生命，慎剪伐以养植物。不管因果报应灵不灵，也要让胸中有吉祥和乐之气，自然就不会有灾祸，这样就可以长寿。

人生的福分和享受都是有定数的。珍惜福分的人，福分总是有富余；挥霍浪费福分的人，就容易耗尽福气。所以老子认为节省是宝。不仅仅在财物用度方面应该节省，在所有的事情上都要常想着节省，这样才能留有余地。在饮食方面节省，可以休养脾胃；在耳目口舌之欲上节省，可以凝聚精神；在言语方面节省，可以涵养气度、平息是非；在交往方面节省，可以更好地选择朋友、少犯错误；在应酬往来上节省，可以颐养身体、减少劳累；在熬夜方面节省，可以安宁精神、舒适身心；在饮酒方面节省，可以净化心灵、修养德行；在考虑问题方面节省，可以免除烦恼和干扰。如果凡事节省一分，就会有一分的收益。天下之事，真正万不得已要做的，不过十之一二而已。开始以为不可避免的事，仔细掂量后就会发现也不是不可避免。这样就可以逐渐省去好多事。白居易有诗道："我有一言君记取，世间自取苦人多。"现在试问一下那些劳碌扰攘烦闷痛苦的人，你们那些忙碌的事是本可以避免的，还是真的要非做不可呢？他们一定会恍然明白，若有所失了。

人如果经常保持和颜悦色，就会心意平和，五脏安宁，就如过去的人所说的养欢喜神。真定的梁公梁清标每次对人都说："白天办理公事，每晚在家必须找一些乐子，与客人随意交谈，掀髯大笑，借以解去一天身体劳累疲倦，以及内心抑郁。"这真是得到了养生的要诀。何文端公那个时代，曾有一位乡人过百岁大寿，何公向他求教养生术，对方答："我们乡下人没有什么知识，只是一生只想着快乐，从不知道什么叫担忧烦恼。"哎，这岂是名利场中的人所能做到的啊！

《左传》上说："仁者都是好静的。"又说："智者都是好动的。"每次见那些脾气急躁的人，举动不庄重，这些人多数不能长寿。古人说："砚台的寿命是以一世来计算的，墨是按以季节计算的，毛笔是按天计算的。"这就是动与静的区别。静之含义有二：一是身体不过分疲劳，一是心不随便胡思乱想。凡是遇到一切劳顿、忧愁、喜乐、恐惧之类的事，表面上要随机应对，但心要岿然不动，如清澈的潭水那样坦然，如深邃的古井那样沉稳，心志凝住浮动之气，那么外界的纷扰都可以不管了。

对于养生来说，这四个方面是很切合实际的，比服药养生保健强万倍！如果服药，则物性易偏，或多干燥停滞。而口吐出恶浊之气，鼻吸入清新之气这类养生法，很容易中止。所以必须以这四者为根本，不可舍本求末。《道德经》共有五千字，其要旨就在这里，把他作为座右铭，时时观察体会，应当是很有益处的。

【原文】

圃翁曰：人生不能无所适[1]以寄其意。予无嗜好，惟酷好看山种树。昔王右军[2]亦云："吾笃嗜[3]种果，此中有至乐存焉。"手种之树，开一花，结一实，玩之偏爱，食之益甘，此亦人情也。

阳和里五亩园，虽不广，倘所谓"有水一池，有竹千竿"[4]者耶。花有十二种，每种得十余本[5]，循环玩赏，可以终老。城中地隘，不能多植，然在居室之西数武[6]，花晨月夕，不须肩舆策蹇[7]，自朝至夜分[8]，可以酣赏饱看。一花一草，自始开至零落，无不穷极其趣，则一株可抵十株，一亩可敌十亩。

山中向营赐金园[9]，今购芙蓉岛，皆以田为本，于隙地疏池种树，不废耕耘。阅耕[10]是人生最乐。古人所云“躬耕”，亦止是课仆督农[11]，亦不在沾体涂足[12]也。

【注释】

[1] 无所适：没有安适之处。

[2] 王右军：东晋书法家王羲之，官至右军将军，世称“王右军”。

[3] 笃嗜：非常喜好。

[4] “有水一池”两句：出自白居易《池上篇》：“十亩之宅，五亩之园；有水一池，有竹千竿。”

[5] 本：草本植物一株曰一本。

[6] 武：半步为武。

[7] 肩舆策蹇：乘轿骑驴。

[8] 夜分：半夜之时。

[9] 赐金园：张英用康熙二十一年（1682）皇上颁给的赐金的一半“谋山林数亩之地为憩息、树蓺之区”，用以“赐金”名园。

[10] 阅耕：观察农耕。

[11] 课仆督农：考核监督仆役农事。

[12] 沾体涂足：手脚沾上田中泥土。

【译文】

圃翁说：人生不能没有寄托情怀的爱好。我没有其他嗜好，只是特别喜欢看山和种树。过去王羲之也说过：“我特爱好种果树，此中有最大的快乐。”自己亲手种的树，开一朵花，结一个果，把玩它就特喜欢，食用它更觉得甘甜，这也算是人之常情吧。

阳和里有五亩园田，虽不算大，勉强可说是“有水一池，有竹千竿”。花有十二种，每次种得十余株，依次循环玩赏，可以一直到老。城中的地比较狭窄，不能多种，但在居室之西几步远的地方，早晨的花卉，晚上的明月，不用乘轿骑驴，自早晨至夜半时分，都可以痛快地观赏个够。一花一草，从开始生长至飘零，个中趣味无穷。如此看来，就是这里的一株可抵平常的十株，一亩地可抵平常的十亩地。

靠近山中间的地方经营赏赐得来的购金园，现在又购买了芙蓉岛，一切都以耕种主田为根本，在空地处可疏通池渠来种树，不要荒废耕耘。观察农耕是人生最大的快乐。古人所说的“躬耕”，也只是考核监督仆役农事，也不让手脚沾上田里泥土啦。

【原文】

圃翁曰：人生于珍异之物，决不可好。昔端恪公[1]言：“士人于一研一琴，当得佳者；研可适用，琴能发音，其他皆属无益。”良然。磁器最不当好。瓷佳者必脆薄，一盏[2]值数十金，僮仆捧持，易致不谨，过于矜束[3]，反致失手。朋客欢宴[4]，亦鲜乐趣，此物在席，宾主皆有戒心，何适意[5]之有？瓷取厚而中等者，不至大粗，纵有倾跌，亦不甚惜，斯为得中之道也。名画法书[6]及海内有名玩器，皆不可畜[7]。从来贾祸招尤[8]，可为龟鉴。购之不啻千金，货[9]之不值一文。且从来真赝[10]难辨，变幻奇于鬼神。装潢易于窃换，一轴得善价，继至者遂不旋踵[11]。以伪为真，以真为伪，互相讪笑，止可供喷饭[12]。昔真定梁公有画字之好，竭生平之力收之，捐馆[13]后为势家所求索殆尽。然虽与以佳者，辄谓非是[14]，疑其藏匿，其子孙深受斯累，此可为明鉴者也。

【注释】

[1] 端恪公：姚文然，字弱侯，号龙怀，谥端恪，清初名臣、文学家。

[2] 盏：酒器。

[3] 矜束：庄重约束。

[4] 宴：宴请朋友。

[5] 适意：轻松自在。

[6] 法书：书法。艺术境界高可为取法的书法作品。

[7] 畜：存藏。

[8] 贾祸招尤：带来怨恨和灾祸。

[9] 货：指卖。

[10] 赝：指仿制品或假货。

[11] 不旋踵：来不及回转脚步，比喻迅速。

[12] 喷饭：吃饭时突然发笑，把嘴里的饭都喷了出来，比喻失笑不能自禁。

[13] 捐馆：去世。捐，弃。人死则弃其所住之馆舍，故曰捐馆。

[14] 辄谓非是：常常以为不是真品。

【译文】

圃翁说：人生对珍贵不凡的物品，绝对不能有所偏好。过去的端恪公说："读书人用的一砚一琴，要用最好的；砚可用来磨墨，琴可用来弹奏，其他的东西都没什么用处。"的确是这样的。磁器是最不应该爱好的。好瓷器必定既脆又薄，一个瓷酒杯就值几十两黄金，僮仆手捧着，很难不出意外，如果过于谨慎，反而会导致失手。朋友高兴地宴请好友，也很少有真正的乐趣，有这种贵重的物品放在酒席上，宾客和主人都会特别小心戒备，担心它容易摔碎，哪里会轻松自在呢？瓷器应该选取那种质地厚实又品相中等的，只要不太粗糙就可以，即使跌倒摔碎了，也不会感到有多可惜，这是个折中的法子。名书名画和海内那些有名的可供把玩的物品，都不应该收藏。这类东西历来都容易招恨惹祸，可当借鉴。买这类东西的时候所需的花费往往不止千金，到出售的时候却不值一文钱。况且这类东西从来都是真假难辨，其中不可捉摸的变化真比鬼神还荒诞。物品的外在装饰容易被偷换，一幅画如果卖得了好的价钱，很快就有造假者仿制。把假货当作真品，把真品视为假货，相互讥讽，这样只会让人笑不自禁。过去真定的梁公有字画癖好，竭尽一生的财力物力去收藏字画，去世之后，这些藏品差不多被有权有势的人索取光了。但即使给了对方上好的佳作，还是常被认为不是真品，怀疑真品被他的家人藏起来了，他的子孙后代为此深受拖累。这可作为明鉴。

【原文】

圃翁曰：天体至圆，故生其中者无一不肖[1]其体。悬象[2]之大者，莫如日月。以至人之耳目手足、物之毛羽、树之花实。土得雨而成丸，水得雨而成泡，凡天地自然而生皆圆。其方者，皆人力所为。盖禀天之性者，无一不具天之体。万事做到极精妙处，无有不圆者。圣人之德，古今之至文法帖[3]，以至一艺一术，必极圆而后登峰造极。裕亲王[4]曾畅言其旨，适与予论相合。偶论及科场文[5]，想必到圆处始佳。即饮食做到精美处，到口也是圆底。余尝观四时之旋运[6]，寒暑之循环，生息之相因，无非圆转。人之一身与天时相应，大约三四十以前是夏至前，凡事渐长；三四十以后是夏至后，凡事渐衰，中间无一刻停留。中间盛衰关头无一定时候，大概在三四十之间。观于须发可见：其衰缓者，其寿多；其衰急者，其寿寡。人身不能不衰，先从上而下者多寿，故古人以早脱顶为寿征；先从下而上者，多不寿，故须发如故而脚软者难治。凡人家道亦然，盛衰增减，决无中立之理。如一树之花，开到极盛，便是摇落之期。多方保护，顺其自然，犹恐其速开，况敢以火气[7]催逼之乎？京师温室之花，能移牡丹、各色桃于正月，然花不尽其分量[8]，一开之后，根干辄萎。此造化之机，不可不察也。尝观草木之性，亦随天地为圆转，梅以深冬为春；桃、李以春为春；榴、荷以夏为春；菊、桂、芙蓉以秋为春。观其节枝含苞之处，浑然[9]天地造化之理。故曰："复，其见天地之心乎[10]！"

【注释】

[1] 肖：类似，像。

[2] 悬象：天象，指日月星辰。

[3] 至文法帖：好文章和名家书法的范本。

[4] 裕亲王：清世祖顺治第二子，名福全，康熙六年(1667)封亲王。

[5] 科场文：参加科举应试的文章。

[6] 旋运：旋转运行。

[7] 火气：用人工方式加高温度。

[8] 分量：力量。

[9] 浑然：全然，整个事物不可分别之状。

[10] "复，其见天地之心乎"：出自《易经·复卦》的彖传："复，其见天地之心乎！"复卦为坤上震下合成之卦。复卦代表一月，春天的开始，阳气萌动，万物生发，《易传》言："天地之大德曰生。"所以说见天地之心。

【译文】

圃翁说：星体构成的宇宙是最圆的，所以生在其中的物体没有一个不像它的形状。天体中最大的是日月，此外还有人的耳目手足、动物的皮毛和鸟的羽毛、树上的花果。泥土因为雨水而变成泥丸，水因为下雨而变成水泡，所有天地自然生长的东西都是圆的。而那些方的东西都是人力所为的。这是因为获得天体灵性的东西，没有一个不具备天体的形状。所有的事情做到了极度精巧的程度，就没有不圆满的。圣人的品行，古今的好文章和名家书法范本，乃至一项技艺一个方法，必然是极其圆熟然后达到顶级的层次。裕亲王曾经充分表达过他的观点，正好和我的看法一致。偶尔谈到科举考试的文章，定要探讨到圆满处才算满意。就像饮食做的很精致美观，吃到口里，感受到的也是圆润的底蕴。我曾经观察四季的旋转运行，冬天和夏天的循环变化，万物生生不息的相依相承，无不是源于圆的运转。人的身体和天道运行的时序是相互对应的，大约三四十岁之前相当于夏至前，这个阶段所有事物都是慢慢生长；三四十岁之后就是夏至后，这个时期所有事物逐渐衰老，期间没有一刻是停止的。中间由盛转衰的那个时间点难以确定，大概在三十到四十之间吧。观察人的胡须、头发就可以看得出来：衰老得慢的人，其寿命就长；衰老得快的人，其寿命就短。人的身体不可能不衰老，从上到下依次老的人一般都长寿，故古人以早脱发为长寿的表征；从下到上依次老的人，大多不会长寿。故胡须、头发还是原样但腿脚软的人，这病难治好。人的家境也是这样的规律，兴盛与衰败的变化是自然的，绝对没有不偏向一方的道理。就如树上的花，开到最灿烂的时候，也就是它凋零的时候。多方呵护，顺其自然，还怕它开得太快，哪敢用人工方式给它加温催它长呢？京师温室的花，在正月里能够移种牡丹和各色的桃花，但花开得似乎无力，即使开了，根和树枝很快就枯萎了。这自然界造化的玄机，不可以不明察啊。我曾经观察过草木的习性，感觉它们也是随着天地季节自然运转，梅花以深冬作为春天；桃花、李花以春天作为春天；石榴和荷花以夏天作为春天；菊花、桂花、芙蓉以秋天作为春天。观察它的枝节含苞的地方，全然符合天地造化的规律。所以说："循环往复，可以看见天地的本意啊！"

【原文】

圃翁曰：予自四十六七以来，讲求安心之法：凡喜怒哀乐、劳苦恐惧之事，只以五官四肢应之，中间有方寸之地[1]，常时空空洞洞、朗朗惺惺[2]，决不令之入，所以此地常觉宽绰洁净。予制为一城，将城门紧闭，时加防守，惟恐此数者[3]阑入[4]。亦有时贼势甚锐，城门稍疏，彼间或[5]阑入，即时觉察，便驱之出城外，而牢闭城门，令此地仍宽绰洁净。十年来渐觉阑入之时少，不甚用力驱逐。然城外不免纷扰，主人居其中，尚无浑忘天真之乐。倘得归田遂初[6]，见山时多，见人时少，空潭碧落，或庶几[7]矣！

【注释】

[1] 方寸之地：指内心。

[2] 朗朗惺惺：光明而清晰的样子。

[3] 数者：指喜怒哀乐、劳苦恐惧之事。

[4] 阑入：混入。

[5] 间或：偶尔。

[6] 归田遂初：辞官归隐，完成本来的心愿。

[7] 庶几：差不多。

【译文】

圃翁说：我自四十六七岁以后，开始注意让自己安心的法子：所有喜怒哀乐、劳苦恐惧之类的事，只用身体的五官四肢应付，内心保持光明而清晰，决不让那些事深入我心，所以内心能够经常感觉到宽广干净。我为心建筑了一座城池，将城门紧闭，时时严加防守，唯恐喜怒哀乐、劳苦恐惧之类的混进来。有的时候情绪势头很猛，城门稍有疏忽，那些情绪偶尔也会混进来，但我即刻就能觉察出来，就把它们迅速赶出心防城外，然后牢牢关闭城门，让内心依然宽广干净。十年来渐渐感觉到情绪混入的时候少，不需要用多大力就可以驱逐出去。但城外难免有各种纷扰，主人居在其中，还是不能全部忘怀而安享天真的乐趣。如果能够辞官归隐，完成本来的心愿，见山的时候多，见人的时候少，看到的是清澈见底的潭水，悠远的天空，或许就差不多了！

【原文】

圃翁曰：予之立训，更无多言，止有四语：读书者不贱，守田者不饥，积德者不倾，择交者不败。尝将四语律身训子[1]，亦不用烦言夥说[2]矣。虽至寒苦之人，但能读书为文，必使人钦敬，不敢忽视。其人德性亦必温和，行事决不颠倒，不在功名之得失，遇合之迟速也。守田之说，详于《恒产琐言》[3]。积德之说，六经、语孟、诸史百家[4]，无非阐发此义，不须赘说。择交之说，予目击身历，最为深切。此辈毒人，如鸩之入口，蛇之螫肤，断断不易[5]，决无解救之说，尤四者之纲领也。余言无奇，止布帛菽粟[6]，可衣可食，但在体验亲切耳。

【注释】

[1] 律身训子：自己以此为律，同时以此教化子孙。

[2] 烦言夥说：琐碎又多的议论。

[3]《恒产琐言》：张英著，告诫子弟如何保守田产和家业。

[4] 六经、语孟、诸史百家：指《诗》《书》《礼》《易》《乐》《春秋》《论语》《孟子》及各种史书和诸子百家之言。

[5] 断断不易：绝不可改变。

[6] 布帛菽粟：平常的衣物和食品。帛，丝织品的总称。菽，豆类。粟，小米。

【译文】

圃翁说：我设立的家训，没有更多的话，只有四句：读书人地位不会低贱，辛勤耕耘的人不会挨饿，积累福祉的人行为正直，谨慎选择朋友的人不会失败。试图用这四句话用来约束自己，同时也以此教化子孙，亦不用琐碎又多的议论。即使是很贫苦的人，只要能读书为文，必会让别人钦敬他，不敢忽视他。其人的德行亦必温和，行事绝对不会没有条理，不会在乎功名的得失，相遇投合的早晚。关于守田的观点，在《恒产琐言》里说得很详细。关于积德的看法，可以看六经、《论语》《孟子》、各种史书，诸子百家，我无非就是阐发他们的思想，不须做过多的说明。至于择交的说法，我耳闻目睹，亲身经历的很多，感受最为深切。这些坏蛋害起人来，就像鸩酒入口，毒蛇咬皮肤一样，很难改变，决无解救他们的道理，择交之说尤其是这四者的纲领。我的话没有特别的地方，只需有平常的衣物和食品，有衣穿有饭吃就可以，只要亲身体验就好。

卷二

【原文】

圃翁曰：人生必厚重沉静，而后为载福之器。王谢子弟席丰履厚，田庐仆役无一不具，且为人所敬礼，无有轻忽之者。视寒畯之士，终年授读，远离家室，唇燥吻枯，仅博束修数金，仰事俯育，咸取诸此。应试则徒步而往，风雨泥淖，一步三叹。凡此情形，皆汝辈所习见。仕宦子弟，则乘舆驱肥，即僮仆亦无徒行者，岂非福耶？古人云："予之齿者去其角，与之翼者两其足。"天地造物，必无两全，汝辈既享席丰履厚之福，又思事事周全，揆诸天道，岂不诚难？惟有敦厚谦谨，慎言守礼，不可与寒士同一感慨欷歔，放言高论，怨天尤人，庶不为造物鬼神所呵责也。

古称仕宦之家，如再实之木，其根必伤，旨哉斯言，可为深鉴。世家子弟，其修行立名之难，较寒士百倍。何以故？人之当面待之者，万不能如寒士之古道，小有失检，谁肯面斥其非？微有骄盈，谁肯深规其过？幼而骄惯，为亲戚之所优容；长而习成，为朋友之所谅恕。至于利交而谄，相诱以为非；势交而谀，相倚而作慝[1]者，又无论矣。人之背后称之者，万不能如寒士之直道。或偶誉其才品，而虑人笑其逢迎；或心赏其文章，而疑人鄙其势利。故富贵子弟，人之当面待之也恒恕，而背后责之也恒深。如此则何由知其过失，而显其名誉乎？

故世家子弟，其谨饬如寒士，其俭素如寒士，其谦冲小心如寒士，其读书勤苦如寒士，其乐闻规劝如寒士，如此则自视亦已足矣；而不知人之称之者，尚不能如寒士。必也谨饬倍于寒士，俭素倍于寒士，谦冲小心倍于寒士，读书勤苦倍于寒士，乐闻规劝倍于寒士；然后人之视之也，仅得与寒士等。今人稍稍能谨饬俭素，谦下勤苦，人不见称，则曰："世道不古，世家子弟难做。"此未深明于人情物理之故者也。

我愿汝曹常以席丰履盛为可危可虑、难处难全之地。人有非之责之者，遇之不以礼者，则平心和气，思所处之时势，彼之施于我者，应该如此，原非过当。即我所行十分全是，无一毫非理，彼尚在可恕，况我岂能全是乎？

【注释】

[1] 慝：奸邪，邪恶。

【译文】

卷二

圃翁说：做人首先要品性敦厚办事沉稳，而后才可成为承接福德的人。王导、谢安的子弟生活优裕，田地、房产、用人没有一项是不具备的，而且还被所有人敬仰，受到礼遇，没人敢轻视他们。再看看那些在乡间野地的清寒士子，给别人教书，远离家人，终年在外辛苦，累的口干舌燥也只挣得一点点的报酬，赡养父母抚育孩子的开销都要靠这些微薄的报酬；如果出门应试只能徒步前往，风雨天气，道路泥泞，走一步都忍不住叹三声。这种情境都是你们常见的。富贵人家的子弟出门就坐华车骑大马，即使是仆人也没有步行的。这难道不是一种福分吗？古人说：上天给了利齿的动物，头上没有角；给了双翅的动物，就只有两只脚。天地造物不可能两全其美。你们既安享了祖先的福泽，又想事事都能得到满足，如果用天理来衡量，是不是太难了啊？你们只有敦厚谦恭，谨慎说话，遵守礼节，不能像那些清贫之士那样随便高谈阔论、怨天尤人，只有这样做，才不会被造物主呵斥责备！

古人说过，世代为官的人家就像一年结两次果的树木，树根一定会受到损伤的。这句话很关键，你们可要当作警诫。世家子弟如果打算修好身立好名，难度是清贫之士的一百倍。什么原因呢？因为别人在你面前，绝不可能像对待清贫之士那样坦白直爽。如果你有小过失，谁肯当面给你指出来呢？如果你稍有骄傲自满，谁肯深度指责你的过错呢？小时候被娇生惯养，即使有缺点，家人也会宽容你；长大后养成了坏毛病，朋友也会谅解你。至于那些因谋求好处和你交往，谄媚诱惑你做坏事的人或者那些巴结你攀附你做坏事的人，就更不用说了。就是有背后称许你的人，也远不如他称许清贫之士那样直白。有人想赞扬你的才德，又担心别人嘲笑他是想奉承你；想赞扬你的文章，又担心别人鄙视他这是势利。所以，对于富贵人家的子弟，人们当面相处时往往很宽容，但在背后对其要求往往很严苛。在这样的情况下，靠什么发现自己的过失，进而彰显自己的好名声呢？

所以世家子弟，即使他们像清贫之士那样谨慎规矩，像清贫之士那样朴素节俭，像清贫之士那样用功读书，像清贫之士那样乐于接受别人批评，并且自认为这样已经足够好了，却不知大家还是不能像对清贫之士那样赞扬世家子弟。他们必须要比清贫之士加倍谨慎、加倍节俭、加倍勤奋、加倍谦逊，这样做了以后，别人才可能用对待清贫之士的方式对待你。如今稍微谨慎简朴、虚心勤奋些，没有被别人赞许，就生出感叹："世风不如从前，富贵人家的子弟难做。"这实在是因为没有真正弄懂人情事理的缘故啊。

我希望你们把生活优裕的条件作为经常担心失去、难以长久保全的处境。有非议你，指责你的人，也有不讲礼貌苛求责备的人，要心平气和对待他。想想自己平时享受到的优厚待遇，他们这样对待我们原本也不算过分。即使我们所做的十分正确、没有一点违背道理，也要宽恕他们的行为。何况我们怎么可能做得到十全十美呢？

【原文】

世人只因不知命、不安命，生出许多劳扰[1]。圣贤明明说与，曰："君子居易以俟命。"又曰"君子行法以俟命"，又曰"修身以俟之"，"不知命，无以为君子"。因知之真，而后俟之，安也。予历世故颇多，认此一字颇确。曾与韩慕庐[2]宿齐天坛[3]，深夜剧谈[4]。慕庐谈当年乡会考[5]时，乡试则有得售之想[6]，场中颇着意[7]。至会试殿试[8]，则全无心而得会[9]状。会试场[10]大风，吹卷欲飞，号中人[11]皆取石坚押，韩独无意。祝曰[12]：“若当中，则自不吹去！”亦竟无恙。故其会试殿试文皆游行自在[13]，无斧凿痕[14]。予谓慕庐足下两掇巍科[15]，当是何如勇猛！以此言告人，人决不信，余独信之。何以故？予自谕德[16]后，即无意仕进，不止无竞进之心，且时时求退不已。乃由讲读学士[17]，跻学士，登亚卿正卿[18]，皆华膴清贵之官[19]。自傍人观之，不知是何如勇猛精进。以予自审[20]，则知慕庐之非妄矣！慕庐亦可以己事推之，而知予之非诳也，愿与世人共知之。

【注释】

[1] 劳扰：困扰。

[2] 韩慕庐：韩菼，字元少，别字慕庐。点勘诸经注疏，旁及诸史，以文章名世。

[3] 齐天坛：祭天的地方。

[4] 剧谈：畅谈、尽情交谈。

[5] 乡会考：明清两代，每三年一次在各省城举行的考试，叫作乡试，应试者为秀才，及第者称举人。每三年在京城礼部举行的考试，叫作会试，应试者为举人，及第者称贡士。

[6] 得售之想：志在必得。

[7] 着意：用心。

[8] 殿试：由皇帝在殿廷上对贡士亲自策问的考试，又称廷试，及第者称进士。

[9] 得会：刚好遇上。

[10] 会试场：科举的考场。

[11] 号中人：科举考场中的考生。

[12] 祝曰：祈祷。

[13] 游行自在：信手拈来，毫不勉强。

[14] 无斧凿痕：非常自然，没有矫揉造作。

[15] 两掇巍科：两次考取第一。巍科，古代称科举考试名次在前者。

[16] 谕德：唐朝开始设置，秩正四品下，掌对皇太子教谕道德。

[17] 讲读学士：官名，指侍讲学士和侍读学士。

[18] 亚卿正卿：官名，诸侯以下极尊贵之臣。

[19] 华膴清贵之官：高官显要。华膴，华贵，显贵。

[20] 自审：自我检视。

【译文】

世上的人只因不知命、不安命，就生出许多烦恼。圣贤明明说了该怎么做，说："君子居心平正坦荡等待上天的安排。"又说"君子依法度而行，只是等待天命罢了"，又说"不断修养自身，尽量完美地做到仁、义、礼、智、信，等待天命"，"不懂得天命，不通达世理，就不能成为君子"。因为真正明白天命的真实存在，然后就等待，心里自会宁安。我经历的人情世故颇多，对这个字的认识颇为准确。我曾与韩慕庐在齐天坛住宿，深夜有过畅谈。慕庐谈到当年参加乡试会试考试时，对乡试志在必得，在考场中很用心。到了会试殿试的时候，就不怎么在意了。当时会试地方遇到大风，考卷被风吹得要飞起来，考生们纷纷取来石块牢牢地押住考卷，只有韩一点也不在乎。只是祈祷："如果应该考取，考卷自然不会吹走！"最后竟安然无恙。故其会试殿试的作文都信手拈来，没有矫揉造作的痕迹。我说慕庐足下两次考取第一，该有多么勇猛啊！如果把这话告诉别人，别人决不会相信，只有我信。为什么呢？我自做了谕德这个职位后，就无意再谋求升官，不仅无进取之心，还总是请求隐退。于是由讲读学士，跻升学士，再登上亚卿正卿之职位，皆属于高官显要。在旁人看来，我不知是何等的勇猛精进。在我自审之后，明白慕庐绝对不是狂妄！慕庐也可以用自己经历的事情来推断我的经历，就知道我也不是胡说八道，愿与世人一起知晓这个事。

【原文】

人生以择友为第一事。自就塾以后，有室有家，渐远父母之教，初离师保之严。此时乍得友朋，投契[1]缔交，其言甘如兰芷，甚至父母、兄弟、妻子之言，皆不听受，惟朋友之言是信。一有匪人[2]侧于间，德性未定，识见未纯，鲜未有不为其移者。余见此屡矣。至仕宦之子弟尤甚！一入其彀中[3]，迷而不悟，脱有尊长诫谕，反生嫌隙，益滋乖张[4]。故余家训有云："保家莫如择友。"盖痛心疾首[5]其言之也！

汝辈但于至戚中，观其德性谨厚，好读书者，交友两三人足矣！况内有兄弟，互相师友，亦不至岑寂[6]。且势利言之，汝则饱温，来交者岂能皆有文章道德之切劘[7]？平居则有酒食之费、应酬之扰。一遇婚丧有无，则有资给[8]称贷[9]之事，甚至有争讼[10]外侮，则又有关说救援之事。平昔既与之契密，临事却之[11]，必生怨毒反唇[12]。故余以为宜慎之于始也。

况且游戏征逐[13]，耗精神而荒正业，广言谈而滋是非，种种弊端，不可纪极。故特为痛切发挥之。昔人有戒："饭不嚼便咽，路不看便走，话不想便说，事不思便做"。洵为格言。予益之曰："友不择便交，气不忍便动，财不审便取，衣不慎便脱。"

【注释】

[1] 投契：情意相合。

[2] 匪人：行为不正的人。

[3] 彀中：圈套之中。

[4] 益滋乖张：越生不和。乖张，背离。

[5] 痛心疾首：悔恨之极。痛心，伤心。

[6] 岑寂：孤独冷清。

[7] 切劘：切磋琢磨。

[8] 资给：资助，供给。

[9] 称贷：举债。

[10] 争讼：相争而起诉。

[11] 却之：退缩，拒绝。

[12] 反唇：骂，翻脸。

[13] 征逐：朋友往来之繁密。

【译文】

人生最重要的是选择好朋友。年轻人自从读书以后，乃至建立自己的家庭，逐渐远离父母的管教，初步离开师长严厉的教导。此时一下子认得几个朋友，情投意合结为至交，朋友的话像兰芷一样甜美动听，甚至连父母、兄弟、妻子的话，也都听不进去了，只相信朋友的话。一旦朋友圈有行为不正的人，对此时德行未坚定，识见不够纯良的年轻人来说，很少不受这些人的影响。我看到这种情况已经好多次了。至于仕宦子弟更是如此！一旦入了这些烂人的圈套，就执迷不悟，如果有尊长出面劝诫教导，反而容易生些隔阂，关系更加不和。故我的家训有这样的话："保全家人的最好办法就是正确择友。"这实在是痛心疾首的言论！

你们在最亲近的亲戚中，观察选择那些德性谨厚，好读书的来相处，至于交友，只需两三人足矣！况且家里有兄弟，可互为师友，也不至于寂寞。而且从利益方面来讲，你们现在是温饱阶段，来交往的岂能都是有文章道德来切磋的？平常交往有酒食开支、应酬的打搅。一旦遇到婚丧嫁娶之事，则有礼尚往来的事项，甚至可能闹出矛盾，那么又会有替他们打圆场的烦心事。平常既然与他们亲密相处，如果遇到麻烦事却退却，肯定会让对方心生怨恨甚至会翻脸。故我以为交友一开始就要特别谨慎。

况且朋友间来往过于频繁，既耗费精神又荒废正业，所谈的东西范围很大，很容易惹出是非，种种弊端，不可胜数。所以在此特地痛切多说一些。昔人早有不可为的戒条："饭不嚼便咽，路不看便走，话不想便说，事不思便做。"这实在是至理格言。我再加几句："友不择便交，气不忍便动，财不审便取，衣不慎便脱。"

【原文】

凡读书，二十岁以前所读之书与二十岁以后所读之书迥异。幼年知识未开，天真纯固，所读者虽久不温习，偶尔提起，尚可数行成诵。若壮年所读，经月则忘，必不能持久。故六经、秦汉之文，词语古奥[1]，必须幼年读。长壮后，虽倍蓰[2]其功，终属影响[3]。自八岁至二十岁，中间岁月无多，安可荒弃，或读不急之书？此时，时文[4]固不可不读，亦须择典雅醇正、理纯词裕、可历二三十年无弊者读之。若朝华夕落、浅陋无识、诡僻[5]失体、取悦一时者，安可以珠玉难换之岁月，而读此无益之文？何如诵得《左》《国》[6]一两篇，及东西汉典贵华腴[7]之文数篇，为终身受用之宝乎？

且更可异者，幼龄入学之时，其父师必令其读《诗》《书》《易》《左传》《礼记》、两汉、八家文[8]；及十八九，作制义[9]、应科举时，便束之高阁，全不温习。此何异衣中之珠，不知探取，而向途人[10]乞浆[11]乎？且幼年之所以读经书，本为壮年扩充才智，驱驾古人，使不寒俭，如畜钱待用者然。乃不知寻味其义蕴，而弁髦[12]弃之，岂不大相刺谬[13]乎？

我愿汝曹[14]将平昔已读经书，视之如拱璧[15]，一月之内，必加温习。古人之书，安可尽读？但我所已读者，决不可轻弃。得尺则尺，得寸则寸。毋贪多，毋贪名。但读得一篇，必求可以背诵，然后思通其义蕴，而运用之于手腕之下，如此则才气自然发越[16]。若曾读此书，而全不能举其词，谓之“画饼充饥”；能举其词而不能运用，谓之“食物不化”。二者其去枵腹[17]无异。汝辈于此，极宜猛省。

【注释】

[1] 古奥：深奥。

[2] 倍蓰：由一倍至五倍，形容很多。倍，一倍。蓰，五倍。

[3] 影响：影子和回音，指不切实际、不持久。

[4] 时文：当时人的文章。

[5] 诡僻：荒谬。

[6]《左》《国》：指《左传》与《国语》。

[7] 华腴：丰美有光彩。

[8] 八家文：指唐宋八大家的文章。

[9] 制义：指习作八股文。明清科举考试时的文体，全文分为八段，分别是破题、承题、起讲、提比、虚比、中比、后比、大结，字数固定，过多或太少皆不及格。

[10] 途人：路人。

[11] 乞浆：讨要浆汤。

[12] 弁髦：古代男子成人时举行冠礼，先加缁布冠，次加皮弁，最后加爵弁，三加之后剃掉垂髦，不再用缁布冠。后来用弁髦来比喻没有用的东西。弁，古代男子的帽子。髦，古代孩童下垂到眉的头发。

[13] 剌谬：乖戾谬误。剌，违背常理。

[14] 汝曹：你们。

[15] 拱璧：两手合抱的大块璧玉，比喻非常珍贵的宝物。拱，两手合围。

[16] 发越：播散。

[17] 枵腹：腹中空虚。枵，空虚。

【译文】

凡是读书，人在二十岁之前所读的书与二十岁之后所读的书相差很远。人们幼年时期心智未开，性格天真又固执，所读的书即使很久没有复习，偶尔提起，也可以背诵几行。如果是壮年时期所读的书，过了一个月差不多就忘了，这样一定不能长久。所以六经和秦汉时期的文章，因为词语古拙深奥，一定要在幼年时期加以精读。等到壮年之后，即使花费数倍于幼年时期的努力，终究也只是像影子一样空想罢了。从八岁到二十岁，这中间的时间不长，怎么可以荒废时间或者去读一些无关紧要的书呢？这个时候，科举应试之文本来就不能不读的，但也应该那些挑选内容典雅纯正、内涵丰富且文字优美、历经二三十年没有错误的书来阅读。像那种早上开花傍晚落下、浅薄低俗、荒谬邪僻、毫不得体、取悦一时的文章，怎么能用珠宝和玉石都难以交换的时间来读这些没有益处的文章呢？真不如背诵《左传》《国语》中的一两篇文章和东西汉经典华美且富有文采的几篇文章，作为终身受用的珍宝！

而且有更加奇怪的事，幼龄入学时，其父其师必令其读《诗》《书》《易》《左传》《礼记》、两汉、唐宋八家文；等到了十八九岁时，作八股文、应科举的时候，却把这些书束之高阁，完全不温习。这和自己衣中有珠宝却不晓得拿取，反而向路人讨要浆汤有什么区别？而且幼年时期之所以读经书，本来是为了壮年时期增长才智的，从古人那里学知识学本领，使自己的知识不贫乏，这和存钱备用是一样的道理。不知在其中找到价值所在，而在成年的时候放弃了，岂不是很荒谬吗？

我希望你们这些人把过去已经读过的经书视为宝贝，读过后一个月内，一定要加以温习。古人写的那些书，怎么可能全部读完呢？但是已经读过的书，决不可轻易放弃。得一尺就是一尺，得一寸就是一寸，学一点是一点。不要贪图过多，不要贪图名声。只是每读一篇，必须要能够背诵下来，然后再考虑通晓其中的含义，并且在自己手中能灵活运用，像这样做，才气就会自然散发。如果曾经读过这本书，但根本不能举出书中的字词的，这种情况可称为“画饼充饥”；能举出其中的字词而不能运用，这种情况可称为“食物不化”，这两种情况大概距离腹中无货没有什么区别。你们这些人对于这种做法，应当立即深刻反省。

【原文】

古人有言：“终身让路，不失尺寸。”[1] 老氏[2] 以“让”为宝。左氏曰：“让，德之本也。”[3] 处里闬[4] 之间，信世俗之言，不过曰：“渐不可长”。[5] 不过曰：“后将更甚。是大不然！”人孰无天理良心、是非公道？揆之天道，有“满损谦益”之义；揆之鬼神，有“亏盈福谦”之理。自古只闻“忍”与“让”，足以消无穷之灾悔，未闻“忍”与“让”，翻[6] 以酿后来之祸患也。欲行忍让之道，先须从小事做起。余曾署刑部事[7] 五十日，见天下大讼大狱，多从极小事起。君子敬小慎微，凡事从小处了。余行年五十余，生平未尝多受小人之侮，只有一善策——能转弯[8] 早耳。每思天下事，受得小气则不致于受大气；吃得小亏则不致于吃大亏，此生平得力之处。凡事最不可想占便宜[9]，子曰：“放于利而行[10]，多怨。”便宜者，天下人之所共争也，我一人据之，则怨萃[11] 于我矣；我失便宜，则众怨消矣。故终身失便宜，乃终身得便宜也。

【注释】

[1]“古人有言”二句：形容一生谦让的人，最终不会有多少损失。

[2] 老氏：老子。

[3]“左氏曰”二句：出自《左传·昭公十年》：“让，德之主也，让之谓懿德。”

[4] 里闬：里门、乡里。闬，里巷的门，乡里。

[5] 渐不可长：不可让其蔓延滋长。

[6] 翻：反而。

[7] 署刑部事：兼代刑部之事。署，代理任事。

[8] 转弯：另寻出路，不逞强，不执着。

[9] 便宜：好处。

[10] 放于利而行：出自《论语·里仁》。依据利之大小多寡而行。放，依照。

[11] 萃：聚集。

【译文】

古人说：“一生谦让的人，最终不会有多少损失。”老子认为谦让与不争是一个宝；《左传》中也认为谦让是一种德行。邻里乡亲之间相处，偶有纠纷，如果纵容这种相争的风气滋长，是非常不好的。人谁没有天理良心，是非公道呢？用天道来衡量，满招损，谦受益；用鬼神来衡量，亏盈而福谦。从古到今，只听说过忍和让足以消除灾祸，未曾听说忍和让反过来给人带来祸患的。要学会忍让，就要先从小事开始做起。我曾在刑部任职五十天，接触过许多大案要案，这些案件多数是从极小的事情引起的。君子对待微小的事情，都是本着谨小慎微的态度，在事物还很小的时候就及时处理。我这一生也曾被不少小人恶意相待，而我始终只用一个好对策，那就是及时调整自己的心态，尽快适应变化。思量天下间的事，只要能受得了小气就不会受大气，只要肯吃小亏就不会吃大亏。这是我一生处理这种事最管用的招数。凡事最不应该想的就是占便宜争好处，孔子说："依据利之大小多寡而行，会招来很多怨恨。"好处是天下人都爱争夺的，如果让我一个人去占得，人们就都会怨恨我；如果我放弃好处，众人的怨恨自然就消失了。所以一生都不争好处，实际上终身都会得到好处。

【原文】

人生第一件事，莫如安分。"分"者，我所得于天多寡之数也。古人以得天少者谓之"数奇[1]"，谓之"不偶[2]"，可以识其义矣。董子曰："予之齿者，去其角，傅之翼者，两其足。"啬于此则丰于彼，理有乘除[3]，事无兼美。予阅历颇深，每从旁冷观，未有能越此范围者。功名非难非易[4]，只在争命中之有无。尝譬之温室养牡丹，必花头中原结蕊，火焙[5]则正月早开，然虽开而元气索然[6]，花既不满足，根亦旋萎[7]矣。若本来不结花，即火焙无益。既有花矣，何如培以沃壤，灌以甘泉，待其时至敷华[8]，根本既不亏，而花亦肥大经久。此余所深洞于天时物理，而非矫为迂阔之谈也。曩时[9]，姚端恪公每为余言，当细玩"不知命无以为君子"章。朱注最透，言"不知命，则见利必趋，见害必避，而无以为君子矣"，"为"字甚有力！知命是一事，为君子是一事。既知命不能违，则尽有不必趋之利，尽有不必避之害，而为忠为孝，为廉为让，绰有余地矣！小人固不当取怨于他，至于大节目[10]，亦不可诡随[11]，得失荣辱，不必太认真，是亦知命之大端[12]也。

【注释】

[1] 数奇：运气不佳。

[2] 不偶：无所遇合。

[3] 乘除：消长。

[4] 功名非难非易：功名的获取非人力所能完全决定。

[5] 火焙：用微火烘烤。

[6] 索然：乏味，没有兴趣的样子。

[7] 旋萎：不久即枯萎。

[8] 敷华：开花。

[9] 曩时：以往，从前。

[10] 大节目：关键所在。

[11] 诡随：不论是非而妄随人意。

[12] 大端：主要方面。

【译文】

人生第一要紧的事，莫过于安分。所谓“分”者，指的是我从上天得到的多少。古人把得上天少者谓之“运气不好”，或者谓之“不偶”，由此可知其含义了。董仲舒说：“上天给了牛上面的牙齿，就会去其角；给了鸟类翅膀，就只给两只脚。”在一个方面欠缺，就会在另一个方面丰足，世上有此消彼长的规律，没有两全其美的好事。我的阅历颇深，每次从旁冷眼观察，未有发现能超越此范围的。功名这事说起来既不难也不易，只在于争夺命中的有无。我曾用温室里养牡丹作比方，必须是那花头里原结了蕊的，用火盆升温，就会在正月里早点盛开，但这样的牡丹花虽盛开却无精打采，花不饱满，根也很快枯萎了。若本来就没有结花蕾，即使用火盆升温也无用。既然已经有了花，哪里比得上用沃壤培植，甘泉浇灌，等待花开时节呢，这样既不损害花根，花也会又肥又大，持久盛开。这是我深察天时以及植物的生长规律得出的结论，并非勉强做出的迂阔之论。从前，姚端恪公每次对我说，应当仔细把玩《论语》“不知命，无以为君子”这一章。朱熹的注解最为透彻，说“如果不知天命，则见利就会去追逐，见害必会逃避，这样怎么能成为君子”，这个“为”字很有力！知天命是一事，成为君子则是另一回事。既然知道天命不能违，自然就应该知道有一些利是不能追逐的，有一些害是不能回避的，这样尽忠尽孝，廉洁谦让，就大有余地了！至于小人，自然不应该让他们对我们有埋怨，但到了关键处，也不应该无原则地迁就他们。对于得失荣辱不必过于认真，也算是识得天命的大体了。

【点评】

张英《聪训斋语》涉及家庭教育的诸多方面，包括个人品德的培养、学问的追求以及家庭和谐等。他强调立品的极端重要性、读书的重要性、择友与养身的重要性。尤为难得的是，作为封建官僚，他却具备了难得的平等意识。他提出的“读书者不贱，守田者不饥，积德者不倾，择交者不败”的观点，在今天也是颇有教育意义的。

郑板桥：潍县署中与舍弟墨第二书

【原文】

余五十二岁始得一子，岂有不爱之理！然爱之必以其道，虽嬉戏顽耍，务令忠厚悱恻[1]，毋为刻急也。平生最不喜笼中养鸟，我图娱悦，彼在囚牢，何情何理，而必屈物之性以适吾性乎？至于发系蜻蜓，线缚螃蟹，为小儿顽具，不过一时片刻便折拉而死。夫天地生物，化育劬劳[2]，一蚁一虫，皆本阴阳五行之气缊而出。上帝亦心心爱念。而万物之性人为贵，吾辈竟不能体天之心以为心，万物将何所托命乎？蛇、蚖、蜈蚣、豺狼虎豹，虫之最毒者也，然天既生之，我何得而杀之？若必欲尽杀，天地又何必生？亦惟驱之使远，避之使不相害而已。蜘蛛结网，于人何罪，或谓其夜间咒月，令人墙倾壁倒，遂击杀无遗。此等说话，出于何经何典，而遂以此残物之命，可乎哉？可乎哉？

我不在家，儿子便是你管束。要须长其忠厚之情，驱其残忍之性，不得以为犹子而姑纵惜也。家人儿女，总是天地间一般人，当一般爱惜，不可使吾儿凌虐他。凡鱼飧果饼，宜均分散给，大家欢嬉跳跃。若吾儿坐食好物，令家人子远立而望，不得一沾唇齿，其父母见而怜之，无可如何，呼之使去，岂非割心剜肉乎！夫读书中举中进士作官，此是小事，第一要明理作个好人。可将此书读与郭嫂、饶嫂听，使二妇人知爱子之道在此不在彼也。

【注释】

[1] 悱恻：忧思抑郁，悲悯。

[2] 劬劳：过分劳苦，勤劳。

【译文】

我五十二岁才有一个儿子，哪有不爱他的道理呢！但爱子必须遵循基本原则。即使是平时嬉戏玩耍的时候，也务必要注意培养他忠诚厚道的品格，有悲悯之心，不能让他成为一个刻薄急躁的人。我平生最不喜欢在笼子中养鸟，我贪图愉悦，把它困在笼中，有什么道理非要让它受委屈来满足我的爱好呢？至于用头发系住蜻蜓，用线捆住螃蟹，以此作为小孩的玩具，不一会儿这些小生命就被拉扯死了。天生万物，父母养育子女都很辛劳，一只蚂蚁，一个虫子，也是按自然规律生生不息，繁衍成长的。上天对它们也是很爱恋的。但人是万物之中最珍贵的，我们竟然不能体谅上天的良苦用心，万物又会怎样托付给我们呢？毒蛇、蜈蚣、狼、虎豹，是动物里面最毒的，但既然上天已经让它们生出来了，我为何要杀它们呢？如果一定要赶尽杀绝，上天又何必要生它们呢？只需要把它们驱赶得远一些，让它们不能伤害我们就可以了。蜘蛛织网，对于我们人类有什么罪过，有人说它在夜间诅咒月亮，让墙壁倒下，于是就把它们全杀尽。这些言论到底出自哪部经典，竟然被当作依据来残害动物的生命，这样做真的合适吗？

我不在家时，儿子就由你来管教，你要培育并强化他的忠厚之心，根除他的残忍之性，不能因为他是你的侄子就对他放纵、怜惜。仆人的子女，也是天地间和我们一样的人，要同样爱惜，不能让我的儿子欺侮虐待他们。凡是鱼肉、点心、水果等食品，应当平均分发给每一个人，让大家都高兴。如果好东西只让我儿子一个人吃，让仆人的孩子远远站在一边观看，一点也尝不到，他们的父母看到后，只会可怜他们，但又没有办法改变，只好喊他们离开。此情此景，岂不是和割心头肉一样难受么！至于读书中举中进士以至做官，这些都是小事，最要紧的是要让孩子们明白事理，以便做个好人。你可将这封信读给郭、饶两位嫂嫂听，让她们懂得疼爱孩子的方针是让孩子做人而不是为了做官。

【点评】

郑板桥的这篇家书有两个特点。一是体现了他的博爱、平等的思想，不仅对人一视同仁，甚至对动物也是充满爱心。这是那个时代极为难得的。二是认为培养人，最重要的是要明白事理，也就是明白是非，而不是追求个人成功。由此观之，郑板桥是一位具有近现代意识的封建文人。

彭端淑：为学一首示子侄

【原文】

天下事有难易乎？为之，则难者亦易矣；不为，则易者亦难矣。人之为学有难易乎？学之，则难者亦易矣；不学，则易者亦难矣。吾资[1]之昏，不逮[2]人也。吾材之庸[3]，不逮人也；旦旦而学之，久而不怠[4]焉，迄乎成[5]，而亦不知其昏与庸也。吾资之聪倍人也，吾材之敏倍人也；屏弃而不用，其与昏与庸无以异也。圣人之道，卒于鲁也传之[6]。然则昏庸聪敏之用，岂有常哉？

蜀之鄙[7]有二僧，其一贫，其一富。贫者语于富者曰："吾欲之南海，何如？"富者曰："子何恃[8]而往？"曰："吾一瓶一钵足矣。"富者曰："吾数年来欲买舟而下，犹未能也。子何恃而往？"越明年，贫者自南海还，以告富者。富者有惭色。

西蜀之去南海[9]，不知几千里也，僧富者不能至，而贫者至焉。人之立志，顾不如蜀鄙之僧哉？是故聪与敏，可恃而不可恃也，自恃其聪与敏而不学者，自败者也。昏与庸，可限而不可限也，不自限其昏与庸而力学不倦者，自力[11]者也。

【注释】

[1] 资：天资。

[2] 不逮：赶不上。

[3] 庸：平常。

[4] 不怠：不懈怠。

[5] 迄乎成：到了有所成就。

[6]“圣人之道”两句：孔子评价曾参：参也鲁。即资质平常。孔子的道最终是被他资质一般的弟子曾参所传承接续下来。

[7] 鄙：偏远处。

[8] 恃：凭借。

[9] 南海：佛教圣地普陀山。

[10] 自力：自己努力。

【译文】

天下之事有难和易之分吗？只要愿意去做，那么即使困难的事情也就变得比较容易；如果不肯去做，那么容易的事情也会变得困难。人们读书做学问有困难和容易的差别吗？只要肯用功学习，则困难的也变得容易了；如果不肯用功学习，则容易的也会变得困难。如果我天资愚笨，比不过别人；我才能平庸，比不上别人。但是我每天坚持学习，一直不敢懈怠，等到学成了，也就不知道自己愚笨与平庸了。如果我天资聪明，超过别人一倍，才能也超过别人一倍，却保留不用，那就和愚笨和平庸没什么差别。孔子的学说最终是靠资质平庸的曾参留传下来的。这样看来，聪明和愚笨的运用，难道是固定不变的吗？

四川边偏远地区有两个和尚，其中一位很贫穷，其中一位很富裕。一天穷和尚对富和尚说：“我想要到南海去，你觉得怎么样啊？”富和尚说：“你靠什么去呢？”穷和尚说：“我只需要一个盛水的水瓶和一个盛饭的钵就够了。”富和尚说：“我几年来一直打算雇船沿着长江而下（去南海），直到现在还没有成行。你又能靠什么去那里呢？”到了第二年，穷和尚从南海回来了，并告知富和尚具体经过。富和尚脸上露出了惭愧的神色。

四川距离南海，不知道有几千里远，富和尚不能抵达但穷和尚却抵达了。一个人要立志，难道还不如四川偏远地区的那个穷和尚吗？所以啊，聪明与敏捷，人既可以依靠它也可以不依靠它。自己仗着聪明与敏捷而不去努力学习的人，实际上是在自己毁自己。愚笨和平庸，既可以限制人又可以不限制人。不被自己的愚笨平庸所限制而孜孜不倦学习的人，是靠自己的努力做到的。

【点评】

这封家书谈的是如何读书，通过说理，告诫侄子如何处理个人天赋与个人努力之间的关系，强调主观努力是非常重要的。如果不努力，天赋再高，也不会成功；相反，天赋一般，只要肯努力，也会成功。一句话，思路决定出路，态度决定成败。这对今天的家庭教育很有启发。

汪惟宪：寒灯絮语

【原文】

古人读书贵精[1]不贵多，非不事多也，积少以至多，则虽多而不杂，可无遗忘之患。此其道如长日之加益[2]而人颇不觉也，是故由少而多，而精在其中矣。一言以之，曰：无间断。间断之害，甚于不学。有人于此，自其幼时嬉戏无度，及长始知向学，深嗜笃好，人虽休，吾弗休，人将卧，吾弗卧，不数年便可成就。苏明远[3]年二十七才发愤，谢其往来少年，闭户读书，卒为大儒，此可证已。若名为士人而悠悠忽忽，一曝十寒[4]，人生几何？凡所谓百年者，皆妄[5]也。必也甫离成童[6]，即排岁月，次第为之。以中下之资自居，每日限读书若干，一岁之中，除去庆唁祭扫、交接游宴等事，大率以二百七十日为断，此二百七十日中，须严立课程，守其道而无变。十年之间，经书可毕。且如此绳绳不已[7]，则资之钝者亦敏，而书可渐增。再加十年，子、史、古文俱渐次可毕矣，大要在"无间断"耳。此三字当大书特书于门牖[8]窗壁间，时时触目自省。

观大部书须细心、须耐久。伊川[9]先生每读史到一半，便掩卷思其成败，然后再看。有不合处，又更思之。此耐久而细心也。司马温公[10]自言："吾为《资治通鉴》，人多欲求观读，未终一纸，已欠伸思睡，能阅终篇者，唯王胜之[11]。"此大概不耐久，而其不肯细心，尤可见也。

【注释】

[1] 精：精选，精读。

[2] 加益：带来好处。

[3] 苏明远：苏照，元朝人，曾任福建按察使，诗画俱佳。

[4] 一曝十寒：晒一天，冻十天。比喻学习常常间断，没有恒心。

[5] 妄：妄想，瞎说。

[6] 甫离成童：刚过童年期。

[7] 绳绳不已：连续坚持不断。

[8] 牖：窗户。

[9] 伊川：宋朝理学家程颐。

[10] 司马温公：宋朝历史学家司马光。

[11] 王胜之：王益柔，宋朝人，勤学好辩，有文采，曾任应天知府。

【译文】

古人读书，注重书的内容精深而非书的数量多少，这并不是说不需要读很多书，而是指要积少成多，这样即使读的书很多，也不会庞杂无序，也不用担心会忘记。这就和阳光长时间普照增加热量而人并没有什么感觉是一样的道理。因此，我们应该从少到多，读书的精华就在里面。总之一句话，就是学习不要间断。间断的害处甚至比不学还要大。有些人在小时候过于贪玩，直到长大了才开始发愤读书，专心致志，别人休息他不休息，别人睡觉他不睡觉，短短几年就能够学业有成。苏明允二十七岁时他才开始发愤读书，谢绝以前交往的少年伙伴，关门苦学最终成为一位硕学大儒。这个例子可以证明这种方法的有效性。如果你名为读书人，却三心二意，学习不能持之以恒，那么你的人生又有多少时间可以浪费呢？凡是说人生有百年的都是胡说。所以必须从刚过童年就开始，按照时间顺序依次安排适宜的读书内容，要视自己的天赋为中下等，在此前提下，每日限定读书若干。一年中除了各种节庆、祭祀、社交和游乐活动，剩下的270天都应该用于学习。这期间要严格遵循课程进度安排，不可有任何变动。十年后即可读完经书。而且，如果你能坚持这种学习方式的话，即使你的资质较差，也能够逐渐变得聪敏，读书的数量也会逐渐增加。再过十年，就可以逐渐把诸子百家、史书和古文都读完，关键就在于“不间断”。此三字当大书特书于窗户窗壁之间，时时刻刻都能看到并让你能自省。

看那些大部头的书，必须要细心，能坚持长时间。程伊川先生每次读史书读到一半时，就要掩卷思考其中的成败原因，然后再继续看。有不符合推断的地方，再去思考原因。这就是所说的读书既能坚持长久，又很细心。司马光自己就说过：“我写的《资治通鉴》，很多人都想求这书来阅读，可是还没有看完一页，就已开始欠伸懒腰想睡觉，能看完全篇的，唯有王胜之一个人。”这大概就是所说的不能坚持吧。而不肯细心阅读的样子，尤其明显。

【点评】

这篇文章谈的主题是如何读书，作者认为应该注意三点：第一是要精选书籍来读；第二是要细心读；第三是要有恒心，坚持不懈，不能“一日曝十日寒”。对于读书来获取知识十分有帮助。

袁枚：与弟香亭书

【原文】

阿通年十七矣，饱食暖衣，读书懒惰。欲其知考试之难，故命考上元[1]以劳苦之，非望其入学也。如果入学，便入江宁籍贯，祖宗邱墓之乡，一旦捐弃，揆[2]之齐太公五世葬周之义，于我心有戚戚[3]焉。两儿俱不与金陵人联姻，正为此也。不料此地诸生，竟以冒籍控官。我不以为怨，而以为德。何也？以其实获我心故也。不料弟与纾亭大为不平，引成例千言，赴诉于县。我以为真客气[4]也。

夫才不才者本也，考不考者末也[5]。儿果才，则试金陵可，试武林[6]可，即不试亦可。儿果不才，则试金陵不可，试武林不可，必不试废业而后可。为父兄者，不教以读书学文，而徒与他人争闲气，何不揣其本而齐其末哉！知子莫若父，阿通文理粗浮，与秀才二字相离尚远。若以为此地文风不如杭州，容易入学，此之谓不与齐楚争强，而甘与江黄竞霸[7]，何其薄待儿孙，诒谋[8]之可鄙哉！子路曰："君子之仕也，行其义也。[9]"非贪爵禄荣耀也。李鹤峰中丞之女叶夫人慰儿落第诗云："当年蓬矢桑弧[10]意，岂为科名始读书？"大哉言乎！闺阁中有此见解，今之士大夫都应羞死。要知此理不明，虽得科名作高官，必至误国、误民，并误其身而后已。无基而厚墉[11]，虽高必颠。非所以爱之，实所以害之也。然而人所处之境，亦复不同，有不得不求科名者，如我与弟是也。家无立锥，不得科名，则此身衣食无着。陶渊明云："聊欲弦歌、以为三径之资”[12]，非得已也。有可以不求科名者，如阿通、阿长是也。我弟兄遭逢盛世，清俸之余，薄有田产，儿辈可以度日，倘能安分守己，无险情赘行[13]，如马少游所云“骑款段马，作乡党之善人”[14]，是即吾家之佳子弟，老夫死亦瞑目矣，尚何敢妄有所希冀哉！

不特此也。我阅历人世七十年，尝见天下多冤枉事。有刚悍之才，不为丈夫而偏作妇人者；有柔懦之性，不为女子而偏作丈夫者；有其才不过工匠、农夫，而枉作士大夫者；有其才可以为士大夫，而屈工匠、村农者。偶然遭际，遂戕贼杞柳以为桮棬[15]，殊可浩叹！《中庸》有言“率性之谓道”[16]，再言“修道之谓教”[17]，盖言性之所无，虽教亦无益也。孔、孟深明此理，故孔教伯鱼不过学诗学礼，义方[18]之训，轻描淡写，流水行云，绝无督责。倘使当时不趋庭，不独立，或伯鱼谬对以诗礼之已学，或貌应父命，退而不学诗，不学礼，夫子竟听其言而信其行耶？不视其所以察其所安耶？何严于他人，而宽于儿子耶？至孟子则云：“父子之间不责善”[19]，且以责善为不祥。似乎孟子之子尚不如伯鱼，故不屑教诲，致伤和气，被公孙丑一问，不得不权词相答[20]。而至今卒不知孟子之子为何人，岂非圣贤不甚望子之明效大验哉？善乎北齐颜之推曰：“子孙者，不过天地间一苍生耳，与我何与，而世人过于宝惜爱护之。”此真达人之见，不可不知。

有门下士，因阿通不考为我怏怏者，又有为我再三画策者。余笑而应之，曰：“许由[21]能让天下，而其家人犹爱惜其皮冠；鷦鷯[22]愁凤凰无处栖宿，为谋一瓦缝以居之。诸公爱我，何以异兹？韩、柳、欧、苏，谁个靠儿孙俎豆[23]者？《箕畴》五福[24]，儿孙不与焉。”附及之以解弟与纾亭之惑。

【注释】

[1] 上元：地名，属南京。

[2] 揆：揣度、估量。

[3] 戚戚：忧惧貌，心动貌。

[4] 客气：虚骄之气。

[5] 夫才不才者本也，考不考者末也：有没有才能是最根本的（最重要的），考不考试并不重要。

[6] 武林：指杭州。

[7] 不与齐楚争强，而甘与江黄竞霸：这就叫作不跟强大的齐国和楚国争强，而甘心情愿跟弱小的江国和黄国争霸业。江、黄都是小国，于公元前六百多年时被楚所灭。

[8] 诒谋：传于子孙的计划。诒：通“贻”，传，遗留。《诗经·大雅·文王有声》：“诒厥孙谋，以燕翼子。”

[9] 君子之仕也，行其义也：君子做官是推行正义的事。

[10] 蓬矢桑弧：古代男子出生，射人用桑木做的弓，蓬草做的箭，射天地四方，表示有远大志向的意思。

[11] 墉：墙。

[12] 聊欲弦歌、以为三径之资：姑且出来做个文官，把这作为退隐交友的花费。三径：只交如意朋友。西汉兖州刺史隐居乡下，在自家院里只开了三条小路，以与求仲、羊仲来往。

[13] 险情赘行：危险的情况，丑恶的行为。

[14] 骑款段马，作乡党之善人：乘骑行走迟缓的马，做乡间好人。款段，迟缓。乡党，泛指乡里。

[15] 戕贼杞柳以为桮棬：残害杞柳做木质餐具。杞柳，亦称红皮柳，杨柳科，枝条韧，供编柳条箱、筐等用。桮棬：也作杯圈，木质的杯、盘、盎、盆、盏的总称。

[16] 率性之谓道：按照本性去做事就称之为道。率，遵循，依照。

[17] 修道之谓教：遵循道修养自身就叫作教化。

[18] 义方：古时指行事应该遵守的规矩法度。后多指家教。

[19] 父子之间不责善：父子之间不要因为父亲教育孩子时产生不满和愤怒的情绪而互相责备。

[20] 权词相答：暂且找话作为回答。

[21] 许由：上古高士，字武仲，相传尧以天下让位给他，他不接受。

[22] 鹪鹩：鸟名，常取茅苇和鸟兽的细毛为巢，大如鸡卵，系以麻发，甚精巧。《庄子·逍遥游》："鹪鹩巢于深林，不过一枝。"

[23] 俎豆：粗粮。此处指赡养。

[24]《箕畴》五福：《箕畴》系箕子所著述。五福即寿、富、康宁、好德和考终命。

【译文】

阿通今年已经十七岁了，吃的饱穿的暖，不爱读书。想让他知道考试的难度，就让他报考上元这里的学堂吧，就是让他吃点苦，不是指望他能入学。如果要入学，可以入江宁籍贯，祖宗邱墓之乡，一旦放弃，想起当年齐太公五世葬周的大义，我心里有些惊惧呢。两个儿子都不与金陵人联姻，正是因为这个缘故。没想到这里的诸多考生竟然以假冒户籍的名义向官府控告。不过我并不怨恨他们，反而觉得这是件好事。为什么呢？因为这正合我的心意啊。不料弟与纾亭大为不平，还拿出类似的例子写成1000字的材料县衙申诉。我认为这样做真是有点虚骄气。

其实有没有才能是最重要的，考不考试并不重要。如果儿子果真有才，那么在则金陵考试也可，到武林考试也可，即使不参加考试也可。儿子如果没有才，那么在金陵考试不行，在武林考试也不行，只有不考试就完了。做父兄的，不好好教孩子读书学作文，却只与他人争闲气，这不是舍本求末吗！知子莫若父，阿通现在文理不通，与秀才二字相距还很远。如果认为此地的学风不如杭州，容易入学，这叫作不和高手过招而甘心与庸才竞争，对儿孙竟如此淡薄，这传给子孙的计划是多么令人鄙视啊！子路说："君子做官是推行正义的事。"不是贪图高官厚禄家族荣耀。李鹤峰中丞之女叶夫人写的那首宽慰落第儿子的诗里说："当年蓬矢桑弧意，岂为科名始读书？"这话真是大气啊！闺阁里的妇人尚且能有此通达的见解，今天的士大夫都应该羞愧而死。要知道如果不明白这个道理，即使考取了功名做了高官，也必然会误国、误民，最后还要误自身。没有坚实的地基却建厚墙，虽然很高但终会倾倒，这不是爱他而是害他。不过话说回来，每个人的处境不同，有的人不得不追求功名，就像我和弟弟就是这样的。家无立锥之地的人，如果得不到功名，就会衣食无着。陶渊明说："姑且出来做个文官，把这作为退隐交友的花费"，是不得已而为之。也有可以不必追求科名的，如阿通、阿长就是这样的情况。我们兄弟正好遇到盛世，除了有清廉的俸禄，还略有一点田产，儿辈生活无忧，如果能安分守己，没有危险的情况和丑恶的行为，像马少游所说的"骑慢行的马儿，做乡间的好人"，这样的人就是我们家的好子弟，老夫死也瞑目了，哪里还敢有其他奢望呢！

不仅如此。我经历了七十年人生，曾见过天底下很多冤枉事。有刚悍之才，却不做大丈夫而偏作妇人的；有性格柔懦，不做女子而偏作大丈夫的；有其才能不过是工匠农夫的水平，而枉作士大夫的；有其才能可以做士大夫，而委屈做工匠、村农的。偶然的遭遇，就伤害有大用的杞柳去做小小的木餐具，大材小用，真是特别可惜！《中庸》里有个说法，"按照本性去做事就称之为道"，又说"遵循道修养自身就叫作教化"。这是说如果没有那个本性，即使教化也是无用的。孔、孟深深懂得这个道理，故孔子只教儿子伯鱼学点诗学点礼，而对行事应该遵守的规矩法度，只说个大概，蜻蜓点水，并且从不督促责成其学习。如果当时伯鱼不接受孔子当面的教诲，不单独站立在前庭，或许伯鱼会错误地应对自己所学的诗礼内容，或者表面上答应父亲的要求，回头却不学诗，不学礼，孔夫子最后会听其言而信其行么？不去看一个人的所作所为，考察他处事的动机，而了解他心安于什么事情么？为什么对他人严格要求，而对自己的儿子要求过宽呢？到了孟子就说："父子之间不要因为父亲教育孩子时产生不满和愤怒的情绪这个善举而互相责备。"并且认为这样的相互责备是不吉祥的。似乎孟子之子还不如伯鱼，故孟子不屑于对其进行教诲而伤和气，被公孙丑这么一问，才不得不敷衍作答。到现在也不知道孟子之子到底是个什么样的人，难道圣贤不是很期望于他们的儿子是非常显著的效验吗？北齐颜之推说得好啊："子孙不过是天地间的一百姓而已，能给我什么，但世上的人却对他们过于珍惜爱护。"这真是通达之人的卓见，不可不明白啊。

我有一个门客因为阿通不参加考试而替我不快乐，还有的门客因为这事为我再三谋划，我笑着回应说："过去的许由把天下都能让出来，但其家人却还爱惜他的皮帽子；鹪鹩却为凤凰无处栖宿而发愁，自己却只能一瓦缝大小的地方来住。诸公如此爱我，和我说的这种情形有什么区别吗？韩愈、柳宗元、欧阳修、苏轼，他们哪个是靠儿孙来赡养的啊？《箕畴》里所说的寿、富、康宁、好德和考终命这五种福，儿孙都给不了。"这里顺便提一下，以解开弟与纾亭的疑惑。

【点评】

袁枚这封家书所表达的观点很有见地。第一，人的能力比考功名重要；第二，子孙应该做良善之人；第三，儿子不必继承父业，只要量力而行就可以了，一个人的价值应该由自己来体现，而不是靠子孙体现。

纪昀：训子书

【原文】

训大儿

尔初入世途，择交宜慎。“友直，友谅，友多闻，益矣[1]。”误交真小人，其害犹浅；误交伪君子，其祸为烈矣！盖伪君子之心，百无一同，有拗捩[2]者，有偏倚[3]者，有黑如漆者，有曲如钩者，有如荆棘者，有如刀剑者，有如蜂虿[4]者，有如狼虎者，有现冠盖形者，有现金银气者。业镜[5]高悬，亦难照彻。缘其包藏不测，起灭无端，而回顾其形，则皆岸然道貌，非若真小人之一望可知也。并且此等外貌麟鸾[6]，中藏鬼蜮[7]之人，最喜与人结交，儿其慎之。

【注释】

[1]“友直，友谅，友多闻，益矣”：出自《论语·季氏》。指结交正直的朋友、诚实的朋友或见识广的朋友，这是有益的。

[2] 拗捩：歪曲、扭曲。

[3] 偏倚：偏执、狭隘。

[4] 蜂虿：蜂蝎，均是有毒刺的毒虫，形容内心恶毒。

[5] 业镜：能够映照因果业力的镜子。

[6] 外貌麟鸾：指外貌像麒麟、鸾鸟一样。

[7] 鬼蜮：害人的鬼和怪物。

【译文】

训大儿

你刚进入社会，选择朋友应当谨慎。要结交那些正直的朋友，诚信的朋友，见多识广的朋友，这对你会有很多好处的。如果误交了一些不加掩饰的纯粹小人，其带来的祸害或许还小点；如果不幸结交了伪装成君子的小人，那祸害就非常大了。因为这些伪君子的内心世界非常复杂，一百个心思都不重样。有的表现为心理扭曲，有的表现为思想行为偏执，有的表现为如黑漆一样阴暗，有的心思复杂的像钩一样，有的如荆棘一样满身是刺，有的像刀剑一样凶残，有的像蜂蝎一样狠毒，有的像虎狼一样凶残，有表现为当官模样的，有表现为有钱模样的。即使是高举可以照鉴众生善恶的“业镜”，也难以照出这些伪君子的全部化身，因为这些伪君子的祸心隐藏得很深，它的生起和消去鬼神难测。然而你所能看到他们的外在形象，又都是一副道貌岸然的样子，并不像那些真小人那样一看就可以知晓。这一类外表看起来像麒麟、鸾鸟一样让人舒服，内心却像害人的鬼怪一样的伪君子，最喜欢与人结交，儿子你一定要谨慎啊。

【原文】

训次儿

北村别墅中，守门者前言见狐，今言见鬼，以致家人裹足[1]不敢入。昔年尔伯本拟售去，余因祖宗创建之屋，不忍舍弃，立梗其议，始得保存。尔因今岁逢大比[2]，特挈一仆，岸然往别墅读书，居处两月，安然绝无闻见，壮哉！儿志可嘉焉。本来只闻鬼畏人，未闻人畏鬼，读书人犹其不畏鬼。尝闻曹司农之弟菊存言："客夏自歙州赴扬州，固事往友人家，时当盛夏，延坐书室，甚觉凉爽，至夜深不忍去。友曰：'本拟下榻相留，奈房屋窄小，此室又有鬼，不可居人。'曹胆素壮，强居之。至夜半，有物自门隙蠕动，入室变为女子，曹若无睹。鬼忽披发吐舌作缢鬼状，曹大笑曰：'犹是发，犹是舌，何足畏哉！'鬼忽自摘其首置于案，曹又笑曰：'有首尚不畏，况无首耶！'鬼技穷而倏灭。"夫世人被鬼祟者，大抵是畏鬼之人。畏则心乱，心乱则神涣，神涣则鬼得乘之。不畏则心定，心定则神全，神全则渗戾[3]之气不能干，鬼必退之。吾儿之不见鬼，殆亦心定神全之理欤，可嘉可嘉！

【注释】

[1] 裹足：指有所顾虑而止步不前。

[2] 大比：明清时代科举考试中的乡试。

[3] 渗戾：指凶邪。

【译文】

训次儿

北村别墅里面的守门人前天说见到狐狸，今天说言见到了鬼，弄得家人有顾虑而犹豫不敢进入。以前你伯父尔伯本打算将其出售，我因考虑到这是祖宗建的房子，不忍心舍弃，当即阻止他的建议，这才得以保存下来。你因今年正遇上乡试，特地带一仆人，到别墅里规规矩矩地读书，住了两个月，一直很安全，根本没有看到听到鬼狐的踪迹，这了不起啊！儿的志气可嘉。本来嘛，只听说过鬼怕人，未听说过人怕鬼，读书人更不应该怕鬼。曾听曹司农之弟菊存说："有一次夏天外出自歙州赴扬州，因为有事去一位友人家，时当盛夏，被安排在书房就坐，因为觉得书房很凉爽，夜深了也不想离开。友人说：‘本来应该留你住下了的，无奈我家房屋窄小，这书房又闹鬼，不能住人啊。’曹菊存平常就胆大，硬是住了下来。到了半夜，有一个动物从门缝那里慢慢移动进来，进入室内后就变为一女子，曹菊存就当没看见一样。鬼忽然披发吐舌，作出吊死鬼的样子，曹菊存大笑道：‘还不就是头发，舌头吗，有什么值得害怕的！’鬼忽然把头摘下来放在案上，曹菊存又笑道：‘有头我尚且不怕，何况现在无头呢！’鬼黔驴技穷，只好消失了。”世人凡是被鬼迷惑的，大概是怕鬼之人。畏则心乱，心乱了精神就涣散，精神涣散了，鬼就有可乘之机。如果不害怕，心就安定，心灵安定则神气充足，神气充足则妖邪之气不能侵犯，鬼自然就知难而退了。我的儿子之所以没有看见鬼，一定是心灵安定神气充足的缘故，值得表扬，值得表扬！

【原文】

训三儿

尔好射猎，前已告诫，可曾遵改否？尔须知无端残杀生物，终必偿命。余同年[1]申铁蟾为陕西试用知县，前月忽寄一札与余，词意恍惚迷离，殊难索解，绝不类其平日之手笔，知其改常，必有变端。未几，讣音果至。既而邵二云赞善告我云：“铁蟾在西安，病后入山射猎，归见目前二圆物，旋转如轮，瞑目亦见之，忽然圆物爆裂，跃出二小婢，称仙女奉邀，魂即随之往。琼楼贝阙[2]中，一绝代丽姝，通词自媒。铁蟾固辞，女子老羞成怒，挥之出，霍然而醒。越月余，睡后又见二圆物，如前爆出二小婢，邀之往一幽深宅第，问：‘此何地？邀我何为？’曰：‘佛桑请题堂额。’因为八分书‘佛桑香界’四字。前女子又来自媒，谢以不惯居此，女怒，强奉其首而吮其脑，痛极而醒。遂大病，请方士李某诊治，进以赤丸，呕逆而卒，人皆谓其好猎之报[3]。”尔在青年，正当发奋求学，猎兽之事，非尔所为，兼之铁蟾之前车可鉴，岂不殆哉！

【注释】

[1] 同年：明清时代乡试、会试同榜登科者。

[2] 琼楼贝阙：华丽的宫殿楼阁。

[3] 好猎之报：因嗜好射猎而得的报应。

【译文】

训三儿

你喜欢射猎，以前我已告诫过你，可曾遵照改正了？你应该知道无缘无故残杀动物，最终一定会偿命的。我的同年登科者申铁蟾是陕西尚在试用期内的知县，前月忽然寄来一封信给我，信里的内容云山雾罩，晦涩难懂，绝不和他平日的手笔相似，我意识到他一反常态，必定是有什么变故。没多久，噩耗就传来了。随后邵二云赞善告诉我：“铁蟾在西安的时候，病后进山打猎，归来途中看见眼前二个圆形动物，如轮子一样旋转，闭上眼睛也能看见，忽然圆形物爆裂，跳出二位小婢女，称奉仙女之命特来相邀，铁蟾的魂魄就即随她们去了。在华丽的宫殿楼阁中，伫立着一绝色美女，满口都是自我做媒。铁蟾坚决地推辞，女子恼羞成怒，挥手把铁蟾扔了出来，突然就醒了。过了一个多月，睡后又看见二个圆形动物，像以前一样跳出二位小婢女，邀他到一座幽深宅第去，他就问：‘这是哪里？邀我到这里来做什么？’对方答：‘佛桑请你题堂额。’他就给题了八分书‘佛桑香界’四个字。上次那位女子又来自我做媒，他以不习惯居在这个地方为由加以婉拒。那女子大怒，硬抱住他的头吸其脑浆，他疼痛至极，就醒了。于是得了大病，请来方士李某诊治，吃下红丸后，呕吐致死，人们都说他这是好打猎得到的报应。”你处青年时期，正应该发奋求学，猎兽之类的事，不是你该做的，铁蟾的经历你也要借鉴，那样难道不危险吗！

【原文】

训诸子

余家托赖祖宗积德，始能子孙累代居官。惟我禄秩[1]最高。自问学业未进，天爵未修，竟得位居宗伯[2]，只恐累代积福，至余发泄尽矣。所以居下位时，放浪形骸，不修边幅[3]，官阶日益进，心忧日益深。古语不云乎：“跻愈高者陷愈深。”居恒用是兢兢，自奉日守节俭，非宴客不食海味，非祭祀不许杀生。余年过知命[4]，位列尚书，禄寿亦云厚矣，不必再事戒杀修善，盖为子孙留些余地耳。

尝见世禄之家，其盛焉位高势重，生杀予夺，率意妄行，固一世之雄也。及其衰焉，其子若孙，始则狂赌滥嫖，终则卧草乞丐，乃父之尊荣安在哉？此非余故作危言以耸听。吾昔年所购之钱氏旧宅，今已改作吾宗祠[5]者，近闻钱氏子已流为叫化，其父不是曾为显宦者乎？尔辈睹之，宜作为前车之鉴。

勿持傲慢，勿尚奢华，遇贫苦者宜赒恤[6]之，并宜服劳。吾特购粮田百亩，雇工种植，欲使尔等随时学稼，将来得为安分农民，便是余之肖子，纪氏之鬼，永不馁矣！尔等勿谓春耕夏苗、胼手胝足[7]，乃属贱丈夫之事。可知农居四民之首、士为四民之末？农夫披星戴月，竭全力以养天下之人。世无农夫，人皆饿死，乌可贱视之乎？戒之戒之！

【注释】

[1] 禄秩：官位和俸禄。

[2] 宗伯：《周礼》中的六卿之一，掌宗庙祭祀等事。此指在礼部担任官职。

[3] 不修边幅：形容随随便便，不拘礼节。

[4] 年过知命：出自《论语·为政》："五十而知天命。"后用"知命"指五十岁。此为年纪已经五十多岁。

[5] 宗祠：家庙，同族人祭祀祖先的祠堂。

[6] 赒恤：周济救助。

[7] 胼手胝足：手脚磨起老茧，形容劳苦。

【译文】

训诸子

我们家凭借祖上积下的功德，子孙几代人都能做上官。只有我的俸禄官位最高，可我明白自己没有多大学问，也没有高尚的道德修为，现在居然坐上了宗伯这样尊崇的位子，只怕是几代人所修来的福分到我这里已用尽了啊。所以我在做小官时，就故意放浪形骸，不修边幅。随着官位逐渐提升，心里的担忧也一天天地加深。古人不是说吗："爬得越高，掉下来摔得就越深。"我平时总是小心谨慎，自觉遵守节俭的习惯，如果不是宴请客人就不吃山珍海味，如果没有祭祀就不杀生。我已经过了知命之年，如今官居尚书，俸禄也很丰厚，寿命也长。我如今不再戒除杀生以修善行，这主要是为了给子孙后代留下修养善行的余地。

曾见过有些世代吃朝廷俸禄的家族，在兴盛的时候位高势重，对于百姓生死予夺，随心所欲胡作非为，也算为一个时期的枭雄。等到家族衰败的时候，那些子孙后代就开始狂赌滥嫖，最终只能睡在乱草中以乞讨为生，此时他们父辈们的尊荣又在哪里呢？这并不是我故意危言耸听。我以前买的钱氏的旧宅院，现在已改成了我们家的家庙。近来听说钱家的儿子已沦落成了叫花子，他的父亲不也曾是地位显赫的大官吗？你们看到这个例子，应该把它作为前车之鉴。

待人不要傲慢无礼，也不要崇尚奢华的生活，遇到贫苦的人应当周济体恤他们，而且你们应当参加一些体力劳动。我特地购买了上百亩的粮田，雇用别人来种，这是想让你们能随时学习如何耕种，以便将来能成为安分守己的农民，这样才像我的儿子，如此我们家的祖先也可以永远得到后人祭祀，不至于挨饿了！你们不要认为春耕夏种，累得手脚长满茧子，只是地位低下的男人才做的事。你等可知农民位居社会各阶层的首位，读书人却处于末位这个事？农民披星戴月，竭尽全力地辛勤劳作，才养活了天下的人。如果世界上没有农民，人都会饿死，怎么能轻视他们呢？你们要时刻警戒自己哟。

【点评】

《训大儿》所谈的是教其如何交友，明确指出伪君子最能害人，切不可交往，其次小人也不可交。至于伪君子如何识别，作者列举了伪君子的几种类型及其行为特征，以让儿子甄别。

《训次儿》主要谈鬼与自我修养问题，赞扬儿子不怕鬼，如此才能心定，而心定则神全，就能正常读书做事。

《训三儿》主要谈的是不要杀生的问题。

《训诸子》则是警示他们要居安思危，不傲慢，不过奢华生活，要救济贫苦者，并学些农业生产技能，以备将来之需。

这些家书都是告诫儿子们，世事无常，修德乃立身之本，择友特别重要，不杀生，不怕鬼可保平安，生存技能必须有。这些家书的内容表明作者虽身居高位，却对社会现实和未来有很清醒的认识，其对诸子的怜爱之情跃然纸上。

章学诚：家书

【原文】

夫学贵专门，识须坚定，皆是卓然自立，不可稍有游移者也。至功力所施，须与精神意趣相为浃洽[1]，所谓乐则能生，不乐则不生也。昨年过镇江访刘端临教谕，自言颇用力于制数[2]，而未能有得，吾劝之以易意[3]以求。夫用功不同，同期于道。学以致道，犹荷担以趋远程也，数休[4]其力而屡易其肩，然后力有余而程可致也。攻习之余，必静思以求其天倪[5]，数休其力之谓也。求于制数，更端[6]而究于文辞，反覆而穷于义理，循环不已，终期有得，屡易其肩之谓也。夫一尺之捶，日取其半，则终身用之不穷，专意一节，无所变计，趣固易穷，而力亦易见细也。但功力屡变无方，而学识须坚定不易。亦犹行远路者，施折惟其所便，而所至之方，则未出先定者矣。

【注释】

[1] 浃洽：深入沾润。

[2] 制数：限量；定法。

[3] 易意：改变方法。

[4] 休：休息，此处指节省。

[5] 天倪：事物本来的差别。

[6] 更端：书写时换行。此处指另一边。

【译文】

为学贵在专一，但识见必须坚定，这都是在做学问上卓然自立的重要条件，不可游移不定。至于功夫力气用在哪里，应该与自己的精神志趣相协调。这就是人们所说的做能让自己喜欢的事就容易成功，做不喜欢做的事就不容易成功。去年我过镇江时拜访刘端临教谕，他自己说在定法方面很用功，但是好像没有什么收获，我劝说他不妨改变方法试一试。用功的方法不同，但都是为了达到同一个目标——致道。做学问为了致道，就像负重走远路，为了节省体力换肩膀，然后才能有余力到达远方。在努力学习之余，必须冷静思考以求找出事物本来的区别，这就是上面说的换肩膀的意思。研究定数，同时还要讲究文辞，在义理方面反复研究探讨，像这样循环下去，最终会有收获的，这就是所说的多次换肩。一尺长的捶，每天截取一半，永远也不会截取完，可以用终身。专心于一个问题，不作变更，兴趣固然容易变小，而所用的功力也容易变细小。只是功力可以多次改变，但学识必须坚定不易。这也就像走远路那样，根据方便的原则固然会走一些曲折的路，但要去的地方不会超出原先预定的范围。

【点评】

章学诚在这篇文章中，讲述的是读书做学问的方法。他认为在这个问题上，首先应该用心专一，目标坚定，然后方法可以灵活多样，只要能服务于目标就可以。此外，文中所提“乐”即兴趣的问题，其观点很有现实意义。告诉我们，只有培养出兴趣，才可能学好做好功课。

林则徐：家书四篇（节选）

【原文】

大儿知悉：

父自正月十一日动身赴广东，沿途经五十余日，今始安抵羊城。风涛险恶，不可言喻，惟静心平气，或默背五经，或返躬思过，故虽颠簸不堪，而精神尚好，因思世途险巇[1]，不亚风涛，入世者苟非先胸有成竹，立定脚根，必不免为所席卷以去。近朱者赤，近墨者黑，此择友之道应尔也。若于世事，则应息息谨慎，步步为营，若才不逮而思侥幸，或力不及而谋躐等[2]，又或胸无主宰，盲人瞎马，则祸患之来，不旋踵[3]矣。此为父五十年阅历有得之谈，用以切嘱吾儿者也。汝母汝弟，身体闻均安好。汝二弟且极用功好学，父闻之，心为一快。客居在外，饥饱寒暖，须时加调护；友朋应酬，虽不可少，而亦要有限制；批阅公牍，更宜仔细，切不可假手他人。对于长官，尤应恭顺小心，即同僚之间，亦应虚心和气。为父做官三十年，未尝以疾言遽色加人，儿随父久，当亦目睹之也。闲是闲非，不特少管，更应少听，一有差池，不但殃及汝身，即为父亦有不测也。慎之慎之！

元抚[4]手示

【注释】

[1] 险巇：险峻崎岖。

[2] 躐等：超越等级。

[3] 不旋踵：来不及转身，比喻时间极短。

[4] 元抚：指作者。林则徐字元抚。

【译文】

大儿知悉：

我在正月十一日动身去广东，沿途经过了五十多天，今天才安全抵达羊城广州。一路上风高浪急，其凶险程度无法用言语来形容。我只能平心静气应对，有时背诵圣人经典，有时反省自己的过失。所以尽管一路颠簸，但我的精神还可以。就想到人生之路也很险峻，不次于江海上的风浪，所以初入社会的人如果不能首先做到胸有成竹，立稳脚跟，肯定难免被这些风浪席卷而去。近朱者赤，近墨者黑，这是选择朋友时应该注意的问题。如果是应对世间事，应时刻小心谨慎，步步为营。假如才华不足又想侥幸成功，或者能力不足还奢望越级上升，又或者自己没有主见，像盲人骑瞎马那样行事，那么灾祸就会一个接一个地到来。这些都是我五十年来人生阅历的心得，用来深切嘱咐你的。听说你的母亲和弟弟身体都安好，而且你的二弟极其用功好学，我听到后，心中为之而高兴。你客居在外，饥饱冷暖这些事要时时刻刻调理好。朋友之间的应酬，虽然是不可少之事，但也要适度节制。批阅公文时，更要分外细心，这种事千万不要让别人代劳。对于上级长官，更应恭顺小心；即使是同事之间也要虚心和气。我做官三十年来，对人从来没有疾声厉色过，你跟我在一起已经很久了，也应当看到过。对于别人的是非闲话，不但要少管，更应该少听。因为一旦有什么差错，不但祸事会殃及到你，就是我这个父亲也会遭遇不测。请你务必要万分谨慎！

元抚手示

【点评】

这封家书告诉其长子要洞悉社会的险恶，谨慎交友，踏实工作，减少不必要的应酬，谦虚待人，别理会闲言碎语，重要工作要亲力亲为，注意照顾身体。全文体现了深切的父爱。

【原文】

覆长儿汝舟

字谕汝舟儿知悉：

接来信，知已安然抵家，甚慰。母子兄弟夫妇，三年隔别，一旦重逢，其快乐当非寻常人所可言喻。今将新岁矣，辛盘卯酒，团圆乐叙，亦家庭间一大快事。父受恩高厚，不获岁时归家。上拜祖宗，下蓄妻子，枨触[1]为何如？唯有努力报国，以上答君恩耳。官虽不做，人不可不做。在家时应闭户读书，以期奋发。一旦用世，致不致上负高厚，下玷祖宗。吾儿虽早年成功，折桂探杏，然正皇恩浩荡，邀幸以得之，非才学应如是也。此宜深知之。即为父开八轩、握秉衡[2]，亦半出皇恩之赐，非正有此才力也。故吾儿益宜读书明理，亲友虽疏，问候不可不勤；族党虽贫，礼节不可不慎。即兄弟夫妇间，亦宜尽相当之礼。持盈乃可保泰，慎勿以作官骄人。而用力之要，尤在多读圣贤书，否则即易流于下。古人仕而优而学，吾儿仕尚未优，而可夜郎自大、弃书不读哉？次儿去岁可不必来，风雪严寒，道途跋涉，实足令为父母者不安，姑俟明春三月，再来未迟。吾儿更可不必来，家有长子曰家督[3]，持家事母，正吾儿应为之事、应尽之职，毋庸舍彼来此也。父身体甚好，入冬后曾服补药一帖，精神尚健，饮食起居，亦极安适，毋念。

元抚手谕

【注释】

[1] 枨触：感触，感动。

[2] 开八轩、握秉衡：指身居高位。

[3] 家督：长子。古代把长子称为家督。

【译文】

覆长儿汝舟

字谕汝舟儿知悉：

收到了你的来信，知道你已安全到家，甚是心慰。母子兄弟夫妇分别三年了，一旦重逢，其中的快乐应该不是寻常人可以言说的。现在快到新年了，辛盘卯酒，一家人团圆，一起欢叙，也是家庭的一大快乐事。为父我受皇上重恩，不能够在过年的时候回家。你在家上祭拜祖宗，下亲近妻子，感触该是怎样的呢？唯有努力报国以对上报答君恩而已。虽然你现在不做官了，但人不可不做。你在家时应闭门读书，以期来日奋发图强。一旦有机会再出来做官，不至于上负朝廷厚重的恩典，下玷污祖宗的名声。我儿虽然早年就很成功，考取了功名，然而这正是因为皇恩浩荡才侥幸获得的，并不是凭着你的才学做到的。对此你应该有特别清醒的认识。即使为父如今身居高位，一半的原因也是拜皇恩所赐，并不是我自己就有这个能力。所以我儿更应该读书明理，亲友虽然比较疏远，平常的问候却不能不多；族党虽然贫困，该有的礼节不可不谨慎。即使是兄弟夫妇之间，也应该尽合适的礼节。在富贵极盛的时候要小心谨慎，避免灾祸，这样才能保持住原来的地位，不要因做官而对别人骄横。你目前该下功夫的关键点在于多读圣贤的书，否则你就会流于平庸。古人做官做得好了就开始好好读书，我儿做官尚未达到优秀，难道可以夜郎自大、弃书不读吗？我次子今年就不要来了，风雪严寒，道途跋涉，这些足以令做父母的感到不安，暂且等明春三月再来不迟。我儿你更不要来了，“家有长子曰家督”，操持家务侍奉母亲，正是我儿应该做的事、应尽的职责，不要放下这么重大的事跑到我这边来。为父身体很好，入冬后曾服用过一帖补药，精神还算康健，饮食起居也很安适，毋念。

元抚手谕

【点评】

林则徐这封家书主要内容是告诉孩子回到家乡后要持盈保泰，保持低调做人，不能慢待亲友族人，该有的礼数不能少。同时要有自知之明，抓紧时间多读书以增长见识，提升水平。全篇语气温和，娓娓道来，父子之情有充分的体现。

【原文】

训次儿聪彝

字谕聪彝儿：

尔兄在京供职，余又远戍塞外。惟尔奉母及弟妹居家，责任綦重[1]，所当谨守者有五：一须勤读敬师，二须孝顺奉母，三须友于爱弟，四须和睦亲戚，五须爱惜光阴。

尔今年已十九矣，余年十三补弟子员，二十举于乡。尔兄十六入泮[2]，二十二登贤书。尔今犹是青衿一领。本则三子中，惟尔资质最钝，余固不望尔成名，但望尔成一拘谨笃实子弟。尔若堪弃文学稼[3]，是余所最欣喜者。

盖农居四民之首，为世间第一等最高贵之人。所以余在江苏时，即嘱尔母购置北郭隙地，建筑别墅，并收买四围粮田四十亩，自行雇工耕种，即为尔与拱儿，预为学稼之谋。尔今已为秀才矣，就此抛撇诗文，常居别墅，随工人以学习耕作，黎明即起，终日勤勤而不知倦，便是长田园之好子弟。

至于拱儿，年仅十三，犹是白丁[4]，尚非学稼之年，宜督其勤恳用功。姚师乃侯官名师，及门弟子，领乡荐，捷礼闱[5]者，不胜偻指计。其所改拱儿之窗课，能将不通语句，改易数字，便成警句。如此圣手，莫说侯官士林中，都推重为名师，只恐遍中国亦罕有第二人也。拱儿既得此名师，若不发愤攻苦，太不长进矣。前月寄来窗课五篇，文理尚通，惟笔下太嫌枯涩，此乃欠缺看书工夫之故。尔宜督其爱惜光阴，除诵读作文外，余暇须批阅史籍。惟每看一种，须自首至末，详细阅完，然后再易他种，最忌东拉西扯，阅过即忘，无补实用。并须预备看书日记册，遇有心得，随手摘录。苟有费解或疑问，亦须摘出，请姚师讲解，则获益良多矣！

【注释】

[1] 綦重：极为重要。

[2] 入泮：指入学。

[3] 弃文学稼：不从事科举考试，而务农事。

[4] 白丁：指未取得功名的平民。

[5] 礼闱：明清时代会试，因其为礼部主办，故称礼闱。

【译文】

训次儿聪彝

字谕聪彝儿：

你兄长在京城供职，我又谪戍在遥远的塞外伊犁，只有你在家侍奉母亲和照应弟妹，你的责任十分重大，应当谨慎恪守的规矩有以下五条：一是要勤奋读书，尊敬老师；二是孝顺母亲，小心侍奉；三是要关心爱护弟弟；四是要与亲戚和睦相处；五是要珍惜光阴。

你今年已经十九岁了，我当年十三岁就补为生员，二十岁通过乡试中了举人。你的哥哥汝舟也是十六岁成为生员，二十二岁中举，但你至今还是个秀才。本来我的三个孩子中，你比较鲁钝一些，所以我一直不指望你能读书成名，只是希望你成为一个忠厚至诚的好后生。你如果能放弃科举而去务农，那将是我最高兴的事！

农民在士农工商中居于首位，是人世间第一等高贵之人。所以我当年在江苏任职时，就嘱咐你母亲购置了一块苏州北郊的空地，建了一处房舍，还收购了四周四十亩农田，雇人耕种，这块地就是为你和你的弟弟拱枢务农预先准备的。你现在已是秀才，若能就此抛弃诗文，搬到苏州北郊那里的房间里，跟着雇工学耕种，清早起床，整天劳作而不知疲倦，就算是农家好子弟。

至于拱儿，现在年仅十三岁，还是没有功名的平民百姓，还没有到学农事的年纪，应该督促他勤恳用功读书。姚师是侯官一带的名师，受业弟子里，获得乡里推荐，会试成功者，不可胜数。他所改的拱儿的作业，能将不通的语句改换几个字后，便成了警句。如此水平的圣手，不要说在侯官士林中被推重为名师，只恐怕在全中国也很少有第二人。拱儿既然得此名师指导，若不发愤苦学，就是太不长进了。前月寄来的五篇习作诗文，文理还算通顺，只是文字太过枯涩，一看就是读书下的功夫不够。你应该督促其爱惜光阴，除诵读作文外，有空就阅览史籍。只是每看一种书，须从头到尾详细看完，然后再换其他的书，最忌东拉西扯，看过即忘，对实用没有帮助。还要预备看书的日记册，遇到有心得的时候，随手摘录。如果有费解或疑问处，亦要摘录出来，再请姚师讲解，那么获益会很多的！

【点评】

这封家书除了教次儿谨守持家的五条规矩外，还提出了两个重要观点：一是每个人的天赋个性不同，其成才的途径也不一样，适合读书的就读书，适合种田的就学种田，体现了林则徐因材施教的思想；二是读书要讲究方法，作文之外，多读史籍，要认真读，且要做笔记。如此可有收获。

【原文】

训三儿拱枢

字谕[1]拱儿知悉：

尔年已十三矣，余当尔年，已补博士弟子员[2]。尔今文章尚未全篇，并且文笔稚气[3]，难望有成，其故由于不专心攻苦[4]所致。昨接尔母来书，云尔喜习画，夫画本属一艺，古来以画传名者，指不胜屈，不过泰半[5]是名士高人，达官显宦，方足令人敬慕。若心中茅塞未开，所画必多俗气，只能充作画匠耳。若欲成画师，须将腹笥储满[6]，诗词兼擅，薄有微名，则画笔自必超脱，庶不被人贱视也。

【注释】

[1] 字：指书信。谕：告诉、吩咐。旧时常用于上级对下级或长辈对晚辈。

[2] 博士弟子员：汉武帝设博士官，置弟子员。此指由最初级的考试中入府、县学之人。

[3] 稚气：不成熟。

[4] 攻苦：刻苦攻读。

[5] 泰半：同“太半”，即过半。

[6] 腹笥储满：腹中装满学问。笥，盛饭或衣物的方形竹器。

【译文】

训三儿拱枢

字谕拱儿知悉：

你已经十三岁了，我在你这个年龄，已补上了博士弟子员。你现在连一篇文章都不能写完整，并且文笔也不成熟，难以指望将来会有什么成就，原因就是不专心苦读才导致这样的。昨天接到你母来的书信，说你喜欢学画。绘画本属于一门技艺，自古以来以画留下美名的数不过来，不过大半都是名士高人，达官显宦，才足以让人敬慕。如果心中茅塞未开，所画的东西必然多带俗气，只能勉强充作画匠。如果想欲成为画师，必须将腹中装满学问，并且诗词都很擅长，在社会上有些名气，那么画笔自然就会超凡脱俗，只有这样的画师才不会被人所轻视。

【点评】

这篇家书评价了其三子的学习状态，指出了其存在的不足并分析其原因在于不专心，下的功夫不够。关于绘画一事，林则徐的看法很尖锐，他认为一般人难以在这方面获得大成就，只有学问好、善诗词的人，才能够画出超凡的作品。这也是告诫其三子这条路不好走，如果一定要学画，那就要努力学习，提升自己的学养水平和诗词创作能力，达到一定境界后，才能出类拔萃。

曾国藩：家书九篇（节选）

【原文】

致诸弟

吴竹如近日往来极密，来则作竟日[1]之谈，所言皆身心国家大道理。竹如必要予搬进城住，盖城内镜海先生可以师事，倭艮峰先生可以友事，师友夹持，虽懦夫亦有立志。予思朱子言，为学譬如熬肉，先须用猛火煮，然后用慢火温。予生平工夫，全未用猛火煮过。虽有见识，乃是从悟境得来。偶用功，亦不过优游玩索已耳，如未沸之汤，遽[2]用慢火温之，将愈煮愈不熟也。

镜海、艮峰两先生，亦劝我急搬。而城外朋友，予亦有思常见者数人，如邵蕙西、吴子序是也。蕙西常言："'与周公瑾交，如饮醇醪'，我两个颇有此风味。"故每见辄长谈不舍。子序之为人，予至今不能定其品，然识见最大且精，尝教我云，"用功譬若掘井，与其多掘数井而皆不及泉，何若老守一井，力求及泉而用之不竭乎？"此语正与予病相合，盖予所谓掘井而皆不及泉者也。

吾辈读书，只有两事，一者进德之事，讲求乎诚正修齐之道，以图无忝所生；一者修业之事，操习乎记诵词章之术，以图自卫其身。进德之事难于尽言，至于修业以卫身，吾请言之。卫身莫大于谋食，农工商劳力以求食者也，士劳心以求食者也。故或食禄于朝，教授于乡，或为传食之客，或为入幕之宾，皆须计其所业，足以得食而无愧。科名者，食禄之阶也，亦须计吾所业，将来不至尸位素餐，而后得科名而无愧。食之得不得，穷通由天作主，予夺由人作主；业之精不精，则由我作主。

然吾未见业果精而终不得食者也。农果力耕，虽有饥馑必有丰年；商果积货，虽有雍滞必有通时；士果能精其业，安见其终不得科名哉？即终不得科名，又岂无他途可以求食者哉？然则特患业之不精耳。求业之精，别无他法，曰专而已矣。谚曰："艺多不养身"，谓不专也。吾掘井多而无泉可饮，不专之咎也！

诸弟总须力图专业，如九弟志在习字，亦不必尽废他业；但每日习字工夫，断不可不提起精神，随时随事，皆可触悟。四弟六弟，吾不知其心有专嗜[3]否？若志在穷经，则须专守一经；志在作制义[4]，则须专看一家文稿；志在作古文，则须专看一家文集。作各体诗亦然，作试帖亦然，万不可以兼营并骛[5]，兼营则必一无所能矣。切嘱切嘱！千万千万！

兄国藩手具

道光二十二年九月十八日

【注释】

[1] 竟日：整天。

[2] 遽：马上。

[3] 嗜：喜好。

[4] 制义：八股文。

[5] 兼营并骛：同时做多个事情。

【译文】

致诸弟

吴廷栋最近和我来往得比较频繁，来了就整天交谈，所论都是有关修身养心治国齐家一类的事。吴廷栋要我搬进京城里住，因为城里唐镜海先生可以做我的老师，倭艮峰先生可以做我的朋友，有老师和朋友共同帮助，即使是懦夫也会树立志向。我思量着朱子说过，做学问好比烧肉，先要用大火煮，然后用慢火炖。我生平的工夫，全都没有用大火煮过。虽然有些见识，也是从个人领悟中得到的。偶尔下点功夫，也不过悠闲玩味而已。如同没有煮沸的汤，即刻用小火温，越温越不熟了。

镜海、艮峰两位先生也劝我快点搬家。但我城外的朋友也有想常常见面的几位，如邵蕙西、吴子序等。邵蕙西常说："'和周瑜交往，就像喝醇香可口的酒酿'，我们两个人的交往情景很有这种特征。"所以每次见面都会长谈，舍不得分别。至于子序的为人，我至今还不能确定他的品级，但是他的见识却最为博大精深。他曾经教导我说："读书用功就好比挖井，与其挖好多口井却都没挖到井水，哪里比得上固守着一口井，直到挖到泉水而取之不尽呢？"这话正切合了我的毛病，因为我就是一个挖多口井却都见不到泉水的人。

我们读书，只须做两件事：一件事是提升道德修为，追求的是心意真诚思想端正修身齐家的大道，以此不愧对生身父母；另一件事是研习学业，练习默记背诵诗文的技巧，做到自立自强。提升道德这样的事，很难一下子说清楚。至于研习学业自强的事，我倒是可以说几句。若要自立自强，没有比谋生更大的事了。农民、工人、商人是以体力劳动来谋生的；读书人是以脑力劳动来谋生的。所以，有人在朝廷做官拿俸禄，有人在乡里教书，有人做名士官宦家的门客，有人做达官显爵的幕僚宾客，都需要考虑他们的专长，能够借以谋生而无愧于心。通过科举考试获得功名，是当官拿俸禄的途径，当然这要看自己的学业水平，以保证将来不会尸位素餐，这样的话，得到科举功名以后，心里才不会惭愧。职业做得了还是做不了，是困厄还是显达，由老天说了算，赐予还是剥夺入职的机会，由别人说了算；而学业精深不精深，则完全由自己做主。

但我没有见过学业精深而最终却谋不到职业的。农民如果努力耕种，虽然会有饥荒但一定会有丰年；商人如果囤积了货物，虽会有积压但一定也有畅销的时侯；读书人如果能精通学业，怎见得他最终不会谋取功名呢？即使最后没有得到科举功名，难道就没有其他谋生的途径吗？所以啊只怕是学业不精。而要想学业精深，没有别的办法，就是专一。谚语说：“技艺多了，却不够维持生活”，这是说不专一的坏处。我挖井多却没有泉水可以饮用，就是不专一的惩罚。

列位弟弟务必要专一于一门学业，如九弟有志于书法，也没有必要废弃其他学业，只是每天写字的时候，要打起精神来，任何时候任何事情，就都可以领会。至于四弟、六弟，我不知道你们心里是否有专注于一门功课的爱好？如果志向在研习儒家经典，就应该专门研究一种经书。如果志在学八股文，那么应该专门研究一家的文稿。如果志在作古文，就应该专门看一个人的文集。做各种体裁的诗词也是如此，做敷衍科举检测的试帖诗也是如此，千万不可以各门学业同时兼顾，样样都学一定会一无所长。切嘱切嘱！千万要牢记在心！

哥哥曾国藩手写

道光二十二年九月十八日

【点评】

这篇家书提出了一个重要观点，即学习水平自己可以做主。只要专心于一门学问，努力钻研，一定可以有所成就。那种贪大求多，心有旁骛的学习方法是没有什么效果的。做学问是如此，做其他任何事也是如此。这启示我们，学一行，就要精一行。人的精力是有限的，不可能样样精通。这是专与博的辩证关系。

【原文】

致诸弟

四位老弟足下：

十月二十一接九弟在长沙所发信，内途中日记六叶，外药子一包。二十二接九月初二日家信，欣悉以慰。

自九弟出京后，余无日不忧虑，诚恐道路变故多端，难以臆揣。及读来书，果不出吾所料。千辛万苦，始得到家。幸哉幸哉！郑伴之下不足恃，余早已知之矣。郁滋堂如此之好，余实不胜感激。在长沙时，曾未道及彭山屺，何也？又为祖母买皮袄，极好极好，可以补吾之过矣。

观四弟来信甚详，其发愤自励之志，溢于行间。然必欲找馆出外，此何意也？不过谓家塾离家太近，容易耽搁，不如出外较清净耳。然出外从师，则无甚耽搁；若出外教书，其耽搁更甚于家塾矣。且苟能发奋自立，则家塾可读书，即旷野之地、热闹之场亦可读书，负薪牧豕[1]，皆可读书；苟不能发奋自立，则家塾不宜读书，即清净之乡、神仙之境皆不能读书。何必择地？何必择时？但自问立志之真不真耳！

六弟自怨数奇[2]，余亦深以为然。然屈于小试辄发牢骚，吾窃笑其志之小，而所忧之不大也。君子之立志也，有民胞物与[3]之量，有内圣外王[4]之业，而后不忝[5]于父母之所生，不愧为天地之完人。故其为忧也，以不如舜不如周公为忧也，以德不修学不讲为忧也。是故顽民梗化[6]则忧之，蛮夷猾夏则忧之，小人在位贤人否闭则忧之，匹夫匹妇不被己泽则忧之。所谓悲天命而悯人穷，此君子之所忧也。若夫一身之屈伸，一家之饥饱，世俗之荣辱得失、贵贱毁誉，君子固不暇忧及此也。

六弟屈于小试，自称数奇，余窃笑其所忧之不大也。盖人不读书则已，亦既自名曰读书人，则必从事于《大学》。《大学》之纲领有三；明德、亲民、止至善，皆我分内事也。若读书不能体贴到身上去，谓此三项与我身毫不相涉，则读书何用？虽使能文能诗，博雅自诩，亦只算识字之牧猪奴[7]耳！岂得谓之明理有用之人也乎？朝廷以制艺取士，亦谓其能代圣贤立言，必能明圣贤之理，行圣贤之行，可以居官莅民、整躬率物也。若以明德、新民为分外事，则虽能文能诗，而于修己治人之道实茫然不讲，朝廷用此等人作官与用牧猪奴作官何以异哉？

然则既自名为读书人，则《大学》之纲领，皆己立身切要之事明矣。其条目有八，自我观之，其致功之处，则仅二者而已，曰格物，曰诚意。格物，致知之事也；诚意，力行之事也。物者何？即所谓本末之物也。身、心、意、知、家、国、天下皆物也，天地万物皆物也，日用常行之事皆物也。格者，即物而穷其理也。如事亲定省，物也；究其所以当定省之理，即格物也。事兄随行，物也；究其所以当随行之理，即格物也。吾心，物也；究其存心之理，又博究其省察涵养以存心之理，即格物也。吾身，物也；究其敬身之理，又博究其立齐坐尸以敬身之理，即格物也。每日所看之书，句句皆物也；切己体察，穷其理即格物也。此致知之事也，所谓诚意者，即其所知而力行之，是不欺也。知一句便行一句，此力行之事也。此二者并进，下学在此，上达亦在此。

吾友吴竹如[8]格物工夫颇深，一事一物，皆求其理。倭艮峰[9]先生则诚意工夫极严，每日有日课册，一日之中，一念之差，一事之失、一言一默皆笔之于书。书皆楷字，三月则订一本。自乙未年起，今三十本矣。盖其慎独之严，虽妄念偶动，必即时克治，而著之于书。故所读之书，句句皆切身之要药。兹将艮峰先生日课抄三叶付归，与诸弟看。余自十月初一日起亦照艮峰样，每日一念一事，皆写之于册，以便触目克治，亦写楷书。冯树堂与余同日记起，亦有日课册。树堂极为虚心，爱我如兄弟，敬我如师，将来必有所成。余向来有无恒之弊，自此次写日课本子起，可保终身有恒矣。盖明师益友，重重夹持，能进不能退也。本欲抄余日课册付诸弟阅，因今日镜海先生来，要将本子带回去，故不及抄。十一月有摺差，准抄几叶付回也。

余之益友，如倭艮峰之瑟僩[10]，令人对之肃然；吴竹如、窦兰泉之精义，一言一事，必求至是；吴子序、邵慧西之谈经，深思明辨；何子贞之谈字，其精妙处，无一不合，其谈诗尤最符契[11]。子贞深喜吾诗，故吾自十月来已作诗十八首。兹抄二叶，付回与诸弟阅。冯树堂、陈岱云之立志，汲汲不遑[12]，亦良友也。镜海先生，吾虽未尝执贽[13]请业，而心已师之矣。

吾每作书与诸弟，不觉其言之长，想诸弟或厌烦难看矣。然诸弟苟有长信与我，我实乐之，如获至宝。人固各有性情也。

余自十月初一起记日课，念念欲改过自新。思从前与小珊有隙，实是一朝之忿，不近人情，即欲登门谢罪。恰好初九日小珊来拜寿，是夜余即至小珊家久谈。十三日与岱云合伙，请小珊吃饭。从此欢笑如初，前隙盖尽释矣。

金竺虔报满用知县，现住小珊家，喉痛月余，现已全好。李笔峰在汤家如故。易莲舫要出门就馆，现亦甚用功，亦学倭艮峰者也。同乡李石梧已升陕西巡抚。两大将军皆锁拿解京治罪，拟斩监候。英夷之事[14]，业已和抚。去银二千一百万两，又各处让他码头五处。现在英夷已全退矣。两江总督牛鉴，亦锁解刑部治罪。

近事大略如此。容再续书。

兄国藩手具

道光二十二年十月二十六日

【注释】

[1] 负薪牧豕：背柴，放猪。

[2] 数奇：运气不好。

[3] 有民胞物与：出自北宋大儒张载的著述《西铭》："民吾同胞，物吾与也。"指泛爱一切人和物。

[4] 内圣外王：出自《庄子·天下》："是故内圣外王之道，闇而不明，鬱而不发，天下之人，各为其所欲焉，以自为方。"古代修身为政的最高理想。谓内具有圣人之至德，外推行王者之善政。

[5] 不忝：无愧。

[6] 梗化：谓顽固不服从教化。

[7] 牧猪奴：指做养猪之类事情的仆人。

[8] 吴竹如：吴廷栋（1793—1873），字彦甫，号竹如，安徽霍山人。理学大儒，官至大理寺卿、刑部侍郎等职。

[9] 倭艮峰：倭仁（1804—1871），字艮峰，蒙古正红旗人。理学大儒，道光九年进士。官至工部尚书、文渊阁大学士、文华殿大学士、同治帝帝师等职。

[10] 瑟僩：外表庄重，内心宽厚。语出《诗·卫风·淇澳》："瑟兮僩兮，赫兮咺兮。"

[11] 符契：符合、契合。

[12] 汲汲不遑：恳切用心，努力追求。

[13] 贽：拜见师长时所持的礼物。

[14] 英夷之事：第一次鸦片战争。

【译文】

致诸弟

诸位贤弟足下：

十月二十一日接到九弟（曾国荃）由长沙所寄来的信，里面有路上日记六页，外药子一包。二十二日接到九月初二的家信，欣悉家中一切，心里很是安慰。

自从九弟离开京城以后，我没有一天不忧虑，深怕路上多有变故，这实在难以预料。等看了来信，果然不出我之所料，真的是千辛万苦才到家，实在是幸运啊！与郑一起走还不足以有依靠，这我早就知道。郁滋堂能如此友善，我实在是感激不尽。在长沙时，没有提到彭山屺，这是为什么呢？又为祖母买了皮袄，很好很好，可以弥补我的过失了。

看四弟（曾国潢）的来信写得很详细，他发奋自勉的志向在字里行间有流露。但他非要外出找学堂，这是什么意思呢？不就是说家塾学堂离家里太近，容易耽误读书，不如外出图个安静么。但外出从师，当然是对学习不会有什么耽误。如果是出外教书，那耽误的程度比在家塾里还要严重。如果真能发奋自立自强，那么家塾也可以读书，即使在旷野之地和热闹场所，也都可以读书，背柴放猪的时候也可以读书。如果不能发奋自立自强，那么家塾也是不适合读书的，即使是那些清净的地方，甚至神仙般的环境，也都不适合读书，读书何必要选择地方？何必要选择时间？只要问问自己，自立自强的志向是不是真的，就知道了。

六弟（曾国华）埋怨自己的运气不好，我也这么认为。但就因为小试不顺利就发牢骚，我暗笑他的志向格局和忧虑的东西是不是太小了。君子立志，需有为民众请命的雅量，有内修圣人的德行，外建称王天下的功业，再就是不辜负父母的生养，不愧为天地间的一个完人。他所忧虑的，应该是自己不如舜皇帝不如周公，是德行没有完全修好，学问没有达成。即，因为顽固的刁民难以感化，忧虑；野蛮的夷、狡猾的夏未能征服，忧虑；小人当道，贤人远离，忧虑；平民百姓没有得到自己的恩泽，忧虑。概括起来，就是常说的悲天命而怜百姓穷苦，这才是君子的忧虑。

如果仅仅是一个人的得失，一家人的饥饱，一般的荣辱得失，贵贱毁誉这些小事，君子自然是顾不上忧虑这些。

六弟因一次小试而感到委屈，自称运气不好，我暗笑他所忧虑的东西实在是太小了。人如果不读书也就罢了，既然也自称读书人，就一定要研读《大学》。《大学》的大纲有三点：明德、亲民、止至善，都是我们分内的事情。如果读书不能联系自己，说这三点与我毫不相干，那读书还有什么用呢？虽说能写文章能作诗，自己吹嘘自己博学雅闻，也就只能算一个识字的牧童而已！怎能称他是明白事理的对社会有用之人呢？朝廷以八股文来录取读书人，也是说他能代替圣贤立言，一定能够懂得圣贤的道理，实施圣贤的行为，可以为官管理民众，做百姓的表率。如果把明德、亲民作为自己分外的事，虽然能作文能写诗，而对于修身治人的道理茫然不知，朝廷用这种人做官，和用牧童做官，有什么区别呢？

既然自称读书人，就该明白《大学》的大纲都是自己立身处世最重要的事。《大学》的条目共有八个方面，在我看来，其能获得成效的内容只有两条：一是格物，一是诚意。格物，指致知的事情；诚意，指力行的事情。物是什么？就是事物事情的来龙去脉。身、心、意、知、家、国、天下，都是物；天地万物，都是物；日常用的、做的，都是物。格，是考究物及穷究其所蕴藏的道理。如侍奉父母，定期探亲，是物。而定期探亲的理由，就是格物。侍奉兄长，跟随兄长而行，是物。研究为何应当跟随兄长的理由，就是格物。我的心，是物。研究自己存心的道理，多方研究心的省悟、观察、涵养的道理，就是格物。我的身体，是物。研究如何爱惜身体的道理，广泛研究站直、坐立以敬身的道理，就是格物。每天所看的书，句句都是物。切身观察体会，深入探究其中的道理，就是格物，这是获取知识的事。所谓诚意，就是利用自己所知道的东西努力去做，诚实不欺。知一句，行一句，这是力行的事。两者并进，下等的常识在这里，高深的学问也在这里。

我的朋友吴竹如的格物功底很深厚，对每一事每一物，都要探求它的原理和道理。倭艮峰先生诚意的功夫很严谨，每天有日课册子做记载。一天之中，一念之差，一事之失，一言一默，都详细记下来。字都是用的正楷。三个月订一本，从乙未年起，已订了三十本。因他严格慎独，有时虽出现妄念偶动，必定马上去克服，并写在书上。所以他读的书，句句都是切合自身情况的对症之药，现将艮峰先生日课抄三页寄回给弟弟们观摩。我从十月初一日起，也照艮峰的样子，把每天一个念头一件事情都写在册子上，以便随时看见后加以克服，也写正楷。冯树堂和我同日记起，也有日课册子。树堂非常虚心，爱护我就像爱护兄弟一样，敬重我如同敬重老师一样，将来他一定会有所成就。我向来有缺乏恒心的毛病，从这次写日课册开始，应该可以保证一辈子都有恒心了。因为有良师益友在层层带动影响我，我只能进不能退。本想抄我的日课册给弟弟们看，只是因为今天镜海先生来，要将本子带回去，所以还没有来得及抄写。等十一月有通信兵来，打算抄几页寄回去。

我的几位益友，如倭艮峰外表庄重内心宽厚，令人肃然起敬。如吴竹如、窦兰泉那样精研究义理，一言一事都实事求是。如吴子序、邵蕙西谈经论典，深思明辨。如何子贞谈字，其精妙之处和我无一不合，谈诗时的意见尤其相同。子贞很喜欢我的诗，所以我从十月以来已作了十八首，现抄两页寄回给弟弟们看。如冯树堂、陈岱云胸怀大志、情真意切，也是良友。至于镜海先生，我虽然没有拿着礼物去请求他授业，但我心里早已把他当成老师了。

我每次给诸位弟弟写信，都不觉得写得长，我想诸位弟弟也许厌烦不想看。但弟弟们如能写长信给我，我会真的高兴的，如获至宝，人真是各有各的性情啊！

我从十月初一日起开始记日课，念念不忘改过自新。回忆从前与小珊有点嫌隙，实因一时气糊涂了，确实有些不近人情，当时就想登门谢罪。恰好初九日小珊来拜寿，当天晚上我到小珊家畅谈了很久。十三日与岱云一起又请小珊吃饭，自此欢笑如初，原来的嫌隙都消除了。

金竺虔报满用知县，现住在小珊家，喉痛了一个多月，现已全好。李笔峰在汤家还是老样子。易莲舫要外出就职于学馆，现也很用功，也是学倭艮峰的样子。同乡李石梧已升任陕西巡抚。两大将军皆押解回京治罪，打算处以斩监候。和英国的战事，已经讲和安抚了。赔偿了对方二千一百万两，又在各处让他们五处码头做通商口岸。现在英国人夷已全退走了。两江总督牛鉴也被押解到刑部治罪。

近来的事大致如此，等我以后再写吧。

兄国藩手具

道光二十二年（1842）十月二十六日

【点评】

这封家书较长，内容丰富。其中有两点对当今的年轻人有启示：第一是人最重要的是要立志，最好是立大志，“悲天命而悯人穷，”即有君子之忧，这样格局就打开了；第二，只要自己能发愤自励，到哪个地方都能静心读书，与环境好坏无关。

【原文】

致诸弟

诸位老弟足下：

正月十五日接到四弟、六弟、九弟十二月初五日所发家信。四弟之信三叶，语语平实，责我待人不恕，甚为切当。谓月月书信徒以空言责弟辈，却又不能实有好消息，令堂上阅兄之书，疑弟辈粗俗庸碌[1]，使弟辈无地可容云云。此数语，兄读之不觉汗下。

我去年曾与九弟闲谈，云为人子者，若使父母见得我好些，谓诸兄弟俱不及我，这便是不孝；若使族党[2]称道我好些，谓诸兄弟俱不如我，这便是不悌，何也？盖使父母心中有贤愚之分，使族党口中有贤愚之分，则必其平日有讨好底意思，暗用机计，使自己得好名声，而使兄弟得坏名声，必其后日之嫌隙由此而生也。刘大爷、刘三爷兄弟皆想做好人，卒至视如仇雠[3]。因刘三爷得好名声于父母族党之间，而刘大爷得坏名声故也。今四弟之所责我者，正是此道理，我所以读之汗下。但愿兄弟五人，各各明白这道理，彼此互相原谅。兄以弟得坏名为忧，弟以兄得好名为快。兄不能尽道使弟得令名，是兄之罪，弟不能尽道使兄得令名，是弟之罪。若各各如此存心，则亿万年无纤芥[4]之嫌矣。

至于家塾读书之说，我亦知其甚难，曾与九弟面谈及数十次矣。但四弟前次来书，言欲找馆出外教书，兄意教馆之荒功误事，较之家塾为尤甚。与其出而教馆，不如静坐家塾。若云一出家塾便有明师益友，则我境之所谓明师益友者，我皆知之，且已夙夜熟筹之矣。惟汪觉庵师及阳沧溟先生，是兄意中所信为可师者。然衡阳风俗，只有冬学要紧，自五月以后，师弟皆奉行故事而已。同学之人，类皆庸鄙无志者，又最好讪笑人。其笑法不一，总之不离乎轻薄而已。四弟若到衡阳去，必以翰林之弟相笑，薄俗可恶。乡间无朋友，实是第一恨事。不惟无益，且大有损。习俗染人，所谓与鲍鱼处，亦与之俱化也。兄尝与九弟道及，谓衡阳不可以读书，涟滨不可以读书，为损友太多损也。

今四弟意必从觉庵师游，则千万听兄嘱咐，但取明师之益，无受损友之损也。接到此信，立即率厚二到觉庵师处受业。其束修，今年谨具钱十挂。兄于八月准付回，不至累及家中。非不欲从丰，实不能耳。兄所最虑者，同学之人无志嬉游，端节以后放散不事事，恐弟与厚二效尤耳，切戒切戒！凡从师必久而后可以获益。四弟与季弟今年从觉庵师，若地方相安，则明年仍可以游；若一年换一处，是即无恒者，见异思迁也，欲求长进难矣。

六弟之信，乃一篇绝妙古文。排奡似昌黎[5]，拗很似半山[6]。予论古文，总须有倔强不驯之气，愈拗愈深之意。故于太史公外，独取昌黎、半山两家。论诗亦取傲兀不群者，论字亦然。每蓄此意，而不轻谈。近得何子贞意见极相合，偶谈一二句，两人相视而笑。不知六弟乃生成有此一枝妙笔。往时见弟文，亦无大奇特者。今观此信，然后知吾弟真不羁才[7]也。欢喜无极！欢喜无极！凡兄所有志而力不能为者，吾弟皆为之可矣。

信中言兄与诸君子讲学，恐其渐成朋党，所见甚是。然弟尽可放心。兄最怕标榜，常存暗然尚絅[8]之意，断不至有所谓门户自表者也。信中言四弟浮躁不虚心，亦切中四弟之病。四弟当视为良友药石之言。

信中又有荒芜已久，甚无纪律二语。此甚不是。臣子与君亲，但当称扬善美，不可道及过错；但当谕亲于道，不可疵议细节。兄从前常犯此大恶，但尚是腹诽，未曾形之笔墨。如今思之，不孝孰大乎是？常与欧阳牧云并九弟言及之，以后愿与诸弟痛惩此大罪。六弟接到此信，立即至父亲前磕头，并代我磕头请罪。

信中又言弟之牢骚，非小人之热中，乃志士之惜阴。读至此，不胜惘然，恨不得生两翅忽飞到家，将老弟劝慰一番，纵谈数日乃快。然向使诸弟已入学，则谣言必谓学院做情。众口铄金，何从辩起？所谓“塞翁失马，安知非福”。科名迟早，实有前定，虽惜阴念切，正不必以虚名萦怀耳。

来信言看《礼记》疏一本半，浩浩茫茫，苦无所得，今已尽弃，不敢复阅，现读朱子《纲目》，日十余叶云云。说到此处，兄不胜悔恨。恨早岁不曾用功，如今虽欲教弟，譬盲者而欲导人之迷途也，求其不误难矣。然兄最好苦思，又得诸益友相质证，于读书之道，有必不可易者数端：穷经必专一经，不可泛骛[9]。读经以研寻义理为本，考据名物为末。读经有一耐字诀。一句不通，不看下句；今日不通，明日再读；今年不精，明年再读，此所谓耐也。读史之法，莫妙于设身处地。每看一处，如我便与当时之人酬酢笑语于其间。不必人人皆能记也，但记一人，则恍如接其人。不必事事皆能记也，但记一事，则恍如亲其事。经以穷理，史以考事。舍此二者，更别无学矣。

盖自西汉以至于今，识字之儒约有三途：曰义理之学[10]，曰考据之学，曰词章之学[11]。各执一途，互相诋毁。兄之私意，以为义理之学最大。义理明则躬行有要而经济[12]有本。词章之学，亦所以发挥义理者也。考据之学，吾无取焉矣。此三途者，皆从事经史，各有门径。吾以为欲读经史，但当研究义理，则心一而不纷。是故经则专守一经，史则专熟一代，读经史则专主义理。此皆守约之道，确乎不可易者也。

若夫经史而外，诸子百家，汗牛充栋。或欲阅之，但当读一人之专集，不当东翻西阅，如读《昌黎集》，则目之所见，耳之所闻，无非昌黎，以为天地间除《昌黎集》而外，更无别书也。此一集未读完，断断不换他集，亦专字诀也。六弟谨记之。读经、读史、读专集、讲义理之学，此有志者万不可易者也。圣人复起，必从吾言矣。然此亦仅为有大志者言之。若夫为科名之学[13]，则要读四书文，读试帖、律赋，头绪甚多。四弟、九弟、厚二弟天资较低，必须为科名之学。六弟既有大志，虽不科名可也，但当守一耐字诀耳。观来信言读《礼记》疏，似不能耐者，勉之勉之。

兄少时天分不甚低，厥后日与庸鄙者处，全无所闻，窍被茅塞久矣。及乙未到京后，始有志学诗古文并作字之法，亦洎无良友。近年得一二良友，知有所谓经学者，经济者，有所谓躬行实践者，始知范、韩[14]可学而至也，司马迁、韩愈亦可学而至也，程、朱亦可学而至也。慨然思尽涤前日之污，以为更生之人，以为父母之肖子，以为诸弟之先导。无如体气本弱，耳鸣不止，稍稍用心，便觉劳顿。每日思念，天既限我以不能苦思，是天不欲成我之学问也。故近日以来，意颇疏散。

计今年若可得一差，能还一切旧债，则将归田养亲，不复恋恋于利禄矣。粗识几字，不敢为非以蹈大戾[15]已耳，不复有志于先哲矣。吾人第一以保身为要。我所以无大志愿者，恐用心太过，足以疲神也。诸弟亦需时时以保身为念，无忽无忽。

来信又驳我前书，谓必须博雅有才，而后可明理有用。所见极是。兄前书之意，盖以躬行为重，即子夏“贤贤易色”章之意，以为博雅者不足贵，惟明理者乃有用，特其立论过激耳。六弟信中之意，以为不博雅多闻，安能明理有用。立论极精，但弟须力行之，不可徒与兄辩驳见长耳。

来信又言四弟与季弟从游觉庵师，六弟、九弟仍来京中，或肄业城南云云。兄之欲得老弟共住京中也，其情如孤雁之求曹也。自九弟辛丑秋思归，兄百计挽留，九弟当能言之。及至去秋决计南归，兄实无可如何，只得听其自便。若九弟今年复来，则一岁之内忽去忽来，不特堂上诸大人[16]不肯，即旁观亦且笑我兄弟轻举妄动。且两弟同来，途费须得八十金，此时实难措办。弟云能自为计，则兄窃不信。曹西垣去冬已到京，郭云仙明年始起程，目下亦无好伴。惟城南肄业之说，则甚为得计。兄于二月间准付银二十两至金竺虔家，以为六弟、九弟省城读书之用。竺虔于二月起身南旅，其银四月初可到。弟接到此信，立即下省肄业[17]。省城中兄相好的如郭云仙、凌笛舟、孙芝房，皆在别处坐书院，贺蔗农、俞岱青、陈尧农、陈庆覃诸先生皆官场中人，不能伏案用功矣。惟闻有丁君者（名叙忠，号秩臣，长沙廪生）学问切实，践履笃诚。兄虽未曾见面，而稔知[18]其可师。凡与我相好者，皆极力称道丁君。两弟到省，先到城南住斋，立即去拜丁君，执贽受业。凡人必有师；若无师则严惮之心不生，即以丁君为师，此外，择友则慎之又慎。昌黎曰："善不吾与，吾强与之附；不善不吾恶，吾强与之拒。"一生之成败，皆关乎朋友之贤否，不可不慎也。

来信以进京为上策，以肄业城南为次，兄非不欲从上策，因九弟去来太速，不好写信禀堂上。不特九弟形迹矛盾，即我禀堂上亦必自相矛盾也。又目下实难办途费，六弟言能自为计，亦未历甘苦之言耳。若我今年能得一差，则两弟今冬与朱啸山同来甚好。目前且从次策。如六弟不以为然，则再写信来商议可也。此答六弟信之大略也。

九弟之信，写家事详细，惜话说太短。兄则每每太长，以后截长补短为妙。尧阶若有大事，诸弟随去一人帮他几天。牧云接我长信，何以全无回信？毋乃嫌我话大直乎？扶乩之事[19]，全不足信。九弟总须立志读书，不必想及此等事。季弟一切皆须听诸兄话。此次撂弁[20]走甚急，不暇抄日记本。余容后告。

冯树堂闻弟将到省城，写一荐条，荐两朋友。弟留心访之可也。

兄国藩手草

道光二十三年正月十六日

【注释】

[1] 庸碌：平庸而无所作为。

[2] 族党：聚居的同族亲属，乡党。

[3] 仇雠：雠，同“仇”，这里指互相看作仇人，冤家对头。

[4] 纤芥：细微，细小。

[5] 昌黎：韩愈（768—824），字退之，唐代政治家、文学家，世称昌黎先生。

[6] 半山：王安石（1021—1086），字介甫，号半山，北宋中期政治家、改革家。

[7] 不羁才：不凡的才能。

[8] 暗然尚絅：崇尚禅法。絅，罩在外面的单衣服，也指禅衣。

[9] 泛骛：广泛涉猎。

[10] 义理之学：指宋明理学。

[11] 词章之学：指探究做文的学问。

[12] 经济：经世济民之学。

[13] 科名之学：从事科举考试以获取功名的学问。

[14] 范、韩：指北宋名臣范仲淹、韩琦。

[15] 大戾：大的过失。

[16] 堂上诸大人：指家中父母及其他长辈。

[17] 肄业：修习课业。

[18] 稔知：素知。

[19] 扶乩之事：指迷信占卜。

[20] 摺弁：古时称专为地方大员送奏折到京城的邮差，有时也带家信。

【译文】

致诸弟

诸位老弟足下：

正月十五日接到四弟、六弟、九弟十二月初五日发来的家信，四弟的信有三页，句句都很平实，信中怪我对人不够宽恕，说的非常准确。还说我每月写的信，只会用空洞的话责备弟弟们，没有带来实实在在的好消息，让家族长辈看到兄长的信，怀疑弟弟们粗俗庸碌，使弟弟们无地自容等等，让为兄看了这些话不免汗颜。

我去年曾经和九弟闲谈过，说为人子的，如果让父母看见我混的更好些，其他兄弟都不如我，这就是不孝之举；如果让亲族夸我好，其他兄弟都不如我，这就是不悌之举。为什么呢？因为这样会让父母心里对孩子有贤愚之分，让亲族口中对兄弟有贤愚之分，这样的话，平时一定有讨好父母亲族的想法，通过暗中用计而使自己博取好名声，让其他兄弟得坏名声，以后的嫌隙便由此产生。刘大爷、刘三爷兄弟俩本来都想做好人，最后却互视为仇敌。这是因为刘三爷在父母亲族那里得到了好名声，而刘大爷得到了坏名声的缘故。今天四弟所责备我的，正是出于这个道理。我读了以后很是汗颜。但愿我们兄弟每个人都能懂得这个道理，彼此互相原谅。兄长能为弟弟得坏名声而忧虑，弟弟能因兄长得好名声而高兴。兄长不能尽义务而让弟弟得好名声，是做兄长的过失；弟弟不能尽义务而让兄长得好名声，是弟弟的过失，如果每个人都这么替别人考虑，那么兄弟间永远也不会有一丝一毫的嫌隙了。

至于提到的家塾读书这件事，我也知道这很难，我曾经和九弟面谈过几十次。但四弟上次来信，说想外出找学堂教书。我的意思是，外出教书，比在家塾读书更加荒费功夫耽搁事情，与其外出教书，还不如待在家塾。如果说一出家塾就能遇到明师益友，那我们附近的明师益友我都了解，还曾彻夜考虑过。只有汪觉庵和欧阳沧溟两位先生，是为兄所中意并可为师的。衡阳那边的风俗，只有冬季学期最重要。自五月以后，老师、弟子都只是复习罢了。这个时候一起读书的都是些庸碌鄙俗无志向的人，他们又特别喜欢讥讽别人。他们取笑的方式还不一样，总之离不开轻薄二字。四弟如果到衡阳去，他们肯定会笑话你是翰林的弟弟，实在鄙俗可恨。乡间没有可交的朋友，实在是第一遗憾的事。和那些庸俗之辈在一起，不仅无益处，并且有大害。习俗传染人，就如同谚语所说的进入腥臭的有鲍鱼的地方，慢慢也就习以为常了。兄曾经和九弟提到，说衡阳这个地方不适合读书，涟滨不适合读书，因为损友做坏事的情形太多了。

现在四弟的意思是一定要跟觉庵老师学习，那就一定要听兄长的嘱咐，只学明师的好的方面，不要受那些有害的朋友的祸害。收到这封信后，立即带厚二到觉庵老师处接受教育。学费今年已准备十挂钱，兄长在八月时准时付回家，不会连累家里。不是不想多给，实在是没办法。兄长最担忧的是，和你一起学习的人没有志向，只知道嬉玩游乐，端午节后放假不读书，怕弟弟和厚二也跟着学坏，你们要切实警戒啊。凡跟从老师学习，要长期坚持才可能有收获。四弟与季弟今年跟从觉庵老师学习，如果能在这地方安定下来，明年还可以继续学。如果一年换一个地方，那就是没有恒心，见异思迁，想求得进步是很难的。

六弟的信是一篇绝妙的古文，笔力刚健似韩昌黎，内容深拗如王安石。我评价古文的时候，总认为应该有倔强不驯的气质，越拗就越深刻，所以在太史公司马迁之外，独赞赏韩昌黎、王安石这两家的文章。评价诗，也是赞许那些高傲不屈，出众于一般人的，评论书法也是一样。我自己常这么想，却不轻易与人谈论，近来认识了何子贞，我们意见非常接近，偶尔交谈一两句，两人即相对而笑。没想到六弟竟然有如此精妙的文采。过去看你的文章，也没有发现有特别出奇的地方。今天看了这封信，才知道弟弟确实有非凡之才，无比欢喜！无比欢喜啊！凡是兄长有志向但又力不从心的事，弟弟都可以做到。

信中说兄长与诸位君子讲学，担心时间长了就渐渐结成了朋党，这个看法很对。但是弟弟尽可放心，兄长最怕张扬，平素崇尚禅法，暗中自谦，决不会自立门户。信中说四弟浮躁不够虚心，也切中了四弟的要害，四弟应当视之为苦口良药。

信中又说荒芜学业很久，没有什么纪律等等。这就太不对了。做大臣做人子的在君王和父母面前，只应该称扬善和美，不可谈及对方的过错；只应当以道义来告知双亲，不可在细节方面吹毛求疵。兄长我从前常犯此大错，但还只是在心里议论，未曾写成文字。如今想来，有哪一种不孝的行为能大于这个呢？常与欧阳牧云和九弟谈到这个事，以后愿与诸弟一起痛改这个大错。请六弟接到此信后，立即到父亲跟前磕头，并代我磕头请罪。

信中又说弟弟的牢骚，不是小人对此热衷，而是志士爱惜光阴的表现。读到这里，兄长我不禁有些失意，恨不得生两个翅飞到家里，将老弟劝慰一番，长谈几天才舒服。但即使弟弟都入学了，那些谣言又会传说是学院里做了人情，众口铄金，从哪里辩解呢？这就是所谓的“塞翁失马，安知非福”吧。科名获取的或早或晚，实在是前生注定了的，虽说是爱惜光阴的想法很迫切，却也不必为虚名而耿耿于怀。

来信说看了《〈礼记〉疏》一本半，内容太多，苦于一无所得，现在都放弃了，不敢再读，现读朱子《纲目》，每天十多页等等。说到这里，兄长真是不胜悔恨之至！恨自己早年没有用功，如今虽想教弟弟，就像盲人想带人走出迷途，还想不出差错，这也太难了。但兄长最喜欢苦思，又得到几位益友相互比证，我觉得读书的方法有不可更改的几点：要想深入研究经必须专心于一经，不能涉猎过多。读经应以研究探寻义理为根本，考据名物倒是次要的。读经有一个诀窍——耐心，一句若不弄通，就不看下一句；今天不通，明天再读；今年不通，明年再读，这就叫耐心。读史最妙的方法是设身处地思考。每看一处，好比我就是当时的人在其中参与应酬宴请。没必要记每一个人，只记一个人，就好像在靠近这个人一样；没必要记每一件事，只记一事，就好像亲临其事一样。经，主要是探究其原理；史，主要是考实其事。除了这两者，别的没有什么可学的。

自西汉到今天，读书的儒生大概有三种求学途径：一是义理之学，一是考据之学，一是词章之学。儒生们总是喜欢各执其中一门学问，去攻击其他两门学问。兄长的个人看法是，义理之学价值最大。如果明白了义理，践行就可抓住关键，经世济民就有了根本遵循。词章之学，也是用来发挥义理的。考据之学，我觉得好像没有什么可取之处。这三种途径，都是从事经史研究，各有各的门道。我觉得想读经史，就应该研究义理，心更专一而不零乱。所以经要专守一经，史要专熟一代，读经史要注重义理，这都是遵守约定的方法，的确是不可更改的。

假如说到经史之外的书籍，诸子百家，可谓汗牛充栋。有时想读它们，只应当读一人的专集，不应当东翻西翻。如读《昌黎集》，那眼睛看的，耳朵听的，无非是昌黎而已，心中要以为天地间除《昌黎集》外，再没有其他的书了。这一集没有读完，决不改换其他集，这也是专字的诀窍。六弟要谨记。读经、读史、读专集，讲义理之学，这是有志向的人万万不可更改的。就是圣人再出，也一定认可我这话。但这仅仅是对有大志的人而言。如说到科举考试方面的学问，则要读四书文，读试帖、律赋等，头绪很多。四弟、九弟、厚二弟的天赋较差，必须做科举考试的学问。六弟既然有大志，没有科名也行，只须坚守一个“耐”字诀就可以了。看来信说你读《〈礼记〉疏》，似乎不够耐心，好好自勉吧！

兄长年轻时天分其实并不低，后来天天与一些庸碌鄙俗的人相处，完全没有见识，灵窍的地方被闭塞了很久。直到乙未年到京城后，才开始发奋学诗、古文和书法，只可惜当时没有良友。近年寻得一两个良友，才知道有经学、经济，有躬行实践这些东西，才知道范仲淹、韩琦的本领可以学到，司马迁、韩愈也可以学到，程、朱也可以学到。感慨之余，就思量着洗尽过去的污秽，改过自新，让自己成为父母有出息的儿子，弟弟们的表率。无奈身体太弱，常常耳鸣不止，稍为用心读书，便感到很劳累。每天思量，上天既然限制我，让我不能苦思，这应该是上天不想让我在学问上有所建树。所以，我感觉近日探究学问的意识很是懒散。

今年打算谋一个差事，以便能还清一切旧债，然后就卸甲归田奉养双亲，不再贪恋于功名利禄。粗略地识了几个字，不敢为非作歹犯下大错，不再有志于效法先哲了。我要以保重身体为第一要事，我之所以没有大志向，是担忧思考过多，让心神疲惫。弟弟们也要时时以保重身体为念，不要疏忽大意。

来信又驳斥我前封信的有关内容，说必须博学多才，然后才能明理有用，你的见解非常正确。为兄前一封信的意思其实是强调身体力行的重要性，也就是子夏“贤贤易色”章的观点，认为学识渊博、文字优美并没有多宝贵，只有明理才最有用，只是这种说法有些偏激。六弟信中的意思，是认为不博学多闻怎么谈得上明理有用。这个立论很精辟。但六弟要身体力行才好，不要只是善于和我争辩。

来信又说四弟与季弟跟从觉庵老师读书，六弟、九弟仍然来京，或肄业城南，等等，兄长我当然想和弟弟们一起住在京城，这种感情就像孤雁求群一样急切啊。自从九弟辛丑秋想回家，兄长曾千方百计挽留，这个九弟可以证明。到去年秋天九弟决意南归，兄长实在没有办法，只得随他。如果九弟今年再来，一年之内，忽去忽来，不仅家里长辈不肯，就是旁观者也会笑我兄弟举动轻率。并且两弟一起来，路费就要花费八十金之多，这笔钱现在实在难以筹办。六弟说他自己可以想办法解决，兄长我是不信的。曹西垣去年冬天已经到京，郭云仙明年才启程，眼下没有好的同伴。只有在城南学习还比较合适一点。我在二月准时送二十两到金竺虔家，供六弟、九弟在省城读书之用。竺虔在二月启程去南方，这笔银子四月就可收到。望弟弟接到这封信后，立即出发到省城读书。我在省城中的好友如郭云仙、凌笛舟、孙芝房，都在别处的书院学习。贺蔗农、俞岱青、陈尧农、陈庆覃各位先生都是官场里面的人，不能够埋头用功研究学问。只听说有个姓丁的贤士，学问扎实，忠厚诚恳。兄长我虽然未曾见过他，也深知他可以做你们的老师。凡是与我交好的人，都极力称赞丁君。弟弟们到了省城，先到城南安顿之后，要立即拜见丁君，送上礼费接受教诲，凡人都应该有老师指导，如果无老师就无畏惧之心，就拜丁君为师。此外，择友也一定要慎之又慎。昌黎先生说："良友诤友这样的人没有主动跟我交往，我一定主动执着地和他们交往。损友烂友这样的人不讨厌我嫌弃我，我也一定要远离他们。"人一生的成败都与朋友的贤能与否息息相关，不可以不谨慎啊！

来信认为进京读书是上策，把在城南读书看作是下策。我并不是不想听取上策，实在是考虑到九弟来去太匆忙，不好写信向长辈禀告。不只是九弟的往来形迹矛盾，就是我向高堂禀告也是无法自圆其说。何况眼下旅费也难以筹办，六弟说自己可以想办法，这也是未经历甘苦的人说的大话。如果今年我能得到一官差，最好请两位弟弟今年冬天和朱啸山一同来，目前暂且选取次策。假若六弟不同意，再写信来商量也可以。以上是简要地回复六弟的来信。

九弟的信，写家事很详细，可惜话说得太短。兄长写信则常常太长，以后截长补短为好。尧阶家如果有大事，弟弟中过去一个人帮他几天。牧云已接到了我的长信，为什么都没有回信呢？是不是嫌我的话太直了啊？扶乩的事，是完全不可信的。九弟你要立志读书，不要想这种事。季弟一切都要听诸位哥哥的话。这次通信兵走得很急，没时间抄日记本，其他的让我以后再告知吧。

冯树堂听说弟弟将去省城，写了一张条子，推荐了两个朋友。弟要记得拜访他们就可以了。

兄国藩手草

道光二十三年（1843）正月十六日

【点评】

曾国藩这封家书所谈之事甚多，给人印象深刻的有这么几点：一是他非常重视家庭和睦、父慈子孝的问题，非常顾及弟弟们的面子，不敢过分突出自己，以免让弟弟们难堪；二是尽量要远离负能量多的“损友”，免得受他们的不良影响；三是作为位极人臣的高官，非常懂得官场的规矩，时刻警醒自己不结朋党；四是关于学问方面的见解非常中肯。认为学以致用才是有价值的事。

【原文】

谕纪泽

字谕纪泽[1]：

八月一日，刘曾撰来营，接尔第二号信并薛晓帆信，得悉家中四宅平安，至以为慰。

汝读《四书》无甚心得，由不能“虚心涵泳，切己体察”[2]。

朱子[3]教人读书之法，此二语最为精当。尔现读《离娄》[4]，即如《离娄》首章“上无道揆，下无法守”[5]，吾往年读之，亦无甚警惕。近岁在外办事，乃知上之人必揆诸道，下之人必守乎法。若人人以道揆自许，从心而不从法，则下凌上矣。“爱人不亲”[6]章，往年读之，不甚隶切。近岁阅历日久，乃知治人不治者，智不足也。此切己体察之一端也。

涵泳二字，最不易识，余尝以意测之，曰：涵者，如春雨之润花，如清渠之溉稻。雨之润花，过小则难透，过大则离披，适中则涵濡而滋液；清渠之溉稻，过小则枯槁，过多则伤涝，适中则涵养而渤兴。泳者，如鱼之游水，如人之濯足。程子谓鱼跃于渊，活泼泼地；庄子言濠梁观鱼，安知非乐？此鱼水之快也。左太冲有“濯足万里流”之句，苏子瞻有夜卧濯足诗，有浴罢诗，亦人性乐水者之一快也。善读书者，须视书如水，而视此心如花如稻如鱼如濯足，则涵泳二字，庶可得之于意言之表。尔读书易于解说文义，却不甚能深入，可就朱子涵泳体察二语悉心求之。

邹叔明新刊地图甚好。余寄书左季翁[7]，托购致十副。尔收得后，可好藏之。薛晓帆银百两宜璧还。余有复信，可并交季翁也。

此嘱。

父涤生字

咸丰八年八月初三日

【注释】

[1] 纪泽：曾国藩之子曾纪泽（1839—1890），字劼刚，晚清著名外交家。

[2] 虚心涵泳，切己体察：不存成见，虚怀若谷，欣然接受书中的内容，同时要沉浸其中体验观察，反复思考，这样读书就能应付自如。

[3] 朱子：指南宋大儒朱熹。

[4]《离娄》：指《四书章句集注》中《孟子集注》中的一篇。

[5] 上无道揆，下无法守：在上者没有行为准则，在下者不守法规制度。

[6]“爱人不亲”：爱别人但人家不亲近你，应该反躬自省，宽以待人。出自《孟子集注·离娄章句上》。

[7] 左季翁：晚清重臣左宗棠（1812—1885），字季高，时与曾国藩为同道好友。

【译文】

谕纪泽

字谕纪泽：

八月初一刘曾撰来到军营，带来了你的第二封信和薛晓帆的一封信，得知家中四处宅院都平安无事，心里特别欣慰。

你读了《四书》，但却没有什么心得，原因在于未做到“虚心涵泳，切己体察”。这两句话说的是朱子教人读书的方法，最为精辟恰当。你现在读《离娄》，就应该像《离娄》第一章所说的“上无道揆，下无法守”。我以前读这些，也没有很在意。这些年在外面办事，才知道在高位者必须遵守行为准则，处低位者应当遵守法规。如果每个人都以遵守行为规则自居，只从愿望出发而不遵守法规，就会出现以下凌上的情形。“爱人不亲”这一章，以前我读的时候，未有多少切身体会。近些年人生阅历渐深，才明白治人者之所以不能治人，是因为智力不够，这是我置身其中深刻体察到的一点。

涵泳二字的含义，最不容易理解。我曾猜测所谓涵，就如春雨滋润鲜花，又像清澈的渠水浇灌稻田。雨水滋润鲜花，水太少不易浇透，太多了就会分离凋敝，只有适中才能使花儿得到充足的水分；渠水灌溉水稻，水太少稻苗就会枯死，太多了就会造成水涝，只有适中才能使稻苗滋润成长。所谓泳，就像鱼在水中畅游，如人在水中洗脚。春秋时的程本说鱼在深水跳跃，非常活泛；庄子说在濠梁上看鱼，怎么会知道鱼不快乐呢？这是鱼在水里遨游的快乐。左太冲有“濯足万里流”的语句，苏子瞻有夜卧洗足诗，还有浴罢诗，说的都是人天性喜欢水的一种快乐。善于读书的人，必须把书看作水，把心情看作鲜花、稻苗、鱼、洗脚等，这样对涵泳二字，就能真正体会其包含的意思了。你读书时，理解文章的意义是很容易的，但难以深入领会。希望你能从朱子的涵泳体察这两句话，用心体会，追求读书的高远境界。

邹叔明新刊刻的地图很好。我给左季翁写信，拜托他购买十幅。你收到后，可要好好收藏。薛晓帆的一百两银子应当全部还给他。我有回信，请你转交给左季翁。

此嘱。

父涤生字

咸丰八年（1858）八月初三日

【点评】

此信主要是谈如何正确地读书。曾国藩认为读书要用心体会，就像鱼游水，人洗脚，水润花一样，追求读书的深远境界。

【原文】

日课四条示二子

余通籍三十余年，官至极品，而学业一无所成，德行一无许可，老大徒伤，不胜悚惶惭赧。今将永别，特将四条教汝兄弟。

一曰慎独[1]则心安。自修之道，莫难于养心。心既知有善知有恶，而不能实用其力，以为善去恶，则谓之自欺。方寸[2]之自欺与否，盖他人所不及知，而己独知之。故《大学》之“诚意”章，两言慎独。果能“好善如好好色，恶恶如恶恶臭”，力去人欲，以存天理，则《大学》之所谓“自慊[3]”，《中庸》之所谓“戒慎恐惧”，皆能切实行之。即曾子之所谓“自反而缩”，孟子之所谓“仰不愧，俯不怍”，所谓“养心莫善于寡欲”，皆不外乎是。故能慎独，则内省不疚，可以对天地质鬼神，断无“行有不慊于心则馁”之时。人无一内愧之事，则天君[4]泰然，此心常快足宽平，是人生第一自强之道，第一寻乐之方，守身之先务也。

二曰主敬则身强。“敬”之一字，孔门持以教人，春秋士大夫亦常言之。至程朱则千言万语，不离此旨。内而专静纯一，外而整齐严肃，敬之工夫也。出门如见大宾[5]，使民如承大祭，敬之气象也。修己以安百姓，笃恭而天下平，敬之效验也。程子谓上下一于恭敬，则天地自位，万物自育，气无不和，四灵[6]毕至，聪明睿智，皆由此出。以此事天飨帝[7]。盖谓敬则无美不备也。吾谓“敬”字切近之效，尤在能固人肌肤之会、筋骸之束。庄敬[8]日强，安肆[9]日偷，皆自然之征应。虽有衰年病躯，一遇坛庙祭献之时，战阵危急之际，亦不觉神为之悚，气为之振。斯足知敬能使人身强矣。若人无众寡，事无大小，一一恭敬，不敢懈慢，则身体之强健，又何疑乎？

三曰求仁则人悦。凡人之生，皆得天地之理以成性，得天地之气以成形。我与民物[10]，其大本乃同出一源。若但知私己而不知仁民爱物. 是于大本一源之道已悖而失之矣。至于尊官厚禄，高居人上，则有拯民溺救民饥之责。读书学古，粗知大义，即有觉后知觉后觉之责。若但知自了，而不知教养庶汇[11]，是于天之所以厚我者，辜负甚大矣。孔门教人，莫大于求仁，而其最切者，莫要于“欲立立人，欲达达人”数语。立者，自立不惧，如富人百物有余，不假外求。达者，四达不悖，如贵人登高一呼，群山四应。人孰不欲己立己达，若能推以立人达人，则与物同春矣。后世论求仁者，莫精于张子之《西铭》。彼其视民胞物与[12]，宏济群伦，皆事天者性分当然之事。必如此，乃可谓之人；不如此，则曰悖德，曰贼。诚如其说，则虽尽立天下之人，尽达天下之人，而曾无善劳之足言，人有不悦而归之者乎？

四曰习劳则神钦。凡人之情，莫不好逸而恶劳。无论贵贱智愚老少，皆贪于逸而惮于劳，古今之所同也。人一日所着之衣所进之食，与一日所行之事所用之力相称，则旁人韪[13]之，鬼神许之，以为彼自食其力也。若农夫织妇终岁勤动，以成数石[14]之粟数尺之布，而富贵之家，终岁逸乐，不营一业，而食必珍羞[15]，衣必锦绣，酣豢高眠[16]，一呼百诺，此天下最不平之事，鬼神所不许也！其能久乎？

古之圣君贤相，若汤之昧旦丕显[17]，文王日昃不遑[18]，周公夜以继日，坐以待旦，盖无时不以勤劳自励。《无逸》一篇，推之于勤则寿考[19]，逸则夭亡，历历不爽[20]。为一身计，则必操习技艺，磨炼筋骨，困知勉行[21]，操心危虑，而后可以增智慧而长才识；为天下计，则必己饥己溺，一夫不获，引为余辜。大禹之周乘[22]四载，过门不入；墨子之摩顶放踵[23]，以利天下；皆极俭以奉身，而极勤以救民。故荀子好称大禹、墨翟之行，以其勤劳也。

军兴以来，每见人有一材一技，能耐艰苦者，无不见用于人[24]，见称于时[25]。其绝无材技，不惯作劳者，皆唾弃于时，饥冻就毙。故勤则寿，逸则夭；勤则有材而见用，逸则无能而见弃；勤则博济斯民而神祇[26]钦仰，逸则无补于人而神鬼不歆[27]。是以君子欲为人神所凭依，莫大于习劳也。

余衰年多病，目疾日深，万难挽回。汝及诸侄辈，身体强壮者少。古之君子修己治家，必能心安身强，而后有振兴之象；必使人悦神钦[28]，而后有骈集[29]之祥。今书此四条，老年用自儆惕，以补昔岁之愆，并令二子各自勖勉。每夜以此四条相课，每月终以此四条相稽[30]。仍寄诸侄共守，以期有成焉。

【注释】

[1] 慎独：谨慎独处。慎独是儒家学说中修身的最高境界。

[2] 方寸：本指一寸见方的心部。后用以代指心、内心世界。

[3] 自谦：自恨不足。谦，憾，恨，不满足。

[4] 天君：天官之君，即人的思维器官“心”。古人认为人的耳、目、口、鼻、形体五官为“天官”，人的心是管理“天官”的“天君”。

[5] 大宾：贵宾。古时多指君王的宾客。

[6] 四灵：指麟、凤、龟、龙四种祥瑞灵物。

[7] 事天飨帝：侍奉皇天，祭献上帝。

[8] 庄敬：端庄恭敬。指人的仪表、风度、言谈、举止不放任。

[9] 安肆：自由自在，毫无拘束。肆，放纵，恣肆。

[10] 民物：民众与万物。

[11] 庶汇：众多百姓。庶，平民百姓。汇，类聚。

[12] 视民胞物与：爱一切人如同爱同胞兄弟一样，并视天下万物也与我无不同。物与，万物也包含在其中。

[13] 韪：是，对。这里用作动词，以……为对。

[14] 数石：数十斗。

[15] 珍羞：贵重珍奇的食品。

[16] 酣豢高眠：饮酒作乐，高枕睡大觉。

[17] 昧旦丕显：黎明即起。昧旦，黎明，拂晓。丕，即，就。显，出现，引申为起床。

[18] 日昃不遑：天已过午仍劳作不休。日昃，太阳偏西。不遑，

闲不下来，没有闲暇。

[19] 寿考：长寿。

[20] 不爽：无不如此，没有差错。

[21] 困知勉行：克服困难获得知识，勉励自己去实践德业。

[22] 周乘：驾驭车马周游巡视。

[23] 摩顶放踵：从头顶到脚跟都磨伤了。形容不畏劳苦，不顾体伤。放，到。踵，足后跟。

[24] 见用于人：被人任用。

[25] 见称于时：与时代相适应。

[26] 神祇：天地神灵的总称。天神称神，地神称祇。

[27] 不歆：不喜欢。歆，古代祭祀时，鬼神享受祭品的香气。

[28] 人悦神钦：人喜欢，神恭敬。

[29] 骈集：团结互助，和睦相处。骈，并列，对偶。骈集，形容民众万物和谐相处。

[30] 稽：考核、考查。此处指对照上述四条检查、反省自己。

【译文】

日课四条示二子

我为官三十多年，官爵已经做到了最高等级，但学业上却一点成就也没有，德行也没有值得称许之处，岁数大了只有伤感，不胜惊愧。现在要与你们永别，特将以下四条教给你们兄弟。

其一，一个人独处时的思想和言行谨慎就能在为人处世时问心无愧，心平气和。自己修身养性做学问，最难的就是养心。心里知道世上有善有恶，却不能用自己的努力行善去恶，这就是自欺欺人。自己心中自欺与否，别人是不知道的，只有自己晓得。所以《大学》里的“诚意”章，两处提到“慎独”。如果真能“喜欢行善如同喜欢美色，讨厌恶行如同讨厌恶臭”，努力除去人的欲望，以让天理留存，那么《大学》所说的“自恨不足”，《中庸》之所说的“在人看不到的地方也常警惕谨慎，在人听不到的地方也常唯恐有失”，皆能切实践行。即曾子所说的“自我反省后能够理直气壮，能够无愧于良心”，孟子所说的“仰起头来看看觉得自己对天无愧，低下头去想想觉得自己不愧于别人”，所谓“养心没有比清心寡欲更好的”，都不外乎于此。所以能够做到慎独，那么在内省时就不会愧疚，可以直面天地鬼神，绝对没有“在言行中总感觉不满意不知足，就会泄气”的时候。如果一个人在独处时没有做过一件问心有愧的事，那么他的内心就会觉得十分安稳，自己的心情也常常会是快乐满足宽慰平和的，慎独是人生中最好的自强不息的途径和寻找快乐的方法，也是做到保守节操的先决条件。

其二，外表持重，内心沉着，则身体强健。孔孟儒家就是靠“敬”来教育人的，春秋时期的士大夫也常常提及它。到了二程朱熹，也说了很多，但都离不开这个“敬”字。内心专一宁静，浑然一体，外表衣着整齐，态度严谨，这是做到敬所要下的功夫；出门如同要去见贵宾，使唤百姓如同去进行重大的祭祀，这是做好敬所表现出来的样子。通过修养自身来安抚老百姓，态度真诚谦恭就会天下太平，这是修敬的效果。二程认为上上下下都能一致做到恭敬，那么天地就会安于本位，万物自己化育，和气自然，各种祥瑞都会出现，聪明睿智都因此而出。以此侍奉皇天，祭献天帝。所以说敬就会导致所有美好事物都会出现。我认为“敬”字对于人最贴近的功效，尤其表现在健康身心。如果端庄恭敬，身体就会一天比一天康健；如果贪图舒适，身体就会一天比一天差。这都是自然规律的具体体现。即使是年老多病，但一旦遇到庙会祭祀活动，或者有战事危机发生，也会抖数精神，气势大振。

这就证明敬可强身。如果能做到无论对一个人还是一群人，无论对小事情还是大事情都态度恭敬，不敢松懈怠慢，那么自己身体和内心的强健，还值得去怀疑吗？

其三，追求仁爱就能使人心悦诚服。大凡天下人的生命，都是得到了天地的机理才形成个体性格的，都是得到了天地的气息才成就各自的外形，我和普通老百姓以及天下万物，从根本上说是同出一源，如果只知道爱惜自己而不知道为百姓万物考虑，那么，这就违背了同一来源的根本。至于做了大官得了厚禄，高居于普通人之上，就有拯救百姓于痛苦饥饿之中的政治责任。通过读圣贤书学古人风范，大致明白了其中的大义，就有启发还不知大义之人的责任。如果只知道自我完善，而不知道去教养百姓，就会极大地辜负上天厚待我的本意。儒家教人，最重要的就是引导人们要追求仁，而其中最贴切的，莫过于"自己若想站稳，首先就要帮助别人站稳；自己想要腾达，首先就要帮助别人腾达"这几句话。已经自立的人对自己是不用担心的，就像富人家物质富裕，无须向别人借；已腾达的人，继续显达的路子很多，就像贵人登高一呼，四面八方响应的人就很多。人哪有不想自立让自己腾达的呢？如果能够推己及人，让别人也能自立能够腾达，那么就是给大家以春天般的温暖了。后世谈论追求仁的，论其精当程度，没有超过张载的《西铭》的。他认为推仁于百姓与世间万物，广济天下苍生，都是敬事上天的人理所应当的事。只有这样做，才可称之为人；不这样做，就是违背了做人的基本准则，可称为贼。如果人们真的像张载书中所说的那样，让天下的人都能自立，都能够腾达，自己却任劳任怨，天下还有谁不心悦诚服地归顺他呢？

其四，习惯于劳作，那么神都会钦佩。按照人之常情，没有不好逸恶劳的，不论贵贱、智愚、老少，都喜欢贪图安逸，害怕劳苦，这在古今都是相同的。人一天所穿的衣服、所吃的饭，与他一天所做的事、所出的力相匹配，那么别人就会认可，鬼神也会赞同，认为他这是自食其力。像种田的农民织布的妇女，一年到头辛勤劳动，所获不过几石粟几尺布，而富贵人家终年安逸享乐，啥事也不做，吃的必是山珍海味，穿的必是锦绣衣裳，喝酒后像猪一样呼呼大睡，一呼百应，这类天下最不公平的事，鬼神都不会赞同，这样的事能够长久吗？

古代的圣明君主，贤德宰相，如商汤黎明即起，周文王过了午后也无暇休息，周公废寝忘食，坐待天亮，都时时以勤劳来激励自己。《无逸》这篇，推论出人如果勤劳，就会长寿，人如果贪图安逸，便会夭亡，屡试不爽。如果为自己着想，就必须习练技艺，磨炼筋骨，知识上遇到困惑就不断地学习，不断勉励自己身体力行以建立功业，时刻居安思危。这样才能增加智慧和才干。如果为天下着想，就必须自己忍受饥饿劳苦，只要有一人没有收获，就应看作是自己的罪过。大禹为治水奔波各地四年，三过家门而不入；墨子从头顶到脚跟都磨伤了，是为天下人谋福利；这些人都是自己非常节俭，但拯救百姓却不辞辛劳。所以荀子喜欢称赞大禹、墨子的行为，就是因为他们勤劳的缘故。

自从我领军以来，每次见到有一技之长，又能忍受艰难困苦的人，都能被任用，这得到了当时人的称赞。而那些没有什么才艺，又不习惯劳作的人，都被当时人所唾弃，到最后冻饿而死。所以，勤劳的人就会长寿，安逸的人就会夭折；勤劳会显出才能，就能为人所用，安逸混日子，就没机会显示才能，就会被人抛弃。勤劳能救济众生，连天地神灵都会钦佩仰慕；安逸对人无任何价值，神鬼也不喜欢。所以，君子若要成为人们和神都能信赖依靠的人，最重要的就是要习惯于勤劳。

我年老后体弱多病，眼病也越来越重，这种局面已很难挽回。

你和诸位侄子里面，身体强壮的很少。古代的君子自我修养，治理家业，必须要身心健康，这样才能有家业振兴的样子；一定要做到人人佩服鬼神钦敬，然后才会让和睦共处的祥瑞到来。现在写这四条日课，一方面是我年老时用来自我戒惧，以弥补以往的过失，同时让二子自勉。每天晚上都按这四条去做，到每个月末用这四条来考核。同时把此寄给诸位侄子共同遵守，希望他们能有所成就。

【点评】

这篇文章实际上相当于遗嘱。文中给后人立下了四条规矩，实际上也就是为人处世之道。这四条是慎独、主敬、求仁和习劳。慎独就会心安，问心无愧；主敬则能强身，有做事的基础条件；三是求仁，求仁就能服人，收获人心；四是习劳，习劳能长寿。这些观点对今天的人也有教育意义。

【原文】

沅甫九弟左右：

初三日刘福一等归，接来信，藉悉一切。

城贼围困已久，计不久亦可攻克。唯严断文报是第一要义，弟当以身先之。

家中四宅平安。季弟尚在湘潭，澄弟初二日自县城归矣。余身体不适，初二日住白玉堂，夜不成寐。温弟[1]何日至吉安？在县城、长沙等处尚顺遂否？

古来言凶德致败者约有二端：曰长傲，曰多言。丹朱[2]之不肖，曰傲曰嚣讼[3]，即多言也。历观名公巨卿，多以此二端败家丧身。余生平颇病执拗，德之傲也；不甚多言，而笔下亦略近乎嚣讼。静中默省愆尤[4]，我之处处获戾，其源不外此二者。

温弟性格略与我相似，而发言尤为尖刻。凡傲之凌物，不必定以言语加人，有以神气凌之者矣，有以面色凌之者矣。温弟之神气稍有英发之姿，面色间有蛮横之象，最易凌人。凡心中不可有所恃，心有所恃则达于面貌，以门第言，我之物望大减，方且恐为子弟之累；以才识言，近今军中炼出人才颇多，弟等亦无过人之处，皆不可恃。只宜抑然自下，一味言忠信、行笃敬，庶几可以遮护旧失、整顿新气。否则，人皆厌薄之矣。沅弟[5]持躬涉世，差为妥帖。温弟则谈笑讥讽，要强充老手，犹不免有旧习。不可不猛省！不可不痛改！闻在县有随意嘲讽之事，有怪人差帖之意，急宜惩之。余在军多年，岂无一节可取？只因傲之一字，百无一成，故谆谆教诸弟以为戒也。

九弟妇近已全好，无劳挂念。沅在营宜整饬精神，不可懈怠。至嘱。

兄国藩手草

咸丰八年[6]三月初六日

【注释】

[1] 温弟：指曾国藩的六弟曾国华（1822—1858），字温甫，族中排行第六。

[2] 丹朱：上古时代帝尧的儿子。

[3] 曰傲曰嚚讼：出自《尚书·尧典》。“帝曰：‘畴咨若时登庸？’放齐曰：‘胤子朱启明。’帝曰：‘吁！嚚讼可乎？’”这是帝尧对于其子丹朱的评价。指丹朱傲慢，不忠信，且好争讼。

[4] 愆尤：过失，罪咎。

[5] 沅弟：指曾国藩的九弟曾国荃（1824—1890），字沅甫，族中排行第九。

[6] 咸丰八年：1858 年。

【译文】

沅甫九弟左右：

初三这天刘福一等从军中归来，收到了你的来信，从信中我已知晓一切。

城里的反贼已被围困多日，估计不久便可攻克。目前只有严格断绝敌军情报是最紧要的事，弟弟应当身先士卒亲历而为才妥当。

家中四处宅院都平安无事。季弟还在湘潭，澄弟初二就从县城回来啦。最近我身体有些不适，初二住在白玉堂，晚上睡不着。温弟哪天能到吉安呢？你在县城、长沙等地这一路上还顺利吧？

古人说因为凶德导致失败的原因不外乎两条：一是骄傲，二是多言。丹朱之所以不成器，就是因为他的傲慢，因为他的多言，好争讼。纵观历朝历代的声名显赫的公卿大臣，多数都是因为这两条而家破人亡。我平生很固执，这是在德行方面的骄傲自大；虽然不怎么多言，但是写文章时却接近于多言。静处时反省自己的过失，意识到我之所以处处不顺，其根源不外乎这两方面的问题。

温弟的性格与我有些相似，只是在言语方面更为尖刻。凡是傲气凌人的情形，不一定只通过咄咄逼人的言语来表现，也有以神气凌人的，也有以面色凌人的。温弟有英姿勃发的神态，但面色有蛮横之相，最容易给人一种盛气凌人的感觉。一般来说，心中绝对不可以有所凭仗，心中如有所凭仗就会自然而然地流露出来。从门第方面讲，目前我的声望已大降，恐怕会连累子弟；从才识方面讲，近来军中培养锻炼出来的人才很多，弟弟也没有什么过人之处，没有什么可以凭仗的。只能收敛自己，只能坚持讲忠信、讲礼仪，行事则诚笃敬谨，这样或许可以弥补自己以前的过失，整顿出新的气象。否则，别人都会讨厌并鄙视你。沅弟为人处世谨慎小心，这比较稳妥。不过，温弟却经常与人谈笑讥讽，强充老手，不免沾些旧的不良习气，不可不深刻反省！不可不痛改前非！我还听说温弟在县城任上的时候，有随意嘲讽他人的行为，还时常责怪他人的帖子差强人意，应该迅速纠正这种错误做法。我在军中辛苦多年，难道就没有一点可取之处吗？就是因为傲字而导致百事无成。所以我才谆谆教导诸位弟弟，要引以为戒。

九弟妻子的病近日已经痊愈，不必挂念。沅弟在营中要振作精神，不能懈怠。至嘱。

兄国藩手草

咸丰八年（1858）三月初六日

【点评】

本信提醒九弟，在外为官要戒骄，要少言，骄傲和多言容易得罪人，也容易让人浮躁，影响判断能力。

【原文】

致诸弟

澄侯、沅甫、季洪[1]老弟左右：

十七日接澄弟初二日信，十八日接澄弟初五日信，敬悉一切。三河败挫[2]之信，初五日家中尚无确耗，且县城之内毫无所闻，亦极奇矣！九弟于二十二日在湖口发信，至今未再接信，实深悬系。幸接希庵信，言九弟至汉口后有书与渠，且专人至桐城、三河访寻下落。余始知沅甫弟安抵汉口，而久无来信，则不解何故。岂余日别有过失，沅弟心不以为然那？当此初闻三河凶报、手足急难之际，即有微失，亦当将皖中各事详细示我。

今年四月，刘昌储在我家请乩[3]。乩初到，即判曰："赋得偃武修文[4]，得闲字（字谜败字）。"余方讶败字不知何指，乩判曰："为九江言之也，不可喜也。"余又讶九江初克，气机正盛，不知何所为而云。乩又判曰："为天下，即为曾宅言之。"由今观之，三河之挫，六弟之变，正与"不可喜也"四字相应，岂非数皆前定那？

然祸福由天主之，善恶由人主之。由天主者，无可如何，只得听之，由人主者，尽得一分算一分，撑得一日算一日。吾兄弟断不可不洗心涤虑，以求力挽家运。

第一，贵兄弟和睦。去年兄弟不知，以致今冬三河之变。嗣后兄弟当以去年为戒。凡吾有过失，澄、沅、洪三弟各进箴规之言，余必力为惩改；三弟有过，亦当互相箴规而惩改之。

第二，贵体孝道。推祖父母之爱以爱叔父，推父母之爱以爱温弟之妻妾儿女及兰、惠二家。又，父母坟域必须改葬，请沅弟作主，澄弟不可过执。

第三，要实行勤俭二字。内间妯娌不可多事铺张。后辈诸儿须走路，不可坐轿骑马。诸女莫太懒，宜学烧茶煮菜。书、蔬、鱼、猪，一家之生气；少睡多做，一人之生气。勤者生动之气，俭者收敛之气。有此二字，家运断无不兴之理。余去年在家，未将此二字切实做工夫，至今愧恨，是以谆谆言之。

咸丰八年十一月廿三日

【注释】

[1] 季洪：指曾国藩的幼弟曾国葆（1829—1862），字季洪。

[2] 三河败挫：指三河镇之战。1858 年 11 月，湘军与太平军在安徽三河镇展开激战。湘军惨败，其中湘军骁将李续宾、曾国藩的弟弟曾国华战死。

[3] 乩：占卜。

[4] 偃武修文：停息武备，修明政教。

【译文】

致诸弟

澄侯、季洪、沅甫老弟左右：

十七日收到澄弟初二写的信，十八日接到澄弟初五写的信，知道了一切。至于三河乡败挫的信，初五因家里还没有确讯，而且县城里一点也不知道，这也太奇怪了。九弟自从在二十二日在湖口发信后，至今没有再接到你的信，很是挂念。幸亏收到了希庵的信，说九弟到汉口以后会有信给他的，并且派专人到桐城、三河寻找下落，我这才知道沅浦弟已安全抵达汉口，只是好久都不来信，不知是什么原因。难道是我最近有什么过失，沅弟的心里不以为然吗？当初听到三河的凶讯，兄弟手足在危难的时候，即使我有小的过失，你也应当把安徽那边的情况详细告诉我啊。

今年四月，刘昌储在我家里请人占卦，开始的时候，所下的判词说："占到的是偃武修文，得一闲字。"这个字谜的迷底是一个"败"字。我正在惊讶"败"不知指的是什么，又得判词："说的是九江，不可喜也。"我又惊讶，九江刚刚收复，士气正盛，真是不知从何说起。那占卦又得判词道："为天下占卦，也就是为曾家说的。"今天看起来，三河的失利，六弟的变故，正和"不可喜也"四字相对应，这难道不是在说命运早就注定了吗？

但祸福自是由上天做主，而善恶却是由人自己做主的。由天做主的事，人没有办法去改变，只好随他。而由人做主的事，能得一分就是一分，支撑住一天就算一天。我们兄弟一定要彻底改变过去那些不好的想法，尽力挽救我们家族的命运。

第一，贵在兄弟和睦。去年兄弟不知，以致有今年的三河之变，今后兄弟应当以去年的事情为戒。凡属于我的过失，澄、沅、洪三位弟弟各自向我提出规劝，我一定尽力改正。三位弟弟如有过失，也应当互相规劝并加以改正。

第二，贵在谨行孝道。把对祖父母的爱用来爱叔父、温弟的妻妾儿女以及兰、蕙两家。另外，父母的坟必须改葬，这事请沅弟做主，请澄弟不要过于固执。

第三，要践行勤俭二字。家里妯娌不要铺张浪费。后辈儿女要自己步行，不能坐轿、骑马。诸位女儿不要太懒，要学会烧茶煮饭。读书、种菜、喂猪、养鱼，这是一户人家生机的具体体现；少睡多做，是一个人的生机的具体体现。勤就是生动之气。俭是收敛之气。有这两个字，家运绝对没有不兴旺的道理。我去年在家，没有在这两个字上做切实的功夫，至今感到惭愧遗憾，所以在这里强调一下。

咸丰八年十一月二十三日

【点评】

这封家书是曾国藩在军事失利之后，经反思而与弟弟们达成的约定，以此希望众兄弟遵守。其内容没有特别之处，都是封建士大夫家庭的常规家规。曾国藩写此信的目的只是强调一下兄弟和睦、尽孝和勤俭的紧迫性。

【原文】

致九弟季弟

沅、季弟左右：

沅于人概天概之说[1]不甚措意，而言及势利之天下，强凌弱之天下，此岂自今日始哉？盖从古已然矣。

从古帝王将相，无人不由自立自强做出。即为圣贤者，亦各有自立自强之道，故能独立不惧，确乎不拔。昔余往年在京，好与诸有大名大位者为仇，亦未始无挺然特立，不畏强御之意。

近来见得天地之道，刚柔互用，不用偏废，太柔则靡[2]，太刚则折。刚非暴戾[3]之谓也，强矫[4]而已；柔非卑弱之谓也，谦退而已。趋事赴公则当强矫，争名逐利则当谦退；开创家业则当强矫，守成安乐则当谦退；出与人物应接则当强矫，入与妻孥[5]享受则当谦退。

若一面建功立业，外享大名，一面求田问舍，内图厚实。二者皆有盈满之象，全无谦退之意，则断不能久。此余所深信，而弟宜默默体验者也。

同治元年五月廿八日

【注释】

[1] 人概、天概之说：指人情事物盈亏之理。概，旧时量谷物时用来平斗斛的刮板。此处意思是刮平。出自《管子·枢言》，“釜鼓满则人概之，人满则天概之，故先王不满也。”这段话的意思是，滏鼓满了，人就刮平它；人满了，天就刮平它，所以先代圣王不自满。

[2] 靡：古通“糜”，颓废，糜烂。

[3] 暴戾：粗暴、乖戾。

[4] 强矫：抑制血气之刚猛。矫，强大。出自《中庸》，“子路问强。子曰：‘故君子和而不流，强哉矫！中立而不倚，强哉矫！’”

[5] 妻孥：妻子儿女。

【译文】

致九弟季弟

沅、季弟左右：

沅弟对于人刮平、天刮平的说法，并不是很在意，而说到这是势利的天下，是以强凌弱的天下，这难道是从今天才开始吗？自古以来就这样啊。

古代的帝王将相，没有一个人不是由自强自立才奋斗出来的。即使是圣人贤人，也各有自强自立的方式。所以能够做到独立而不害怕，笃定而坚忍不拔。我往年在京城的时候，喜欢与有显赫名声、高级地位的人结仇，也并不是没有特立独行、傲然无畏的意思。

近来我似乎悟出了一些自然界运行的规律，那就是刚柔互用，不可偏废。太柔就会颓废，太刚就会折断。刚，并不是暴戾的意思，而是强矫即抑制血气之刚猛而求道义上的强大。柔也不是卑下软弱的意思，只是谦虚退让罢了。办事情、赴公差要强矫，争名夺利要谦退；开创家业要强矫，守成安乐要谦退；出外与别人应酬接触要强矫，在家与妻儿享受天伦之乐时要谦退。

如果一方面建功立业，在外享有盛名。一方面又要买田建屋，在家里追求厚实舒服的生活。那么，两方面都会出现满盈的征兆，完全没有谦退的意思，似这般情形断然不能长久。这是我深信不疑，弟弟们也应该默默体会的道理！

同治元年 (1862) 五月二十八日

【点评】

这封家书对刚与柔的关系阐述得比较简明，并对各自的运用场景作了具体展示，体现出曾国藩为人处世方面的老道。

【原文】

致澄侯弟

澄弟[1]左右：

乡间谷价日贱，禾豆畅茂，犹是升平景象，极慰极慰。贼自三月下旬退出曹、郓之境，幸保山东运河以东各属，而仍蹂躏及曹、宋、徐、凤、淮诸府，彼剿此窜，倏往忽来。直至五月下旬，张、牛各股始窜至周家口以西，任、赖各股始窜至太和以西，大约夏秋数月山东、江苏，可以高枕无忧，河南、皖、鄂又必手忙脚乱。

余拟于数日内至宿迁、桃源一带察看堤墙，即由水路上临淮而至周家口。盛暑而坐小船，是一极苦之事，因陆路多被水淹，雇车又甚不易，不得不改由水程。余老境日逼，勉强支持一年半载，实不能久当大任矣。因思吾兄弟体气皆不甚健，后辈子侄尤多虚弱，宜于平日请求养生之法，不可于临时乱投药剂。

养生之法约有五事：一曰眠食有恒，二曰惩忿[2]，三曰节欲，四曰每夜临睡洗脚，五曰每日两饭后各行三千步。惩忿，即余匾中所谓养生以少恼怒为本也。眠食有恒及洗脚二事，星冈公[3]行之四十年，余亦学行七年矣。饭后三千步近日试行，自矢永不间断。弟从前劳苦太久，年近五十，愿将此五事立志行之，并劝沅弟与诸子行之。

余与沅弟同时封爵开府，门庭可谓极盛，然非可常恃之道。记得己亥正月，星冈公训竹亭公[4]曰："宽一虽点翰林，我家仍靠作田为业，不可靠他吃饭。"此语最有道理，今亦当守此二语为命脉。望吾弟专在作田上用些工夫，而辅之以书、蔬、鱼、猪、早、扫、考、宝[5]八字，任凭家中如何贵盛，切莫全改道光初年之规模。

凡家道所以可久者，不恃一时之官爵，而恃长远之家规；不恃一二人之骤发，而恃大众之维持。我若有福罢官回家，当与弟竭力维持。老亲旧眷，贫贱族党不可怠慢，待贫者亦与富者一般，当盛时预作衰时之想，自有深固之基矣。

同治五年六月初五日

【注释】

[1] 澄弟：指曾国藩的四弟曾国潢（1820—1886），字澄侯，族中排行第四。

[2] 惩忿：克制忿怒。

[3] 星冈公：指曾国藩的祖父曾玉屏（1774—1849），号星冈。

[4] 竹亭公：指曾国藩的父亲曾麟书（1790—1857），号竹亭。

[5] 书、蔬、鱼、猪、早、扫、考、宝：书，指读书。知书达理，德才兼备。蔬，指种菜。自种蔬菜，味道鲜美。鱼，指养鱼。池塘养鱼，自见乐趣。猪，指喂猪。家中喂猪，增加收入。早，指早起。早睡早起，精神饱满。扫，指扫地。房屋内外，洒扫干净。考，指祭祖。孝道盛行，民风醇厚。宝，指的是维持良好的亲友邻里关系。

【译文】

致澄侯弟

澄弟左右：

乡间谷价越来越贱，禾豆生长茂盛，还是一片升平的景象，很是欣慰。反贼自三月下旬退出曹、郓地界后，幸亏保住了山东运河以东各个地方，但反贼仍蹂躏曹、宋、徐、凤、淮诸府，那边剿就到这边流窜，行踪不定。直至五月下旬，张、牛所属各部才开始流窜到周家口以西，任、赖各部始流窜到太和以西，预计夏秋这几个月山东、江苏大概可以高枕无忧，而河南、皖、鄂又会很紧张。

我准备在数日内到宿迁、桃源一带察看堤墙，即通过水路直上临淮再到周家口。盛暑天气坐小船，是一很辛苦苦的事，因为陆路大多被水淹了，雇车又很不容易，不得不改走水路。我年纪越来越大，大概勉强能支持一年半载，实在不能长期担当大任。

因考虑到我们兄弟身心都不是很康健，后辈子侄里身体虚弱的也特别多，应该在平日寻求一些养生方法，而不能临时抱佛脚，病急乱投医。

养生方法大概有五件事情要做：一是睡觉饮食有固定的规律，二是制怒，三是节欲，四是每晚睡前洗脚，五是每天两餐后各行三千步。制怒，就是我匾中所说的养生以少恼怒为本。睡觉饮食有规律和洗脚二事，星冈公实践了四十年，我也跟着践行了七年。饭后三千步于近日试行，自己发誓将永不间断。弟以前辛劳时间太长，年纪已近五十，希望你立志将这五事也付诸行动，并劝沅弟与诸子付诸行动。

我和沅弟同时封爵建府，可以说门庭极盛，但这并不是能够长期依靠的。记得己亥正月的时候，星冈公训导竹亭公时就说：“宽一虽然点了翰林，我家仍然要靠种田为业，不可只依靠他吃饭。”这话很有道理，现在也今应当信守这两句话作为要事。希望我弟在耕作田地上专门下些功夫，而辅之以书、蔬、鱼、猪、早、扫、考、宝这八个字，无论家里怎样高贵繁盛，千万不要全改道光初年那样的规模。

凡是家道能够长久的家庭，都不是靠显赫一时的官爵，而是靠影响长远的家规的约束；不是依仗一二人的爆发，而是依靠众人的维护。我如果若有福罢官回家，一定会与弟竭力维系家族。无论老亲旧眷，还是贫贱族党，都不能怠慢，不管贫富，一视同仁。处于兴盛时期，要预先做万一衰败后的考虑，这样自然会有深厚牢固的基础作为支撑。

同治五年六月初五日

【点评】

曾国藩这封家书谈了两个问题：一是养生之法；二是家族未来的生存设想。关于养生，他提出了五法，即眠食有恒，二是制怒，三是节欲，四是睡前洗脚，五是饭后散步。均是科学有效的健身延寿的好办法。关于家族的未来，曾国藩有很强的危机意识，他深知盛极而衰的规律，而在为后人规划人生方面做了大量工作，找好了种田为生这条退路。而在种田之余，读书仍然是不可或缺的家族传统要事。后来曾家后人能显赫一百多年，与曾国藩的远见卓识是分不开的。

郑观应：训子诗

【原文】

古今因果[1]已三编，勿与人争宿债钱。天理流行人欲净，真吾常在可延年[2]。立志须求一等人，专崇道德莫忧贫[3]。英雄出处多贫困，功业由来俭与勤。得便宜[4]是失便宜，多少阴谋尔未知。守正不阿存善念，自然福禄获天施。马援训子宜谨饬，究竟奢华不久长。素位而行量出入，先机预蓄隔年粮。养生[5]古法功无间，觉岸同登理莫忘。须有精神求福泽，事凡过度必身伤。欲无后累须为善，各有前因莫羡人[6]。烦恼皆由多妄想[7]，不能容忍不安贫。大富由天枉[8]力争，能精一艺[9]可谋生。切毋行险图微幸[10]，熟读经书理自明。人生富贵似烟云，道德能留亿万年。休自殉名兼殉货，存心养性学先贤。

【注释】

[1] 因果：指佛家所讲的因果报应论。

[2] 延年：延长寿命。

[3] 莫忧贫：不要担心处境的困苦。

[4] 便宜：小利益。

[5] 养生：调养身心。

[6] 羡人：羡慕、嫉妒别人。

[7] 妄想：不能实现的非分之想。

[8] 枉：徒劳。

[9] 精一艺：精通一门技艺。

[10] 徼幸：作非分企求。希望得到意外的成功或免去灾害。

【译文】

古今有关因果报应的书已编了三本，不要和他人争要那些旧债的钱。天理到处盛行，人要求得清净，应常保持真我，这样就可益寿延年。应该立志追求做一等人，一心尊崇道德，不要担心处境的困苦艰难。英雄大多出自贫困之境，功业的创建皆来自人的勤奋和节俭。争得小利益实际上是失去了大利益，其中暗藏多少阴谋你并不知晓。坚守正道，不阿谀奉承，心中常存有善念，老天自然会给你福和禄。汉朝的马援训子时，教他们万事应谨慎小心，富足奢华日子毕竟不能长久。安于现在所处的地位，努力做好应做的事，量入为出，先要存蓄好隔年粮。古代的养生方法功德无量，一起到达迷惘而到觉悟的境界的道理千万不要忘。人应该精神饱满，这样就可以求得福泽，凡是过度做事，必把身心损伤。要想后代不受连累就要多多行善，任何事的发生都有原因，不要羡慕他人。烦恼的产生多是因为有非分之想，不能容人忍事，不肯安于贫困。大富大贵取决于上天的安排，无端力争都是枉费心机，能精通一门技艺就可谋生。千万不要冒行险或图侥幸，熟读经书后自然就明白事理。人生富贵像烟云一样转眼消散，但道德修为能留存亿万年。不要妄自为追求名誉、物质利益而死，存心修养身心，学习先贤才能内心安然。

【点评】

这首诗语言浅显，说理透彻，很适合家庭启蒙教育之用。诗中表达的内容很丰富，大意是人要相信天命，不要妄求富贵。人生应该做的事是立志，修德，行善，不贪图便宜，即使大富大贵了，也不要得意忘形，因为它不可能持久，只有道德风范才能流芳百世。

张之洞：致儿子书

【原文】

吾儿知悉：

汝出门去国，已半月余矣，为父未尝一日忘汝。父母爱子，无微不至，其言恨不能一日不离汝，然必令汝出门者，盖欲汝用功上进，为后日国家干城之器[1]、有用之才耳。方今国是扰攘，外寇纷来，边境屡失，腹地亦危。振兴之道，第一即在治国。治国之道不一，而练兵实为首端。汝自幼即好弄[2]，在书房中，一遇先生外出，即跳掷嬉笑，无所不为。今幸科举早废[3]，否则汝亦终以一秀才老其身，决不能折桂探杏[4]，为金马玉堂中人物也。

故学校肇开[5]，即送汝入校。当时诸前辈犹多不以然，然余固深知汝之性情，知决非科甲中人，故排万难以送汝入校。果也除体操外，绝无寸进。余少年登科，自负清流[6]，而汝若此，真令余愤愧欲死。然世事多艰，习武亦佳，因送汝东渡，入日本士官学校肄业，不与汝之性情相违。汝今既入此，应努力上进，尽得其奥。勿惮劳，勿恃贵，勇猛刚毅，务必养成一军人资格。汝之前途，正亦未有限量。国家正在用武之秋，汝只患不能自立，勿患人之不己知。志之！志之！勿忘！勿忘！抑余又有诫汝者，汝随余在两湖，固总督大人之贵介子也，无人不恭待汝。今则去国万里矣，汝平日所挟以傲人者，将不复可挟，万一不幸肇祸，反足贻堂上[7]以忧。汝此后当自视为贫民、为贱卒，苦身戮力[8]，以从事于所学，不特得学问上之益，且可借是磨炼身心。即后日得余之庇，毕业而后，得一官一职，亦可深知在下者之苦，而不致予智自雄。

余五旬外之人也，服官一品，名满天下，然犹兢兢也，常自恐惧，不敢放恣。汝随余久，当必亲炙[9]之，勿自以为贵介子弟，而漫不经心，此则非余之所望于尔也，汝其慎之！寒暖更宜自己留意，尤戒有狎邪赌博等行为，即幸不被人知悉，亦耗费精神、抛荒学业。万一被人发觉，甚或为日本官吏拘捕，则余之面目，将何所在？汝固不足惜，而余则何如？更宜力除，至嘱！至嘱！余身体甚佳，家中大小，亦均平安，不必系念。汝尽心求学，勿妄外骛[10]。汝苟竿头日上，余亦心广体胖矣。

父涛示

五月十九日

【注释】

[1] 干城之器：保卫国家的栋梁之材。

[2] 好弄：爱好游戏。

[3] 科举早废：指 1905 年清廷废除科举制。

[4] 折桂探杏：古时乡试在农例八月举行，考中称折桂；会试在农例三月举行，考中称探杏。

[5] 肇开：开始兴办。

[6] 清流：喻指德行高洁负有名望的士大夫。

[7] 堂上：指父母。

[8] 戮力：勉力，努力。

[9] 亲炙：指直接受到教导。

[10] 外骛：别有追求，心不专一。

【译文】

我儿知悉：

你出门离开祖国已半个多月了，为父我没有一天忘记你。一般父母爱子，都是无微不至。说恨不得一天都不让你离开，但要让你出门，目的是要你用功上进，以后成为国家的栋梁、有用之才。如今治国的大政大策杂乱，外敌纷纷前来，边境屡次丢失，内地也很危急。振兴之道，第一即在治国。治国之道可以有所不同，而练兵实为第一要务。你自幼就爱玩游戏，在书房中，一遇到先生外出，就跳掷嬉笑，无所不为。幸好如今科举早废除了，否则你可能最后也只能是以一个秀才的身份终老，肯定不能过乡试会试这两关而成为翰林院里的人物。

所以新学校刚兴办，我就送你入校。当时诸位前辈还对此举不以为然。但我深知你的性情，知你肯定不是读书考取功名的料，所以排除万难以送你入校。果不其然，除体操外，其他科目没有一点进步。我少年登科，自认为是德行高洁负有名望的士大夫，而你却是这个样子，让我气愤羞愧真想一死了之。但世事多艰，习武也好，就送你东渡，入日本士官学校学习，这不与你的喜好性情相违背。你现在既然入校，就应努力上进，全部搞清楚学习课程中的奥妙。不要怕累，不要自恃身份高贵，而要勇猛刚毅，务必养成一个军人的素质。你的前途不可限量。国家正在用武之秋，你只须担心现在不能自立，不要担心别人不了解你。切记切记啊！我还有告诫你的话，你随我在两湖地区的时候，自然是总督大人的贵公子，无人不恭维厚待你。如今离国有万之遥，你平日所依仗以傲视别人的条件，将不再可以依靠了。万一你哪天不幸惹祸，反而足以让父母替你担心。你此后应该自视为贫民、为地位低下的士兵，刻苦努力，好好学习专业知识，不只是能在学问上有收益，还可以借此磨炼身心。即使后日得到我的照顾，毕业后获得一官半职，也能够深刻体会普通人的困苦，而不要妄自尊大。

我都五旬开外的人了，官居一品，名满天下，但还是战战兢兢，常常独自恐惧，不敢放纵自己。你跟随我久了，一定要亲自教导你，不要自以为是贵族子弟就漫不经心，这不是我所希望的，你要谨慎啊！天气寒暖的变化你更应该自己留意，尤其要禁止有嫖娼赌博等不良行为，这种事即使侥幸不为人知，也耗费精神、荒费学业。万一被人发觉，或者被日本官吏拘捕，那么我的脸面何在？你自然不值得惋惜，但我将怎么办呢？所以更应该全力戒除，这是我最恳切的嘱托！最恳切的！我身体甚好，家中老小也都平安，不必挂念。你尽心求学就是，不要好高骛远，随意追求别的东西。你如果每天都进步，我也就心宽体胖呢。

父涛示

五月十九日

【点评】

张之洞《致儿子书》主要谈了两个问题，一是说明送子留学的目的是为了以后习武报国；二是对儿子进行思想品德方面的教育，他要求儿子“勿惮劳，勿恃贵”，把自己当成平民子弟，刻苦学习，勤于训练。

张之洞作为晚清开明大臣，能与时俱进，根据形势的变化，儿子的天赋喜好，为儿子选择合适的人生道路，并针对儿子的身份地位进行有针对性的品德教育，颇为难得。

严复：家书四篇

【原文】

与长子严璩书

时事岌岌[1]，不堪措想。奉天省城[2]与旅顺口皆将旦夕陷倭[3]，陆军见敌即溃，经战即败，真成无一可恃者。皇上有幸秦之谋[4]，但责恭邸留守，京官议论纷纷，皇上益无主脑，要和则强敌不肯，要战则臣下不能，闻时时痛哭。翁同龢[5]及文廷式[6]、张謇[7]这一班名士痛参合肥[8]，闻上有意易帅，然刘岘庄[9]断不能了此事也。大家不知当年打长毛[10]、捻匪[11]诸公系以贼法子平贼，无论不足以当西洋节制之师，即东洋[12]得其余绪，业已欺我有余。中国今日之事，正坐平日学问之非，与士大夫心术之坏，由今之道，无变今之俗，虽管、葛[13]复生，亦无能为力也。

我近来因不与外事，得有时日多看西书[14]，觉世间惟有此种是真实事业，必通之而后有以知天地之所以位、万物之所以化育，而治国明民之道，皆舍之莫由。但西人笃实，不尚夸张，而中国人非深通其文字者，又欲知无由，所以莫复尚之也。且其学绝驯实，不可顿悟，必层累阶级[15]，而后有以通其微。及其既通，则八面受敌，无施不可。以中国之糟粕方之，虽其间偶有所明，而散总之异、纯杂之分、真伪之判，真不可同日而语也。近读其论《教训幼稚》一书，言人欲为有用之人，必须表里心身并治，不宜有偏。又欲为学，自十四至二十间决不可间断；若其间断，则脑脉渐痼，后来思路定必不灵，且妻子仕官财利之事一诱其外，则于学问终身门外汉矣。学既不明，则后来遇惑不解，听荧见妄[16]，而施之行事，所谓生心窘〔害〕政，受病必多，而其人之用少矣。

甲午[17]十月十一日

【注释】

[1] 岌岌：危急。

[2] 奉天省城：今辽宁省沈阳市。

[3] 陷倭：陷入日军之手。

[4] 幸秦之谋：指逃离北京到达陕西。

[5] 翁同龢：（1830—1904），字叔平、瓶生，号声甫，时任光绪帝帝师，军机大臣。

[6] 文廷式：（1856—1904），字芸阁，号道希，甲午战争期间的主战派大臣。

[7] 张謇：（1853—1926），字季直，号啬庵，1894 年考中状元，授翰林院修撰。中国近代著名实业家，思想家。

[8] 合肥：指李鸿章（1823—1901），安徽合肥人。清末重臣，洋务运动的主要领导人之一，淮军创始人和统帅。

[9] 刘岘庄：（1830—1902），湘军宿将，字岘庄，湖南新宁人。

[10] 长毛：对清末农民起义军太平天国军的蔑称。

[11] 捻匪：对清末农民起义军捻军的蔑称。

[12] 东洋：指日本。

[13] 管、葛：管仲、诸葛亮。

[14] 西书：西方的自然科学、历史、哲学等书籍。

[15] 层累阶级：循序渐进。

[16] 听荧见妄：指以讹传讹。

[17] 甲午：1894 年。

【译文】

与长子严璩书

现在时事危急，简直不堪设想。奉天省城与旅顺口估计早晚都要落入日军之手，陆军见敌即溃，一战即败，真成了无一可依靠的队伍。皇上有巡幸陕西的想法，只责成恭亲王留守京城，对此京官议论纷纷，皇上更加没有了主意，要求和但强敌不肯，要继续作战但臣下又没有能力，听说皇上常常痛哭。翁同龢和文廷式、张謇这一帮名士痛骂弹劾李鸿章大人，听说皇上有意换帅，但刘岘庄断断不能了结此事。大家不知当年打太平军、捻军时，诸位大人是以对付反贼的法子扫平反贼的，那个战法无论如何都不足以对抗由西洋制度训练治理出来的军队，即使日本只学了西洋的皮毛，欺负我国也富富有余。中国今日出现这种状态，正是由于平日的治国安邦的学问错了，加上士大夫心术不正带来的结果。如果继续从当今这样的道路走下去，而不改变当今的风俗习气，即使管仲、诸葛亮再生，也是无能为力的。

我近来因不参与外面的事，得有时间多看西方的自然科学、历史、哲学等书籍，觉得世间唯有此种是真正有实用价值的事业，必须学通透这些，然后才能知天地是怎么运行、万物是怎么演进生长变化的，而治理国家开启民智的途径，都离不开这些。只是西方人务实，不崇尚夸张，而中国人除非深通西方文字的人，又欲知无渠道，所以不能领略要点也。且其学很系统扎实，不可顿悟，必循序渐进，而后才能通晓观察细致。等通晓了一点，发现四周全是障碍，无法施展。以中国之糟粕来解释这些知识制度，虽其间偶有所明，而部分与整体的差异、纯杂之分、真伪之判，真不可同日而语。近读其论《教训幼稚》一书，说人欲为有用之人，必须表里心身并治，不宜有偏。又欲为学，自十四至二十间决不可间断；若其间断，则脑袋僵化，后来思路定必不灵，如果用妻子仕官财利之事加以引诱，则在学问就是终身门外汉。学问既不明白，那么后来遇惑不解，以讹传讹，而用这些知识来处理事情，就是所说的生出某个念头来影响政务，受害必多，那么这个人就没什么用了。

甲午十月十一日

【点评】

严复在这封信里最为闪光的思想是认为西方的科技知识是真正系统有用的学问，包括哲学、历史等都值得中国学习借鉴。这个是很有眼光的看法。

【原文】

与三子严琥书

谕琥知悉：

五律三首，略加评骘[1]寄去，可细观之。看《近思录》[2]甚好，但此书不是胡乱看得，非用过功夫人，不知其言所著落也。廿四史定后尚寄在商务馆，因未定居，故未取至。欲将此及英文世界史尽七年看了，先生之志则大矣。苟践此语，殆可独步中西，恐未必见诸事实耳。但细思之，亦无甚难做，俗谚有云：日日行，不怕千万里。得见有恒，则七级浮图[3]，终有合尖[4]之日。且此事必须三十以前为之，四十以后，虽做亦无用，因人事日烦，记忆力渐减。吾五十以还，看书亦复不少，然今日脑中，岂有几微存在？其存在者，依然是少壮所治之书。吾儿果有此志，请今从中国前四史[5]起。其治法，由《史》而《书》而《志》，似不如由陈而范[6]，由班而马[7]，此固虎头[8]所谓倒啖蔗也。吾儿以为何如？

重阳后一日

【注释】

[1] 评骘：批阅，点评。

[2]《近思录》：由宋代大儒吕祖谦和朱熹共同编撰，为宋明理学的核心经典之一。

[3] 浮图：佛塔，在此指学问。

[4] 合尖：造塔工程最后一着为塔顶合尖，在此指学问有成。

[5] 前四史：《史记》《汉书》《后汉书》和《三国志》。

[6] 由陈而范：陈，陈寿；范，范晔。分别是《三国志》和《后汉书》的撰写者。

[7] 由班而马：班，班固；马，司马迁。分别是《汉书》和《史记》的撰写者。

[8] 虎头：顾恺之，字长康、小字虎头。言谈甘蔗从头吃起，可"渐入佳境。"

【译文】

与三子严琥书

谕琥知悉：

这里有三首《五律》诗，我略加评论给你寄去，你可以仔细看看。你看《近思录》，这很好。但这书可不是胡乱看就能懂的，不是用过功夫的人，是弄不清里面讲的啥的。定购的《二十四史》还寄存在商务印书馆，因还没有定下住处，所以没有取回。想把英文世界史在七年里看完，先生真是大志向。如果真按你说的那样做，就差不多可以独步中西，只是怕难以落实。但仔细一想，又觉得不太难。俗话说，日日行，不怕千万里。只要有恒心，学问终能学得。而且这事必须在三十岁以前做，四十岁就难了，因为事多，记忆力也减退了。我五十岁以后看的书也不少，但现在脑海中，存下的有多少？脑中还留存的，还是青少年所学的知识。我儿如果真有此志向，就从中国前四史开始吧。治学方法，从《史记》后《汉书》，再后《三国志》，好像不如由陈寿《三国志》再到范晔《后汉书》，由班固的《汉书》再到司马迁的《史记》，这是顾恺之所说的甘蔗从头吃起，可渐入佳境。我儿认为怎么样呢？

【点评】

此书大意是阐述读书治学要从青少年开始，要有恒心，能坚持。

【原文】

与四子严璿书

谕璿知悉：

前得儿书，知在唐校用功，勤而有恒，大慰大慰！学问之道，水到渠成，但不间断，时至自见，虽英文未精，不必着急也。所云暑假欲游西湖一节，虽不无小费，然吾意甚以为然。大抵少年能以旅行观览山水名胜为乐，乃极佳事，因此中不但怡神遣日[1]，且能增进许多阅历学问，激发多少志气，更无论太史公文得江山之助[2]者矣。然欲兴趣浓至，须预备多种学识才好：一是历史学识，如古人生长经由，用兵形势得失，以及土地、产物、人情、风俗之类。有此，则身游其地，有慨想凭吊之思，亦有经略济时之意与之俱起，此游之所以有益也。其次则地学[3]知识，此学则西人所谓 Geology。玩览山川之人，苟通此学，则一水一石，遇之皆能彰往察来，并知地下所藏，当为何物。此正佛家所云："大道通时，虽墙壁瓦砾，皆无上胜法。"真是妙不可言如此。再益以摄影记载，则旅行雅游，成一绝大事业，多所发明，此在少年人有志否耳。汝在唐山路矿学校，地学自所必讲，第不知所谓深浅而已。

嘉平初六日

【注释】

[1] 怡神遣日：和悦精神，消遣时间。

[2] 太史公文得江山之助：指汉代司马迁周游天下积累素材，写成《史记》。

[3] 地学：地理学。

【译文】

与四子严璿书

谕璿知悉：

前得儿的书信，知你在唐校用功，勤奋而有恒心，大慰大慰！学问之道，就是水到渠成，只要不间断，到时候自然显效，虽英文未精，不必着急。所说的暑假欲游西湖一节，虽然不无小费，然吾意很赞同。大抵少年能以旅行观览山水名胜为乐，是很好的事情，因此中不但愉悦精神、消遣时间[1]，且能增进许多阅历学问，激发很多志气，更无不用说像太史公所说的周游天下积累素材。但是要想增加兴趣，须预备多种学识才好：一是历史学识，如古人生长过程，用兵的形势得失，以及土地、产物、人情、风俗之类。有了这些知识，那么身游其地时，自有慨想凭吊之思，亦有治国安邦的想法，这就是旅游的好处。其次则是地学知识，此学西方人所谓 Geology。玩览山川之人，如果通此学，则一水一石，遇之皆能弄清其来龙去脉，并知地下所藏，应当为何物。此正如佛家所云："大道通时，虽墙壁瓦砾，皆无上胜法。"真是妙不可言。再加上摄影记载，则旅行雅游，就成一绝大事业，多加发扬，此在于少年人是否有志。你在唐山路矿学校，地学自然是必讲的科目，只是不知深浅程度罢了。

嘉平初六日

【点评】

此篇谈论的话题是旅游，严复认为旅游能增进阅历学问，激发对山河的热爱。最好提前预备相关的知识，包括历史学、风俗学、地理学等，旅游如能发展开来，能成为一个大的产业。这个见解在今天也是了不起的。

【原文】

喻家人诸儿女（节选）

民国十年[1]，岁次辛酉，十月三日，愈壄老人[2]喻家人诸儿女知悉：吾自戊午年[3]以来，肺疾日甚，虽复带病延年，而揆之人理，恐不能久，是以及今尚有精力，勉为身后传家遗嘱如左。非曰无此汝曹或至于争，但有此一纸亲笔书，他日有所率循[4]而已。汝曹务知此意。吾毕生不贵苟得，故晚年积储，固亦无几，然亦可分。今为汝曹分俵[5]。……

嗟呼！吾受生严氏，天秉至高。徒以中年攸忽，一误再误，致所成就，不过如此，其负天地父母生成之德，至矣！耳顺以后，生老病死，倏然[6]相随而来，故本吾自阅历，赠言汝等，其谛听之。

须知中国不灭，旧法可损益，必不可叛[7]。

须知人要乐生，以身体健康为第一要义。

须勤于所业，知光阴时日机会之不复更来。

须勤思，而加条理。

须学问，增知能，知做人分量，不易圆满。

事遇群己[8]对待之时，须念己轻群重，更切毋造孽。

审[9]能如是，自能安平度世。即不富贵，亦当不贫贱。贫贱诚苦，吾亦不欲汝曹傚之也。余则前哲嘉言懿行，载在典策，可自择之，吾不能缕[10]尔。

愈壄老人力疾书

[注释]

[1] 民国十年：1921 年。

[2] 愈壄老人：指严复自己。

[3] 戊午年：1918 年。

[4] 率循：遵照。

[5] 俵：散发。

[6] 倏然：疾速，忽然。

[7] “旧法”二句：严复晚年主张尊孔读经，主张“旧法可损益，必不可叛”。

[8] 群己：对待群众与自己的关系。

[9] 审：如果。

[10] 缕：委曲详尽有条理。

【译文】

喻家人诸儿女（节选）

民国十年即辛酉年十月三日，愈壄老人告知家人诸儿女知悉：我自戊午年以来，肺病就日益加重，虽然又带病多活了几年，按照正常人理推断，恐不能活多久，所以趁今天还有点精神，勉强为死后立传家遗嘱如下。不是说没有这个遗嘱，你们就会争吵，只是有了这一纸亲笔书，以后你们有所遵循罢了。你们一定要明白这个意思。我毕生不爱惜金钱财物，所以晚年的积蓄没有多少，不过也可分一些。今天就替你们分发吧。……

唉！我是严氏所生，遗传了很高的天赋。只是自己中年疏忽，一误再误，导致所取得的成就不过如此，大大辜负了天地父母生养我的高德！六十岁以后，老病迅速相随而来，所以我根据自己的人生阅历，赠几句话给你们，你们好好听听。

要明白中国若不灭亡，过去的典章制度可以有所增减，但不能背叛废弃。

要明白人生要快乐，首先必须注意身体健康。

要勤于自己所从事的职业,知道光阴和机会过去了就不会再来。

要多思考，并且思考要有条理。

要努力学习，增加自己的智能，要懂得做人要有分寸，凡事是不容易做到圆满的。

当遇到处理个人和群体关系的时候，要常常想自己轻而群体重，更不要做坏事。

如果能做到这样，自然能够平安生活。即使不能大富大贵，也应该不至于贫贱。贫贱者确实很苦，我也不想你们对他们傲慢。其他先哲大贤的有益的言论和高尚的行为，都在记载典章制度的重要书籍里，你们可自行选择阅看，我没有精力详尽梳理啦。

愈壄老人力疾书

【点评】

严复这份遗嘱体现了他对中国传统文化的高度自信，他对后人的嘱咐也很中肯，如身体健康才能人生快乐，要勤思而有条理，要敬业惜时，做人要懂得分寸，集体比个人更重要等。这些都是很实在的做人做事的规则。

林纾：示儿书（节选）

【原文】

谕子：

尔自瘠区，量移[1]繁剧，凡贪墨[2]狂谬之举，汝能自爱，余不汝忧。然所念念者，患尔自恃吏才，遇事以盛满之气出之，此至不可。凡人一为盛满之气所中，临大事，行以简易；处小事，视犹弁髦[3]。遗不经心之罅[4]，结不留意之仇。此其尤小者也。有司为生死人之衙门，凭意气用事，至于沉冤莫雪，牵连破产者，往往而有，此不可不慎。故欲平盛气当先近情。近情者，洞民情也。胥役之不可寄以耳目，以能变乱黑白。察官意之所不可，即以是为非；察官意之所可，复以非为是。故明者恒轻而托之坤士。然吾意绅不如士，士不如耆。绅更事多，贤不肖半之，士得官府询问，亦有尽言者。然讼师亦多出于士流中，无足深恃。惟耆民之纯厚者，终身不见官府。尔下乡时，择其慎愿者，加以礼意，与之作家常语，或能倾吐俗之良楛[5]，人之正邪。自乡老有涉讼应质之事，尔可令之堂语，不俾长跽[6]，足使村氓悉敬长之道。死囚对簿，已万无生理，得情以后，当加和平之色，词气间，悯其无知见戮，不教受诛，此即夫子所谓“哀矜勿喜”[7]者也。监狱五日必一临视，四周洒扫粪除，必务严洁，庶可辟袪疫气。司监之丁，必慎其人，黠者可以卖放，愿者[8]或致弛防。此际用人宜慎，宽严诗均不可过责。衙役既无工薪，却有妻子，一味与之为难，既不得食，何能为官效力？此当明其赏罚，列表于书室中。夫廉洁不能责诸彼辈，止能录其勤惰，加以标识。其趋公迅捷者，则多标以事；凡迁延迟久，不能速两造[9]到案者，必有贿托情事，则当加以重罚，不必另标他役。一改差，则民转多一改差之费矣。胥役以外，家丁之约束最难。荐者或出上官，或出势要，因荐主之有力，曲加徇隐，则渐生跋扈；严加裁抑，则转滋谗毁。要当临之以庄，语之以简，喜愠不形，彼便不能测我之深浅。当者留之，宜遣者以温言遣之足矣。

下乡检验[10]，务随报即行，迟则尸变，且访两造久而生心，故不若立时遣发之愈。尸场以不多言为上，彼围观者，恃人多口众，最易招侮。此等事，尔已经过，可毋嘱。披阅卷宗，宜在人不经意处留心。凡情虚之人，弥纶[11]必不周备，仔细推求，自得罅隙，更与刑幕商之，亦不可师心自用[12]。凡事经两人商榷，虽不精审，亦必不至模糊。其余行事，处处出以小心，时时葆我忠厚。谨慎需到底，不可于不经意事掉以轻心。慈祥亦须到底，不能于不惬意人出以辣手。

吾家累世农夫，尔曾祖及祖，皆浑厚忠信，为乡里善人，余泽及汝之身，职分虽小，然实亲民之官。方令新政未行，判鞫[13]仍归县官。余故凛凛戒惧，敬以告汝。不特驾驭隶役丁胥，一须小心，即妻妾之间，亦切勿沾染官眷习气。几事须可进可退，一日在官，恣吾所欲；设闲居后，何以自聊？余年六十矣，自五岁后，每月不举火者可五六日。十九岁，尔祖父见背[14]，苦更不翅。己亥，客杭州陈吉士大令署中，见长官之督责吮吸属僚，弥复可笑。余宦情已扫地而尽。汝又不能为学生，作此粗官，余心胆悬悬，无一日宁帖。汝能心心爱国，心心爱民，即属行孝于我。尔曾祖父母以下，至尔嗣父，及尔生母，凡六大忌，用银十二两。此十二两，余欲以汝所得者，市鱼肉报飨。余随时尚有训迪[15]。此书可装池，悬之书室，用为格言。

【注释】

[1] 量移：职务调动。

[2] 贪墨：贪污。

[3] 弁髦：指无用之物。

[4] 罅：漏洞。

[5] 楛：粗劣。

[6] 跽：长跪不起。

[7] 哀矜勿喜：对落难者要同情而不要幸灾乐祸。

[8] 愿者：狡黠的人。

[9] 两造：原告与被告。

[10] 检验：此处指尸检。

[11] 弥纶：统筹，治理。

[12] 师心自用：灵活运用。此处指自以为是。

[13] 判鞫：审问，判决。

[14] 见背：过世。

[15] 训迪：教导。

【译文】

谕子：

你来自贫困地区，工作调动频繁，凡是那些贪污狂妄悖理的行为，你能自爱，我并不担心你会有。但我念念不忘的，是担心你自恃有行政管理之才，遇到事情总是志得意满，盛气凌人，这是最不应该的。凡人一旦志得意满盛气凌人，每当遇到大事的时候，就会简易处理；而在处理小事时，又把它视作无用之物，从而不经意间留下纰漏，不留意间结下怨恨。这还不要紧。你所在部门是关系到人的生死的衙门，凭意气用事，导致沉冤不能昭雪，受此牵连而破产的，往往不少，对此你不可不谨慎。所以，要平复盛气，就应该先靠近实际。靠近实际，就是洞察真实的民情。这样胥役就不能靠他们的耳目传递虚假信息，颠倒黑白。如果他们觉察到官府的意思是不同意，就把对的当作错的；如果他们觉察到官府的意思是同意，又把错的非当成对的来处理。所以明智者总是轻松地把这些委托给绅士处理。但我认为乡绅不如读书人，读书人不如老人那样可靠。绅士更容易多事，贤人都不屑于和他们为伍，读书人遇到官府前来询问，也有畅所欲言的。但讼师也多出自于读书群体，并不值得特别依靠。只有淳朴憨厚的老者，他们一般一生都难以见到官府中人。你下乡时，选择其中谨慎又愿意说话的，对他们礼貌相待，先与他们谈谈家常，或许可以让他们倾吐乡下习俗的好坏以及人的正邪情况。如果乡老那里有涉及诉讼作证人之类的事，你可让他们当场说，不要让他们长跪不起，这样足以让村民知道尊敬长辈的道理。遇到死囚对簿公堂，他们已没有一点生还的可能，了解情况时，对他们应该心平气和，词气间要流露出可怜他们无知被杀，不教受诛的神色，这就是孔夫子所说的“对落难者要同情而不要幸灾乐祸”。监狱每隔五日必须巡视一次，对周围四周要洒水打扫，务必保持清洁，这样才可清除疫气。至于管理牢房的人员，必须慎重挑选，因为聪明的可能会收钱放人，狡猾的可能导致防卫不严。这个地方用人应该特别谨慎，无论宽严都不能过分责罚。衙役又无工薪，却有妻子儿女，一味刁难他们，他们又得不到吃的，怎么能让他们尽心为官府效力呢？因此应当明确对他们的赏罚标准，并制成表格挂在书室中。而且不能依照清正廉洁的标准责罚这些人，只能记录他们的勤劳和懒惰，加以标识。凡是为公家办事迅捷者，就多做标记好安排他做事；凡办事迟缓拖拉，不能迅速让原被告到案者，必定有收受贿赂请托办事的行为，对他们就应该加以重罚，不必另做标记让其做别的差事。一旦改换差事，那么转岗就多一改换差事的费用。胥役之外，对家丁的约束最难。他们的推荐人有的来自上级官员，或者来自有势力的重要人士，由于他们的推荐人背景都不一般，一般管事者往往会顺从他们，这样就会让他们慢慢变得嚣张跋扈；如果严加制止，就会转而滋生谗言毁谤。所以应该以庄重的态度对待他们，用简要的语言提示他们，只要做到不动声色，他们就不能知晓你的深浅。看到有合适的就留下来，应该遣散的，就用温和的语气让他们走，这样就可以了。

下乡做尸检时，务必做到听到报案就迅速采取行动，迟了尸体就变质了，而且讯问原被告久了，就容易让人多心，所以不如立刻出发为好。在验尸现场以不多说话为上策，那些围观的人凭借人多势众，最容易招致欺侮。这样的事，你已经历过，不用我再嘱咐。披阅案件卷宗时，应该在别人不注意的地方留心。凡心虚的人，统筹协调肯定不周全完备，你如果仔细推理探求，自会找到其中的漏洞，再与刑侦幕僚商议验证，不要自以为是。凡事经两人商榷后，虽然不太精密确实，但肯定不至于模糊不清。其余方面的处事，要处处出以小心，时时保持自己的忠厚本色。谨慎要彻底，不能在不注意的小事上掉以轻心。慈祥同样也要彻底，不能在自己不惬意的人面前施加狠手。

我们家世代都是农民，你的曾祖父和祖父为人都敦厚忠信，是乡里有名的善人，他们美德泽及到你身上，职位虽小，但确实属于能亲近百姓的官员。现在新政还未实行，案件审判事宜仍归县官负责。所以我严肃谨慎地告诫你。不仅在管理仆役小吏时，一律要小心，即使在妻妾之间，也千万不要让她们沾染官员家属的不良习气。做事须要做到可进可退，如果一日在官场做事，就为所欲为，那么到了退休以后，怎么能做到无拘无束地自由生活呢？我年纪已六十了，自五岁以后，每月有五六天不生火做饭。十九岁时，你的祖父去世，我受的苦更多。己亥年，我在杭州陈吉士大令署中客居，看见长官指责伤害下属，觉得很可笑，从此我做官的兴趣一扫而光。你又不能做学生，现在做这个粗鄙的小官，我很担心，没有一天安宁过。你能做到一心爱国，一心爱民，就是对我尽孝。你曾祖父母以下直到你嗣父，以及你的生母，凡是逢六大忌日的时候，就用银十二两。这十二两，我准备用你的收入，买些鱼肉作为供奉。我随时还有训导。这封信你可以装裱起来，挂在书房作为格言（时时观看）。

【点评】

林纾《示儿书》是写给其在外做官的儿子的。书中大意主要有两点。一是为官要体察民间疾苦，真正到基层了解真实情况，如此就会对各类事情的来龙去脉、运行规律以及各类人物有深入的了解，有了这个基础，你办起公务来就会全面权衡、谨慎处理而不会志得意满、盛气凌人，这样办事的结果往往也会妥帖。二是爱国、爱民就是爱父亲，这就把孝顺父母，忠于国家和民众联系到一起了。这体现了林纾博大的胸怀和成熟的心智。